Geologie von Bayern II

Das Eiszeitalter in Bayern

Geologie von Bayern

II.

Das Eiszeitalter in Bayern

Erdgeschichte · Gesteine · Wasser · Boden

von

Dr. Hermann Jerz

Bayerisches Geologisches Landesamt München
Honorarprofessor für Allgemeine Geologie
an der Universität Augsburg

Mit 74 Abbildungen und 17 Tabellen im Text

E. Schweizerbart'sche Verlagsbuchhandlung
(Nägele u. Obermiller) · Stuttgart 1993

CIP-Titelaufnahme der Deutschen Bibliothek

Geologie von Bayern. – Stuttgart: Schweizerbart.
Literaturangaben

2. Jerz, Hermann: Das Eiszeitalter in Bayern. – 1993

Jerz: Hermann:
Das Eiszeitalter in Bayern: Erdgeschichte – Gesteine –
Wasser – Boden; 17 Tabellen im Text/ von Hermann Jerz. –
Stuttgart: Schweizerbart, 1993
  (Geologie von Bayern; 2)
  ISBN 3-510-65157-X

ISBN 3-510-65157-X
Alle Rechte, auch das der Übersetzung, des auszugsweisen Nachdrucks, der Herstellung von Mikrofilmen und der photomechanischen Wiedergabe, vorbehalten. Auch die Herstellung von Photokopien des Werkes für den eigenen Gebrauch ist gesetzlich ausdrücklich untersagt.
©1993 by E. Schweizerbart'sche Verlagsbuchhandlung (Nägele u. Obermiller), D-70176 Stuttgart
Einbandentwurf von Wolfgang Frank
Printed in Germany by Tutte Druckerei GmbH, D-94121 Salzweg-Passau
Schrift Monotype Garamond

*Dem Andenken
an
Carl Troll
und
Georg Troll
gewidmet*

Vorwort

Die Quartärgeologie hat in den letzten beiden Jahrzehnten außerordentlich stark an Bedeutung gewonnen und sich zu einer multidisziplinären Wissenschaft entwickelt. Zu ihren großen Aufgaben gehört es, die Beziehungen zu unserer Umwelt und damit auch die Voraussetzungen unserer Existenz zu erklären.

In Bayern hat die Quartärgeologie eine lange Tradition. Seit über einem Jahrhundert spielt hier die Erforschung des Eiszeitalters im Quartär, rund zweieinhalb Millionen Jahre junge und jüngste Erdgeschichte, eine hervorragende Rolle. Bekanntlich stammen die meisten Eiszeitnamen aus dem bayerischen Alpenvorland. Modelle zum Verständnis der quartären Vergletscherungen wurden hier entwickelt und Begriffe wie „Glaziale Serie" definiert.

In unserer Zeit kommt der Quartärgeologie auch bei konkurrierenden (oft wirtschaftlichen) Interessen eine wachsende Bedeutung zu, z. B. bei der Nutzung von oberflächennahem Grundwasser, beim Abbau von Lockergesteinen in Flußtälern, bei vielen Umweltfragen, so auch bei Belangen des Landschafts- und Naturschutzes.

Die vom Verlag gestellte Aufgabe für die Abfassung eines weiteren Bandes der „Geologie von Bayern"* mit dem Titel „Das Eiszeitalter in Bayern" erwies sich wegen der Breite des Themenspektrums als recht schwierig. Es sollte darüberhinaus erreicht werden, Allgemeines und Bekanntes und zugleich Spezielles und vor allem Neues einem möglichst breiten Leserkreis zu vermitteln.

Wie in anderen Wissenszweigen ist auch in der Quartärforschung vieles in rascher Weiterentwicklung: manches hier Dargestellte ist im Fluß und zeigt einen gegenwärtigen, mehr oder weniger vorläufigen Wissensstand auf. Der Verfasser war bemüht, einen Stand der Quartärforschung in Bayern am Beginn der 90er Jahre zu beschreiben. Im übrigen wurde verzichtet, auf kontroverse Diskussionen und auf Hypothesen näher einzugehen.

Die Ausführungen erheben keinen Anspruch auf Vollständigkeit; manch ein Beispiel steht für viele andere vergleichbare Bildungen und Vorkommen. Es wurde versucht, die einzelnen Kapitel in ihrem Umfang etwa gleichwertig zu halten. Verständlicherweise sind Abschnitte, die sich teilweise oder ganz auf eigene Arbeiten stützen, mit zusätzlichen Informationen ausgestattet. An zahlreichen Stellen im Text wird auf einschlägige regionale Arbeiten hingewiesen. Die Arbeiten für den vorliegenden Text zogen sich über ein Jahrzehnt hin; die Unterbrechungen waren berufs- und privatbedingt. Die zwischenzeitlich erfolgten großen Fortschritte in der Quartärforschung machten eine wiederholte Aktualisierung von Teilen des Manuskripts erforderlich. Besonders genannt seien die in jüngster Zeit gewonnenen neuen Ergebnisse in der Quartärstratigraphie

---

* Geologie von Bayern Teil I: KURT LEMCKE, Das bayerische Alpenvorland vor der Eiszeit (1988, Schweizerbart, Stuttgart).

wie zum Beispiel bei der Untergliederung des Pleistozäns – und hier insbesondere der Würm-Kaltzeit in der Typusregion –, die Vielzahl neuer Datierungen auf der Grundlage verfeinerter Methoden der Altersbestimmungen sowie der Magnetostratigraphie, die neuen Erkenntnisse auf dem Gebiet der Grundwassererkundung und des Grundwasserschutzes, in der Bodenkunde und im Bodenschutz und nicht zuletzt auf dem Gebiet des Umweltschutzes und der Daseinsvorsorge.

Das Buch soll dazu beitragen, daß das Studium und die Kenntnis des Quartärs einen seiner Bedeutung angemessenen Stellenwert erhält.

Denen, die mich zu dieser Arbeit ermutigten und die mir dabei halfen, sage ich herzlichen Dank.

Besonders danke ich auch Herrn Dr. E. Nägele (E. Schweizerbart'sche Verlagsbuchhandlung) für die gute Zusammenarbeit und für seine lange Geduld, und Frau B. Mühlbach für die redaktionelle Bearbeitung.

Wissenschaftlicher Werdegang

Hermann Jerz (geb. 1935 in Ulm/Donau)

Geologie-Studium an der Ludwigs-Maximilians-Universität München und an der Technischen Universität München. Diplom 1961 und Promotion 1964 im Fach Geologie bei Professor Dr. P. Schmidt-Thomé.

Seit 1964 am Bayerischen Geologischen Landesamt in München, rund zwei Jahrzehnte in der Abteilung Bodenkunde, danach in der Abt. Geologische Landesaufnahme und im Fachbereich Quartärforschung mit den Schwerpunkten methodische und stratigraphische Grundlagen, quartärgeologische Kartierung und Paläobodenkunde.

Von 1981–1987 Sekretär der Deutschen Subkommission für Quartärstratigraphie. 1982–1991 Sekretär der INQUA-Subkommission für Europäische Quartärstratigraphie.

Seit 1977 Lehrbeauftragter am Institut für Physische Geographie der Universität Augsburg für das Fach Allgemeine Geologie.

Inhaltsverzeichnis

Vorwort		VII
Einleitender Überblick		1

1	**Glazialer, fluvioglazialer und glazifluviatiler Bereich (Alpenvorland und Alpen)**	7
1.1	Alpenvorland	7
1.1.1	Gletscherablagerungen und Glazialformen	16
1.1.1.1	Moränen	16
1.1.1.2	Drumlins, Oser, Kames und Toteisbildungen	24
1.1.2	Schmelzwasserablagerungen und Schotterfelder	27
1.1.2.1	Die älteren Glazialschotter (Ältest- und Altpleistozän)	30
1.1.2.2	Die jüngeren Glazialschotter (Mittel- und Jungpleistozän)	34
1.1.2.3	Münchener Schotterebene	39
1.1.3	Gletscherbecken und Beckensedimente (im Alpenvorland)	43
1.2	Alpiner Bereich	45

2	**Periglazialer Bereich**	52
2.1	Mittelgebirge	52
2.1.1	Kare und Kartreppen; Moränen und Fließerden	52
2.2	Der weitere periglaziale Bereich	56
2.2.1	Häufige Periglazialerscheinungen	56
2.2.2	Fluviatiler Abtrag im Periglazial	61
2.3	Winderosion – Löß- und Flugsandablagerungen	62
2.3.1	Lößgebiete	62
2.3.2	Flugsanddecken und Flugsanddünen	68
2.3.3	Zur quartären Morphogenese	71
2.3.3.1	Formenbildung in vergletscherten Gebieten	71
2.3.3.2	Formenbildung in nicht vergletscherten Gebieten	72

3	**Interglaziale und Interstadiale des Quartärs in Bayern**	75
3.1	Im Altpleistozän	77
3.2	Im Mittelpleistozän	78
3.3	Im Jungpleistozän	79
3.4	Zum Ablauf der Würm-Zeit	90

4	**Das alpine Spät- und Postglazial**	94
4.1	Spät- und postglaziale Gletscherstände	94

4.2	Die heutigen Gletscher	99
4.3	Über Bergstürze und Felsstürze in den bayerischen Alpen	100
4.4	Hangrutsche	101
4.5	Murströme	106
5	**Zur Flußgeschichte im Eiszeitalter**	**107**
6	**Tier- und Pflanzenwelt im Eiszeitalter**	**115**
7	**Der Mensch im Eiszeitalter**	**120**
8	**Nacheiszeitliche holozäne Bildungen**	**125**
8.1	Holozäne Flußablagerungen	126
8.1.1	Terrassenfolge an der Isar zwischen München und Landshut	127
8.1.2	Terrassenfolge am Inn bei Mühldorf	128
8.1.3	Terrassenfolge am Lech bei Landsberg	129
8.1.4	Terrassenfolge an der Donau bei Ingolstadt und zwischen Regensburg, Straubing und Pleinting	130
8.1.5	Terrassenfolge am Main bei Bamberg	131
8.2	Schwemmfächer und Schwemmkegel	132
8.3	Sinterkalkbildungen (Quellenkalke, Kalktuff und Alm)	134
8.3.1	Interglaziale Sinterkalke	138
8.4	Seekreiden	138
8.5	Moore	140
8.6	Seespiegelschwankungen	142
9	**Tektonik im Quartär**	**144**
10	**Bodenschätze**	**149**
10.1	Kies und Sand	149
10.2	Schotternagelfluh (Konglomerat)	152
10.3	Sinterkalke (Kalktuff, Alm)	153
10.4	Lehm und Ton	154
10.4.1	Löß und Lößlehm	154
10.4.2	Moränenlehm	155
10.4.3	Schwemmlehm	155
10.4.4	Ton	155
10.5	Schieferkohle (Lignit)	157
10.6	Torf	158
10.7	Pleistozäne Eisenerze	159
10.8	Flußgold	160
11	**Grundwasser**	**161**
11.1	Grundwasservorkommen in Südbayern	164

11.2	Grundwasservorkommen in Nordbayern	169
11.3	Heil- und Mineralquellen	171
12	**Karstbildungen und Höhlenfüllungen**	**173**
13	**Böden der quartären Ablagerungen**	**176**
13.1	Südbayern	176
13.2	Nordbayern	181
14	**Paläoböden des Quartärs**	**182**
14.1	Paläoböden des jüngeren Pleistozäns	182
14.2	Paläoböden des älteren Pleistozäns	184
15	**Magnetostratigraphie in quartären Sedimenten**	**191**
Literatur		195
Orts- und Sachregister		225

Einleitender Überblick

Das Quartär bildet die jüngste und zugleich auch die weitaus kürzeste Periode der geologischen Zeitrechnung. Vergleicht man die Erdgeschichte mit einem Tag, so umfaßt das Quartär kaum mehr als eine Minute. Dennoch gehört diese Periode gerade in Bayern zu den „ereignisreichsten" geologischen Zeitabschnitten.

Im Quartär wird die Landschaftsgeschichte gegenwartsnah. Die Gegenwart ist aber auch der Schlüssel zur Vergangenheit (LYELL 1830): Für das Verständnis der älteren Erdgeschichte spielen geologische Vorgänge in der Gegenwart und in der jüngsten Vergangenheit eine wichtige Rolle. Sie bilden vielfach den Ansatz und die Grundlage einer weiterführenden geologischen Forschung.

Das Quartär ist durch einen häufigen und raschen Wechsel von Kaltzeiten und Warmzeiten besonders gekennzeichnet. Wesentliche Züge der bayerischen Landschaft wurden in dieser Zeit geformt; eine große Zahl von Seen und Mooren, von Hügeln, Tälern und Terrassen stellen ein Erbe der Eiszeiten dar.

Bereits in der jüngeren Tertiärzeit leiteten Klimaänderungen eine allmähliche, dauerhafte Abkühlung ein. Der Wechsel von einem warmgemäßigten Klima im Miozän zu einem deutlich kühleren Klima erfolgte noch im Pliozän.

Im Pleistozän[1] führten einschneidende Klimaverschlechterungen zu längeren Kaltzeiten mit gebietsweise ausgedehnten Vergletscherungen. Dieser geologische Zeitabschnitt wird auch als quartäres „Eiszeitalter" bezeichnet (PENCK 1882; PENCK & BRÜCKNER 1901/09; EBERS 1934, 1957; WOLDSTEDT 1958, 1961, 1969; HANTKE 1978, 1980, 1983).

In den global wirksamen Kaltzeiten waren weite Gebiete der nördlichen Erdhalbkugel unter Gletschereis begraben. Eismassen bedeckten fast das gesamte nördliche Europa sowie Teile Mitteleuropas. In Bayern waren der alpine Raum, weite Bereiche des Alpenvorlandes und auch verschiedene Gipfelregionen ostbayerischer Mittelgebirge vergletschert.

Die Periglazialgebiete – zwischen der alpinen und der zeitweise bis weit nach Thüringen und Sachsen reichenden nordischen Vereisung – wurden von verschiedenen, unter eiszeitlichen Klimabedingungen abgelaufenen exogenen Prozessen umgestaltet.

Die Kaltzeiten des Pleistozäns (vgl. Tab. 1, 2) waren wiederholt von längeren Warmzeiten wie auch von kürzeren klimatisch begünstigten Phasen unterbrochen. In den sog. Interglazialzeiten war das Klima dem heutigen ähnlich und zeitweise auch etwas wärmer. Zeugen dieser Warmzeiten sind beispielsweise tiefgründige Verwitterungsböden und organische Bildungen mit Resten von wärmeliebenden Pflanzen und Tieren.

---

[1] Pleistozän, „das am meisten Neue"; veraltete Bezeichnung: Diluvium („Überschwemmung", „große Flut").

Die Interstadiale und die noch kürzeren Intervalle zeichnen sich im allgemeinen durch ein mehr oder weniger kühles Klima aus, mit borealem Birken- und Nadelwald oder mit einer Grassteppen-Vegetation.

Die klimatischen Unterschiede zwischen den Interglazialen, den Interstadialen und den früh- und hochglazialen Stadialen sind beträchtlich. In Mitteleuropa kann für die Interstadiale der frühen Würm-Kaltzeit im Jahresmittel eine Temperaturminderung von 3–5 °C und in der klimatisch ungünstigsten Zeit des letzten Hochglazials von rd. 8–10 °C gegenüber heute angenommen werden. Die jährlichen Niederschlagsmengen waren im Frühglazial um 1/3 bis 1/2, im eigentlichen Hochglazial sogar um 3/4 geringer als heute (FRENZEL 1980 a, b). Für die eisfreien Gebiete Bayerns wird während des Vereisungsmaximums eine mittlere Jahrestemperatur zwischen −3° und +1 °C und verbreitet Dauerfrostboden angenommen. Die Niederschläge erreichten kaum mehr als 300 mm/Jahr.

Den letzten Zeitabschnitt der Erdgeschichte bildet das Holozän[2], auch als Postglazial, als Nacheiszeit oder als „Geologische Gegenwart" bezeichnet. Es umfaßt die letzten 10000 Jahre, den geologisch kurzen Zeitraum seit der Jüngeren Tundrenzeit am Ende der Würm-Kaltzeit (vgl. Tab. 1, 4, 8). Obgleich das Holozän nur etwa 1/250 des gesamten Quartärs ausmacht, erscheint die Abtrennung dieses Zeitabschnitts sowohl aus klimatologischen Gründen (rascher Temperaturanstieg) als auch wegen seiner Bedeutung für die Menschheits- und Kulturgeschichte gerechtfertigt. Ein Ende des Eiszeitalters kann allerdings bei der Kürze der „Postglazialzeit" davon nicht abgeleitet werden.

Das Pleistozän steht somit nahezu für das gesamte Quartär, dessen Beginn in Mitteleuropa mit dem Auftreten der ersten kaltzeitlichen Tiergruppen in der Prätegelen-Kaltzeit (ca. 2,5–2,2 Millionen Jahre vor heute) angenommen wird. Der Beginn des Quartärs fällt somit etwa mit der durch ferromagnetische Partikel in Sedimenten nachweisbaren völligen Umkehrung des Erdmagnetfeldes zusammen, mit welcher die Gauss-Epoche endet und die Matuyama-Epoche beginnt (ca. 2,47 Mio. Jahre v. h.; vgl. Tab. 1, 17 und INQUA-Newsletters)[3].

Mit der deutlichen Klimaverschlechterung bereits im ausgehenden Pliozän verschwanden wärmeliebende Tiergruppen wie die Mastodonten, die tertiären Vorfahren der Elefanten. Auch bedeutende Pflanzengattungen wie die Taxodiaceen (Sumpfzypressen u. a.), im Tertiär noch weit verbreitete große Koniferen, wurden aus unseren Breiten verdrängt. Spürbare Veränderungen bei Tier- und Pflanzengesellschaften traten im weiteren Verlauf des Eiszeitalters, d. h. mit jeder weiteren Kaltzeit (und Warmzeit), auf.

Vom eiszeitlichen Geschehen sind in Bayern besonders die Alpen und das Alpenvorland geprägt. Im Verlauf verschiedener Eiszeiten kam es hier zu Gletschervorstößen, die vom Alpenraum noch weit ins Alpenvorland reichten.

In den Vereisungszentren des alpinen Raumes, in den Alpentälern und auch am Alpenrand war vornehmlich die ausräumende Kraft der Gletscher wirksam. Schürfendes Eis und fließendes Wasser formten die Landschaft nachhaltig. Der Frost des eiszeitlichen Klimas leistete der Erosion in starkem Maße Vorschub. Es entstanden formenreiche Kare, Rundhöcker und Gletscherschliffe, übertiefte Täler und Becken.

---

[2] Holozän, „das ganz Neue"; veraltete Bezeichnung: Alluvium („junge Anschwemmung").
[3] INQUA-Newsletters No. 4. – In: STRIOLAE 1982 (1): 21; Uppsala 1982.

Tabelle 1. Gliederung des Quartärs.

Paläomagnet. Epoche	Geolog. Abteilung	Jahre vor heute	Quartär-Gliederung für Alpen und Alpenvorland		Kulturstufen		Jahre vor heute
BRUNHES (= normal)	Holozän	Chr. Geb.	Jungholozän	Postglazial („Geologische Gegenwart")	Historische Zeit		~2000
			Mittelholozän		Eisenzeit (800 v. Chr.–0)[1]		
					Bronzezeit (1800–800 v. Chr.)[2]		
			Altholozän		Neolithikum (4000–1800 v. Chr.)		
		~10000			Mesolithikum (8000–4000 v. Chr.)		
	Pleistozän		Jungpleistozän	Würm-Kaltzeit	Jungpaläolithikum	*Homo sapiens sapiens* „Cro-Magnon"	~10000
				Riß/Würm-Interglazial *Hurlach, Mondsee, Zeifen, Samerberg, Großweil, Eurach, Pfefferbichl (?)*	Mittelpaläolithikum	*Homo sapiens neanderthalensis*	~35000
							(120000)
		~130000	Mittelpleistozän	Riß-Kaltzeit			~130000
				Mindel/Riß-Interglazial *Samerberg*		*Homo praesapiens steinheimensis*	
				Mindel-Kaltzeit	Altpaläolithikum		
		~380000		Haslach/Mindel-Interglazial			
			Altpleistozän	Haslach-Kaltzeit			~500000
				Günz-Haslach-Interglazial		*Homo erectus heidelbergensis*	
				Günz-Kaltzeit			
				Donau/Günz-Interglazial			
		~780000	Ältestpleistozän	*Uhlenberg (?)*	Eolithikum (Archäolithikum)	*Homo erectus* („Frühmensch")	
MATUYAMA (= invers)				Donau-Kaltzeiten			
		~2470000		Biber-Kaltzeiten			

Entwurf: H. Jerz 1990

[1] Latènezeit 500–15 v. Chr. – Hallstattzeit 800–500 v. Chr.; [2] Urnenfelderzeit 1200–750 v. Chr. (= späte Bronzezeit)

Die nordwärts sich anschließenden Bereiche wurden durch die Anhäufung glazialer Sedimente neu gestaltet, es entstanden Moränenbögen, Drumlinschwärme, Schotterfluren, Löß- und Flugsanddecken.

Im Verlauf des Pleistozäns sind durch das Gletschereis und die Schmelzwasserströme, durch Solifluktion und stärkere Hangabtragung die alten Landoberflächen in starkem Maße umgeformt worden. Die häufigen Wechsel von Aufschüttungs- und Abtragungsvorgängen in den einzelnen Kalt- und Warmzeiten führten mehrfach zu großen Veränderungen im Tal- und Gewässernetz. Beispiele hierfür bilden die eiszeitlichen Schotterfelder im Iller-Lech-Gebiet, wo die ältesten Schotterkörper zuoberst und − dazwischen eingeschachtelt − die jüngeren Terrassen- und die jüngsten Talschotter liegen. Frühere, vielfach aus Tertiärablagerungen bestehende Hochgebiete sind dort nicht selten abgetragen und heute durch Rinnen oder Becken ersetzt (Reliefumkehr).

Die Periglazialgebiete waren langanhaltend starken physikalisch-mechanischen Vorgängen ausgesetzt: dem Wechsel von Gefrieren und Auftauen, der Wirkung des Spaltenfrostes und wechselnder Durchfeuchtung, dem eiszeitlichen Bodenabtrag mit Bodenfließen und -abschwemmungen auf ständig gefrorenem Untergrund wie auch stärkeren Umlagerungen durch Fließgewässer und durch Wind.

Die Ursachen der einschneidenden Klimaänderungen und die Entstehung der global wirksamen Eiszeiten sind noch ungeklärt.

Von namhaften Eiszeit- und Klimaforschern wird angenommen, daß die Wanderung der Kontinente, so die Drift der Antarktis an den Südpol und die dadurch mögliche Bedeckung eines ganzen Kontinents mit einer großen und dicken Eismasse, ferner die Schwankungen der Erdbahnelemente während des Umlaufs der Erde um die Sonne bei zeitweiser Verringerung der Sonneneinstrahlung (Theorie von M. Milankovič 1941) und die Schwankungen des CO_2-Gehaltes der Erdatmosphäre das Klima der Erde entscheidend beeinflussen.

Die möglichen Ursachen der Vereisungen sind nach dem heutigen Wissensstand äußerst komplex. Eine große Bedeutung kommt wohl auch den Wechselwirkungen der Klimafaktoren auf der Nord- und Südhemisphäre zu. Es gilt als sicher, daß eine selbstverstärkende Abkühlung eintreten kann, wenn große Teile der Erdoberfläche wegen Eisbedeckung die Sonnenwärme zurückstrahlen (Albedo-Wirkung). Speziell mit den Rückkoppelungseffekten zwischen den Kontinenten, den Ozeanen und der Atmosphäre befaßt sich die moderne Klimaforschung; ihre Auswirkungen auf das Großklima wurden lange Zeit unterschätzt.

Erforschungsgeschichtliches

In Südbayern hat die Quartärforschung eine über hundert Jahre alte Tradition. Die Grundlagen einer zunächst vor allem geomorphologischen Gliederung der eiszeitlichen Bildungen gehen auf Albrecht Penck zurück. Sie sind in seiner Schrift über „Die Vergletscherung der deutschen Alpen, ihre Ursachen, periodische Wiederkehr und ihr Einfluß auf die Bodengestaltung" (1882) und in seinem gemeinsam mit Eduard Brückner verfaßten Werk „Die Alpen im Eiszeitalter" (1901/09, 3. Bde.) niedergelegt.

Ausgangspunkt der Eiszeitenforschung im Alpenvorland war das Iller-Mindel-Gebiet mit der Gegend um Memmingen. Dort erkannte A. Penck (1882, 1899) erstmals die Mehrgliedrigkeit der eiszeitlichen Ablagerungen und begründete am Beispiel der Schot-

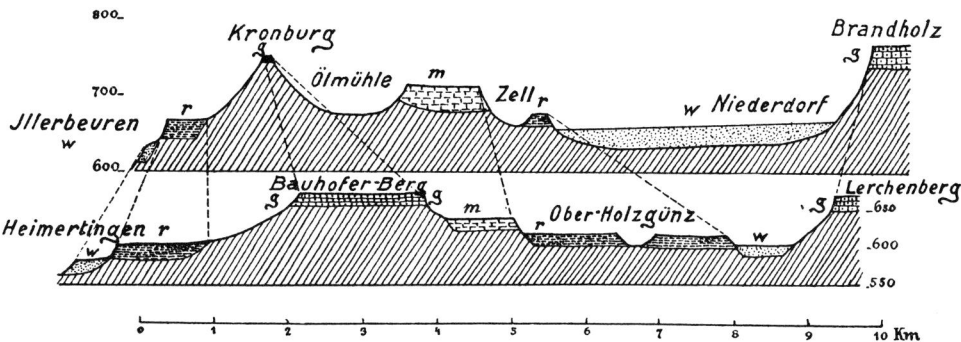

Abb. 1. Die Lagerung der Quartärschotter um Memmingen. *g*-Hochfeld, *m*-Grönenbacher Feld, *r*-Hitzenhofener Feld, *w*-Memminger Feld. Aus: PENCK & BRÜCKNER 1901: 31 (Fig. 3 u. 4).

terfelder bei Memmingen (Abb. 1) sein viergliedriges glaziales System. Seine vier Eiszeiten[4] benannte er nach Alpenvorlandflüssen (in umgekehrter alphabetischer Reihenfolge) als Würm-, Riß-, Mindel- und Günz-Eiszeit. Die Eiszeitengliederung wurde später von BARTHOLOMÄUS EBERL (1930) durch die „Donau-Eiszeit" und von INGO SCHAEFER (1957, 1965) durch die „Biber-Eiszeit" erweitert (vgl. Tab. 1 und 2).

Ebenso wie das Alpenvorland gilt der Alpenraum als „klassisches" Gebiet der Eiszeitenforschung. A. PENCK (1882, 1901) unterscheidet hier wie dort „Glaziale Serien", denen eine große Bedeutung in der Quartärstratigraphie zukommt.

Im Isar-Loisach-, im Inn- und im österreichischen Traungletscher-Gebiet sind datierbare Ablagerungen aus verschiedenen Zeitabschnitten der Würm-Kaltzeit erhalten, die heute als Typusprofile eine internationale Bedeutung besitzen: Großweil und Schwaiganger bei Murnau, Samerberg bei Rosenheim, Mondsee bei Salzburg (INQUA-Symposium „Würm-Stratigraphie" 1983; CHALINE & JERZ 1983, 1984; VAN HUSEN 1987).

In den Periglazialgebieten nördlich der Donau liegen die Schwerpunkte der Quartärforschung mehr bei der Morphodynamik des Eiszeitklimas (BÜDEL 1944, 1977), bei der Deckschichtenstratigraphie (BRUNNACKER 1957, 1964) und bei der Flußgeschichte und Terrassengliederung (KÖRBER 1962; TILLMANNS 1977; SCHIRMER 1983).

Die Erforschung der Eiszeit in den Mittelgebirgen blieb lange Zeit auf den Bayerischen Wald beschränkt (PRIEHÄUSER 1930). Erst seit der jüngsten Vergangenheit sind diese Regionen in die moderne Quartärforschung einbezogen.

Eine Übersicht über die Quartär- und Terrassenstratigraphie in den Alpen und im Alpenvorland, am Main und am Rhein ist in Tabelle 2 wiedergegeben.

---

[4] Eiszeit, Glazial: zeitlicher, im allg. auch stratigraphischer Begriff; Vergletscherung (Vereisung): räumlicher Begriff.

Tabelle 2. Quartär-Gliederung und Terrassenstratigraphie. (Nach HINZE, C., JERZ, H., MENKE, B. & STAUDE, H. (1989)).

zeitlich klimatische Grobgliederung		Alpen und Alpenvorland	Main-Gebiet	Niederrheingebiet	zeitlich klimatische Grobgliederung	
Holozän		Nacheiszeit	Jüngerer Auenlehm / Älterer Auenlehm / Ältester Auenlehm	Nacheiszeit	Holozän	
Pleistozän	Jung	Würm-Kaltzeit	Jüngere Auenstufe / Ältere Auenstufe / Postglazial-Terrassen*	Untere Niederterrasse / Obere Niederterrasse	Weichsel-Kaltzeit	Jung-
		Riß/Würm-Interglazial	Spätglazial-Terrassen* / Niederterrasse*		Eem-Warmzeit	
	Mittel-	Riß-Kaltzeit	Hochterrasse	Untere Mittelterrasse	Saale-Kaltzeit	Mittel-
		Mindel-Riß-Interglazial			Holstein-Warmzeit	
	Alt-	Mindel-Kaltzeit	Jüngerer Deckenschotter	Mittlere Mittelterrasse / Obere Mittelterrasse	Elster-Kaltzeit	Alt-
		Günz/Mindel-Interglazial			Cromer-Warmzeit[x]	
		Günz-Kaltzeit	Älterer Deckenschotter	Jüngere Hauptterrassen	Menap-Kaltzeit[x]	
					Waal-Warmzeit[x]	
	Ältest-	mehrere, durch Warmzeiten gegliederte Donau-Kaltzeiten[x] und Biber-Kaltzeiten[x]	Älteste Deckenschotter	Ältere Hauptterrassen	Eburon-Kaltzeit[x]	Ältest-
					Tegelen-Warmzeit[x]	
					Prätegelen-Kaltzeit[x]	

* teilweise untergliedert in mehrere Terrassenstufen und mit Lokalnamen belegt.
[x]-Komplex (zeitlich klimatische Gliederung noch unsicher).

1 Glazialer, fluvioglazialer und glazifluviatiler Bereich (Alpenvorland und Alpen)

Glazigene[5] Ablagerungen und glaziale[6] Formen kennzeichnen die ehemals vom Gletschereis bedeckten Gebiete. Sie sind bei Abtragungs- und Aufschüttungsvorgängen durch Gletscher und Schmelzwässer entstanden.

Im alpinen Raum überwiegt die Gletschererosion (Exaration, Detersion, Detraktion). Im Alpenvorland folgen auf Bereiche mit Ausräumung solche mit Auf- und Zuschüttung, wobei mit zunehmendem Abstand vom Alpenrand die Anhäufung von Gletscherschutt an Bedeutung gewinnt.

1.1 Alpenvorland

In den ehemals vergletscherten Gebieten umfassen die pleistozänen Ablagerungen hauptsächlich Moränen, fluvioglaziale[7] bis glazifluviatile[8] Schotter sowie Staubeckensedimente verschiedener Glazialzeiten (vgl. Tab. 3).

Die auffälligsten geomorphologischen Unterschiede bestehen zwischen den Becken- und Grundmoränenlandschaften im Süden und den Schotterfeldern und Schotterplatten im Norden. Die Grenze wird von den äußeren Endmoränengirlanden gebildet, die ungefähr auch die weitesten Gletschervorstöße verschiedener Eiszeiten markieren (vgl. Abb. 2 und Abb. 3).

In den mindestens sieben (bis zehn) großen Eiszeiten des quartären Eiszeitalters (vgl. Tab. 1) stießen die Alpengletscher mehrere Zehnerkilometer weit vom Alpenrand ins Vorland vor und konnten sich hier fächerförmig ausbreiten. Als sog. Vorlandgletscher überdeckten sie mit ihren Eismassen große Flächen und hinterließen nach ihrem Rückschmelzen und Zerfall große Mengen an Gesteinsschutt (Moränen). Die alpinen Gletscher zur Eiszeit lassen sich am besten mit dem Alaska-Gletschertyp vergleichen, mit mächtigen, die Täler ausfüllenden Eismassen, die sich als riesige Eisfächer bis weit ins Vorland schieben, wie z. B. der heutige Malaspina-Gletscher (Abb. 4).

---

[5] glazigen (= glaziär): Bezeichnung für Bildungen des Gletschereises (GRAHMANN 1932).
[6] glazial: umfassende Bezeichnung, welche zur Entstehung auch die Bildungszeit einschließt.
[7] fluvioglazial: Bezeichnung für die unmittelbar mit dem Gletschereis bzw. mit den Moränen verknüpften eiszeitlichen Schotter (z. B. Übergangskegel, Sandergebiete).
[8] glazifluviatil: Bezeichnung für Schmelzwasserschotter, die bereits nach wenigen Kilometern einen hohen Rundungsgrad (wie Flußschotter) erreicht haben.

Tabelle 3. Quartäre Bildungen im Alpenvorland und im inneralpinen Raum.

Quartär	Holozän	Postglazialzeit	Auenböden, Torf, Kalktuff und Alm, Seekreide Postglaziale Schotter, Abschwemmassen (Schwemmfächer), Schuttkegel, Bergstürze Postglaziale Moränen im Hochgebirge			Junger Löß
	Jungpleistozän	Würmkaltzeit W — Spätglazial / Frühglazial	Seeton, Seekreide, Torf Würmmoräne Fließerden, Seeton, Schieferkohlen	Spätglaziale Terrassen- und Deltaschotter Niederterrassenschotter Vorstoßschotter Frühglaziale Schotter		Sandlöß, Flugsand Löß, Lößlehm Schwemmlöß
		Riß/Würm-Interglazial R/W	Böden, Torf und Schieferkohlen, Seekreide, Schotter, Hangschuttbreccien			
	Mittelpleistozän	Rißkaltzeit R	Seeton, Schieferkohle Rißmoräne Fließerden	Hochterrassenschotter		Sandlöß Löß, Lößlehm, Decklehm, Fließlehm
		Mindel/Riß-Interglazial M/R	Bodenbildungen, „Geologische Orgeln" Schieferkohlen, Seekreiden, Schotter, Hangschuttbreccien			
	Altpleistozän	Mindelkaltzeit M	Seeton Mindelmoräne Fließerden	Jüngere Deckenschotter		Lößlehm (Löß), Decklehm, Fließlehm
		Haslach/Mindel-Interglazial H/M	Bodenbildungen Schieferkohle, Seekreide			
		Haslachkaltzeit H	Seeton Haslachmoräne Fließerden	Rinnenschotter		Decklehm
		Günz/Haslach-Interglazial G/H	Bodenbildungen, „Geologische Orgeln"			
		Günzkaltzeit G	Günzmoräne Fließerden	Ältere Deckenschotter		Löß, Lößlehm, Decklehm, Fließlehm
		Donau/Günz-Interglazial D/G	Bodenbildungen, „Geologische Orgeln"			
	Ältestpleistozän	Donaukaltzeiten*) D Biberkaltzeiten*) B * mehrere, durch Warmzeiten gegliederte Eiszeiten	? Donaumoräne Bodenbildungen, Hangschuttbreccien ?	Älteste Deckenschotter Älteste Deckenschotter i. w. S.		Fließlehm

Abb. 2. Die Moränengebiete des Isar-, Lech- und Illervorlandgletschers. Aus: EBERS 1957: 62, Abb. 39 (nach PENCK & BRÜCKNER 1901/09: 177, Fig. 37).

Das bayerische Alpenvorland war in den Eiszeiten von folgenden größeren Vorlandgletschern besetzt: von den östlichen Eisströmen des großen Rheingletschers, von den zusammenhängenden Eismassen des Iller-Wertach-Lech-Gletschers, des Isar-Loisach-Gletschers, des Inn-Chiemsee-Gletschers und des Saalach-Salzach-Gletschers (vgl. Abb. 2 und 3 sowie die Geologische Karte von Bayern 1:500000, 3. Aufl., 1981).

Zwischen den großen Vorlandgletschern waren weitere, kleinere Gletscher bis zum Alpenrand oder auch noch etwas ins Vorland vorgestoßen; teils waren sie eingezwängt, teils konnten sie sich auch ungehindert ausdehnen: der Ammer-, Mangfall-, Schlierach-, Leitzach- und Prien-Gletscher sowie die beiden (bayerischen) Traun-Gletscher, der Weißtraun- und der Rottraun-(Weißbach-)Gletscher.

Die Ausdehnung der verschiedenen Vorlandgletscher war in den einzelnen Eiszeiten und regional unterschiedlich: im westlichen Alpenvorland erreichten sie zur Riß- und Mindeleiszeit, im Osten zur Günzeiszeit ihre größte Ausdehnung.

Der **Rheingletscher** reichte im östlichen Oberschwaben mit seinen Mindelmoränen am weitesten ins Vorland; in seinem Westteil, westlich Biberach a. d. Riß, markieren Rißmoränen den maximalen Eisrand (GRAUL 1968).

Der **Illergletscher** hatte in der Mindel-Eiszeit seine größte Ausdehnung. Seine Endmoränen reichen weit in das Gebiet der oberen Günztäler (SINN 1972; GLÜCKERT 1974; JERZ et al. 1975).

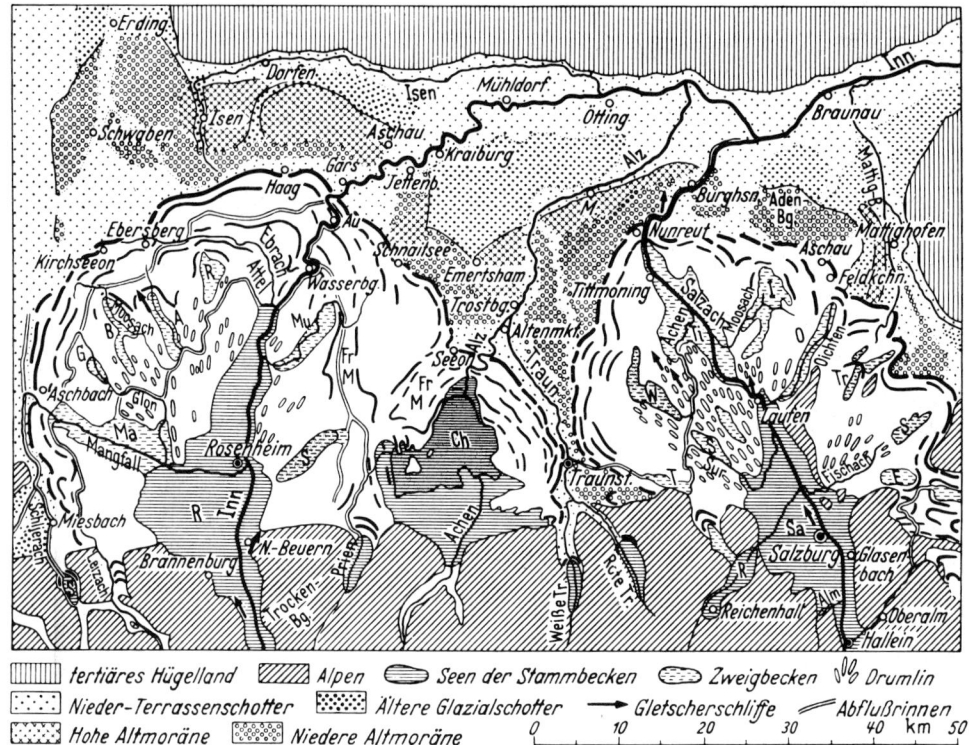

Abb. 3. Die Moränengebiete des Inn- und Salzachvorlandgletschers. Aus: EBERS 1957: 63, Abb. 40 (nach PENCK & BRÜCKNER 1901/09: 129, Fig. 22).

Ebenso wird für den **Wertach-** und den **Lechgletscher** eine maximale Ausdehnung in der Mindel-Eiszeit angenommen (JERZ et al. 1975).

Der **Isar-Loisach-Gletscher** erreichte im Vorland in der Mindel- und in der Riß-Eiszeit eine nahezu gleich große Ausdehnung. Die weitesten Vorstöße des Loisachgletschers bezeichnen Altmoränen bei Mering und Fürstenfeldbruck (SCHAEFER 1975; GROTTENTHALER 1980). Für den Isargletscher südlich von München befindet sich die mindelzeitliche Vereisungsgrenze knapp südlich der äußersten Rißmoränen (JERZ 1987 a).

Im Bereich des **Inn-Chiemsee-Gletschers** fällt die größte Ausdehnung der Vorlandvergletscherung in die Riß- und Mindel-Eiszeit. Die Maximalvorstöße erreichten Erding und Dorfen (PENCKS „Hohe Altmoränen").

Im Gebiet des **Salzachgletschers** wird ein Maximum der Vorlandvereisung bereits in der Günz-Eiszeit angenommen (EBERS et al. 1966; GRIMM et al. 1979: Günzmoränen bei Burghausen).

Auch im benachbarten österreichischen **Traungletscher**-Gebiet reichen die Günzmoränen am weitesten ins Vorland (KOHL 1976).

Unter den glazialen Ablagerungen besitzen **Moränen** und **Schotter** der letzten Eiszeit die größte Flächenverbreitung. Jungmoränen (Würm) sind im allgemeinen an ihrem

Abb. 4. Ein Ebenbild des Inngletschers. Der Malaspina-Gletscher in Alaska stellt ein besonders schönes Beispiel einer rezenten Vorlandvergletscherung dar. Bemerkenswert ist die große Ähnlichkeit mit der eiszeitlichen Vergletscherung des Inntales zwischen Kufstein und Wasserburg vor etwa 20 000 Jahren. Foto: University of Washington, 1980.

bewegten Relief und den frischen Aufschüttungsformen mit Kuppen und Senken leicht zu erkennen. Altmoränen (Riß, Mindel, Günz), die beim Vorstoß der würmzeitlichen Gletscher nicht mehr überfahren wurden, und die vor den Jungmoränen einen mehr oder minder breiten Saum bilden, unterscheiden sich von diesen durch ihre mehr ausgeglichenen, „verwaschenen" Aufschüttungsformen; ihr ehemals lebhaftes Relief wurde bei periglazial-solifluidalen Umlagerungen und durch aufgewehte Deckschichten verwischt.

Altmoränen sind zudem weitaus stärker verwittert: Die Entkalkungstiefe reicht in den Rißmoränen bis über 2 m; sie ist damit etwa doppelt so groß wie in den Würmmoränen. Die Bodenaltersgrenze gehört neben der Morphologie zu den wichtigsten Unterscheidungsmerkmalen zwischen den Jungmoränen und den Altmoränen im Alpenvorland (WERNER 1964). Auch bei der Unterscheidung von Altmoränen verschiedener Eiszeiten bilden Paläoböden ein wichtiges Kriterium: zum Beispiel können Mindelmoränen bis über 4 m tief entkalkt und damit doppelt so tief verwittert sein wie Rißmoränen (JERZ 1982).

Ältere als günzzeitliche Moränen sind im Alpenvorland nicht sicher nachgewiesen, wenngleich EBERL (1930: 317) im Illergletschergebiet an der Schleifhalde bei Waizenried und RÖGNER (1979: 87 ff.) im östlichen Lechgletschergebiet bei Königsried Altmoränen der Donau-Eiszeit zuordnen. Aus dem Auftreten prägünzzeitlicher Fluvioglazialschotter mit sehr groben Geröllkomponenten, die auf eine eisrandnahe Ablagerung hinweisen, wird allgemein mit donauzeitlichen und noch älteren Vorlandvereisungen gerechnet.

Wie oben erwähnt, werden die maximalen Vereisungsgrenzen im Vorland überwiegend von Rißmoränen und von Mindelmoränen, nach Osten zu auch von Günzmoränen eingenommen. Trotz Fließerden und äolischer Deckschichten lassen sich präwürmzeitliche Endmoränenwälle unterscheiden, wie zum Beispiel:

Günz-Moränen bei Burghausen (Eschl- und Hechenberg; Siedelberg) im Salzachgletschergebiet; Günzmoränen kommen auch im Flußbett der Traun nördlich Traunstein und im Alztal bei Altenmarkt und Trostberg zum Vorschein;

Mindel-Moränen bei Grönenbach, Böhen und Günzegg im Illergletschergebiet, bei Türkheim im Wertach-Lechgletschergebiet, bei Fürstenfeldbruck im Loisachgletschergebiet, bei Dorfen im Inngletschergebiet.

Moränen einer **Haslach**-Eiszeit, die zwischen Mindel- und Günz-Moränen einzuordnen sind, wurden im benachbarten Oberschwaben in Aufschlüssen und Bohrungen nachgewiesen (SCHREINER & EBEL 1981; FESSELER & GOOS 1988). Auf bayerischem Boden konnten sie bislang noch nicht in einer stratigraphisch eindeutigen Position gefunden werden. In Tabelle 1 ist die Haslach-Eiszeit berücksichtigt.

Riß-Moränen bei Biberach a. d. Riß im Rheingletschergebiet, bei Obergünzburg im Illergletschergebiet, bei Landsberg und Mering im Loisachgletschergebiet, bei Gauting, Baierbrunn, Straßlach und Holzkirchen im Isargletschergebiet, bei Erding und Markt Schwaben im Inngletschergebiet, bei Traunreut und Trostberg im Chiemsee- und Salzachgletschergebiet.

Die weitesten Entfernungen vom Alpenrand betragen für Altmoränen (Riß und älter) bis zu 70 km (Erding, Mering).

Bis zu 50–60 km weit ins Alpenvorland reichen die Jungmoränen des letzten Eishochstandes im Würm-Hochglazial vor rund 20 000 Jahren (vgl. Tab. 4). Die äußersten **Würm**-Endmoränen liegen dabei meist deutlich hinter den bekannten Maximalständen früherer Vorlandgletscher zurück. Lediglich im Illergletscher-Gebiet konnte im Würm die Dietmannsrieder Gletscherzunge weiter in das Memminger Tal, ein ehemaliges Illertal, vordringen.

Die Würm-Endmoränen außerhalb der großen Zungenbecken lassen im allgemeinen drei bedeutende Gletscherstände unterscheiden: eine Hauptrandlage und zwei Rückzugsphasen, die ihrerseits noch aus verschiedenen Moränenstaffeln zusammengesetzt sein können. Ein weiter zurückliegender Moränenkranz, vielfach mit zwei Wallzügen, ist bei den großen Vorlandgletschern im Bereich zwischen den Zungenbecken und dem Stammbecken ausgebildet.

Am bekanntesten sind die von C. TROLL (1924) eingeführten Benennungen für die Endmoränenzüge im Inngletscher-Gebiet (vgl. Abb. 5 und 6): Kirchseeoner Stadium für die Hauptrandlage, Ebersberger und Ölkofener Stadium für die erste und zweite

Tabelle 4. Gliederung des Jungpleistozäns.

			Jahre vor heute	Geologische Abschnitte
	Holozän			Postglazial
Jungpleistozän	Oberes Würm		~ 10 000	Spätglazial
			~ 15 000	Hochglazial
	Mittleres Würm		~ 25 000	Frühglazial
	Unteres Würm		~ 70 000	
	Eem		~ 115 000	Riß/Würm – Interglazial
			~ 130 000	

Rückzugslage und Stephanskirchner Stadium für einen weiteren markanten, das Rosenheimer Becken umsäumenden Rückzugsstand.

Eine entsprechende Gliederung gilt auch für die weiteren Jungmoränen im bayerischen Alpenvorland. Die gebräuchlichsten lokalen Bezeichnungen für die Endmoränen- bzw. Rückzugsmoränenstände der Würm-Eiszeit sind in Tabelle 5 zusammengestellt (nach ROTHPLETZ 1917; TROLL 1924, 1925, 1936; KNAUER 1929, 1931; EBERS et al. 1966; DIEZ 1973; HABBE 1985; JERZ 1987; SCHREINER 1992).

Bereichsweise sind dem äußeren Hauptwall noch kleinere Moränenwälle vorgelagert, welche die eigentlichen, wenn auch wohl nur kurzzeitigen Maximalstände darstellen: Pürgen-Stoffen bei Landsberg, Neufahrn bei Starnberg, Aying bei München, Unterweißenkirchen bei Traunreut (s. Tab. 5). Anderswo sind die äußersten Moränen von Schmelzwasserschottern überdeckt; die Schotterflächen weisen dann häufig Toteiskessel auf (z. B. bei Jesenwang östlich Fürstenfeldbruck, bei Wang südlich Gars a. Inn).

Nach heutiger Kenntnis war das eigentliche Würm-Hochglazial nur von relativ kurzer Dauer. Erst in einer späten Phase der Würm-Kaltzeit war auch das Alpenvorland weitflächig mit Gletschereis bedeckt (vgl. Tab. 4 und Kap. 3.4).

Eindeutige Beweise für eine frühwürmzeitliche Moräne im Alpenvorland sind nicht bekannt. EBERLS „W I" und KNAUERS „Überfahrene Moräne" werden als Rückzugsphase (TROLLS Ölkofener Phase) bzw. als Rückzughalt mit kurzzeitigem Wiedervorstoß angesehen.

Tabelle 5. Endmoränen und Rückzugsphasen von Alpenvorlandgletschern zur Würmeiszeit. (Die gebräuchlichsten Bezeichnungen nach verschiedenen Autoren).

Gletscherstände	Rhein	Lech	Loisach – Isar		Inn	Salzach
Äußerste (vorgeschobene) Randlage	„Supermaximum"	n. b.	Stoffen – Steinlach	Neufahrn (bei Schäftlarn)	Aying	Unter-Weißenkirchen
Hauptrandlage (= Würmmaximum)	Schaffhausen (Äußere Jungendmoräne)	Sachsenried	Reichling (Schöffelding)	Hohenschäftlarn (Karlsburg)	Kirchseeon	Nunreut
1. Rückzugsphase	Dießenhofen	Tannenberg	St. Ottilien (Hofstetten)	Ebenhausen (Leutstetten)	Ebersberg	Radegund
2. Rückzugsphase	Singen – Stein a. Rhein (Innere Jungendmoräne)	Haslach	Wessobrunn	Icking – Münsing (Starnberg)	Ölkofen	Tengling
3. Rückzugsphase	Konstanz	? Steingaden	Weilheim („Ammersee-Stadium")	Schönrain – Eurach	Stephanskirchen	Laufen

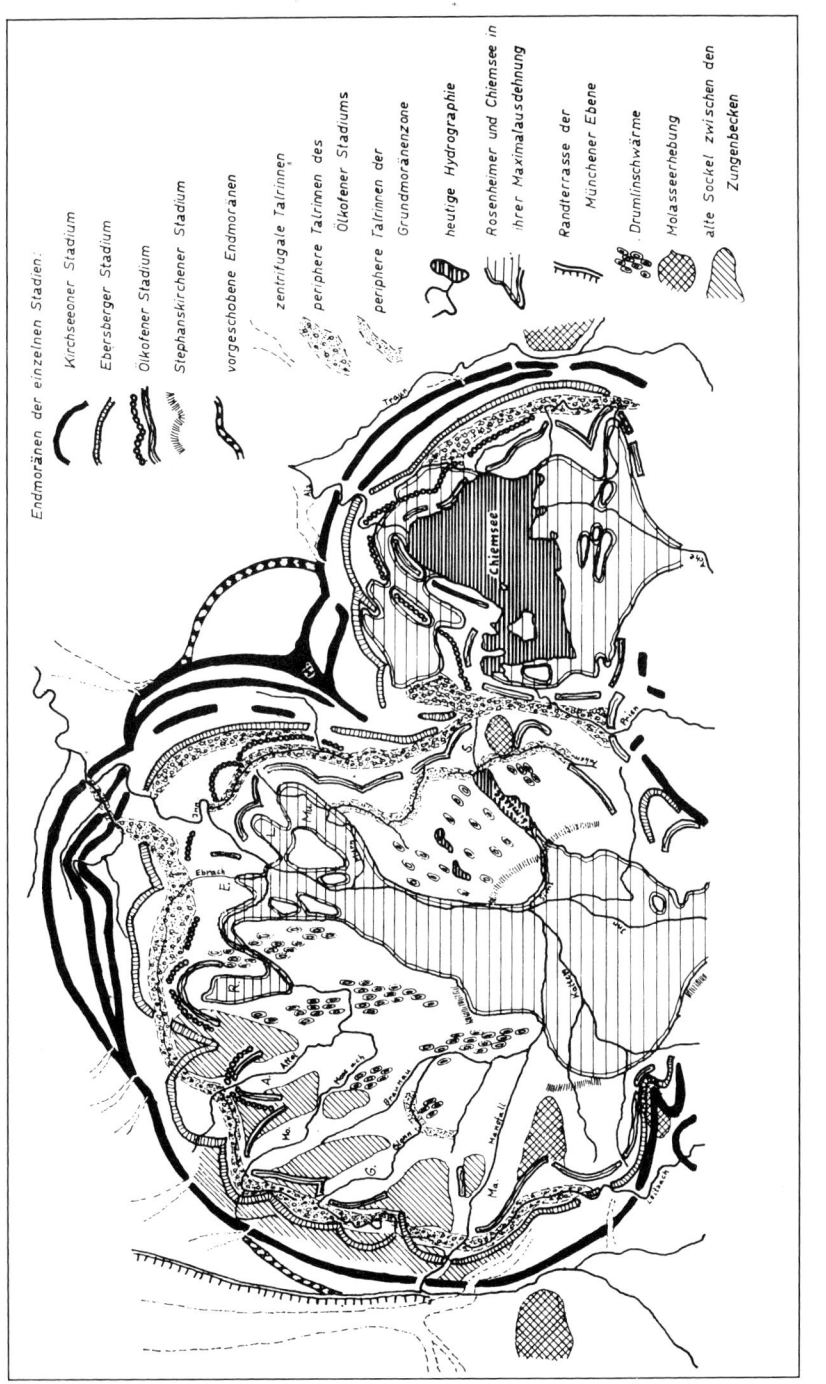

Abb. 5. Der Inn-Chiemseegletscher mit den Endmoränen seiner größten Ausdehnung im letzten Hochglazial vor rund 20000 Jahren. Zungenbecken des Innvorlandgletschers: Ma = Mangfall, G = Glonn, Mo = Moosach, A = Attel, R = Rettenbach, E = Ebrach, L = Laimbach-Zungenbecken. Dargestellt sind ferner der ehemalige Rosenheimer See und der einst größere Chiemsee im Spätglazial vor ca. 15000–12000 Jahren. Aus: HEYN 1984: 63 (nach einer geologisch-morphologischen Karte von CARL TROLL 1924: 32).

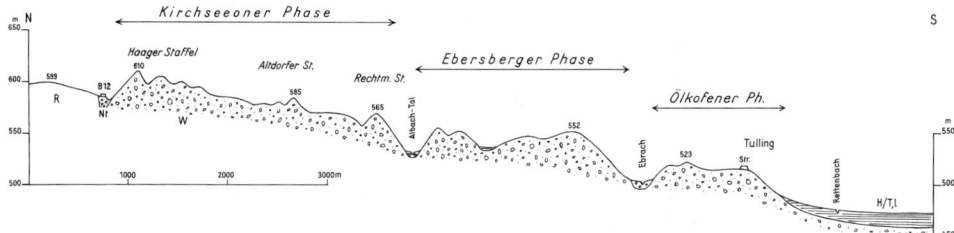

Abb. 6. Moränenphasen und Moränenstaffeln im Inngletschergebiet westlich Wasserburg am Inn. – Bezeichnungen nach C. TROLL 1924. Aus: JERZ 1970a: 15, Abb. 1.
H/T, l – Limnische Tonsedimente unter Torfbedeckung, NT – Niederterrassenschotter, W – Würmmoräne, R – Rißmoräne. Profil 10fach überhöht.

1.1.1 Gletscherablagerungen und Glazialformen

1.1.1.1 Moränen

Weite Teile des Alpenvorlandes sind mit Gletscherschutt, allgemein als **Moräne**[9] bezeichnet, in zum Teil beträchtlicher Mächtigkeit bedeckt. Es handelt sich um ein Gemisch von Gesteinsbruchstücken unterschiedlicher Art, Größe und Form, vorwiegend ungeschichtet und schlecht sortiert, mit Korngrößen von der Tonfraktion bis zur Blockgröße.

Es wird dabei zwischen an der Oberfläche eines Gletschers transportiertem und im Innern bzw. an der Basis bewegtem Material unterschieden: Der Gesteinsschutt der Obermoräne bleibt kantig; die **Geschiebe** der Innenmoräne und Grundmoräne (Geschiebemergel[10]), die mit rotierender Bewegung transportiert werden, erfahren eine Ekken- und Kantenrundung. Durch die Eisbewegung und die gegenseitige Reibung werden die Geschiebe gekritzt, geschrammt und zum Teil auch poliert (Abb. 7). Komponenten mit Konkavformen, sog. Kehlgeschiebe, sind neben den gekritzten Geschieben die wichtigsten Beweisstücke für vom Gletschereis bewegtes Material.

Auch von der Unterlage wird angefrorenes Gesteinsmaterial vom Gletschereis mitgerissen. Anstehender Fels wird abgeschliffen und von den mitgeführten eingefrorenen Geschieben geschrammt. Rundhöcker und Gletscherschliffe (s. S. 47 ff.) sind Zeugen einer glazialen Bearbeitung des Untergrundes.

---

[9] Der Begriff „Moräne" wird im deutschen Sprachgebrauch sowohl für die morphologische Ausbildung einer Gletscherablagerung wie auch für das Substrat verwendet. Im internationalen Sprachgebrauch wird das Material des Gletscherschutts als „Till" bezeichnet. (Dagegen bedeutet PENCKS „Tillit" eine verfestigte, im allgemeinen präquartäre Grundmoräne, wie z. B. die präkambrische Grundmoräne von Moelv am Mjösa-See in Südnorwegen.)

[10] „Geschiebemergel" ist ein vorwiegend in Norddeutschland verwendeter Sammelbegriff, der meist mit unserer Grundmoräne gleichbedeutend ist. (Geschiebelehm bedeutet die kalkfreie Ausbildung.)
Eine Sammlung geogenetischer Definitionen quartärer Lockergesteine, bearbeitet von C. HINZE, H. JERZ, B. MENKE & H. STAUDE, ist im Geologischen Jahrbuch, A 112, 1989, erschienen.

Abb. 7. Gekritztes und poliertes Kalksteingeschiebe. Aus: KRAUS & EBERS 1965: 151. (Foto: Dr. W. BAHNMÜLLER).

Die Moränen enthalten das breite Spektrum der Gesteine, aus denen ihre Liefergebiete aufgebaut sind. Mit Hilfe von „Leitgeschieben" können Lokal- und Fernmoränenmaterial unterschieden und die Transportwege rekonstruiert werden.

Hohe Anteile an Fernmaterial aus den Zentralalpen mit kristallinen, „erratischen" Gesteinen enthalten der Rheingletscher (bis über 30%), der Inngletscher (bis über 20%) der Chiemseegletscher (bis über 35%) und der Saalach-Salzachgletscher (bis über 25%). Der Isar-Loisachgletscher bezieht sein kristallines Material vom Inngletscher über die Transfluenzstellen am Fern-Paß, Buchener Sattel bei Leutasch und Seefelder Paß; seine Anteile an zentralalpinen Geschieben betragen meist zwischen 5 und 15%, allerdings im Raum Murnau auch erheblich mehr (bis über 30%) und im Raum Bad Tölz deutlich weniger (um 1%); vgl. auch DREESBACH 1985: 37 f. Die kristallinreichen Moränen sind in etwa Süd-Nord verlaufenden „Streifen" angeordnet, sie weisen auf eine relativ geringe Durchmischung des Gletscherschutts beim Eistransport hin.

Nur sehr geringe Gehalte an kristallinen Komponenten (meist weniger als 1%) weisen die Moränen des Lechgletschers (bei sehr geringem Eiszufluß vom Inngletscher) und die des Illergletschers (mit kristallinen Gesteinen aus verschiedenen stratigraphisch-tektonischen Einheiten im Allgäu) auf.

Die Abweichungen im Geschiebebestand innerhalb eines Vorlandgletschers sind oft größer als die Unterschiede zwischen seinen Jungmoränen und seinen Altmoränen. Das gleiche gilt auch für die Mineralführung. Hingegen bestehen oft beträchtliche Unterschiede im Stoffbestand in benachbarten Vereisungsgebieten, deren Gletscher verschiedene Einzugsgebiete aufweisen (z. B. Iller- und Rheingletscher).

Für die Moränengebiete der einzelnen Vorlandgletscher lassen sich Zonen mit **Endmoränen** und **Rückzugsmoränen** mit vorwiegend stark bewegtem Relief und Bereiche mit flachwelligen bis kuppigen **Grundmoränen** und **Abschmelzmoränen** unterscheiden. Mit der Abfolge von den Randlagen zu den zentraleren Bereichen ändert sich das Material der Moränen von kiesig-sandig über kiesig-schluffig zu schluffig-tonig: in Eisrandlagen ist die Kornzusammensetzung vorwiegend kiesig („Schottermoräne"), wobei das Feinmaterial von den Schmelzwässern ausgewaschen wurde; in Eisrückzugslagen ist die Zusammensetzung überwiegend kiesig-schluffig. In Grundmoränen, deren Beschaffenheit vom unmittelbar anstehenden Untergrund mit bestimmt wird, überwiegt im Alpenvorland schluffreiches bis schluffig-toniges Material. Stellenweise ist dichte Grundmoräne noch von lockerer Abschmelzmoräne überdeckt.

Moränenmaterial ist im allgemeinen unsortiert und nicht oder nur wenig geschichtet; eine Schichtung kann auf Grenzflächen zwischen Eis und Gesteinsschutt entstehen. Eine bessere Sortierung ist bei Umlagerung durch Schmelzwässer gegeben.

Die Grundmoräne enthält gewöhnlich mehr Feinmaterial, welches teilweise vom lokalen Untergrund stammt und vom Gletscher als Grundschutt aufgenommen worden ist. Grundmoränenmaterial, unter den Eismassen zusammengepreßt, ist dicht gelagert; nicht selten ist ein Gefüge (mit Scherflächen) ausgebildet. Die großen Geschiebe sind in Fließrichtung des Gletschers eingeregelt, ihre Längsachsen zeigen überwiegend in Richtung der Eisbewegung.

Abschmelzmoräne, beim Niedertauen des Gletschereises angehäuft, ist kiesiger und sandiger, weniger dicht gelagert und im allgemeinen ohne Gefüge und Einregelung.

Die Kornzusammensetzung und die Karbonatgehalte würmeiszeitlicher Moränen im Isar-Loisach- und im westlichen Inngletscher-Gebiet zeigen die von GROTTENTHALER (1989: 105, 108) veröffentlichten und in den Abb. 8 und 9 wiedergegebenen Übersichten.

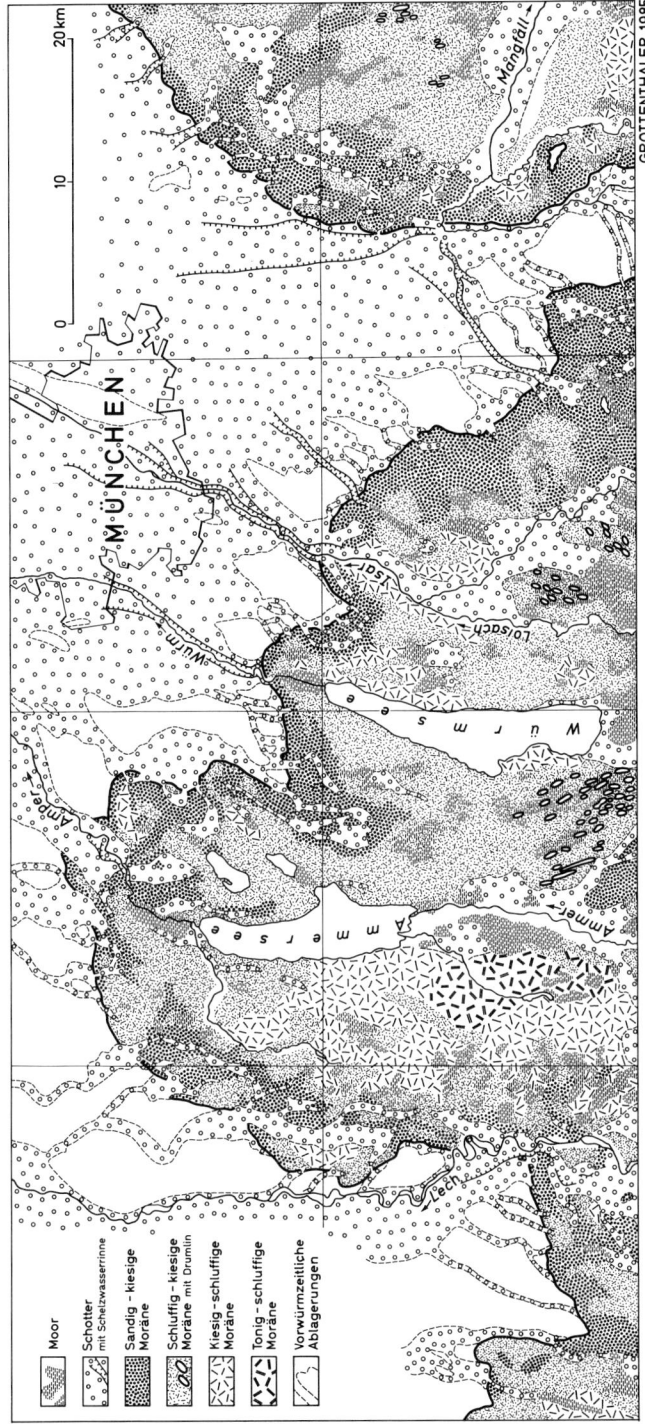

Abb. 8. Verbreitung würmzeitlicher Moränen, gegliedert nach ihrer Kornzusammensetzung, im Isar-Loisach- und im westlichen Inngletscher-Gebiet. Nach Aufnahmen von E. BUECHLER, T. DIEZ, W. GROTTENTHALER, G. HOLZNER, H. JERZ, X. KELLER, G. RÜCKERT & F. SPERBER, zusammengestellt von W. GROTTENTHALER (1989: 108).

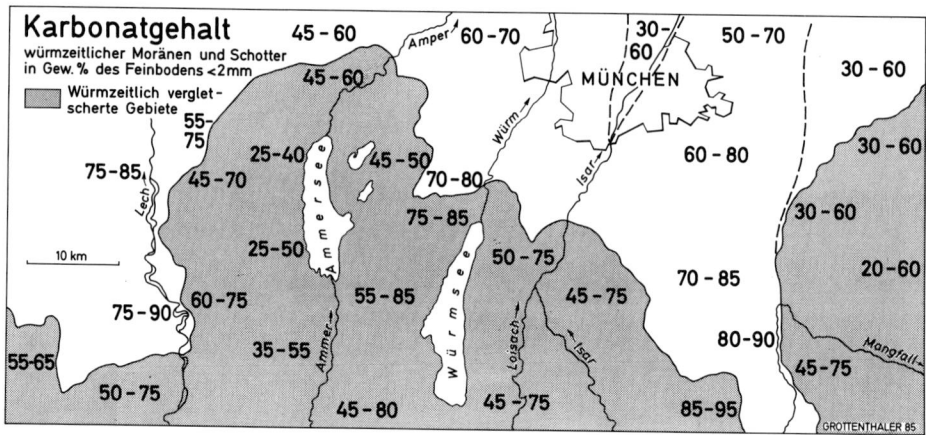

Abb. 9. Karbonatgehalte im Feinmaterial würmzeitlicher Moränen und Schotter im regionalen Vergleich. Im dargestellten Beispiel bestehen deutliche Unterschiede im Karbonatgehalt zwischen den an zentralalpinen Geschieben reichen Moränen des Inngletschers und den kristallinärmeren Moränen des Isargletschers. Stärker wechselnd sind die Karbonat- und Kristallingehalte der Moränen des Loisachgletschers. (Beim Vergleich der Karbonatgehalte ist zu berücksichtigen, daß grobkörniges Moränenmaterial höhere Werte erreicht als feinkörniges.) Aus: GROTTENTHALER 1989: 105.

Zwischen einer typischen Moräne und einem fluvioglazialen Schotter bestehen alle Übergänge. Für eine Unterscheidung bildet der Rundungsgrad des transportierten Materials ein wichtiges Kriterium. Für eine Abtrennung und Kennzeichnung als Moräne oder Schotter genügt bisweilen eine Bestimmung nach der Vergleichstafel von REICHELT (1961): Bei über 50 % gerundeten bis stark gerundeten Komponenten handelt es sich mit größter Wahrscheinlichkeit um eine fluviatile Ablagerung (vgl. Abb. 10).

Weitere Angaben über Untersuchungsmethoden in der Quartärgeologie siehe bei A. SCHREINER (1992).

Glazialtektonische Erscheinungen in Moränen sind meist auf vertikale Verstellungen (nach Setzungen) beschränkt. Glazial gestauchte Ablagerungen treten im Alpenvorland weniger häufig auf als in nordischen Vereisungsgebieten. Sie sind hier im Süden nur von wenigen Stellen bekannt (vgl. Kap. 9).

Die Moränengebiete zeichnen sich auch durch die mehr oder weniger häufigen Vorkommen ortsfremder Felsblöcke aus. Die sog. **Findlinge**, häufig auch als erratische Blöcke bezeichnet, wurden von den Gletschern oft von weither und über Wasserscheiden hinweg an ihren heutigen Fundort transportiert.

KARL SCHIMPER, Münchner Botaniker und Privatgelehrter, begründete 1837 in seiner Schrift „Über die Eiszeit" seine Vorstellung von ausgedehnten Gletschern in der Vorzeit mit dem Auffinden von Findlingsblöcken, die vom Eis von den Alpen bis in die Starnberger Gegend transportiert worden sind. Der Münchner Paläontologe KARL VON ZITTEL erbrachte 1874 weitere Beweise für die ehemalige große Ausdehnung der eiszeitlichen Gletscher durch den Nachweis von Moränen mit gekritzten Geschieben sowie Gletscherschliffen bis in die Gegend von München.

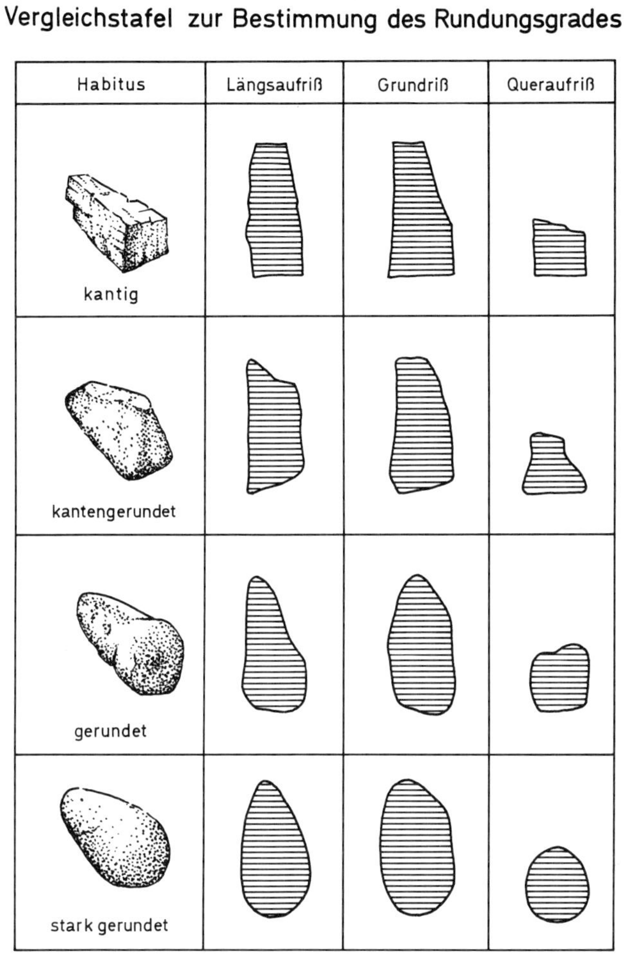

Vergleichstafel zur Bestimmung des Rundungsgrades

Habitus	Längsaufriß	Grundriß	Queraufriß
kantig			
kantengerundet			
gerundet			
stark gerundet			

Abb. 10. Vergleichstafel zur Bestimmung des Rundungsgrades (aus REICHELT 1961: 16, Abb. 1). Diagrammtypen des Rundungsgrades als Ausdruck der Transportart (nach REICHELT 1961: 22, vereinfacht): Fluviatile Ablagerungen: Gerundete und stark gerundete Schotter rd. 50 % und darüber. Moränische Ablagerungen: Kantengerundete Schotter über 40 % (stark gerundete Schotter unter 10 %, kantige unter 40 %). Solifluidale Ablagerungen: Kantige Schotter vorherrschend (über 70 %), gerundete Schotter selten.

Gebietsweise sind Wallkuppen von Endmoränen mit Findlingen übersät. Ortsfremde Gesteine („Irrblöcke", „Erratiker") waren früher im gesamten vergletscherten Alpenvorland noch weitaus stärker verbreitet. Wo sie der landwirtschaftlichen Landnutzung im Wege standen, wurden sie beseitigt (man findet sie häufiger noch in Waldgebieten). In früheren Jahrhunderten wurden sie vielfach für Bauzwecke (Fundamente, Mauerwerk) verwendet.

Abb. 11. Riesenfindling aus hellgrauem Wettersteinkalk in einer (ehem.) Kiesgrube bei Habach nordöstlich Murnau, 1984 in einer Seitenmoräne des Loisachgletschers freigelegt. Der Findling (102 t) befindet sich heute am Eingang zum Bayerischen Geologischen Landesamt, Heßstraße 128, in München.

In einigen Orten des bayerischen Oberlandes sind Findlinge als Denkmäler aufgestellt, wie z. B. in Irschenhausen bei Icking, Degerndorf bei Münsing, St. Leonhard im Forst, Wessobrunn, Rohrdorf a. Inn. Sie werden gern auch als Grabsteine auf Friedhöfen und als Ziersteine in Gärten verwendet.

Vor dem Gebäude des Bayerischen Geologischen Landesamtes in München, Heßstraße 128, sind verschiedene Findlinge aus dem Alpenvorland aufgestellt, darunter ein großer Block aus Wettersteinkalk (rd. 100 t) aus der Kiesgrube Habach bei Murnau (Abb. 11) und ein ebenso gut gerundeter Block aus Molassekonglomerat (10 t) aus der Kiesgrube Eichholz bei Dietmannsried.

Vor dem Geologischen Institut der Universität München, Luisenstraße 37, liegt ein Findlingsblock aus Glimmerschiefer (20 t); er stammt aus dem Inngletschergebiet östlich Wasserburg (ehem. Kiesgrube „An der Straß").

Abb. 12. „Der graue Stein", Findling aus zentralalpinem Kristallingestein bei Oberaudorf. Aus: KRAUS & EBERS 1965: 183 (Foto: Dr. W. BAHNMÜLLER).

Der weitaus größte bekannte Findling im nordalpinen Vereisungsgebiet befindet sich in der Gegend von Weiler i. Allgäu (WASMUND 1929). Aus dem ortsfremden alpinen Triaskalk wurden früher im Steinbruchbetrieb Bausteine gewonnen. Sein ursprüngliches Volumen wird auf 3000 bis 4000 m³ geschätzt. Das Restvorkommen ist heute als bedeutsames Naturdenkmal geschützt.

Von weiteren Orten im bayerischen Alpenvorland sind große Findlingsblöcke bekannt: Kemptener Wald (Dengelstein), Peretshofen bei Wolfratshausen (Steinberg), Manthal und Haarkirchen bei Starnberg, Reichertsham bei Wasserburg a. Inn (Bräundlstein), Gernmühl bei Nußdorf a. Inn, bei Oberaudorf (Abb. 12).

Auch in den ehemals vergletscherten Bereichen des Bayerischen Waldes sind vom Eis transportierte Blöcke bekannt. Beim Parkplatz Reschwassertal im Nationalpark Bayerischer Wald liegt ein großer Block aus Kristallgranit (s. Abb. 33).

1.1.1.2 *Drumlins, Oser, Kames, Toteisbildungen*

Zu den Sonderformen der eiszeitlichen Ablagerungen im Alpenvorland zählen **Drumlins**, **Oser** (selten) und **Kames**; sie treten fast nur in den Jungmoränengebieten in Erscheinung. Entsprechende Bildungen älterer Vergletscherungen wurden bei jüngeren Gletschervorstößen aufgearbeitet oder sind unter dem Gletscherschutt begraben.

Drumlins[11] stellen im Alpenvorland häufig eine Ablagerungsform der Grundmoräne dar; sie bestehen oft ganz aus verdichteter, schluffreicher Moräne. Seltener sind „Kiesdrumlins", aus kiesiger Unterlage (z. B. Vorstoßschotter) herausmodelliert und von einer meist geringmächtigen Grundmoräne überzogen.

Davon abweichend bestehen „Drumlinoide" z. B. aus überformter Moräne oder aus einem zugerundeten Felskern etwa aus Moränen- und Schotter-Nagelfluh oder aus Molasse-Sandstein („Felsdrumlin").

Drumlins, einzeln oder meist in Schwärmen, kommen in allen größeren Vorlandgletscher-Gebieten des Alpenvorlandes vor: nördlich des Bodensees in der Gegend von Lindau, im Illertal bei Sonthofen und Kempten, südlich des Auerberges bei Lechbruck, östlich Weilheim zwischen Eberfing und Seeshaupt, südlich Wolfratshausen bei Herrnhausen und Königsdorf, nördlich Rosenheim bei Ostermünchen und Hörmating, am Simssee bei Prutting, am Waginger und Tachinger See. Vielfach sind sie zwischen den Zweigbecken angeordnet. Das Eberfinger Drumlinfeld ist mit über 360 Drumlins das bekannteste und größte (ROTHPLETZ 1917; EBERS 1926, 1937).

Die Drumlins haben viel Ähnlichkeit mit Stromlinienkörpern. Sie besitzen im allgemeinen eine steile und stumpfe Luvseite und eine spitz auslaufende Leeseite; ihr Querschnitt ist asymmetrisch. Sie sind im allgemeinen doppelt bis dreifach so lang wie breit (Länge zwischen 100 und 800 m, Breite 50 bis 200 m, Höhe 10 bis 50 m). Im Eberfinger Drumlinfeld beträgt die Länge eines Drumlins nicht selten ein vielfaches seiner Breite (EBERS 1926: der „lange Marnbacher", 1900 m lang, 150 m breit, 20 m hoch). Die länglich ovalen Rücken sind vorzugsweise wechselständig angeordnet. Ihre Längsachsen zeigen in die Hauptrichtung der Eisbewegung.

---

[11] Drumlin, Mz. Drumlins oder Drums (irisch/gälisch: druman, drumlin): Schildrücken.

Das morphologische Gegenstück zu den Drumlins bilden in gleicher Richtung verlaufende Senken, welche mit dichter Grundmoräne ausgekleidet sind und häufig Niedermoore oder auch Weiher aufweisen.

Die Drumlins sind subglazial, unter dem sich fortbewegenden Gletschereis entstanden. Edith Ebers, die bekannteste Drumlinforscherin, beschreibt sie folgendermaßen (1957: 26): „Es sind Gletscheruntergrundformen, eine Art Wellensystem, das an der Grenze von Untergrund und bewegtem Eis entstand. Das rasch strömende Eis hat sie machtvoll stromlinienartig modelliert."

Auffällig ist die Anordnung der Drumlinschwärme vor eisstauenden Aufragungen, vor Spornen aus Molasseschichten und Quartärnagelfluh. Die Drumlinbildung kann deshalb nach der Auffassung von Carl Troll (1924: 89) auch auf „eine akkumulatorische Gletscherwirkung unter dem an Stoßkraft abnehmenden Eis" zurückgeführt werden.

Drumlins und die dazwischen ausgebildeten Senken sind demnach Formen, die im Kräftespiel zwischen Glazialerosion und -akkumulation und dem Widerstand des Untergrundes entstanden sind. Sie dürften mit ihrer Stromlinienform dem Eisstrom den relativ geringsten Widerstand entgegengesetzt haben. Menzies (1987: 20) und Habbe (1988: 39) sehen eine enge Beziehung zwischen der Drumlinentstehung und dem Schwinden des Permafrostes am Ende eines Hochglazials, d. h. die Drumlinbildung wäre somit in einer relativ späten Phase aus leicht verformbaren Sedimenten über einem noch gefrorenen Untergrund erfolgt.

Trotz langjähriger Drumlinforschung und trotz neuer Denkansätze können bis heute verschiedene grundlegende Fragen noch nicht eindeutig beantwortet werden.

Oser[12] bilden wallartige Rücken („Wallberge"), meist mit abgeflachtem Grat und steilgeböschten Flanken, und sind wie die Drumlins etwa in der Richtung der Eisbewegung angeordnet. Sie bestehen aus geschichteten Schmelzwasserkiesen und -sanden, die in Gletschertunneln im oder unter dem Eis abgesetzt worden sind.

In den großen nordischen Vereisungsgebieten bilden sie bahndammartige Wälle mit einer Erstreckung bis zu mehreren Zehnerkilometern.

Im Alpenvorland sind Os-Rücken selten und von meist kleinem Ausmaß (und nicht immer eindeutig als solche zu erkennen). Am bekanntesten sind die schmalen Oser im Gebiet der Osterseen mit der Marieninsel im Großen Ostersee, ferner das Sindelsdorfer Os, das Eggelburger Os bei Ebersberg und das Os im Langenbürgner See bei Eggstätt.

Kames[13] sind typische Ablagerungsformen in Eiszerfallsgebieten: Hügel aus Kies und Sand, von Schmelzwässern auf und zwischen Eisresten (Toteis) des zerfallenden Gletschers geschüttet (Eisbettsedimente). Nach dem Abschmelzen des Eises entstanden unregelmäßige, kuppig-hügelige, auch kegelförmige Formen aus geschichteten fluvioglazialen Ablagerungen. Kames enthalten nicht selten umschotterte Moräne und sind stets mit Toteisformen vergesellschaftet (s. u.). Kameterrassen sind an Stellen ausgebildet, wo nach einer Seite Kontakt zum Eis, d. h. ein Eiswiderlager bestand.

Kames und Kameterrassen sind im Alpenvorland aus verschiedenen Eiszerfallslandschaften bekannt, vor allem im Gebiet der Osterseen, Eggstätter und Seeoner Seen, ferner auf engerem Raum in der Umgebung von Münsing (Buchsee), Sindelsdorf, Ohl-

---

[12] Os, Mz. Oser (schwed. Ås, Åsar; irisch esker): wallartiger Hügel.
[13] Kame, Mz. Kames (irisch: came, cames): kleiner Rücken, Hügel, hügeliges Gelände.

stadt (u. a. im Ostermoos), Grafing (Im Dobel), Höglwörth und Tittmoning. Die Orte Seeshaupt und Iffeldorf liegen auf Kameterrassen (Eisrandterrassen).

Als weitere Sonderformen bilden **Tumuli**[14] auffällige, kegelförmige Hügel, bestehend aus Kies, Sand und Moräne. Es handelt sich um „kamesartige" Bildungen, die stellenweise Endmoränen vertreten („Endmoränen-Tumuli", EBERS 1926: 71). Sie sind vermutlich dadurch entstanden, daß Material aus Spaltenfüllungen und von der Gletscheroberfläche beim Abschmelzen des Eises von den Schmelzwässern zu kegelförmigen, sandig-kiesigen Sedimentkörpern zusammengespült wurden („Moulin-Kames").

Eindrucksvolle Beispiele finden sich nördlich Weilheim zwischen Pähl und Monatshausen (Hirschberg-Alm), östlich von Erding-Andechs („Bäckerbichl") sowie bei Wallgau. Einige dieser Hügel stehen als Naturdenkmal und als Standort für seltene Pflanzen unter Schutz.

Das Gegenstück zu den vielfältigen glazialen Aufschüttungen bilden **Rundhöcker** im herausragenden Fels. Sie treten einzeln als zugeschliffene Härtlinge oder in größerer Zahl in Rundhöckerfluren auf. Beispiele für Rundbuckel sind die „Köchel" im Murnauer Moos und der „Geistbühel" bei Bichl aus quarzitischen helvetischen Sandsteinen oder zahlreiche Kuppen aus Molassenagelfluh im oberen Illertal zwischen Agathazell und Immenstadt.

Auch quartäre Nagelfluhplatten im Alpenvorland können vom Gletschereis überschliffen und poliert sein, wie zum Beispiel die Deckenschotter bei Happerg westlich Eurasburg, bei Neufahrn östlich Wolfratshausen, in Berg am Starnberger See oder in Beigarten südlich Straßlach.
Beschreibungen zu den Gletscherschliffen im alpinen Raum siehe Kapitel 1.2.

Toteisbildungen. Im mit Moränen überzogenen Alpenvorland besteht ein oft engräumiger Wechsel zwischen Aufschüttungs- und Hohlformen. Letztere sind meist in Verbindung mit bewegungslosem Eis, dem „Toteis" entstanden, das teils im Verband der Moränen zurückblieb, teils in größeren und kleineren Resten vom Gletscher abgetrennt und von Schmelzwassersedimenten rasch überdeckt wurde. Nach dem Ausschmelzen der Eisreste entstanden Hohlformen unterschiedlicher Größe, die je nach der Durchlässigkeit des Untergrundes heute entweder als trockene Trichter und Kessel oder als wassererfüllte und vermoorte Hohlformen (Sölle[15]) in Erscheinung treten.

Toteisformen in großer Zahl und Vielfalt treten im Bereich der Endmoränen der Vorlandgletscher und in den Eiszerfallslandschaften (z. B. Ostersesen, Eggstätt-Seeoner Seen) auf. Dabei häufen sich trockene Toteislöcher und Kesselfelder in den äußeren, vorwiegend sandig- und schluffig-kiesigen Endmoränen, nasse Hohlformen hingegen mehr in den schluffreicheren Moränen (Rückzugs- und Grundmoränen) wie auch an Wall-Innenflanken von Endmoränen.

Auf Toteis zurückzuführende, dolinenartige Trichter finden sich auch in Schmelzwasserrrinnen oder an der Wurzel von Schotterfeldern. Sie entstanden durch Nachsacken der Schotterdecke beim Ausschmelzen von Toteisblöcken in der unterlagernden Moräne. Wie in anderen Vereisungsgebieten nachgewiesen, können Toteisreste unter Überdeckung einen Zeitraum von mehr als tausend Jahren überdauern.

---

[14] Tumulus, Mz. Tumuli (lat.): Hügelgrab; Moränenschutthügel.
[15] Soll, Mz. Sölle (plattdt.): Wasserloch, Suhle.

Ohne das Vorhandensein von Toteis wäre sicherlich eine Reihe größerer und kleinerer Seen beim Eisrückzug von Schmelzwassersedimenten ganz oder teilweise zugeschüttet worden, so zum Beispiel der Südteil des Starnberger Sees, in Fortsetzung der Seeshaupter Kameterrasse.

1.1.2 Schmelzwasserablagerungen und Schotterfelder

Im Vorfeld der Moränen breiten sich die **Schotter**[16] verschiedener Glazialzeiten aus; verschiedentlich besteht noch eine Verknüpfung von Schmelzwasserschottern mit zugehörigen Endmoränen, wie in Abb. 13 schematisch dargestellt. Am besten zu erkennen ist dies bei den Schottern der beiden letzten Eiszeiten, bei den würmeiszeitlichen Niederterrassenschottern und bei den rißeiszeitlichen Hochterrassenschottern, seltener bei den mindeleiszeitlichen Schottern. Ältere Schotter(platten) sind von der Erosion oft sehr stark zerschnitten und treten dann nur als isolierte Vorkommen auf. Einstmals bildeten auch sie zusammenhängende Schotterfluren („Schotterfelder" bei PENCK & BRÜCKNER 1901/09: 31).

Im Iller-Lech Gebiet wurden die glazifluviatilen Schotter von Eiszeit zu Eiszeit auf einem tieferen Talniveau abgelagert; die ältesten Schotter sind dort heute auf den höchsten Kuppen und Riedeln anzutreffen (vgl. Abb. 14 und Abb. 15), dazwischen eingeschachtelt sind die jüngeren Terrassen- und die jüngsten Talschotter.

Eine Sonderstellung nimmt das Gebiet der Münchener Schotterebene ein, die in einem insgesamt noch in Hebung begriffenen Alpenvorland ein „relatives Senkungsgebiet" darstellt. Im Gegensatz zu anderen Gebieten sind die älteren Schotter, hier als Ältere und Jüngere Deckenschotter bezeichnet, von denen der Hochterrasse und der Niederterrasse überdeckt.

Die Schotterfelder vor den Endmoränen gleichen größeren und kleineren Schwemmfächern, den **Sandern**[17]. Sie ziehen unter die Endmoränen hinein oder wurzeln an deren Außenrand (Abb. 16). Unterbrechungen in den Moränenzügen bezeichnen die Lage

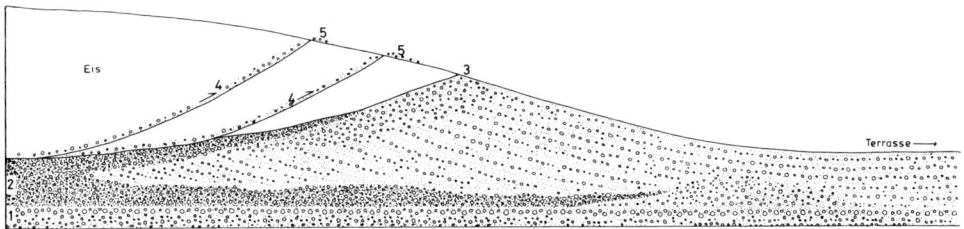

Abb. 13. Schematisierte vertikale und horizontale Sedimentabfolge am Gletscherende.
1 – Kiese der Vorstoßphase, 2 – Grundmoräne, 3 – Endmoräne, 4 – Scherflächen im Eis, 5 – Moränenmaterial auf der Gletscheroberfläche. Aus: D. VAN HUSEN 1981: 205, Abb. 4.

---

[16] Schotter: Sammelbezeichnung für Gerölle unterschiedlicher Korngröße, Kies und abgerollte Steine mit Sand als Zwischenmittel.
[17] Sander (isld. Sandr, Sandur): fast ebener Schwemmfächer (s. Abb. 17).

Glazialer, fluvioglazialer und glazifluviatiler Bereich

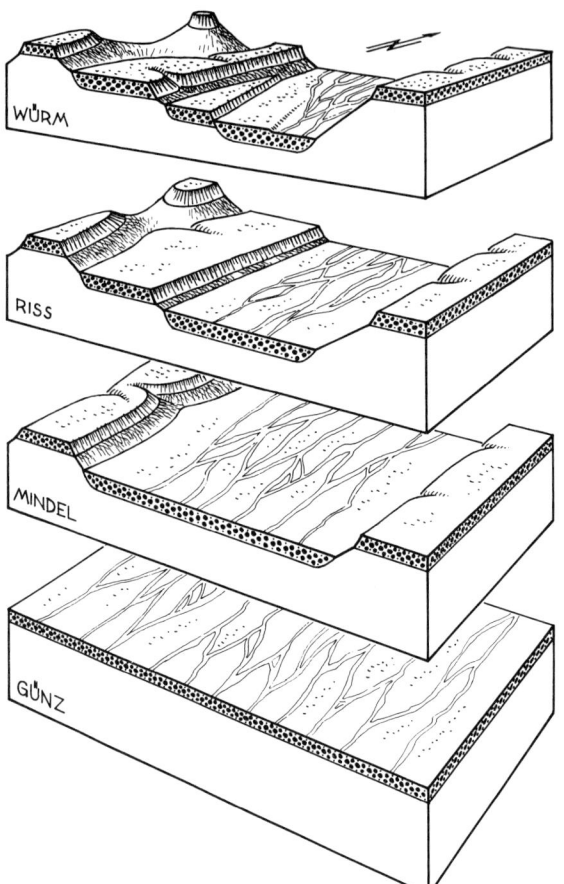

Abb. 14. Entstehung einer Terrassenlandschaft im westlichen bayerischen Alpenvorland, stark vereinfacht, mit Decken-, Terrassen- und Talschotterflächen. Nach SCHOLZ, H. & SCHOLZ, U. 1981: 126, Abb. 62.

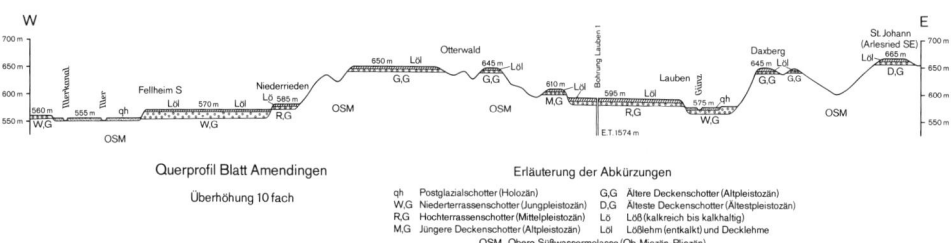

Abb. 15. West-Ost-Profil nördlich Memmingen zwischen Illertal und Günztal durch die Iller-Mindel-Schotterplatten. Aus: JERZ 1978: 11, Abb. 3.

Abb. 16. Oszillationsmoräne auf einer Sanderschüttung in der Haager Moränenstaffel der Kirchseeoner Phase im nordwestlichen Inngletschergebiet bei Albaching (östlich Hohenlinden). Rohrgraben der Transalpinen Ölleitung – Aufnahme 1966.

ehemaliger Gletschertore. Schmelzwasserschotter bauen auch innerhalb der Endmoränen meist kleinere Schotterkörper auf oder füllen Abflußrinnen. Ältere, unter schützenden Moränen verborgene Schmelzwasserrinnen können regional von größter hydrologischer Bedeutung sein (s. Kap. 11.1). In den jüngeren Rinnen flossen die schotterbeladenen Schmelzwässer zwischen den Moränen ab und durchschnitten die äußeren Endmoränen an der tiefsten Stelle, wie z. B. im Inngletscher-Gebiet der sog. Leitzach-Gars-Talzug (C. TROLL 1924: 61) bei Gars am Inn.

Abb. 17. Aufschüttung einer Schotterebene im Vorfeld eines großen Gletschers – der Skeidarar-Sandur in Südisland. Ein Beispiel für die Entstehung einer großen Schotterfläche wie die der Münchener Schotterebene im letzten Hochglazial vor rund 20 000 Jahren. – Aufnahme 1977.

1.1.2.1 Die älteren Glazialschotter (Ältest- und Altpleistozän, vgl. Tab. 3)

Sie gehören teils dem Komplex der Biber- und Donau-Eiszeiten (Ältestpleistozän), teils der Günz-, Haslach und Mindel-Eiszeit (Altpleistozän) an. Im Alpenvorland bauen sie vor allem die Riß-Iller-Lech- und die Isar-Inn-Schotterplatten auf (Abb. 18 und Abb. 19). Die größeren Vorkommen älterer Glazialschotter können zeitlich folgendermaßen zugeordnet werden[18]:

Biber-Eiszeitengruppe: Staufenberg-Terrassentreppe nordwestlich Augsburg, Hohenrieder Schotter nordöstlich Augsburg, Staudenplatte südwestlich Augsburg, Plattenberg-Arlesrieder Schotter westlich Mindelheim; isolierte Vorkommen: Hochfirst südwestlich Mindelheim, Stoffersberg westlich Landsberg a. Lech.

---

[18] vgl. PENCK & BRÜCKNER 1901/09; GRAUL 1949, 1962; SCHAEFER 1953, 1957, 1965; EICHLER 1970; SINN 1972; JERZ et al. 1975, 1978; SCHEUENPFLUG 1974, 1986; LÖSCHER 1976; RÖGNER 1979, 1980; SCHREINER & EBEL 1981; SCHREINER 1982; TILLMANNS et al. 1983; HABBE & RÖGNER 1989; DOPPLER (i. Druckvorb.); Ergebnisse der Arbeitstagungen „Älteres Pleistozän des Alpenvorlands" am 31.03./1.04.1990 in Zusmarshausen und am 30.04./1.05.1990 in Illmensee-Höchsten (Leitung: K. A. HABBE, D. ELLWANGER).

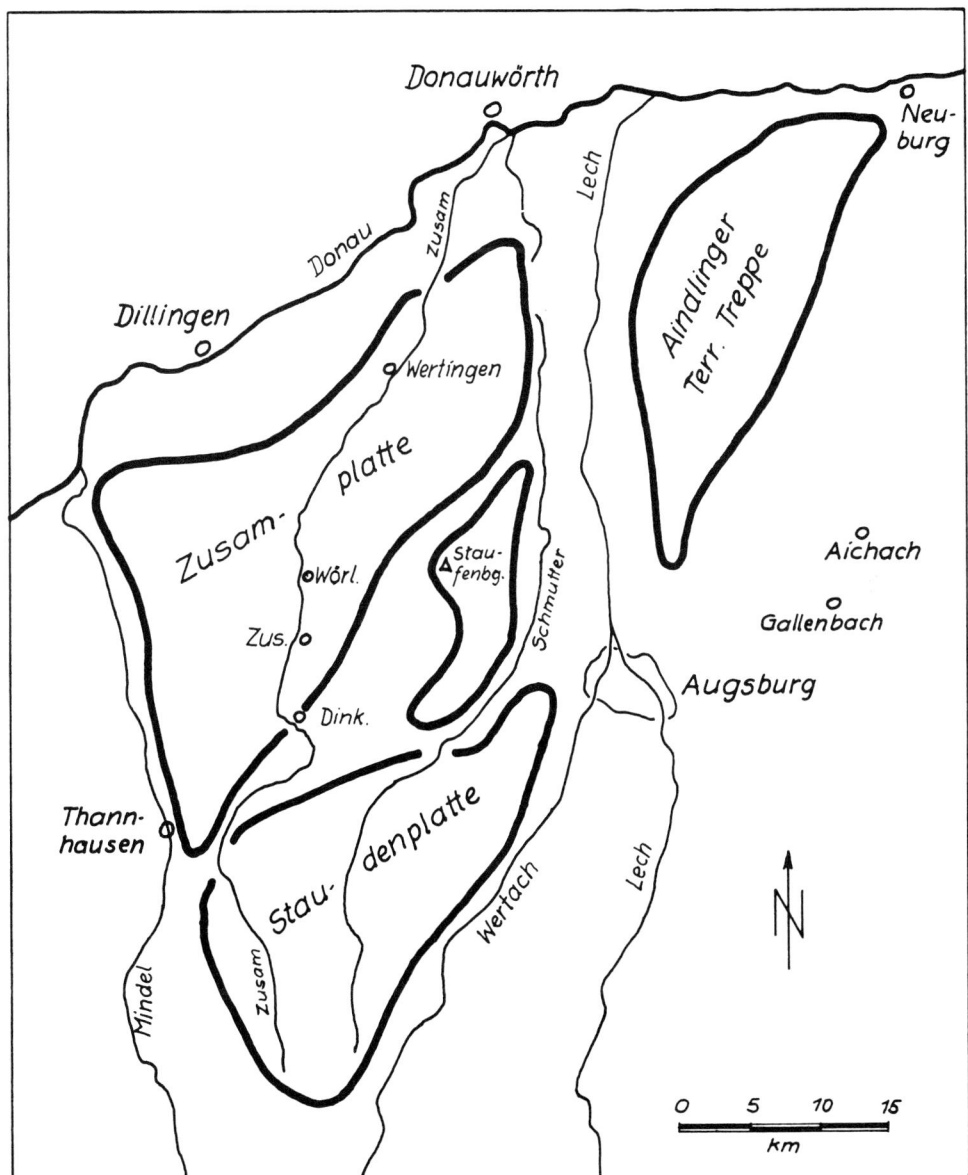

Abb. 18. Alt- und ältestpleistozäne Schottergebiete in der (östlichen) Iller-Lech-Schotterplatte. Aus: SCHEUENPFLUG 1986: 191: Abb. 1.

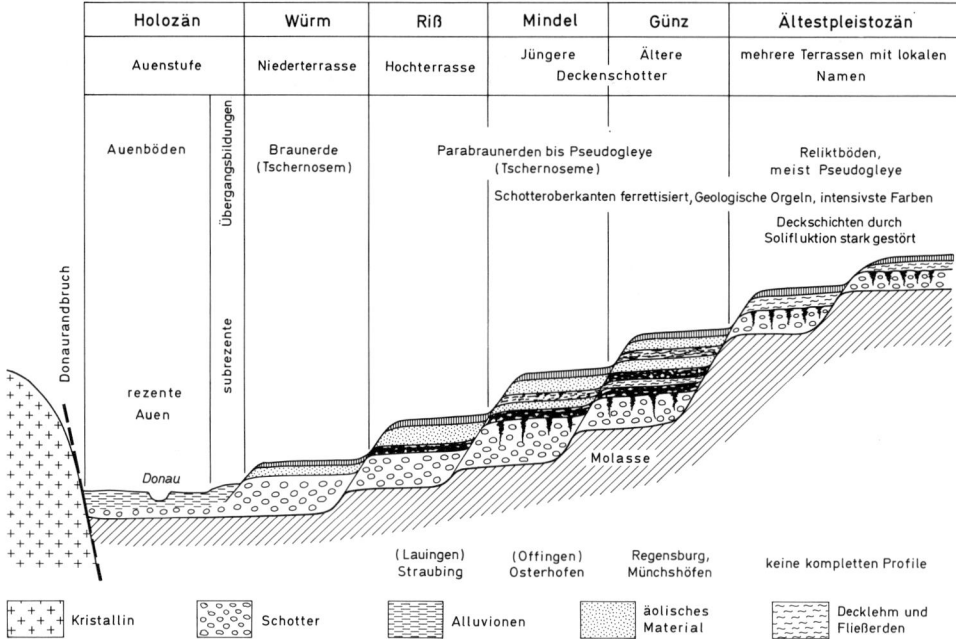

Abb. 19. Schematische Darstellung der Terrassen und ihrer Deckschichten im Donaugebiet (nach FINK 1966, verändert).

Donau-Eiszeitengruppe: Aindlinger Platte (z. T.) nordöstl. Augsburg, Zusamplatten-Schotter westlich Augsburg, Eisenburger, Kellmünzer und Bucher Schotter nördlich Memmingen, Inneberg-Reisensburger Schotter (bei Günzburg); isolierte Vorkommen: Hoher Rain und Kronburg südlich Memmingen.
Häufige Sammelbegriffe für die ältesten Glazialschotter bzw. „Deckenschotter" sind: „Hochschotter" und „Deckschotter" bei GRAUL (1949) und LÖSCHER (1976), „Höhenterrassenschotter" und „Deckterrassenschotter" bei SCHAEFER (1953, 1957).
Günz-Eiszeit: Zeiler Schotter in Oberschwaben, Böhener Feld (?) südlich Ottobeuren, Kissendorfer und Witzighauser Schotter (sog. Zwischenterrassenschotter) südöstlich Neu-Ulm, Deckenschotter im Isartal und im Gleißental südlich München (Abb. 20 und 21); isolierte Vorkommen: „Rauher Stein" auf dem Blender westlich Kempten, Peitinger Schloßberg, Happerger Schotter westlich Eurasburg, Neufahrner Schotter östlich Wolfratshausen.
Sammelbegriffe: „Älterer Deckenschotter" bei PENCK & BRÜCKNER (1901/09), „Deckterrasse" bei EBERL (1930).
Haslach-Eiszeit: Haslach-Schotter westlich Memmingen, Autenrieder Schotter (?) südwestlich Günzburg.

Abb. 20. Münchener Klettergarten bei Baierbrunn-Buchenhain. Schotternagelfluh des Jüngeren Deckenschotters (Mindel) und des Älteren Deckenschotters (?Günz, ?Donau), getrennt durch eine breite Wandfuge und durch tiefe Verwitterungstrichter, sog. geologische Orgeln. Zuoberst liegt Hochterrassenschotter (Riß).
R = Riß-, M = Mindel-, ?G (?D) = ?Günz- (?Donau-)zeitlich. Foto: H. Partheymüller (1985).

Mindel-Eiszeit: Grönenbacher Feld, Schwaighauser Schotter nordöstlich Memmingen, Kirchheim-Burgauer Schotter, Rothwald-Schotter bei Denklingen, Deckenschotter im Lechtal bei Schongau, im Würmtal bei Leutstetten, im Isartal zwischen Schäftlarn und München-Thalkirchen (s. Abb. 22) und zwischen Grünwald und München-Giesing, im Teufelsgraben und bei Holzkirchen, an den Rändern des Ammerseebeckens (Pähl, Dießen, Wessobrunn und Paterzell), des Würmseebeckens (Tutzing, Berg) und des Wolfratshausener Beckens (Eurasburg, Ascholding, Egling), in der Umrahmung einiger Inn-

Abb. 21. „Klassischer Aufschluß" im Münchener Deckenschotter im Gleißental oberhalb Deisenhofen südlich München. Deckenschotter (?Günz) mit 4–6 m tiefen geologischen Orgeln, nach oben von jüngeren Schmelzwasserschottern abgeschnitten (vgl. auch PENCK & BRÜCKNER 1901/09: 66, Fig. 9, und KRAUS 1964: 128, Abb. 3).

gletscher-Zungenbecken (Glonn, Moosach, Attel), ferner im Trauntal bei Traunstein und Stein a. d. Traun („Felsenburg"), im Alztal bei Altenmarkt und Trostberg, südlich Osterhofen in Niederbayern, u. a.
Sammelbegriffe: „Jüngerer Deckenschotter" bei PENCK & BRÜCKNER (1901/1909), „Altterrasse" bei EBERL (1930).

1.1.2.2 Die jüngeren Glazialschotter (Mittel- und Jungpleistozän)
Die Schmelzwässer der vorletzten Eiszeit und die der letzten Eiszeit haben im Alpenvorland verschiedene ausgedehnte Schotterflächen aufgeschüttet, wie zum Beispiel die Münchner Schotterebene. Diese ist hauptsächlich aus rißeiszeitlichen Hochterrassenschottern[19] und dem hier auflagernden würmeiszeitlichen Niederterrassenschotter[19] auf-

---

[19] Im Alpenvorland werden die Begriffe „Hochterrassenschotter" für rißeiszeitliche und „Niederterrassenschotter" für würmeiszeitliche Schmelzwasserablagerungen, d. h. als Bezeichnungen mit stratigraphischem Bezug im außermoränalen Bereich verwendet (PENCK & BRÜCKNER 1901/09).

Abb. 22. Isarhochufer bei Pullach südlich München. Schotter der Münchener „Niederterrasse", hier über den zu Nagelfluh verfestigten Geröllbänken des Münchener „Deckenschotters" (? Mindel). Foto: H. Partheymüller (1985).

gebaut (Abb. 22). Andernorts sind die jüngeren Glazialschotter an die Talzüge gebunden und bilden Terrassen oder Talfüllungen.

Hochterrassenschotter (Riß, Mittleres Pleistozän): Größere Flächen mit Hochterrassenschottern finden sich in vielen Regionen im Alpenvorland: das Hawanger und Hitzenhofener Feld im Illergebiet bei Memmingen, ausgedehnte Flächen im Günz- und Kammlach-Tal, die Augsburger-Langweider Hochterrasse im Lech-Tal, die Hochterrasse zwischen Gundelfingen und Höchstädt im Donau-Tal, ferner im Raum südlich München wie auch ostwärts der Isar zwischen Ramersdorf und Ismaning, bei Kraiburg und Mühldorf, zwischen Straubing und Plattling. Mächtige Rißschotter kommen im Loisach-Tal bei Wolfratshausen (unter Würmmoräne) und in der Münchner Schotterebene (unter Niederterrassenschotter) vor.

Die Hochterrassenschotter sind fast überall von würmeiszeitlichem Löß überdeckt. Die Mächtigkeit der Deckschicht beträgt durchschnittlich 1–3 m, maximal sind 6 m bekannt (ehem. Ziegelei Steinheim bei Memmingen). Die Hochterrasse nördlich Augsburg besitzt zusätzlich eine bis zu 1 m mächtige Flugsanddecke.

Niederterrassenschotter (Würm, Jüngeres Pleistozän): Im Raum München verschmelzen die glazialen Schwemmfächer der würmzeitlichen Isar-Loisach und Inn-Vor-

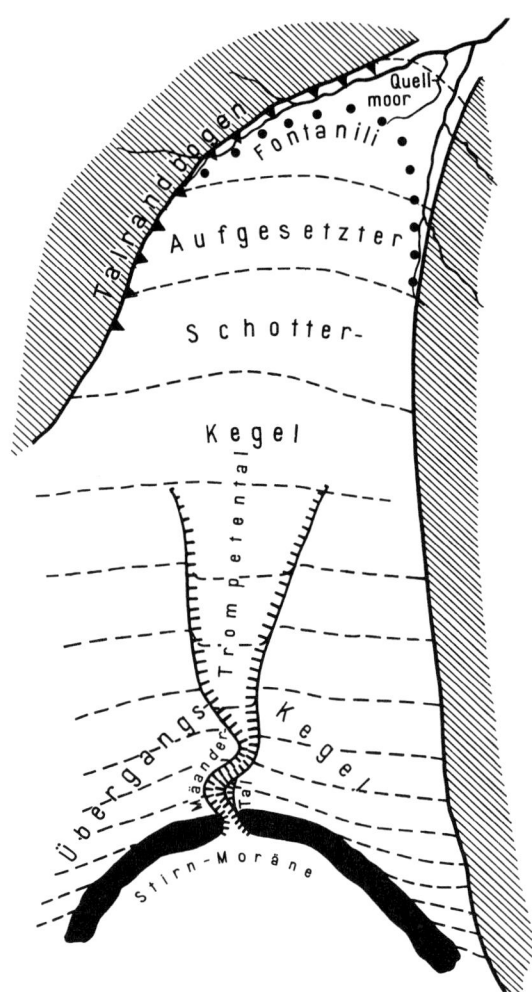

Abb. 23. Einfache fluvioglaziale Serie eines würmeiszeitlichen Schotterfeldes im Alpenvorland mit Übergangskegel, Trompetental und aufgesetztem Schotterkegel.
Aus: C. TROLL 1977: 183.

landgletscher zu der ausgedehnten „Münchner Schiefen Ebene" (s. S. 39 ff. und Abb. 26); modellhaft ist auch das „Garser Wurzelfeld" am Nordostrand des Innvorlandgletschers (C. TROLL 1924: 51). Die tiefgelegenen Austrittstellen der Schmelzwässer am Nordende der Zungenbecken bildeten auch beim Beginn des Eisrückzuges Abflußrinnen, in denen mit dem Zurückweichen des Eisrandes eine Tiefenerosion einsetzte: Aus den auf breiten Sanderflächen pendelnden Wasserläufen wurden festgelegte Rinnen, die sich rasch in die Schotterflächen einschnitten (Abb. 23); es entstanden dabei typische „Trompetentälchen" (C. TROLL 1926: 170, 1977: 183).

Größere Vorkommen mit Niederterrassenschotter weisen im Westen die Umgebung von Memmingen mit dem Steinheim-Fellheimer Feld, dem Erolzheimer Feld und dem

Abb. 24. Schräggeschichtete Würm-Vorstoßschotter unter gering mächtiger Würm-Moräne (1–2 m). Kiesgrube Herrnhausen bei Eurasburg (Aufschlußhöhe ca. 12 m). – Aufnahme 1965. Aus: JERZ 1969: 45, Abb. 8.

Memminger Trockental, die Talzüge von Iller, Roth, Günz, Mindel, Wertach und Lech („Lechfeld"), im Osten das Inntal mit dem Ampfing-Mühldorfer, dem Altöttinger und dem Pockinger Feld, das untere Alztal und das Salzachtal auf.

Im Donautal zwischen Ulm und Donauwörth werden die würmeiszeitlichen Schmelzwasserschotter größtenteils von postglazialen Schottern überlagert; zwischen Neuburg und Ingolstadt und im Abschnitt Regensburg-Straubing-Osterhofen heben sich flugsandbedeckte Niederterrassenflächen über den holozänen Talboden heraus.

In innermoränalen Gebieten werden zum Teil mächtige Schotter in den von den rißzeitlichen Vorlandgletschern hinterlassenen Gletscherbecken angetroffen. Es handelt sich teils um frühglaziale, vorwiegend jedoch um sog. Vorstoß-(Vorrückungs-)Schotter[20] des frühen Würm-Hochglazials, die im Vorfeld des vorstoßenden Gletschers abgelagert und schließlich vom Gletschereis überfahren worden sind (Abb. 24). Bezeichnend sind zum Hangenden zunehmende Korngrößen, wonach auf ein Näherrücken des Gletschers geschlossen werden kann. Wahrscheinlich wurden beim letzten Gletschervorstoß große Mengen dieser Schotter aus den Gletscherbecken ausgeräumt und in den kiesigen Endmoränen oder in der Niederterrasse wieder angehäuft.

Den wohl größten Schotterkörper aus frühhochglazialer Zeit bilden die sog. Murnauer Schotter, die sich bis in die Gegend von Weilheim erstrecken. Sie sind von einer oft nur sehr dünnen Moränenschicht bedeckt. Weitere größere Vorkommen dieser Schotter sind von Martinszell-Waltenhofen, Königsdorf und Laufen a. d. Salzach bekannt.

Spätglazialschotter, die mit Eisrückzugsphasen oder mit frühen Flußablagerungen nach dem Eiszerfall in Zusammenhang gebracht werden können, nehmen bei Marktoberdorf, Schongau, Weilheim, Geretsried, Ascholding, Bruckmühl, Freilassing und Tittmoning größere Flächen ein. Im Großraum München wird die sog. Altstadt-Terrasse als jüngere Niederterrasse in das Spätglazial datiert (vgl. Tab. 6).

Bemerkenswert sind äolische Deckschicht auf Niederterrassen und (seltener) auch auf Jungmoränen; Voraussetzung sind größere Auswehungsgebiete unmittelbar westlich davon. Lößbedeckte Niederterrassenflächen finden sich z. B. im Steinheim-Fellheimer Feld und in dessen Fortsetzung im Weißenhorner Rothtal, ferner bei Fürstenfeldbruck, Ampfing, Landshut, Landau a. d. Isar und Osterhofen.

Tabelle 6. Terrassen im Stadtgebiet von München. (Nach KNAUER 1938, SCHUMACHER 1981; ergänzt.)

Holozän	Hirschauer Terrasse	Englischer Garten
Würm-Spätglazial	Altstadt-Terrasse	Theresienwiese – Hauptbahnhof, Dom – Universität, Olympiastadion
Würm-Hochglazial	Giesinger Terrasse	Giesinger Kirche – Ostfriedhof
	Grünwalder Terrasse	Nördlicher Perlacher Forst, Geiselgasteig, Harlaching – Schwaneck
	Hauptniederterrasse	Südlicher Perlacher Forst – Forstenrieder Park, Großhadern, Theresienhöhe (Bavaria), Nymphenburger Park
Rißglazial	Hochterrasse	Ramersdorf – Bogenhausen – Unterföhring – Solln, Aubing

---

[20] Der Begriff „Vorstoßschotter" geht auf F. WEIDENBACH (1936: 40, 1937: 66) zurück; A. PENCK (1882) bezeichnete entsprechende Schotter als „Untere Glacialschotter" und Teil seiner „Glacialen Serie".

Es wird angenommen, daß auch die Münchener Schotterebene im Hoch- und Spätglazial, also während einer vegetationsfreien bzw. -armen Zeit, ein bedeutendes Auswehungsgebiet war. Sichere Hinweise dafür geben die mit Lößlehm und Staublehm überzogenen Jungmoränen im Gebiet des Ebersberger Forstes im Osten der Münchener Schotterebene.

1.1.2.3 Münchener Schotterebene

Die Münchener Schotterebene ist in ihrer heutigen Gestalt im letzten Hochglazial entstanden. Ihre Oberfläche bilden Niederterrassenschotter, das sind Schmelzwasserschotter der Würmeiszeit. Eine ähnlich große Ausdehnung hatte die Schotterebene wohl auch schon nach der vorletzten Eiszeit, wie aus der Verbreitung des Hochterrassenschotters abgeleitet werden kann. Weniger „deckenförmig" ist die Ausdehnung des Münchener Deckenschotters auf der tertiären Unterlage, die ein lebhaftes Relief mit Rinnen und Hochgebieten aufweist. Bei Aubing ragt sogar die Molasse über die Münchener Schotterebene heraus. Zwischen Ramersdorf und Unterföhring und bei Solln befinden sich die einzigen Bereiche, wo sich die Hochterrasse über die Niederterrasse erhebt (vgl. Abb. 25).

Die Münchener Schotterebene wird im wesentlichen von fünf Schotterfächern aufgebaut. Sie setzen an der Stirn der ehemaligen Gletscherzungen an, bzw. an den tiefsten Stellen, wo sich Schmelzwässer sammelten. Die Schotter wurden in teilweise schmalen Abflußrinnen, welche die Altmoränen durchbrechen, nach Norden transportiert. C. TROLL (1926: Tafel 1) bezeichnete die Schotterfächer der Münchener Ebene, von Westen nach Osten, als Feldgedinger Schotterzunge mit dem Ampertal als Abflußrinne, Men-

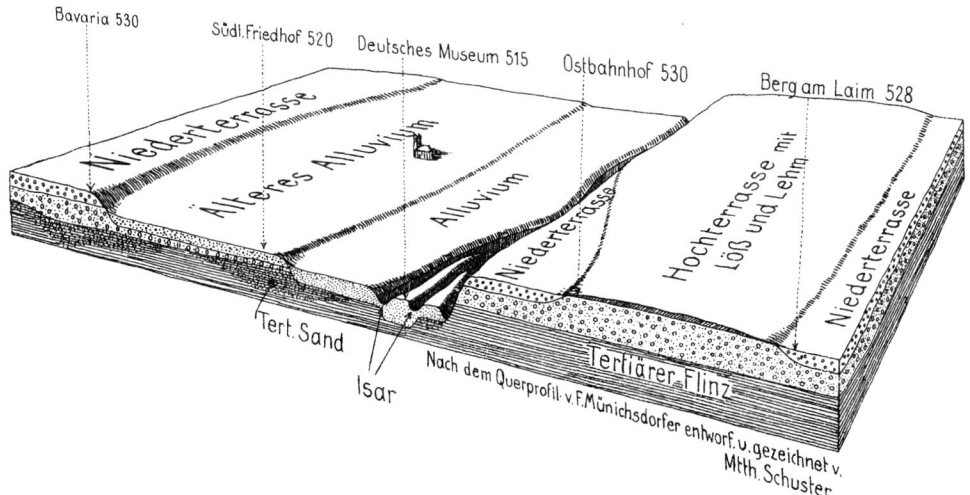

Abb. 25. Das geologische Querprofil von München, entworfen von FRANZ MÜNICHSDORFER, gezeichnet von MATTHEUS SCHUSTER (in: MÜNICHSDORFER 1922: 132).

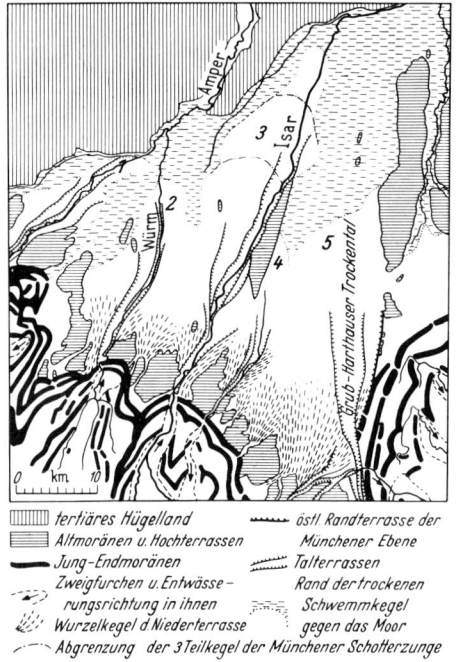

Abb. 26. Die von Isar- und Innvorlandgletscher aufgeschütteten Schotterkegel der „Münchener Schiefen Ebene", nach C. TROLL 1926: 172 u. Taf. 1. 1 = Feldgedinger-, 2 = Menzinger-, 3 = Garchinger-, 4 = Perlacher-, 5 = Feldkirchener Schotterzunge.

zinger Zunge mit dem Würmtal, Garchinger Zunge mit dem Isartal, Perlacher Zunge mit dem Gleißental und Feldkirchener Zunge mit dem Grub-Harthauser Tal (Abb. 26). Letztere besitzt einen hohen Anteil an Geröllen aus dem Inngletschergebiet. Das östlich benachbarte, durch Altmoränen von Zorneding und Anzing weitgehend von der Münchener Schotterebene getrennte Hohenlindener Feld wurzelt im Ebersberger Forst an den Jungendmoränen des Innvorlandgletschers.

Drei der eiszeitlichen Schmelzwasserrinnen bilden heute tief eingeschnittene Flußtäler: das Amper-, das Würm- und das Isartal. Weitere Abflußrinnen aus dem Hochglazial sind heute Trockentäler: die Wangener und Neufahrner Trockenrinnen, das Gleißental und der Teufelsgraben (s. Abb. 27 und 28). Einziger Vorfluter ostwärts der Isar ist der Hachinger Bach, der jedoch nach 12 km Fließstrecke zwischen Ramersdorf und Berg am Laim in den eiszeitlichen Schottern versickert.

Beiderseits des Isartales südlich München sind bis zu drei Schotterniveaus ausgebildet, die mit Endmoränenlagen des Isarvorlandgletschers in Beziehung gebracht werden können (SCHUMACHER 1981: 63, Abb. 8): Das Hauptniveau der Niederterrasse, die Grünwalder-Perlacher Terrasse und die Giesinger Terrasse (s. Tab. 6).

Die Mächtigkeit der Niederterrassenschotter der Münchener Ebene beträgt im allgemeinen zwischen 5 und 15 m. Fossile Bodenreste, in Kiesgruben und größeren Baugruben manchmal sichtbar, bezeichnen die Grenze zum liegenden „Hochterrassenschotter", z.B. in Großhadern, Solln, Buchenhain, Oberhaching, Taufkirchen, Ottobrunn und Hohenbrunn.[21]

---

[21] Im tief eingeschnittenen Isartal zwischen Baierbrunn und München-Thalkirchen sowie in einer Kiesgrube in Taufkirchen bei München ist unter dem Hochterrassenschotter auch der Münchner Deckenschotter (meist als Nagelfluh) aufgeschlossen.

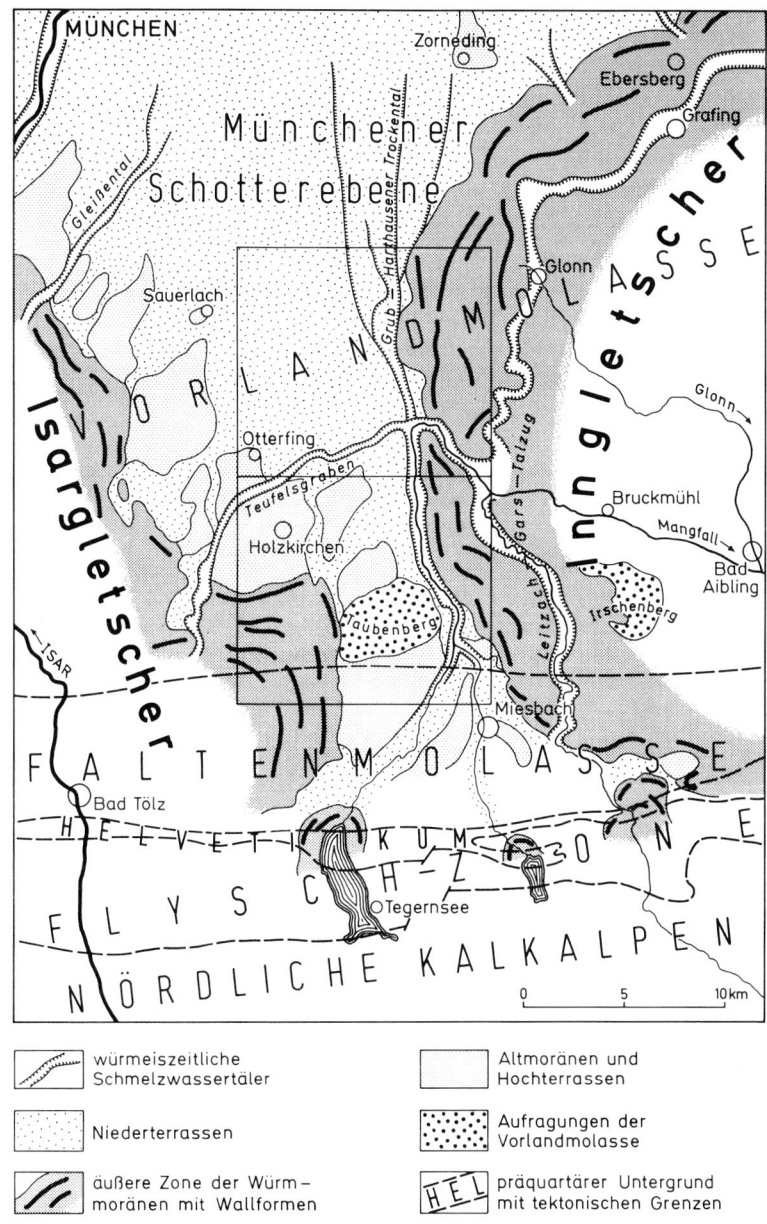

Abb. 27. Geologisch-geomorphologische Skizze der jungquartären Eiszeitlandschaft südöstlich von München zwischen Isar- und Innvorlandgletscher mit bedeutenden eiszeitlichen Abflußrinnen: Gleißental, Teufelsgraben, Grub-Harthauser Tal, Leitzach-Gars-Talzug. (Die umrandeten Flächen bezeichnen die Lage der Geologischen Karten 1 : 25 000 Blatt Nr. 8036 Otterfing und Blatt Nr. 8136 Holzkirchen). Aus GROTTENTHALER 1985: 9, Abb. 1.

Abb. 28. Der Teufelsgraben, eine Schmelzwasserabflußrinne des Isargletschers zum Inngletscher. Blick von der Autobahn München-Salzburg zwischen den Anschlußstellen Hofoldinger Forst und Holzkirchen auf das Trockental des Teufelsgrabens.

Die Münchener Schotterebene bildet mit einer Gesamtfläche von rd. 1800 km² die größte zusammenhängende Schotterfläche in Bayern. Als „Schiefe Ebene" fällt sie von ca. 650 m ü. NN im Süden auf ca. 430 m ü. NN im Norden. Die Gesamtmächtigkeit des eiszeitlichen Schotterkörpers beträgt im Süden bei Holzkirchen mehrere Zehnermeter und im Norden bei Freising kaum mehr als zehn Meter. Das Gefälle der Schotterebene beträgt in Moränennähe bis zu 12‰; es vermindert sich bis München auf 5–4‰ und bis Freising auf etwa 2‰.

Die Münchener Schotterebene gehört zu den grundwasserreichsten Gebieten Deutschlands (s. Kap. 11.1). Auf der tertiären Flinzoberfläche fließt – dem natürlichen Gefälle (3‰) folgend – ein 12–20 m mächtiger Grundwasserstrom nach Norden, der allerdings an vielen Stellen in Bohrbrunnen angezapft wird. In postglazialer Zeit entstanden im nördlichen Bereich der Schotterebene, wo die Schotterdecke ausdünnt und wo in früheren Zeiten das Grundwasser ausfloß, die ausgedehnten Quellmoore des Dachauer und des Erdinger Mooses (vgl. Kap. 8.5).

1.1.3 Gletscherbecken und Beckensedimente (im Alpenvorland)

Eine kräftige Gletschererosion war sowohl in den engen Alpentälern (s. u.) wie auch im Alpenvorland wirksam. Unmittelbar am Alpenrand entstanden im Verlauf mehrerer Eiszeiten die tief ausgeschürften Haupt- oder Stammbecken: das Bodensee-, Sonthofener (Immenstädter), Füssener, Murnauer, Kocheler, Tölzer, Rosenheimer, Chiemsee-, Bad Reichenhaller und Salzburger Becken. Die Felsobergrenze befindet sich in diesen Becken häufig weit mehr als hundert Meter unter der heutigen Oberfläche, zum Beispiel:

1) im Becken des Bodensees (größte Wassertiefe 252 m) zwischen Friedrichshafen und Romanshorn rd. 475 m unter dem Wasserspiegel (zit. FUCHS 1980: 490),
2) im Sonthofener Becken (bei Agathazell) rd. 100 m unter der Geländeoberfläche (BADER & JERZ 1978: 38 und Abb. 3),
3) im Murnauer Becken (nördlich Eschenlohe) 150–250 m,
4) im Kocheler Becken (östlich Großweil) 180–200 m (FRANK 1979: 90 und Abb. 5),
5) im Rosenheimer Becken westlich Neubeuern 250–300 m (REICH 1955: 151; VEIT 1973: 283f., Abb. 36),
6) im Bad Reichenhaller Becken mehr als 100 m,
7) im Salzburger Becken nahe der Beckenmitte (Stadtgebiet Salzburg) 262 m (zit. VAN HUSEN 1979: 10).

Die größeren Vorlandgletscher besitzen verschiedene radial angeordnete Zungenbecken. Sie liegen in der Hauptstoßrichtung der Gletscherströme. Im Gebiet des Isar-Loisachvorlandgletschers sind dies beispielsweise die großen Zungenbecken des Ammersees, des Starnberger (Würm-) Sees und das Wolfratshauser Becken mit dem Egling-Deininger Zweigbecken. Auch nahe am Nordende der Becken haben sich die Gletscher örtlich noch kräftig engetieft: Im Wolfratshauser Becken ist bei Weidach eine bis zu 140 m betragende glaziale Übertiefung nachgewiesen (vgl. Abb. 29).

Nach dem heutigen Kenntnisstand sind die starken Übertiefungen im wesentlichen bereits in der Mindel- und in der Riß-Eiszeit entstanden (BADER 1979 u. a.; FRANK 1979; JERZ 1979). Während der Würm-Eiszeit war die Glazialerosion im allgemeinen deutlich schwächer (was mit der kürzeren Zeitdauer der letzten Vorlandvergletscherung erklärt werden kann).

Mit dem Rückschmelzen des Eises füllten sich die Zungen- und Stammbecken der Vorlandgletscher mit Schmelzwässer und Staubeckensedimenten. Es entstanden ausgedehnte Vorlandseen, die zu einem Teil – mit mehr oder weniger verkleinerter Fläche – heute noch bestehen, wie der Bodensee, Ammersee, Starnberger (Würm-) See, Kochelsee, Chiemsee, Waging-Tachinger See, die jedoch zu einem größeren Teil bereits im Spätglazial (und frühen Postglazial) ausgelaufen sind: z. B. Immenstädter, Kemptener, Füssener, Murnauer, Wolfratshauser, Tölzer, Rosenheimer und Salzburger See.

Nachweislich bestanden sowohl im Wolfratshauser Becken (JERZ 1979, 1987b) und im Salzburger Becken (zit. FUCHS 1980) bereits im Spätmindel und im Spätriß ausgedehnte Vorlandseen. In weiteren Glazialbecken ist die Existenz früherer Seen zumindest für das Spätriß nachgewiesen (Immenstädter, Murnauer, Tölzer und Rosenheimer See).

Der größte bereits im letzten Spätglazial verlandete Vorlandsee war der ehemalige Rosenheimer See mit rd. 300 km² (vgl. Bodensee 538 km², Chiemsee 82 km²). Er reichte fjordartig in das Inntal etwa bis Kiefersfelden und öffnete sich nordwärts zu einem

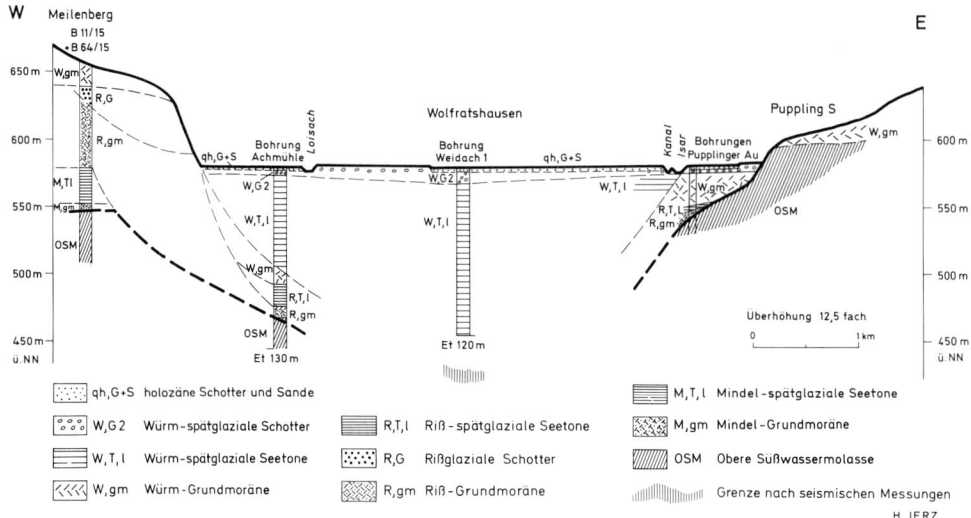

Abb. 29. West-Ost-Profil durch den Nordabschnitt des Wolfratshausener Gletscherbeckens. Die Ausformung des Zungenbeckens und seine Übertiefung – bis zu 140 m unter den heutigen Talboden – werden mit kräftiger Glazialerosion erklärt. Das Wolfratshauser Becken ist heute außer mit Gletscher- und Flußablagerungen mit mächtigen Seesedimenten aufgefüllt, die in spätglazialen, an Endmoränen aufgestauten Seen am Ende der vorletzten und der letzten Eiszeit gebildet wurden. Aus: JERZ 1979: 67 bzw. 1987: 74.

weiten Innsee, dessen Abflußstelle südlich Wasserburg (bei Attel) lag. Die maximale Seespiegelhöhe wird bei 480 m ü. NN angenommen (C. TROLL 1924; JERZ & WOLFF 1973).

Stark verzweigt war der spätglaziale Wolfratshauser See; sein Wasserspiegel lag bei knapp 600 m ü. NN (ROTHPLETZ 1917 Kt.; SCHMIDT-THOMÉ 1968: Abb. 5; JERZ 1969: 60).

Beweise für die Existenz einer Seenplatte im Alpenvorland zur Zeit des Spätglazials (und ähnlich wie im heutigen Mittelfinnland) liefern typische Seeablagerungen: Deltaschotter und -sande, Seetone und Seesande. Vom zurückweichenden Eisrand transportierten die Schmelzwässer hauptsächlich Feinsande, Schluffe und Tone (Gletschertrübe) in die vorgeschalteten Seen. Deltas aus Kies und Sand schoben sich vom Eisrand und von den Beckenrändern in die glazial ausgeschürften Seebecken, die große Mengen an Sediment auffangen konnten.

Mehrere solcher Deltas mündeten beispielsweise in den Ammersee (bei Raisting und Wielenbach) und in den ehemaligen Rosenheimer See (bei Fischbach und Flintsbach).

Deltaschüttungen, die nordwärts in Feinsedimente übergehen, sind außer im Gebiet des ehemaligen Rosenheimer Sees durch Bohrungen auch im Illertal zwischen Oberstdorf und Sonthofen (BADER & JERZ 1978), im Loisachtal zwischen Garmisch-Partenkirchen und Eschenlohe und im Isartal nördlich Lenggries (BADER 1979; FRANK 1979: Tafel 1) bekannt.

Die Mächtigkeit der Seeablagerungen, oft allgemein als „Seetone" bezeichnet, ist stellenweise beträchtlich: Im Wolfratshauser Becken sind 120–130 m (JERZ 1979), im Salzburger Becken bis zu 140 m mächtige spätglaziale Seetone nachgewiesen (VAN HUSEN 1979). Das Rosenheimer Becken enthält unter den jungen Seetonen (rd. 50 m) noch mächtige präwürmzeitliche Seesedimente. Auch im Wolfratshauser Becken sind ältere Seetone bekannt.

Welchen Zeitraum die durchschnittlich zwischen 6 und 8 Millimeter, nicht selten aber auch über 10 mm dicken Warwen[22] umfassen, ist nur von wenigen Vorkommen bekannt. Eine Zuordnung zu einer bestimmten Rhythmik – wie bei den Jahreswarwen in Skandinavien – ist nur selten möglich.

In den Bändertonen von Baumkirchen im Inntal östlich von Innsbruck sind nach FLIRI et al. (1972: 209) und I. und S. BORTENSCHLAGER (1978) jährlich im Durchschnitt ungefähr drei helle und drei dunkle Schichten zum Absatz gekommen. Die Bänderung dürfte dort auf „jahreszeitliche und witterungsbedingte Sedimentationszyklen" zurückzuführen sein.

Unter der Voraussetzung, daß es sich im spätglazialen Rosenheimer See um Seetone mit jährlicher Warwenschichtung (8 mm/Jahr) handelt, errechnete SCHUMANN (1969) für die ca. 50 m mächtigen Seesedimente einen Ablagerungszeitraum von rund 6000 Jahren. Die Fossilleere dieser Seetone weist auf ihre kaltzeitliche Entstehung hin.

Die Kornzusammensetzung der (glazi)limnischen Bildungen besteht hauptsächlich aus feinsandigem Schluff bis schluffigem Ton. Sie weisen oft eine Feinsandbänderung auf. Eine vorwiegend sandige Ausbildung tritt entweder in peripheren Bereichen oder in Strömungsrinnen auf. Sie lassen sich in den Seeablagerungen des ehem. Rosenheimer Sees und des ehemaligen Wolfratshauser Sees von Süden nach Norden durchverfolgen.

Im Karbonatgehalt der Seetone zeichnen sich die Unterschiede in der Geschiebeführung der einzelnen Vorlandgletscher ab: für Seetone im Rosenheimer Becken wurden 10–30% Karbonat, im Wolfratshauser Becken 25–55% und im Stammbecken des Illergletschers über 45 (50)% Karbonat bestimmt.

Die spätwürmglazialen Seetone besitzen einen hohen natürlichen Wassergehalt und eine geringe Konsistenz. Ältere, vor allem vom Gletschereis vorbelastete Seetone unterscheiden sich von den jüngeren durch deutlich geringere Wassergehalte und weitere günstigere Bodenkennwerte.

1.2 Alpiner Bereich

Im Eiszeitalter waren die Alpen mehrmals unter einem Eisstromnetz verhüllt. Nur die höheren Gipfel und Gebirgsstöcke ragten als Nunatakkr[23] aus den Eismassen heraus. An den sog. Alpentoren traten gewaltige Gletscherströme aus dem Alpenraum ins Vorland, wo sie sich fächerförmig ausbreiten konnten (vgl. WEINHARDT 1973: Beil. 1).

Die eiszeitliche Schneegrenze sank im letzten Hochglazial, im Hauptwürm, am Alpenrand bis auf 1300–1200 m ü. NN. Firn- und Gletschereis bildete sich bis in diese

---

[22] Warwe (schwed.): Jahresschicht in Seesedimenten von Gletscherseen, mit hellerer und gröberer „Frühjahrs- und Sommerschicht" und dunklerer und feinerer „Herbst-(und Winter-)schicht".
[23] Nunatak, Mz. Nunataks, Nunatakkr (grönl.): Felseninsel, „Land im Eis".

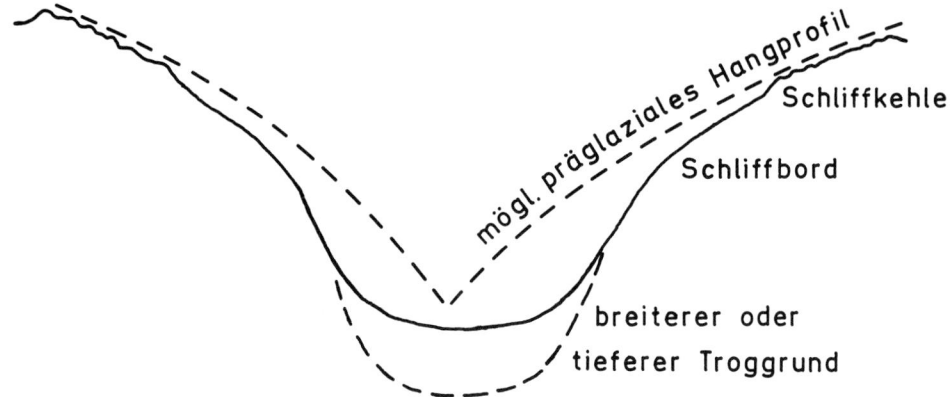

Abb. 30. Schematisches Querprofil durch ein von einem Talgletscher ausgeschürftes, erweitertes und übertieftes Trogtal (mit U-förmigem Talquerschnitt). Die Talflanken aus Fels sind unterhalb einer „Schliffgrenze" geglättet und z. T. übersteilt. Nach Louis 1952: 21.

Höhen herunter; es sammelte sich in den Seiten- und Haupttälern in einer Dicke von über 1000 m. Mit zunehmender Kontinentalität gegen das Alpeninnere stieg die Schneegrenze nach Süden zu deutlich an. Während der Riß- und der Mindel-Eiszeit lag die Schneegrenze 100–200 m tiefer als im Würm-Hochglazial. Vergleichsweise liegt die heutige klimatische Schneegrenze in den Nordalpen bei 2600 m ü. NN.

Die Eisströme schürften **Kare**, **Becken** und **Täler** aus und transportierten gewaltige Mengen an Gesteinsschutt ins Alpenvorland hinaus. Eine kräftige Gletschererosion ließ mannigfaltige Felsformen entstehen. Aus anfänglich durch Schneeschurf gebildeten Nischen entstanden im Laufe einer Glazialzeit durch Firneis größere Hohlformen, die von zunächst kleinen Gletschern zu Karen geformt wurden. Im Verlauf mehrerer Eiszeiten entstanden Kartreppen mit getrennten Karbecken, die teilweise heute noch an Moränen aufgestaute Karseen enthalten: z. B. Seealp-See und Geißalp-Seen in den Allgäuer Alpen, Soiern-Seen im Vorkarwendel (SCHMIDT-THOMÉ 1953).

Die glazialen Täler mit ihrer im Querschnitt kennzeichnenden Trog-(U-)Talform lassen an ihren abgeschliffenen Felsformen (Schliffbord, Schliffkehle) die eiszeitlichen Gletschergrenzen erkennen (vgl. Abb. 30), wie z. B. am Grünten bei 1500 m ü. NN oder bei Mittenwald zwischen dem Wetterstein- und dem Karwendel-Gebirge in 1800 m ü. NN.

Die Tallängsprofile mit ihren Trogbecken und -schwellen besitzen ein ungleichmäßiges Gefälle (BADER u. JERZ 1978: 37, Abb. 3); es ist das Resultat einer selektiven Erosion der Gletscher gegenüber harten und weichen Gesteinen sowie Felszonen mit tektonischer Auflockerung an Störungen. Außerdem spielt die Eigendynamik eines Gletschers bei der Talausformung eine erhebliche Rolle.

Haupttäler sind gegenüber den Nebentälern stärker eingetieft, die Höhenunterschiede zwischen den sog. Hängetälern und den Haupttälern werden von den Gewässern in Wasserfällen oder Klammen überwunden (z. B. Breitach-, Partnach-, Leutasch-Klamm).

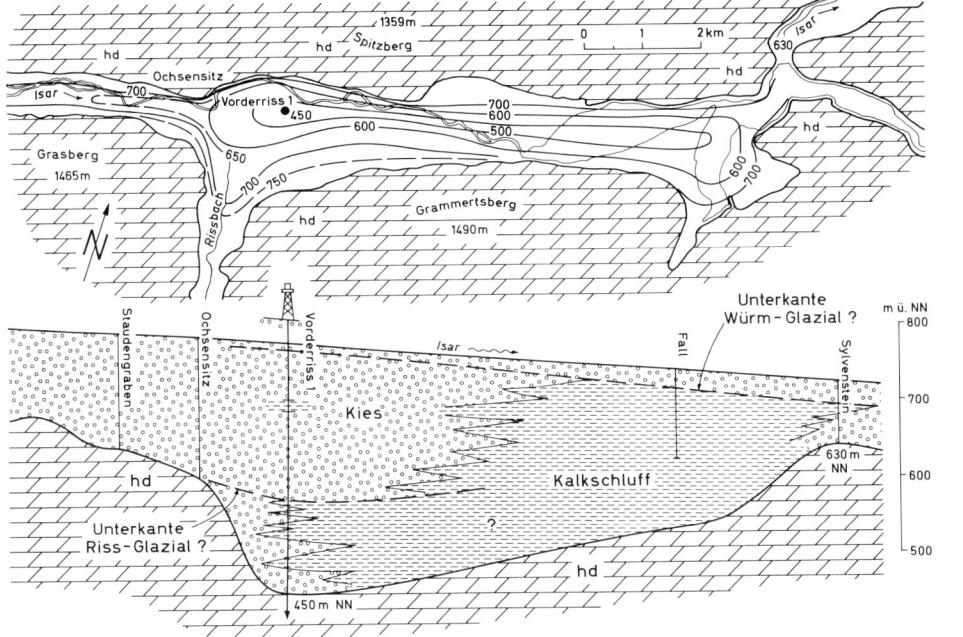

Abb. 31. Felssohle des Isartales bei Vorderriß (mit der Tiefbohrung Vorderriß 1). Längsschnitt durch das Isartal mit quartärer Füllung. Aus: BACHMANN & MÜLLER 1981: 24, Abb. 2, nach FRANK 1979.

Gletscherzuflüsse aus größeren Seitentälern führten an den Konfluenzstellen vielfach zu außergewöhnlich starken Übertiefungen, wie z. B. an der Einmündung des Ostrachgletschers in den Illergletscher bei Sonthofen, wo die Übertiefung ca. 70 m beträgt (Felsobergrenze bei 140–150 m u. Gel.), oder am Zusammenfluß des Rißbach- und des Isargletschers bei Vorderriß, wo in der Bohrung „Vorderriß 1" 362 m mächtiges Quartär nachgewiesen ist (BACHMANN & MÜLLER 1981: 23 u. Abb. 2; vgl. auch FRANK 1979: Taf. 2; s. Abb. 31). Die größte bekannte glaziale Übertiefung befindet sich im Loisachtal zwischen Farchant und Oberau mit über 500 m quartären Sedimenten unter dem heutigen Talboden (BADER 1967: 72).

Im Becken von Garmisch-Partenkirchen, wo ein Seitenast des Isargletschers dem Loisachgletscher zufloß, begünstigten gipshaltige Gesteine der Raibler Schichten den Tiefenschurf. Entsprechendes gilt auch für die Becken von Reutte und Kössen. Im Walchensee-Becken erleichterten Mergel und Schiefertone der Kössener Schichten sowie tektonische Auflockerungen des Gesteins die glaziale Ausräumung und Übertiefung.

Kleinformen der Glazialerosion bilden vor allem **Rundhöcker** und **Gletscherschliffe**. Während Rundhöckerformen („Roches moutonnées"[24]) häufig an Transfluenzstellen (Hochtannberg-, Seefelder Paß) wie auch an Diffluenzstellen (Immenstadt) auf-

---

[24] „Roches moutonnées" (frz.): Bezeichnung nach ihrer Ähnlichkeit mit einer dicht gedrängten Herde von Schafen.

treten, finden sich Gletscherschliffe bevorzugt an Engstellen in den Alpentälern: z. B. im Isartal südlich Mittenwald (beim Gasthof „Am Gletscherschliff", von A. PENCK 1930 bei Bauarbeiten entdeckt), am Kesselberg-Paß, im Inntal bei Fischbach (beim Bau der Inntalautobahn 1956 freigelegt s. Abb. 32; vgl. auch EBERS et al. 1961) und an der Alpenstraße im Weißbachtal südlich Inzell (1934/36 entdeckt und freigelegt).

EDITH EBERS (in KRAUS & EBERS 1965: 209) beschreibt den „Gletschergarten" von Fischbach a. Inn wie folgt: „Der erste Eindruck, den man gewinnt, wenn man auf der Plattform der helleuchtenden Felskuppe von Fischbach steht, ist der einer strudelnden Stromschnelle, die urplötzlich zu Stein erstarrt ist. Viele glattgeschliffene kleine Rücken wechseln mit zahllosen kleinen gewundenen oder sich gegenseitig abschneidenden Rinnen, die zwischen den Höckern hindurch, an ihren Flanken entlang oder sie sogar kappend, über sie hinwegziehen. Die glatten Rücken und Höcker sind wie poliert, und zahllose Schrammen auf ihnen weisen in der allgemeinen Talrichtung nach Norden hinaus, in derjenigen Richtung, in welcher auch der von den Zentralalpen herkommende Gletscherstrom im Inntal dahinziehen mußte".

Im alpinen Raum bilden – wie im Alpenvorland – die Moränen, Schotter und Staubeckensedimente die wichtigsten eiszeitlichen Ablagerungen. Eine größere Verbreitung besitzen außerdem die Hangschuttbreccien. Bildungen älterer Eiszeiten sind im Unterschied zum Vorland nur selten erhalten; sie wurden von nachfolgenden Gletschern weitgehend ausgeräumt. Von bekannten alt- und mittelpleistozänen Ablagerungen im inneralpinen Bereich seien erwähnt:

Mindel- und Rißmoränen. Zum Beispiel im oberen Isartal bei Mittenwald, im Loisachtal bei Eschenlohe, im Ostrachtal bei Vorder-Hindelang sowie die erbohrten präwürmzeitlichen Moränen in glazial übertieften Becken und Tälern, im oberen Illertal (BADER & JERZ 1978: 31, Abb. 3 u. 4), im oberen Loisachtal und oberen Isartal (FRANK 1979; BACHMANN & MÜLLER 1981), im Gernmühler Becken von Samerberg (JERZ 1983a).

Deltaschotter. Zum Beispiel Nagelfluh des Seinsbach-Schwemmkegels bei Mittenwald (? Riß, ? Riß/Würm), Nagelfluh des Biberkopfes bei Brannenburg („Biber-Nagelfluh", ? Spätmindel, ? Spätriß), Nagelfluh des Mönch- und des Rainberges in Salzburg („Salzburger Nagelfluh", ? Spätmindel bis ? Mindel/Riß).

Seetone. Z. B. im oberen Isartal bei Mittenwald und Krün (SAUER 1938; JERZ & ULRICH 1966), im Gebiet des heutigen Sylvenstein-Speichers (SCHMIDT-THOMÉ 1950), am Samerberg (PRÖBSTL 1972, 1982; JERZ et al. 1979).

Hangschuttbreccien. Zum Beispiel Längenfeld- und Schachen-Breccie im Wetterstein-Gebirge, Hochland-Breccie im westlichen Karwendel-Gebirge (alle prärißzeitlich), Viererspitz-Breccie oberhalb Mittenwald (? Riß/Würm), Wimbach-Breccie bei Ramsau (? Riß/Würm), Höttinger Breccie bei Innsbruck (? Mindel/Riß) – (u. a. PENCK 1925).

Die am besten erforschte Hangschuttbreccie in den Alpen ist wohl die „Höttinger Breccie" (PATZELT & RESCH 1986: 45). Sie wurde bereits von PENCK (1882, 1921: 32) als interglaziale Bildung angesehen. Bemerkenswert sind die darin erhaltenen Reste einer wärmeliebenden Flora, von der einige Pflanzenarten heute dort nicht mehr vorkommen (GAMS 1936: 68). Dies trifft insbesondere für die auf ein 2–3 °C wärmeres Klima hinweisende Alpenrosenart *Rhododendron ponticum* L. zu, die im vorletzten Interglazial im Alpenraum noch weit verbreitet war. Sie hat die nachfolgende Eiszeit nicht überdauert und ist auch später nicht wieder eingewandert.

Abb. 32. Der Gletscherschliff bei Fischbach am Inn gilt als ein besonders schönes Beispiel eines „Überbleibsels aus der Eiszeit". Die zahlreichen Rinnen und Kolke, Gletschertöpfe und Gletschermühlen sind unter dem Gletschereis durch strömendes und wirbelndes Wasser unter hydrostatischem Druck entstanden. Es war mit das Verdienst der Geologin Dr. EDITH EBERS, daß beim Bau der Autobahn Rosenheim-Kufstein dieses Naturdenkmal erhalten werden konnte.
Aus: KRAUS & EBERS 1965: 208 (Foto: Dr. W. BAHNMÜLLER).

Klammbreccien und -konglomerate. Die bekannteste und älteste Klammbreccie ist die Törl-Breccie in einer Scharte bei der Meiler-Hütte im Wetterstein-Hauptkamm. Grobe, gerundete, zu Nagelfluh verbackene Blöcke verschiedener Gesteine füllen in 2300 m Höhe eine etwa 20 m breite Klamm aus, deren Entstehung wesentlich andere morphologische Verhältnisse als heute voraussetzt.

In tieferen Lagen der Gebirgstäler sind nicht selten alte Flußläufe mit Gletscherschutt verschüttet. In den Stufenmündungen von Seitentälern in ein Haupttal befinden sich verschiedentlich mit Moränen verbaute Schluchttäler nahe den heutigen, epigenetisch eingeschnittenen Klammen, wie z. B. die verschüttete Breitach-Klamm bei Kornau westlich Oberstdorf (KNAUER 1952: 28), die Isar-Klamm an der Sylvenstein-Enge (SCHMIDT-THOMÉ 1950: 25 und Kt. 11 u. 12), die Gachentod-Klamm östlich Eschenlohe, die Sulzlebach-Klamm südlich Mittenwald, die Gießenbach-Klamm im Brünnstein-Gebiet bei Bayerischzell (KNAUER 1952: 29).

Eiszeitliche Verbauungen von Flußtälern sind auch im Alpenvorland nachgewiesen (vgl. Kap. 6).

Die **würmzeitlichen Ablagerungen** sind wie im Alpenvorland auch in den inneralpinen Gebieten weit verbreitet und sehr vielfältig. Sie können mit dem letzten großen Eisvorstoß vor rund 25 000 Jahren (Vorschüttsande und -schotter, Grundmoräne) oder mit dem Eisrückzug und Eiszerfall vor rund 15 000 Jahren (Abschmelzmoräne und -schotter, Stauseesedimente) in Beziehung gebracht werden.

Z. B. liegen im Iller- und im Ostrachtal den interglazialen bis frühglazialen Feinsedimenten 10–20 m mächtige hochglaziale Vorstoßschotter und Würmmoräne auf. Im Isartal bei Mittenwald sind rd. 20 m mächtige früh- bis hochglaziale Seetone und -sande von 35 m mächtigen Vorrückungsschottern und 5–10 m mächtiger Würmmoräne überdeckt. Im Inntal bauen mächtige Bändertone und blockreiche Vorstoßschotter das „Mittelgebirge" bei Innsbruck auf. Zwischen Mittenwald und Garmisch-Partenkirchen entstanden in spätglazialen Eisstauseen gebänderte Seetone aus Gletschertrübe: im Wettersteinwald, bei Schloß Elmau und bei Schloß Kranzbach. Bei Kaltenbrunn werden die karbonatreichen Seetone[25] in einem Kreidewerk abgebaut.

Die Mehrzahl der großen Talgletscher in den nördlichen Kalkalpen erhielt in den hochglazialen Zeiten Zufuhr an zentralalpinem Gletschereis: Der Rhein-, der Isar-Loisach-, der Inn-Chiemsee-, der Saalach-Salzach-Gletscher. Beim Lech- und beim Iller-Gletscher war der Eiszustrom aus südlichen Vereisungsgebieten gering. Entsprechend stark variiert von Gebiet zu Gebiet der Anteil an Fernmoränenmaterial, d. h. der Gehalt an kristallinen, zentralalpinen Geschieben. Hingegen sind die Lokalmoränen in den Nordalpen kristallinfrei.

Eine Sonderstellung nimmt das Illergletscher-Gebiet ein; große kristalline Geschiebeblöcke können hier aus dem „Wildflysch" der Feuerstätter Decke, aus der Aroser Schuppenzone oder aus kristallinen Schubfetzen von der Basis des Kalkalpins stammen.

---

[25] Hochkalkhaltige Seetone mit 50–70 % $CaCO_3$ aus eiszeitlichem Abrieb („Gletschermilch") werden nach DIN 1280 als „Bergkreide" bezeichnet. (Die eigentlichen Seekreiden entstehen im erwärmten Flachwasser und unter Beteiligung von Organismen, s. Kap. 8.4).

Erwähnt seien auch die Lokalgletscher, die keinen Kontakt zu den großen Eisströmen hatten. Als selbstständige Gletscher eines beschränkten Einzugsgebietes führen sie ausschließlich „Lokalgletscher-Moräne" (HEUBERGER 1980: 97). Ablagerungen von kleinen „Lokalgletschern" finden sich beispielsweise auf der Nordseite der Allgäuer Nagelfluhkette, auf der Nordseite des Hauchenberges, auf der Nordseite des Blenders und in weiteren Karen der Adelegg.

2 Periglazialer Bereich

Im Vorfeld der Eismassen wie auch im übrigen nichtvergletscherten Bereich zwischen dem nördlichen Alpenvorland und der Südgrenze des nordischen Eises wird während der Eiszeiten ein Klima angenommen, das dem der heutigen Tundren- und Kaltsteppengebiete entspricht. Es herrschte Permafrost („Ewige Gefrornis"), der Boden war, wie heute in Alaska, im nördlichen Kanada, in Spitzbergen und in großen Teilen Sibiriens, bis über hundert Meter tief ständig gefroren. In den Sommermonaten taute die oberste Bodenschicht zeitweilig und kaum mehr als einen Meter tief auf. Über dem Dauerfrostboden, in den das Schmelzwasser nicht eindringen konnte, geriet der wasserübersättigte, breiige Auftauboden schon bei sehr geringer Hangneigung ins Fließen (Solifluktion, vgl. S. 57f.).

Unter den vorherrschend ungünstigen Bedingungen konnten nur wenige Pflanzen gedeihen: Flechten, Moose, Gräser, Beifuß (*Artemisia*), Zwergsträucher (*Betula nana, Salix herbacea*).

Bayern gehörte zu einem überwiegenden Teil dem Periglazial-Bereich[26] an, der hier von den quartären Schotterplatten im Alpenvorland über das Tertiärhügelland und das Schichtstufenland über Mainfranken hinaus weiter nach Norden reichte. Die Grenzen der alpinen und der nordischen Vereisung lagen zur Zeit der Riß- bzw. Saale-Eiszeit kaum mehr als 300 km (Alpenvorland – Thüringen) auseinander; zur Zeit der Würm/Weichsel-Eiszeit betrug die Distanz rund 500 km (München – Berlin).

In den Kaltzeiten waren hier vor allem physikalisch-mechanische Prozesse wie Gesteinszerkleinerung durch Frostsprengung und Umlagerung durch Bodenfließen wirksam. Besonders intensiv waren diese Vorgänge in den Mittelgebirgen wie im Bayerischen und Oberpfälzer Wald, im Fichtelgebirge, im Frankenwald, im Spessart und in der Rhön. Die exponierten Hochlagen des Bayerischen Waldes, des Böhmerwaldes und auch des Fichtelgebirges trugen Eiskappen. Örtlich bildeten sich kleine Gletscher, die Schuttmaterial transportierten und zu Moränenwällen aufschütteten.

2.1 Mittelgebirge

2.1.1 Kare und Kartreppen; Moränen und Fließerden

Von den bayerischen Mittelgebirgen waren im Pleistozän nachweislich die Hochlagen des Bayerischen Waldes und des Fichtelgebirges mehrmals vereist. Im „Inneren Baye-

---

[26] Der Begriff „Periglazial" (= „im Umkreis des Eises") wird sowohl für gletschernahe als auch für entferntere Gebiete verwendet, in denen durch das kaltzeitliche Klima gesteuerte Prozesse eine große Rolle spielen.

Abb. 33. Großer Findlingsblock aus Kristallgranit mit tief ausgefurchten Gletscherschrammen. Am Parkplatz Oberes Reschwassertal (840 m ü. NN), Nationalpark Bayerischer Wald (Aufnahme 1974).

rischen Wald" (Böhmerwald) haben sich vor allem im Gebiet des Großen und Kleinen Arber, am Großen Falkenstein, im Gebiet des Rachel und Lusen und am Dreisesselberg lokale Gletscher gebildet. Zeugen einer Vergletscherung stellen hier – ähnlich wie in den alpinen Vereisungsgebieten – Kare, Moränen, Toteiskessel, Gletscherschliffe und Findlingsblöcke (s. Abb. 33) dar. **Kare** bzw. **Kartreppen** finden sich im Bayerischen Wald (und Böhmerwald) an den meisten der bis über 1300 m ansteigenden Erhebungen. Glaziale Hohlformen enthalten heute entweder Seen oder Moore (vgl. ERGENZINGER 1967: 154, Tab. 1):
Großer Arber (1456 m), Kartreppe 1020–920 m NN, mit Gr. Arbersee;
Kleiner Arber (1384 m), Kartreppe 1260–910 m NN, mit Kl. Arbersee;
Großer Rachel (1453 m), Kartreppe 1250–1050 m NN, mit Rachelsee;
Kleiner Rachel (1399 m), Karboden bei 1070 m NN;
Steinfleckberg (1341 m) mit Bärenriegelkar, Karboden bei 1030 m NN.

Großer Arbersee und Rachelsee besitzen eine zweigeteilte Karbodenwanne. Weitere größere Kare mit Karseen befinden sich auf tschech. Gebiet: Unterhalb der Seewand (1343 m) liegen der Schwarze See und der Teufelssee, unterhalb des Großen Plöckenstein (1378 m) der Plöckensteinsee.

Die großen Kare sind von Moränenkränzen umsäumt. Dabei reichen die **Endmoränen** der letzten Vereisung bis etwa 900 m ü. NN; es lassen sich wenigstens ein halbes Dutzend Rückzugsmoränenwälle unterscheiden, die bis zu über 20 m hoch sein können und aus auffallend blockreichem Gletscherschutt bestehen. Der hohe Glimmergehalt im Feinmaterial stammt aus dem Granit- und Gneiszersatz des abgeschürften oberflächennahen Untergrundes.

Die würmeiszeitliche Schneegrenze wird bei 1100–1050 m ü. NN angenommen.

Vor den Jungmoränen mit ihrem lebhaften Kleinrelief liegen einige Wälle mit Lößlehmbedeckung und ausgeglicheneren Oberflächenformen. Sie weisen auf präwürmzeitliche Gletscherstände hin. Vermutlich rißzeitlichen Alters sind die Endmoränenwälle im Gebiet des Großen Rachel und des Großen und Kleinen Arber bei 850–830 m ü. NN. Diesen entsprechen die Moränenwälle des Großen Schwarzbach-Reschwasser-Gletschers im Nationalpark Bayerischer Wald zwischen 850 und 800 m ü. NN (BAUBERGER 1977). Die zugehörige (rißeiszeitliche) Schneegrenze wird bei rd. 1000 m ü. NN angenommen.

Auffallenderweise enden verschiedene Muldentäler bei 770–750 m ü. NN; unterhalb davon folgen Talverengungen bzw. beginnen Kerbtalstrecken. Vermutlich endeten hier die weitesten Vorstöße älterer Talgletscher (? Mindel-Eiszeit oder älter).

Insgesamt blieben die Gletscher im Bayerischen Wald wegen des kontinentalen Klimas und der geringen Niederschläge in den Hochglazialzeiten relativ klein. Die würmzeitlichen Gletscher erreichten lediglich eine Länge von 2(–3) km. Im mittleren Pleistozän besaß der vom Bärenriegelkar bis westlich Mauth herabziehende Große Schwarzbach-Reschwasser-Gletscher immerhin eine Länge von rd. 8 km.

Noch wenig erforscht ist das glaziale Geschehen im Fichtelgebirge. In der letzten Eiszeit kam es dort in den höheren Lagen wohl nur zu Firniseisbildungen. Weder am Ochsenkopf (1024 m) noch am Schneeberg (1056 m) sind selbständige Lokalgletscher sicher nachgewiesen.

Weit verbreitet ist in den Hochlagen der Mittelgebirge ein dicht gepackter **verfestigter Frostschutt**. Er wurde von PRIEHÄUSER (1930, 1951, 1965) im ostbayerischen Grundgebirge als „Firniesgrundschutt" und als „Firnbodenschutt" bezeichnet.

In den höheren Lagen (über 700–800 m ü. NN) sind die Hänge von einer jungpleistozänen Schuttdecke aus vorwiegend sandigem (und glimmerreichen), meist stark verfestigtem Material überzogen; eine blockreiche Decklage fällt zuerst ins Auge. In tieferen Lagen – bis unterhalb von 500 m ü. NN – sind die Schuttdecken meist weniger fest; sie sind aufgewittert und enthalten vielfach älteres, z. T. lehmiges Fließerdematerial. Bemerkenswert ist eine oft mächtige, lockere Decklage (mit Lößlehmbeimengung), so daß der verfestigte Frostschutt darunter nur in Anrissen und Aufschlüssen sichtbar ist. In tieferen Schürfen wird bisweilen auch älteres, ebenfalls verfestigtes Schuttmaterial angetroffen. Bei diesen besonders im Bayerischen Wald und im Fichtelgebirge weit verbreiteten Bildungen handelt es sich um ein eiszeitlich verlagertes, steinig-sandig-lehmiges Frostschuttmaterial. Die zahlreichen darin enthaltenen Gesteinsblöcke und -platten aus Granit, Gneis und Glimmerschiefer sind deutlich erkennbar parallel zur Geländeoberfläche eingeregelt. Das aus dem Gesteinszersatz stammende Feinmaterial läßt stets ein feinplattiges bis blättriges Gefüge erkennen (vgl. Abb. 34). Es bleibt trotz seiner festen Lagerung grobporenreich.

Abb. 34. Verfestigter eiszeitlicher Schutt aus Granitzersatz im Arber-Gebiet, an der Straße Bodenmais-Brennes bei ca. 1000 m ü. NN (Aufnahme 1988). Eiszeitliche Fließerde, Grundmasse ± stark verfestigt, mit feinplattigem Gefüge (in gelockertem Zustand bröckelig zerfallend); Steine sind hangparallel orientiert.

In Glazialzeiten war der Feinschutt von Eiskörnern durchsetzt. Beim Auftauen begünstigte ein hoher Wassergehalt das Einschlämmen von Ton und Schluff in das Gerüst aus gröberen Komponenten. Vermutlich hat dieser Vorgang auch zu einer Verfestigung des Frostschutts beigetragen. Nach dem Ausschmelzen des „Firneises" entstanden Hohlräume, welche im Gestein ein bis über 35 % betragendes Porenvolumen ausmachen können (BAUBERGER 1977; STETTNER 1958, 1977).

Der „Firneisgrundschutt", von PRIEHÄUSER noch als eine Art Grundmoräne gedeutet, wird heute als **„Fließerde** der Mittelgebirge" angesehen.

2.2 Der weitere periglaziale Bereich

2.2.1 Häufige Periglazialerscheinungen

Die Periglazialgebiete waren im jahreszeitlichen Wechsel verschiedenen Prozessen der Verwitterung und Umlagerung ausgesetzt. Insbesondere das wiederholte, häufige Gefrieren und Tauen der obersten Bodenschichten über einem Dauerfrostboden hat zu typischen Erscheinungen geführt. Hierbei sind in erster Linie die eiszeitliche Schuttbildung und der eiszeitliche Bodenabtrag, eine verstärkte Seiten- und Tiefenerosion der Flüsse sowie Winderosion und Lößsedimentation zu nennen. In der Frostschuttregion der Hochgebirge (subnivale und nivale Stufe) laufen verschiedene dieser frostdynamischen Prozesse auch in der Gegenwart ab.

Frostverwitterung mit Spaltenfrost führte zu einer Auflockerung der oberflächennahen Gesteinsdecke und zu einer Gesteinszerlegung von Blockgröße bis in kleinste Korngrößen. Es entstanden Felsruinen, Blockmeere und Frostschutthalden. Ein bekanntes Beispiel dafür ist die Gipfelregion des Lusen im Bayerischen Wald (Abb. 35).

Abb. 35. Lusen-Gipfel (1373 m). Blockmeer auf dem Lusen im Nationalpark Bayerischer Wald. Die starke Frostwirkung während der Eiszeit führte zu einer Zerlegung des Granitgesteins an Klüften und Spalten in kleine und große Blöcke. Die Frostsprengung ist bis auf den heutigen Tag wirksam. Um den Blockhaufen des Lusen-Gipfels ranken sich Aberglaube und Sagen, etwa daß in diesem Berge, durch den ungeheuren Schutt von Steinen bedeckt, unendliche Schätze verborgen seien (FLURL 1792: 113).

Besonders wirksam war die Frostverwitterung in Glazialzeiten in nicht vergletscherten Gipfelregionen der Alpen; bizarre Felsformen, scharfe Grate und Schrofen gehen darauf zurück.

Solifluktion (Bodenfließen) eines oberflächennahen Auftaubodens über gefrorenem (undurchlässigem) Untergrund gehört zu den häufigsten Periglazialerscheinungen. Die weit verbreitete „eiszeitliche Fließerde" ist dabei während der sommerlichen Auftauperiode entstanden: Schmelzwasser konnte in den gefrorenen Untergrund (Permafrostboden) nicht eindringen, der wasserdurchtränkte, breiige Auftauboden geriet bei schon

Abb. 36. Eiszeitliche Fließerde mit Frostbodenerscheinungen im Tertiärhügelland. – Löß und Lößlehm auf kiesigem, sandigem und schluffigem Molassematerial sind kryoturbat durchbewegt und solifluktiv verlagert. Rohrgraben der Transalpinen Ölleitung bei Rudelzhausen in der Hallertau in einem nach Süden exponierten Hang (Aufnahme 1966).

sehr geringer Hangneigung (1–2°) ins Fließen. Es gab kaum Vegetation, die den Boden hätte festhalten können. An Unterhängen, in Hangmulden und Trockentälchen entstanden bis zu mehrere Meter mächtige Fließerden, häufig aus einem Gemisch aus Verwitterungslehm, Löß und Lößlehm und Material des oberflächennahen Untergrundes (vgl. Abb. 36).

Ausgedehnte Solifluktionsdecken finden sich im fränkischen Schichtstufenland, im Tertiärhügelland und an den Flanken der Schotterriedel im Alpenvorland. In den Lößgebieten Südbayerns und Mainfrankens ist die „Lößlehm-Fließerde" weit verbreitet. Die Fließerden des Bayerischen Waldes, des Fichtelgebirges, des Frankenwaldes und des Spessarts führen auch reichlich älteres (tertiäres) Verwitterungsmaterial: Lehm, Grus, Steine und Blöcke. Steinhaltige Fließerden zeigen oft eine Einregelung der gröberen Komponenten. Felsblöcke, die im Verband mit Solifluktionsmassen verlagert worden sind, bilden nach der Auswaschung des Feinmaterials gebietsweise imposante Blockanhäufungen, wie z. B. die hoch aufeinandergestapelten Granitblöcke der Luisenburg bei Wunsiedel im Fichtelgebirge.

Kryoturbationen, dies sind Durchbewegungen des Bodenmaterials über der Dauergefrornis, begünstigt durch Dichteunterschiede, z. T. mit kleinräumigen Fließbewegungen, führten unter eiszeitlichem Frostwechselklima zu Aufwölbungen und Einstülpungen, Verwürgungen und Verknetungen des Bodens. Es entstanden dabei die verschiedensten **Strukturböden** wie Würge-, Brodel- und Taschenböden und faltenähnliche und diapirartige Strukturen. Kryoturbationserscheinungen sind häufig im lößbedeckten gletschernahen Alpenvorland und Tertiärhügelland zu beobachten, sie finden sich in typischer Ausprägung z. B. auch im Sandsteinkeuper in Franken.

In geeigneten Substraten treten auch „Tropfenböden" auf. Sie entstehen z. B. in einem breiigen Auftauboden beim Absinken von Bodenmaterial höherer Dichte in ein Bodenmaterial geringerer Dichte.

Frostmusterböden gehören zu den auffälligsten Erscheinungen in Gebieten mit Permafrost. Häufige Frostwechsel führten in Hochglazialzeiten in unseren Breiten zu Volumenveränderungen im Boden und zu einer Sortierung des Bodenmaterials (Mikrosolifluktion, C. TROLL 1944). Komplexe Vorgänge beim Gefrieren, Wiederauftauen und Quellen des Bodens ließen in einem ebenen Gelände ein Polygonmuster mit urglasförmig gewölbten Steinringböden entstehen. In hängigen Lagen bildeten sich hingegen Streifenböden. Polygone Frostmuster aus der letzten Eiszeit lassen sich in einigen Gegenden Deutschlands besonders gut im Luftbild erkennen (HASSENPFLUG 1988: Abb. 1 u. 2).

Frostspalten und **Eiskeile** gelten als „Leitformen" eines längerfristig anhaltenden Dauerfrostbodens. Sie sind sowohl in grob- als auch in feinkörnigen Ablagerungen anzutreffen. Sie entstanden in den bei strengem Frost aufgerissenen Spalten, in welche während Tauperioden Wasser eindringen konnte, bevor sie wieder zufroren und sich beim Gefrieren weiter ausdehnten. Häufige Wiederholungen dieser Vorgänge ließen bis über 1 m breite und bis über 10 m tiefe Spalten entstehen, die bis in die Permafrostschicht reichten.

Nach dem Ausschmelzen des Eises füllten sich die Spalten mit Fremdmaterial, z. B. mit Sand oder Schwemmlöß. Auf diese Weise entstanden die sog. Pseudomorphosen von Eiskeilen. Im Alpenvorland treten sie offenbar nur unregelmäßig auf; mehrere Meter tiefe, verfüllte **Frostkeile** sind selten (vgl. Abb. 37). Häufiger zu beobachten sind eiszeitliche **Frostrisse** z. B. in Lößprofilen in verschiedenen Gegenden Bayerns.

Abb. 37. Ehemaliger „Eiskeil" in glazial gestauchten, würmzeitlichen Schottern mit einer parallel zur äußeren Begrenzung angeordneten Füllung aus Kies, Sand und Schluff. Ehem. Kiesgrube bei Josereute nordwestlich Oy-Mittelberg im Ostallgäu. Foto: Dr. K. SCHWERD (1978).

60 Periglazialer Bereich

Abb. 38. Buckelwiesen und Streifenböden nördlich Mittenwald bei der Jugendherberge (Aufnahme: März 1990).

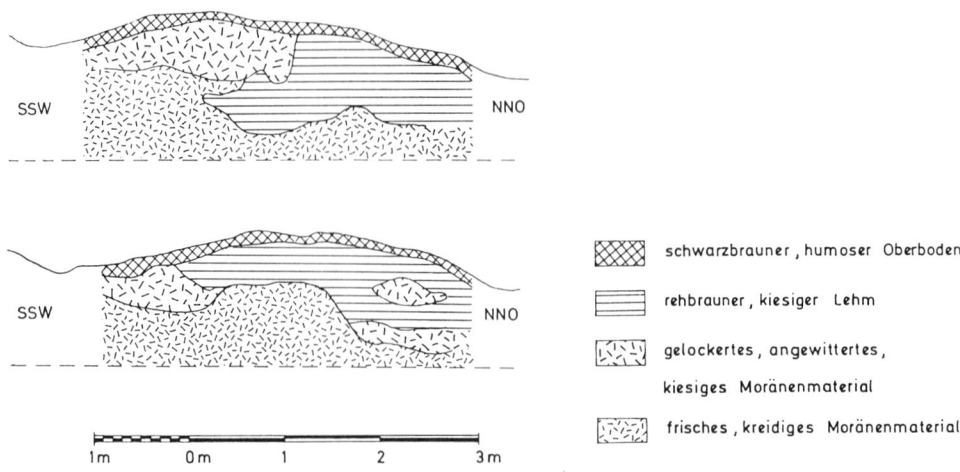

Abb. 39. Buckelwiesen auf den Mittenwalder Mähdern nördlich Mittenwald (900–1000 m ü. NN.) Profile der Grabung 13a beim Tonihof (aus: ENGELSCHALK 1977: 122, Abb. 13): Verwürgungen des Bodens und Verstellungen im Ausgangssubstrat (plattige Gerölle sind hochkant gestellt) weisen auf kryoturbate Bewegungen hin. Verkarstungserscheinungen spielen hier eine untergeordnete Rolle. Als Entstehungszeit der Buckelwiesen wird das Spätglazial mit seinen Tundrenzeiten angenommen.

Eislinsen gelten als typische Erscheinungen des Permafrosts; sie können z. B. in vom Dauerfrost erfaßten, wasserhaltigen Feinsedimenten ausgelaufener Seen eine Dicke von vielen Metern erreichen und als Eishügel (Pingos[27]) über die Geländeoberfläche herausragen. In Moorgebieten entstehen Torfhügel (Palsen[28]). Nach dem Ausschmelzen des Eises bleiben bisweilen kesselförmige Hohlformen zurück. Es wird angenommen, daß die heute in arktischen Gebieten verbreiteten Eis- und Torfhügel einst auch in Bayern vorhanden waren.

Eislinsen von geringerer Größe führen zu der häufig beobachtbaren **Frosthebung**, einem „Auffrieren" von Geröllen oder Steinen im Boden, z. B. im Löß oder Lößlehm, die auf Schotter oder Moräne abgelagert sind. Wachsende Eisnadeln in Bodenporen („Kammeis") lassen mit Eislinsen Erd- und Rasenbülte (Thufur[29]) entstehen.

Zu den Sonderformen, deren Entstehung ein „Periglazialklima" voraussetzen, gehören auch die **Buckelwiesen** mit ihrem kennzeichnenden Kleinrelief aus Buckeln und Mulden und einem kleinflächigen Bodenwechsel. Am bekanntesten sind die Vorkommen im Raum Mittenwald, Klais und Krün (Abb. 38 u. 39). Zu den nördlichsten bekannten Vorkommen gehören entsprechende Kleinformen im Wolfratshauser Becken bei Geretsried (JERZ 1966, 1969; ENGELSCHALK 1971). Ihre Entstehung wird auf frostmechanische Vorgänge in einem sporadischen Permafrostboden zurückgeführt. Ein wiederholtes Gefrieren des Auftaubodens führte schließlich zu einer seitlichen Ausdehnung und zu einer Hebung der obersten Bodenschicht. Die zahlreichen, heute mit Bodenmaterial verfüllten Zapfen weisen auf ehemals verbreitete Eiskeile hin. Als Entstehungszeit der Frostbodenbildungen kommt noch das ausgehende Spätglazial mit der Jüngeren Tundrenzeit (ca. 10 800 – 10 300 Jahre vor heute) in Betracht, als zeitweise nochmals eiszeitliche Klimabedingungen herrschten.

2.2.2 Fluviatiler Abtrag im Periglazial

In den Periglazialgebieten waren in jeder Frühglazialperiode die **Seiten-** und die **Tiefenerosion** der Flüsse besonders wirksam. In den Wintermonaten erfaßte der Bodenfrost auch den Untergrund von wasserarmen und trockenen Flußbetten. Dabei lockerte Klufteis den Gesteinsverband. In den Sommermonaten führten bei der Schneeschmelze freigesetzte große Wassermassen das gelockerte Gesteinsmaterial rasch weg. Die anschwellenden Flüsse schnitten sich ein, Talhänge wurden unterschnitten, Fließerden an Unterhängen erodiert.

Der „Eisrindeneffekt" in den Flußbetten wird von BÜDEL (1962, 1969) als wesentliche Ursache einer exzessiven Talbildung angesehen. Er stützt sich dabei u. a. auf Beobachtungen in SE-Spitzbergen. Damit kann die starke Seiten- und Tiefenerosion in zahlreichen Tälern und deren Kastentalform erklärt werden.

Ein Beispiel für eine unter periglazialen Bedingungen entstandene Ausräumungslandschaft stellt das heutige **Donaumoos** dar, welches buchtenartig in das Tertiärhügelland hineinreicht (GRAUL 1943). Mehrere im Hügelland entspringende Flüßchen haben das

---

[27] Pingo, Mz. Pingos, in der Sprache der Eskimos: Eishügel, große linsenförmige Eisansammlung im Boden.
[28] Palsa, Mz. Palsen (finn.): Torfhügel, Frostaufwölbung im Torfboden.
[29] Thufa, Mz. Thufur (isld.): kleiner Auffrier-Hügel, Frostaufwölbung im Mineralboden.

unter eiszeitlichem Frostwechselklima aufbereitete Lockermaterial ausgeräumt, insbesondere breiartig aufgeweichte Auftauböden über einem zeitweise bestehenden Dauerfrostboden. Im letzten Hochglazial wurden die südlichen Zuflüsse aus dem Hügelland durch die von der Donau aufgeschüttete Niederterrasse aufgestaut. Im (Spät- und)Postglazial entstand ein ausgedehntes Versumpfungsmoor von annähernd 20 000 ha (vgl. Kap. 10.6).

2.3 Winderosion – Löß- und Flugsandablagerungen

In den trockenen Hochglazialzeiten war in den Periglazialgebieten Mitteleuropas die Winderosion in besonders starkem Maße wirksam. Lockeres Feinmaterial wurde großflächig insbesondere dort vom Wind ausgeblasen und verfrachtet, wo die Pflanzendecke ganz oder weitgehend fehlte: aus Flußtälern, Schmelzwasserrinnen, Schotterfluren und aus den vom Eis befreiten Moränengebieten ebenso wie aus Frostschutt- und Solifluktionsdecken. Verweht wurde je nach der Windgeschwindigkeit Schluff, Staub und Sand, wobei während des Transportes in der Luft eine Sortierung nach Korngrößen erfolgte.

Das verbreitetste äolische Sediment ist der **Löß**, der in feinen Partikeln über kürzere oder auch größere Entfernungen transportiert und bei nachlassender Transportkraft des Windes oder im Windschatten von Hindernissen abgesetzt wurde. **Flugsand** wurde hingegen meist nur über kürzere Distanz transportiert und besitzt nur gebietsweise eine größere Verbreitung.

Bevorzugte Ablagerungsbereiche sind nach Osten und Nordosten orientierte, d. h. im Lee des Lößwindes gelegene Hänge und Schotterflächen, West-Ost streichende (breite) Talzüge sowie Beckenlandschaften. Es besteht dabei eine deutliche Korngrößenabhängigkeit von der Entfernung des Ausblasungsgebietes.

2.3.1 Lößgebiete

Die wichtigsten Lößgebiete in **Südbayern** stellen das nichtvergletscherte Alpenvorland mit den eiszeitlichen Schotterplatten, das Tertiärhügelland und der Dungau dar. In **Nordbayern** sind es weite Gebiete Mainfrankens. Weitere größere Lößvorkommen befinden sich in Oberfranken, am Südrand des Bayerischen Waldes und im Rieskessel. Auf der Frankenalb ist äolisches Material mit dem Alblehm vermischt und oft ein größerer Bestandteil desselben.

Die **Mächtigkeiten** der unterschiedlichen Deckschichten aus Löß, Sandlöß und Lößlehm reichen von weniger als 1 m bis über 15 m. Große Areale Bayerns sind mit einem Schleier aus Löß und Lößlehm oder/und Flugsand überzogen. Deckschichten-Mächtigkeiten bis zu über 10 m sind in der niederbayerischen Gäulandschaft (Dungau) und im Donautal bei Regensburg (BRUNNACKER 1964; STRUNK 1990), im Gebiet der Iller-Lech-Schotterplatten (JERZ et al. 1975), im Schweinfurter Becken und in den Talbuchten und Talweitungen des Mains bei Würzburg (BRUNNACKER 1978; SCHWARZMEIER 1979, 1982) nachgewiesen.

Die größte Flächenverbreitung besitzt der **würmeiszeitliche** Löß bzw. Lößlehm. Ältere Lösse sind entweder unter einem jüngeren Löß begraben und von diesem durch einen fossilen Boden getrennt, oder häufig auch erodiert, als Schwemmlöß umgelagert (Abb. 40) oder mit Fließerden verlagert. Die Mächtigkeit allein der würmeiszeitlichen Lösse kann bis über 5 m betragen.

Würmlösse in großer Mächtigkeit sind auf den Hochterrassen im Raum Memmingen (ehem. Ziegelei Steinheim bis zu 6 m), Landshut (bei Altheim und Ergolding bis über 5 m) und südlich Augsburg (bei Bobingen und Schwabmünchen bis zu 4 m) bekannt. Auch im Raum München besitzen die Deckschichten der Hochterrasse eine bedeutende Mächtigkeit (in Ramersdorf und Berg am Laim [= Lehm, „Loam"], Unterföhring und Ismaning 2–3 m) ebenso wie im Inn-, Alz- und Salzach-Gebiet (zwischen Kraiburg und Burgkirchen bis zu 5 m). Ebenso auf den

Abb. 40. Löß bzw. Schwemmlöß, feingebändert und feingeschichtet. Rohrgraben der Transalpinen Ölleitung bei Langengeisling nördlich Erding (Aufnahme 1966).

Rißmoränen besitzen würmzeitliche Lösse und Lößlehme Mächtigkeiten bis zu mehreren Metern: bei Landsberg a. Lech sind es bis über 4 m (BRUNNACKER 1970; DIEZ 1973), ebenso in Schorn nördlich Starnberg (JERZ 1982, 1987) und in Laufzorn östlich Grünwald. Im Osten der Münchner Schotterebene sind auf Altmoränen bis über 5 m mächtige Deckschichten nachgewiesen (in Schwaig bei Erding 6–7 m, vgl. BRUNNACKER 1957).

Viele präwürmzeitliche Ablagerungen im Alpenvorland – Hochterrassen, Deckenschotter und Altmoränen – weisen im Regelfall eine Deckschichtenfolge auf. Mit Hilfe darin enthaltener fossiler Böden können sie gegliedert und stratigraphisch zugeordnet werden. Auf würmzeitlichen Ablagerungen wie Niederterrassen und Jungmoränen treten nur bei besonderen geomorphologisch-geologischen Voraussetzungen äolische Deckschichten auf, insbesondere ostwärts von größeren Schotterfluren, die als Auswehungsgebiete in Betracht kommen. Beispiele hierfür sind das Fellheimer Niederterrassenfeld bei Memmingen (mit dem Erolzheimer Feld westlich der Iller als Ausblasungsgebiet) und die Ergolding-Altheimer Niederterrasse (mit dem Isartal als Auswehungsgebiet). Auf den Würmendmoränen des Inngletschers im Raum Ebersberg (mit der Münchner Schotterebene als Ausblasungsfläche) treten verbreitet Schluffdecken bis zu mehreren Dezimetern auf.

Der **Löß** in Bayern ist wie auch im übrigen Mitteleuropa ein für trockene bis schwach humide Perioden einer Eiszeit bezeichnendes äolisches Sediment. Seine Zusammensetzung ist abhängig vom Auswehungsgebiet bzw. von den jeweils der Deflation ausgesetzten geologischen Schichten. Auch die Lößfarbe kann von diesen bestimmt sein, z. B. eine Gelbfärbung durch Molasseschichten im Alpenvorland oder eine Rotfärbung durch Röttone im Mittelmaingebiet. Die gewöhnlich graugelben bis gelbgrauen, lockeren und porenreichen Lösse (alemannisch „lösch" = locker) besitzen im allgemeinen einen mittleren bis hohen Kalkgehalt. Er beträgt in den südbayerischen Lössen bis über 30 % (max. 45 %) und in den nordbayerischen nicht selten bis zu 20 % (max. 25 %).

Durch Entkalkung entsteht ein gelbbrauner **Lößlehm**, wobei sich an der Entkalkungsgrenze häufig bizarre und rundliche Kalkkonkretionen („Lößkindl", Abb. 41) bilden. Im Unterschied zum Lößlehm wurde der **Staublehm** bereits im Auswehungsgebiet weitgehend entkalkt und danach in feinsten Partikeln vom Wind verblasen. Das Korngrößenmaximum der typischen Lösse liegt im Grobschluffbereich (0,02–0,06 mm). Höhere Sandgehalte zeichnen die Sandstreifenlösse und die **Sandlösse** mit mindestens 20 % Feinsand aus.

In Südbayern (Alpenvorland und Tertiärhügelland) sind die Lösse gewöhnlich aus 15–30 % Ton, 45–60 (70) % Schluff und bis zu 25 (30) % Feinsand zusammengesetzt. In Nordbayern liegen die durchschnittlichen Anteile bei 20–35 % Ton, 60–75 % Schluff und bis 10 % Sand. An der mineralogischen Zusammensetzung der Lösse sind vor allem Quarz, Feldspat, Glimmer, Kalk, Dolomit und Tonminerale beteiligt. Außerdem finden sich darin oft reichlich Opalphytolithen, dies sind kieselige Stützelemente von Pflanzenstengeln.

Die Fazies der Deckschichten zeigt eine auffallend starke Abhängigkeit von den örtlichen klimatischen Verhältnissen (vgl. Abb. 42). In Nordbayern tritt eine typische Löß-Fazies auf; südlich der Donau vollzieht sich mit der Zunahme der Niederschläge von Norden nach Süden ein Wechsel von der Löß-Fazies über die Lößlehm- (und Staublehm-)Fazies zur Decklehm-Fazies. In gleicher Richtung nimmt der Kalkgehalt ab, wobei eine vorzugsweise synsedimentäre Entkalkung angenommen wird. **Decklehme** sind kalkfrei, an Ort und Stelle kryoturbat durchbewegt und kleinräumig verflossen sowie häufig (pseudo)vergleyt.

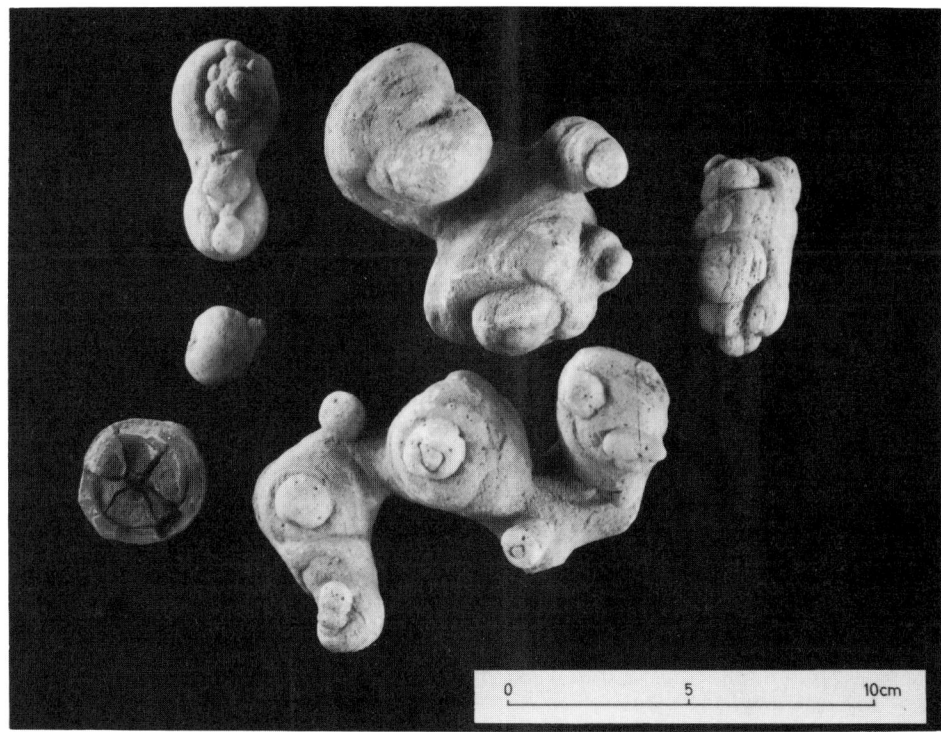

Abb. 41. Lößkindl aus der Ziegeleigrube Helberg südöstlich von Großostheim. – Links unten eine aufgeschlagene Kalkkonkretion mit Schrumpfungsrissen. Aus: STREIT & WEINELT 1971: 175, Abb. 34.

In Bayern lassen sich im wesentlichen **drei Lößfaziesbereiche** unterscheiden (vgl. BRUNNACKER 1957, 1964, u. a.; KALLENBACH 1965), die auch durch ihre Bodenbildungen gekennzeichnet sind (vgl. Abb. 42):
1) Einen **nördlichen** Faziesbezirk = trockene Lößlandschaft, mit Parabraunerden und mit z. T. schwarzerdeähnlichen Böden: Mainfranken und weitere Gebiete nördlich der Donau sowie Bereiche des Donautales (Raum Ingolstadt-Regensburg-Straubing) mit < 650 (600) mm Niederschlag pro Jahr.
2) Einen **mittleren** Faziesbezirk = mäßig feuchte Lößlandschaft (Bereich der „Braunlösse", FINK 1956), mit Parabraunerden, z. T. pseudovergleyt: Gebiete im Donautal und südlich davon etwa innerhalb der heutigen 650 (600) — 900 (850) mm-Niederschlagszone.
3) Einen **südlichen** Faziesbezirk = (feuchte) Decklehm-Landschaft, (Staublehm-Landschaft, FINK 1956) > 900 mm Niederschlag pro Jahr, mit pseudovergleyten Parabraunerden und Pseudogleyen: Die ungefähre Grenze zum mittleren Faziesbezirk verläuft etwa mit der heutigen 900 mm Niederschlagslinie Memmingen – Mindelheim – Landsberg – München – Mühldorf a. Inn – Burghausen. Südlich dieser Linie weisen die äolischen Deckschichten nur noch Spuren von Karbonat auf bzw. sind ganz entkalkt. Faziesdifferenzierungen innerhalb eines Lößprofils lassen sich mit unterschiedlichen klimatischen Bedingungen im Früh-, Hoch- und Spätglazial erklären, insbesondere bei einem

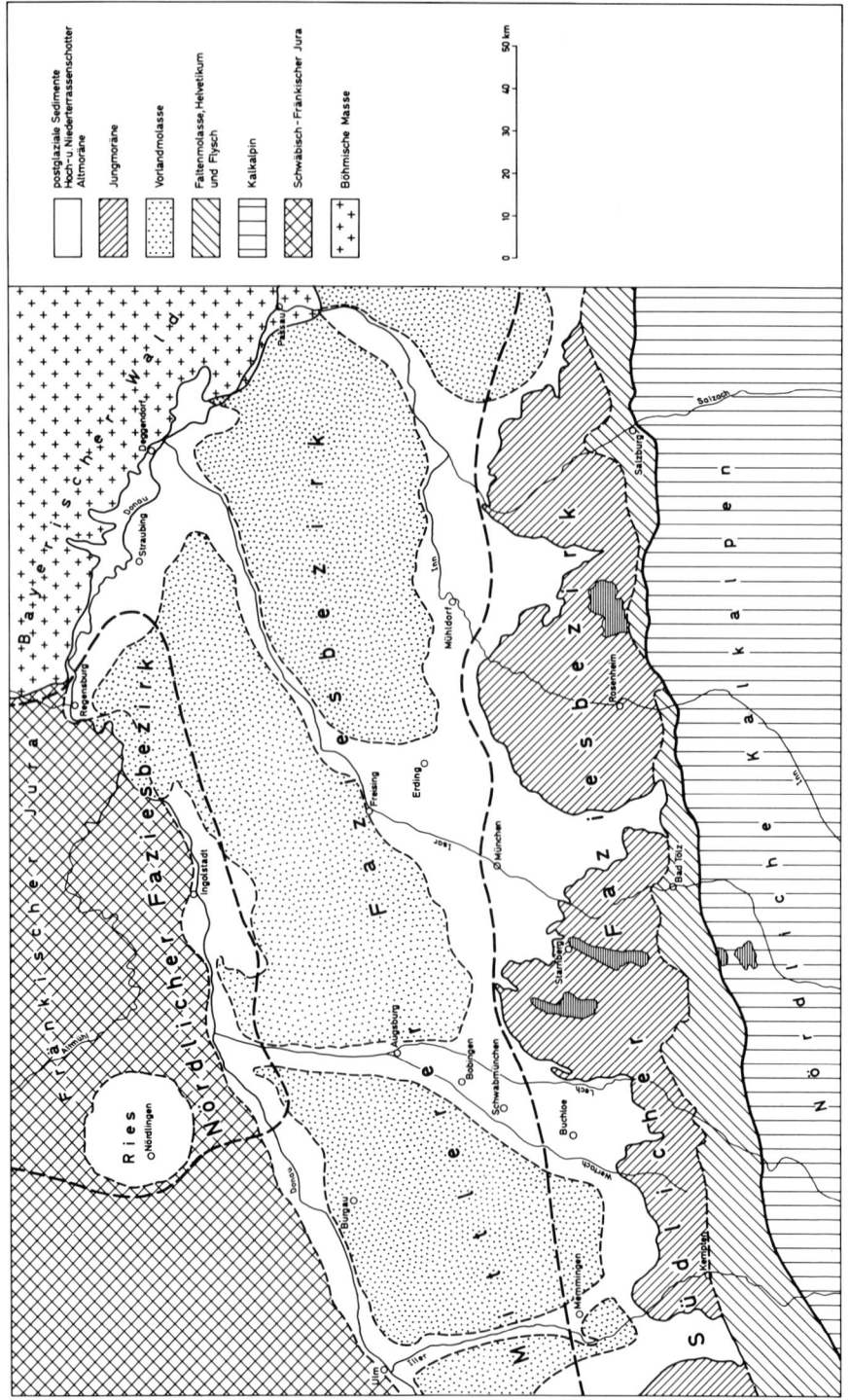

Abb. 42. Lößfaziesbezirke in Südbayern (nach BRUNNACKER 1957, 1964 und KALLENBACH 1965). Nördlicher Faziesbereich: ± trocken, Mittlerer Faziesbereich: mäßig feucht, Südlicher Faziesbereich: ± feucht.

Wechsel von feuchten und trockenen Bedingungen. Am besten sind solche Unterschiede für die würmzeitlichen Lösse bekannt (vgl. BRUNNACKER 1964: 239).

1) Als **frühglaziale** Fazies folgt auf den Verwitterungsboden des letzten Interglazials häufig eine Umlagerungszone mit dichter Lagerung und plattiger Struktur (entsprechend der „Niedereschbacher Zone" in Hessen, SEMMEL 1968). Im trockeneren Nordbayern enthalten basale Lagen 1–2 (3) Humuszonen („Mosbacher Humuszonen", SCHÖNHALS et al. 1964), die heutigen Steppenböden sehr ähnlich sind, wie z. B. humose Horizonte in den Kitzinger Lößprofilen (SEMMEL & STÄBLEIN 1971: Abb. 2 und 3). Im feuchteren Südbayern enthalten die „Basisfließerden" bisweilen Merkmale von Naßbodenbildungen. Auf die Umlagerungszone folgt in Standardprofilen ein meist braungelber Löß („Unterer Löß").

2) Die **hochglaziale** Fazies wird in typischer Ausbildung durch einen graugelben Löß („Oberer Löß") repräsentiert. Er unterscheidet sich von dem frühglazialen Löß deutlich durch seine Farbe und durch einen wesentlich höheren Kalkgehalt (bis über 35% im Oberen Löß gegenüber meist weniger als 10% im Unteren Löß). Beide Lößkomplexe sind durch schwache, unter semiarktischen Bedingungen entstandene Bodenbildungen voneinander getrennt: Im trockeneren Nordbayern und im Donautal ist er als „Brauner Verwitterungshorizont" („Brauner Tundrenboden", BRUNNACKER 1957: 37 und 1964: 239) bzw. „Lohner Boden", SCHÖNHALS et al. 1964, bzw. „Komplex Stillfried B" in Österreich, FINK 1954, 1956) entwickelt, im feuchteren Südbayern als Naßboden mit Gleyfleckenzonen („Tundra-Naßboden", BRUNNACKER 1957: 15) ausgebildet. Nach Siedlungsfunden in Stillfried a. d. March (Niederösterreich) und Datierungen entspricht er einem Interstadial vor etwa 30 000–27 000 Jahren vor heute. In mächtigen Lößprofilen trockener Lößlandschaften sind im Oberen Löß bis zu vier weitere Naßböden ausgebildet (Äquivalente der „Erbenheimer Naßböden E1–E4" in Hessen, SCHÖNHALS et al. 1964).

Für einen hochglazialen Löß am Salzach-Hochufer gegenüber Burghausen ergab eine Datierung von Lößschnecken-Gehäusen der Art *Arianta arbustorum alpicola* ein ^{14}C-Alter von 21 650 ± 250 Jahren vor 1950 (TRAUB & JERZ 1976: 190).

3) Als **spätglaziale** Fazies wird ein „Jüngerer Löß" unterschieden, der häufig als Sandlöß ausgebildet ist, wie beispielsweise am Mittelmain und entlang der Donau, wo er gebietsweise auch mit Flugsand vermischt sein kann. Bis ins ausgehende Pleistozän kam es örtlich zur Ausbildung von Lößdünen, wie z. B. im Tertiärhügelland, im Donautal zwischen Deggendorf und Pleinting oder auf hochgelegenen Schotterplatten ostwärts des Lechtales bei Aindling.

In einigen Lößprofilen Nordbayerns ist im Jungwürmlöß zwischen zwei Naßböden ein basischer Tuff (mit Pyroxenen) nachgewiesen. Als Eltviller Tuff (SEMMEL 1967; SEMMEL & STÄBLEIN 1971: 28) wird er in die Zeit um 18 000 Jahre vor heute datiert. Hingegen wurden Spuren des Laacher Bimstuffes aus der Zeit um 11 000 Jahre v. h. (Alleröd-Interstadial) bislang in Lössen hier noch nicht gefunden; vermutlich ist er weitestgehend verwittert oder abgetragen.

4) Eine **postglaziale** bis heutige Lößbildung ist von einigen Stellen bekannt, wo Westwinde an entblößten, vegetationsarmen Steilhängen das bei der Verwitterung anfallende Feinmaterial aufnehmen, wie z. B. am Lechsteilufer bei Landsberg oder am Innsteilufer gegenüber Wasserburg. Das verblasene, vielfach noch kalkreiche Material läßt sich auf den unmittelbar ostwärts angrenzenden Flächen als Lößdecke oder als Lößschleier nachweisen.

Im Tertiärhügelland bei Landshut hat HOFMANN (1973, 1975) in der Verbreitung von Löß und Lößlehm eine deutliche Abhängigkeit von der Entfernung vom Isartal nachgewiesen: **Lößlehm** kommt in geeigneten Reliefpositionen im gesamten Hügelland vor, d. h. an nach Nordosten, Osten und Südosten exponierten Hängen der großenteils asymmetrischen Täler. **Löß** als karbonatreiches graugelbes Feinsediment ist im wesentlichen auf einen 2–3 km breiten Streifen nördlich und südlich des Isartales beschränkt (HOFMANN 1975: 164, Abb. 1). Hügellandeinwärts wird der typische Löß allmählich von Lößlehm abgelöst. In einer rund 3 km breiten Übergangszone tritt der Löß in Lößinseln oder als Lößschleier in vom Abtrag geschützten Lagen auf.

Aus der Fazicsdifferenzierung der Lößprofile in Isartalnähe ergibt sich entsprechend der Gliederung von BRUNNACKER (1957: 11) die Unterscheidung in einen „Oberen Löß", der vorwiegend in das Hochglazial eingestuft werden kann, und in einen „Unteren Löß", der z. T. entkalkt und mehr oder weniger verlehmt ist und welcher vor allem dem Frühglazial zugerechnet wird. In die Frühphase der letzten Kaltzeit gehören auch die hier verbreiteten (Basis-)Fließerden mit fossilem Boden- und älterem Lößlehmmaterial.

Der Löß bildet das Ausgangssubstrat für unsere wertvollsten Böden (in Bayern mit Bonitäten zwischen 60 und 80). Sie zeichnen sich sowohl durch ihren günstigen Wasser-, Luft- und Nährstoffhaushalt wie auch durch ihre leichte Bearbeitbarkeit aus. Löß bildet außerdem ein standfestes Material, im Gegensatz zum Lößlehm.

Der kalkhaltige Löß zeichnet sich auch durch seine gute Erhaltungsfähigkeit für Fossilien aus. Es gilt dies für Lößschnecken ebenso wie für Reste kaltzeitlicher Säuger oder für Knochenfunde aus vor- und frühgeschichtlicher Zeit.

Als Vertreter von **Lößschnecken**-Gesellschaften, die auch als Klima- und Biotop-Zeiger eine wichtige Rolle spielen, seien genannt (v. a. nach LOŽEK 1964: 136 ff. und TRAUB 1976: 186 ff.): *Trichia hispida* (L.) (vgl. Abb. 43), *Pupilla (Pupa) muscorum* (L.) (vgl. Abb. 43), *Succinea oblonga* DRAP. (vgl. Abb. 43), *Arianta arbustorum* FÉR., *Clausilia parvula* FÉR., *Vallonia costata* (O. F. MÜLL.), *Vertigo parcedentata* (BR.), *Columella columella* MART. (vgl. Abb. 43).

Dabei gilt *Columella columella* als extrem kälteliebende Art (Dr. J. KOVANDA, Prag, frdl. mündl. Mitt.). Bezeichnend für Kaltzeiten ist außerdem eine artenarme *Pupilla*-Fauna.

Von **Kleinsäugern** werden nicht selten Zähnchen des sibirischen Halsbandlemmings *Dicrostonyx torquatus* PAL. in den hochglazialen Lössen gefunden.

Von **Großsäugern** sind in Lößgebieten Knochen und Zähne erhalten, vor allem von Mammut, Riesenhirsch, Rentier, Bison, Wildpferd, Moschusochse und Wollhaarnashorn. Aus Unterfranken sind paläolithische Artefakte im Löß bekannt.

2.3.2 Flugsanddecken und Flugsanddünen

Flugsand, auch als Flugdecksand bezeichnet, tritt in größerer Verbreitung vor allem in Nordbayern auf: in den Talweitungen des Mains, in der Bodenwöhrer Senke, im Großraum Nürnberg und im Gebiet von Neumarkt i. d. Oberpfalz. In Südbayern sind die sandigen äolischen Deckschichten besonders im Donaugebiet und im Tertiärhügelland verbreitet. Ausgeblasen wurde der Sand vor allem aus Flußterrassen und aus dem Verwitterungsschutt der Gesteine.

Die Flugsandaufwehungen werden vornehmlich in das letzte Spätglazial, z. T. auch in das frühe Postglazial datiert. Sandaufwehungen aus jüngerer Zeit werden mit bronze- und eisenzeitlichen Rodungsphasen in Zusammenhang gebracht.

Abb. 43. Schnecken in würmzeitlichen Lößablagerungen (von links): *Trichia hispida* (L.), *Pupilla muscorum* (L.), *Succinea oblonga* DRAP., *Columella columella* MART. Aus LOŠEK 1964 (Taf. 6, 9, 12 u. 25).

Die gelblich- bis bräunlichgrauen Flugsande sind karbonatarm bis karbonatfrei. Ihr Korngrößenmaximum liegt im Mittelsandbereich (mit über 60% zwischen 0,2–0,6 mm ⌀), was auf eine enge Auslese durch den Wind hinweist. Die maximalen Korngrößen reichen bis zu 2 mm ⌀. Für deren Verfrachtung lassen sich Windgeschwindigkeiten von über 5 m/sec ableiten, was der Windstärke 10 und mehr entspricht.

Mit Sand beladener starker Wind wirkt wie ein Sandstrahlgebläse. Härtere Minerale und Steine werden zugeschliffen; sie erhalten einen Facettenschliff und werden zu „Windkantern", d. h. zu Steinen mit Windschliff. Limonitkrusten erhalten eine Windschliffpolitur.

An der mineralogischen Zusammensetzung der Flugsande sind vor allem Quarz (bis über 90%), ferner Feldspat, Kalk, Dolomit und Limonit beteiligt.

Die Mächtigkeit der Flugsanddecken liegt durchschnittlich bei einem Meter. Größere Flächen sind oft nur mit einem Schleier aus Flugsand überzogen. Gebietsweise ist Flugsand zu **Dünen** zusammengeweht, vorwiegend zu Längsdünen, seltener zu Bogendünen. Die Sandpartikel besitzen kein Bindemittel, sie sind daher leicht beweglich. Die Dünensande lassen durch ihre Schrägschichtung auf die vorherrschende Windrichtung zur Zeit ihrer Ablagerung schließen. Dünensande der Vorzeit bilden wichtige Klimazeugen.

Dünen sind am weitesten verbreitet auf den großen Flugsandfeldern ostwärts von Rednitz und Regnitz im Nürnberger Reichswald zwischen Feucht und Erlangen – nicht selten mit einer Längserstreckung von 50–150 m und mit Höhen bis zu 10 m (BERGER 1978). Ausblasungsgebiete waren die Keuperflächen und Flußterrassen im Westen. Der Windtransport reichte bis auf die Hochflächen der Frankenalb nach Osten.

Abb. 44. Querschnitt durch eine Düne südwestlich von Stockstadt/UFR. im Oberhübner Wald (Sandgrube Rachor). Am steilen Leehang (links) lassen die Sandlagen eine hangparallele Schichtung erkennen. Aus: STREIT & WEINELT 1971f: 179, Abb. 35.

Ausgedehnte Flugsanddecken mit großen Dünen (bis zu 200 m lang und 10 m hoch) überdecken den Jura der weiteren Umgebung von Neumarkt i. d. Oberpfalz. Große Flugsandmächtigkeiten sind von Altdorf (bis zu 20 m) bekannt.

Im Aschaffenburger Becken überziehen spät- bis frühpostglaziale Flugsande mit bis zu 10 m hohen Dünen die Mainterrassen und Spessarthänge (STREIT & WEINELT 1971: 177, vgl. Abb. 44). Bei Alzenau sind im Lee von Querdünen junge Flugsande aus nachmittelalterlicher Zeit nachgewiesen (SEIDENSCHWANN 1988: 33).

Am Mittelmain bei Würzburg und Marktsteft bedecken Flugsande (0,5–2 m) die im Osten folgenden Terrassen und Höhen (VOSSMERBÄUMER 1973: 4, Abb. 1). Noch im Spätglazial war das Maintal Ausblasungsgebiet.

Das Schweinfurter Becken gehört zu den größeren Flugsandgebieten in Bayern. Neben spätglazialen und frühpostglazialen Aufwehungen mit über 5 m hohen Dünen sind dort auch rezente Auswehungen aus den Flußablagerungen des Mains nachgewiesen (SCHWARZMEIER 1982: 62).

Im Donaugebiet sind größere Flugsandvorkommen bei Manching (Feilen-Forst) und bei Neuburg a. d. Donau (Zeller Forst) ebenso wie in Niederbayern zwischen Straubing und Osterhofen bekannt.

Im Tertiärhügelland sind der Raum Schrobenhausen (z. B. bei Sandizell) und das Abens-Tal zu nennen. Erwähnt seien auch die Flugsanddecken mit Dünen im östlichen Ries bei Wemding.

Im Lechtal nördlich Augsburg sind würmeiszeitliche Lösse auf der Hochterrasse noch von spätglazialem Flugsand (bis zu 1 m) überdeckt. Ausblasungsgebiete waren die vegetationsarmen Ostflanken der Tertiärrücken und Schotterriedel westlich des Schmuttertales. Die Westwinde wirkten hier als starke Fallwinde.

2.3.3 Zur quartären Morphogenese

Die ehemals vergletscherten wie auch große Bereiche der nicht vergletscherten Gebiete besitzen einen überaus reichen, im Quartär gebildeten Formenschatz. Die meisten Formen sind zusammen mit ihren Ablagerungen bereits in den vorstehenden Kapiteln genannt. Ihre große Bedeutung für das Landschaftsbild sei hier nochmals zum Ausdruck gebracht. Für vertiefende Studien wird auf die umfangreiche Literatur zur Geomorphologie verwiesen (z. B. LOUIS & FISCHER 1979; MACHATSCHEK 1973; MEYNEN & SCHMITHÜSEN 1953; WILHELMY 1977/1978, Erläuterungen zu den Geomorphologischen Karten der Bundesrepublik Deutschland, u. v. a.).

In unserem Klimabereich gestalten die „Naturkräfte" **Wasser, Eis** und **Wind** im Zusammenwirken mit **Klima**faktoren und **Verwitterung**sprozessen die Erdoberfläche langsam aber stetig um. Die geologische Wirkung dieser Kräfte besteht im wesentlichen in der Abtragung und in der Bearbeitung des Untergrundes, im Transport und in der Ablagerung von Lockermaterial. Dabei beschleunigen die physikalische und die chemische Verwitterung etwa gleichermaßen die Aufbereitung und den Zersatz der Gesteine.

2.3.3.1 *Formenbildung in vergletscherten Gebieten*

In den ehemals vergletscherten Bereichen der Alpen und des Alpenvorlandes und in den Hochlagen des Bayerischen Waldes beruht die landschaftsgestaltende Formung auf der wiederholten Wirkung des Gletschereises und seiner Schmelzwässer. In erster Linie genannt seien die aus Gletscherschutt geformten, besonders auffälligen Ablagerungen: die während Stillstandlagen aufgeschütteten, oft hohen Endmoränen und Seitenmoränen, die beim Eisrückzug abgesetzten, kuppigen Abschmelzmoränen oder auch die nach dem Eisfreiwerden zum Vorschein gekommenen, ausgewalzten, fast ebenen

Grundmoränenbereiche. Dazwischen angeordnet sind „Hügelmoränen", die sich durch eine äußerst große Formenvielfalt auszeichnen: unter dem sich bewegenden Eis geformte, gestauchte Drumlins in Stromlinienform, aus in Gletscherspalten zusammengespülten Geröllen und Geschieben bestehende, meist langgestreckte Oser oder beim Abschmelzen des Gletschereises abgesetzte, mehr unregelmäßig geformte Kames (vgl. Kap. 1.1.1). Gebietsweise fällt eine große Anzahl kleiner und großer Kessel und Trichter auf, die erst nach dem Ausschmelzen von verschüttetem „Toteis" entstanden sind.

Fließendes, mit harten Geschieben durchsetztes Gletschereis hinterließ in Festgesteinen Kritzer und Schrammen, es überschliff steile Felswände und formte herausragende Felspartien zu Rundhöckern. Die Obergrenze geglätteter Felsformen an Talflanken zeigt auch die Obergrenze der pleistozänen Vereisung an.

Große Eismassen pflügten Talböden aus, schürften weiter in die Tiefe und in die Breite und formten aus einem engen V-förmigen (Kerb-)Tal ein breiteres U-förmiges (Trog-)Tal. Die gletscherdurchflossenen Alpenquertäler bilden eindrucksvolle Beispiele hierfür.

Häufige Talübertiefungen führten zu Übersteilungen an Felswänden und Talflanken (Fels- und Bergsturzgefahr, s. Kap. 4.3). Nebentäler wurden zu Hängetälern mit z. T. beträchtlichen Geländestufen, in welche nicht selten Klammen eingeschnitten sind. Auch unter dem Eis abfließendes, unter hydrostatischem Druck stehendes Gletscherwasser transportierte reichlich grobes und feines Material und strudelte Gletschertöpfe aus. Wirbelnde Wasserbewegung brachte lose Gesteine in rotierende Bewegung; aus Strudellöchern wurden enge und breite, oft tiefe „Gletschermühlen" mit kleinen und großen Mahlsteinen. Bekannt sind sie von den „Gletschergärten" bei Inzell und Fischbach am Inn oder von Scheffau bei Weiler im Allgäu und in der Nähe von Überlingen am Bodensee.

Am Eisrand und im Vorfeld der Gletscher schütteten die Schmelzwässer Schwemmfächer (Sander) aus Kies und Sand auf. Beim Rückschmelzen der Gletscher entstanden neue Abflußrinnen; sie durchbrachen oft als trompetenartige Tälchen vorgelagerte Endmoränenwälle, wie z. B. südlich Memmingen oder bei Starnberg. Die aus großen Gletschertoren strömenden Schmelzwässer transportierten große Mengen an Grob- und Feinmaterial, bauten Schotterflächen und große Schotterebenen auf, füllten Becken und Rinnen und schnitten sich schließlich in ihre eigenen Aufschüttungen ein. Es entstanden Erosionsterrassen und – nach längeren, vom Klimageschehen und durch tektonische Hebungen gesteuerten Eintiefungsphasen – ganze Terrassentreppen.

2.3.3.2 Formenbildung in nicht vergletscherten Gebieten

Die Formenbildung in periglazialen – nicht vergletscherten – Gebieten ist durch das Kaltklima geprägt. Der Boden und der oberflächennahe Untergrund waren langandauernd, oft ganzjährig gefroren. Nur im Sommer konnte sich für kurze Zeit über dem gefrorenen Untergrund ein Auftauboden bilden. Das durch häufigen Frostwechsel gelockerte, wasserdurchtränkte Bodenmaterial geriet bereits in schwach geneigtem Gelände ins Fließen. Solifluktion war insbesondere in den Sand-, Mergel- und Lößgebieten wie im Tertiärhügelland, aber auch in Kristallingebieten wie im Bayerischen Wald und im Fichtelgebirge wirksam. Hier wurden in mehreren Kaltzeiten vielfach große Mengen

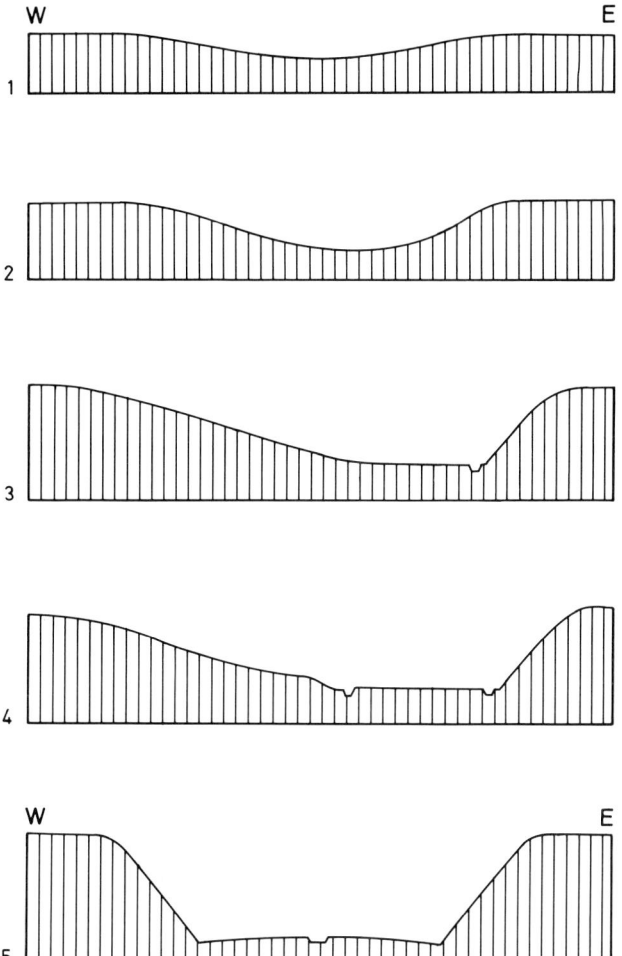

Abb. 45. Typische Abfolge von Querprofilen innerhalb eines asymmetrischen Eiszeittales im Periglazial-Bereich (nach HELBIG 1965: 10).
1 symmetrische Mulde (symmetr. „Delle" i. e. S.)
2 asymmetrisches Muldental (asymmetr. „Delle" i. e. S.)
3 asymmetrisches Sohlental
4 asymmetrisches Sohlental mit verbreiteter, auch den Flachhang unterschneidender Sohle
5 symmetrisches „Kastental"; häufig als breites Sohlental mit Prall- und Gleithängen ausgeprägt.

an Bodenmaterial und Gesteinsgrus verlagert. Das eiszeitliche Bodenfließen war in diesen Gegenden maßgeblich an der Formung des heutigen Geländereliefs beteiligt.

Typische Talformen für Periglazialgebiete bilden die **asymmetrischen Täler**. Sie sind unter kaltzeitlichen Bedingungen durch unterschiedlichen Bodenabtrag mit Bodenfließen entstanden. Im Schichtstufenland oder in den Mainfränkischen Platten sind sie ebenso verbreitet wie im Tertiärhügelland oder in der Schotterplatten- und Riedellandschaft des Alpenvorlandes. Die Talasymmetrie ist insbesondere bei den in Nord-Süd-Richtung verlaufenden Tälern zu beobachten: Steilere (konvexe) Osthänge liegen flacheren (konkaven) Westhängen gegenüber.

Die **Ost**hänge unterlagen einer starken Austrocknung durch Sonne und Wind; Bodenfließen war hier nur zeitweise möglich. Auf **West**hängen begünstigte eine stärkere Durchfeuchtung die Solifluktion. Schmelzwässer des auf windabgewandten Flächen angehäuften Schnees durchtränkten dort angewehte Deckschichten aus Löß. Das aufgeweichte Bodenmaterial wanderte als Fließerde auf gefrorenem wasserundurchlässigen Untergrund talwärts, wo es an Unterhängen und in Talböden bis zu mehreren Metern mächtig angehäuft sein kann. Gewässer wurden auf die Gegenseite abgedrängt, wo sie die Osthänge unterschnitten. Unter dem Einfluß eines lang anhaltenden Periglazialklimas entstanden im Zuge der Denudation aus einer symmetrischen Mulde (Delle) ein asymmetrisches Muldental und schließlich ein asymmetrisches Sohlental (vgl. Abb. 45).

Die Entstehung breiter **Sohlentäler** wurde in Glazialzeiten durch den „Eisrinden-Effekt" begünstigt: Unter dem Auftauboden war der oberste Bereich des Dauerfrostbodens einer starken winterlichen Abkühlung und intensiven mechanischen Verwitterung ausgesetzt. Klufteis lockerte das anstehende Gestein auch in Flußbetten, die im Winter trockenfielen. So gelockertes Gestein erleichterte die Tiefen- und Seitenerosion und führte zu einer breiten, „exzessiven" Talbildung (BÜDEL 1969). Viele Täler in Nordbayern wie in Südbayern mit im Vergleich zu ihren heutigen Gewässern außergewöhnlich breiten Talsohlen sind auf diese Weise entstanden.

Nachhaltig ist auch die geomorphologische Wirkung des Windes: das Abschleifen freiliegender Gesteine durch sandbeladenen Wind und das Zusammenwehen von Löß, Sandlöß und Flugsand zu Dünen, wie sie aus vielen Gegenden Bayerns bekannt sind. Je nach Topographie und Windgeschwindigkeit entstanden bis ins letzte Hoch- und Spätglazial Querdünen, Längsdünen und (seltener) Bogendünen (vgl. Kap. 2.3).

Erwähnt sei schließlich auch die geomorphologische Weiterentwicklung des Schwäbisch-Fränkischen Schichtstufenlandes im Quartär: Eine die Abtragung vorbereitende intensive Verwitterung erweist sich vor allem bei Ton- und Mergelsteinserien wirksam. Bei rückschreitender Erosion brechen harte Dolomit- und Kalksteinbänke nach; Schichtstufen werden auf diese Weise allmählich und stetig zurückverlegt.

3 Interglaziale und Interstadiale des Quartärs in Bayern

Warmzeiten im Sinne von Interglazialen umfassen schätzungsweise weniger als ein Fünftel des Eiszeitalters. Die beiden letzten Interglaziale, Holstein und Eem, dauerten lediglich 15–20 000 Jahre. Kaltzeiten, gewöhnlich 100 000 Jahre und länger, besitzen neben sehr kalten Phasen, den Stadialen, auch klimatisch günstigere Abschnitte, die Interstadiale; ihre Dauer beträgt durchschnittlich einige tausend Jahre. Hochglaziale i. e. S. umfassen – soweit erforscht – im Vergleich zur gesamten Kaltzeit relativ kurze Zeitabschnitte (vgl. Tab. 4).

Es ist demnach verständlich, daß das „Eiszeitalter" nicht nur durch seine Kaltzeiten, sondern auch durch seine zahlreichen klimatisch günstigeren Abschnitte gekennzeichnet ist. Zeugen wärmerer Perioden zwischen den großen Glazialzeiten und auch während den langen Kaltzeiten mit kurzzeitigen Erwärmungen sind **fossile Böden** (s. Kap. 14) und **organogene Bildungen** mit pflanzlichen und tierischen Resten. Sie geben Hinweise über einstige paläoökologische Verhältnisse und über Veränderungen in den Umweltbedingungen. Organische Reste sind für Altersbestimmungen besonders geeignet. Dabei ermöglichen radiometrische und andere physikalische Methoden absolute Datierungen.

Von besonderer Bedeutung hierfür sind humose Bildungen wie Torfe, Schieferkohlen, Mudden und Seekreiden und deren Polleninhalte ebenso wie Mollusken und Ostracoden. Besonders wertvoll für paläontologisch-stratigraphische Angaben sind die seltener erhaltenen Knochen und Zähne von Klein- und Großsäugern.

Kurzdefinitionen:
Interglazial: Floristischer Zyklus von einer Kaltzeit über eine Warmzeit wieder zu einer Kaltzeit, Anfangs- und Endphasen alpin-arktisch; im Klimaoptimum wärmeliebende Pflanzen- und Tiergesellschaften, in Mitteleuropa mindestens so anspruchsvoll wie heute; organogene Bildungen (Mudden, Seekreiden, Torfe) über einen langen Zeitraum hinweg.

In Glazialgebieten Unterlagerung und Überdeckung der warmzeitlichen Bildungen durch Moränen und Glazialschotter.
Interstadial: Zeit der Klimaverbesserung während einer Kaltzeit, in einer fortgeschrittenen Phase mit Waldbedeckung, jedoch ohne eine ausgeprägte Laubwaldperiode.
Intervall: Kürzerer Zeitabschnitt mit geringer Klimaverbesserung während einer Kaltzeit oder einer Eiszeit, meist nur von lokaler Bedeutung.
Kaltzeit: Übergeordneter Begriff für einen längeren Zeitabschnitt (z. B. Früh-, Hoch- und Spätglazial umfassend).
Eiszeit: beschränkt auf die Vereisungsphasen, d. h. auf die Zeit der großen Eisvorstöße.
Eiszeit und Kaltzeit sind auch zeitstratigraphische Begriffe, z. B. Würm-Eiszeit, Würm-Kaltzeit.
Vereisung: Vorgang der Vergletscherung von der Vorstoß- bis zur Rückzugsphase.
Stadial: Kürzerer Zeitabschnitt mit meist einschneidender Klimaverschlechterung am Ende einer Warmzeit und zu Beginn einer Kaltzeit oder Klimarückschlag im Übergang zu einer Warmzeit oder auch während einer Warmzeit.

Für **Altersdatierungen** an organischem Material wie Torf, Holz, Holzkohle oder Kalkschalen, Knochen und Zähne aus dem jüngeren Quartär bildet die **Radiokohlenstoff-Methode** eine der wichtigsten Datierungsmethoden (LIBBY 1954, 1969). Es werden damit sog. konventionelle ^{14}C-Daten gemessen und die absoluten ^{14}C-Daten, d. h. Alter ± Standardabweichung, bestimmt (GEYH 1971, 1980, 1983). Anreicherungsverfahren für Kohlenstoff-14 liefern Altersdaten bis zu 70 000 Jahre vor heute (GROOTES 1979).

Dendrochronologische Untersuchungen (Jahrringzählungen an Baumstämmen) gehören zu den genauesten Datierungsmöglichkeiten für den postglazialen Zeitraum (BECKER 1978, 1982). Sie dienen zum Beispiel auch der Korrektur der „Radiokarbon-Uhr"[30].

Warwen (Bändertone) und **jahreszeitliche** Kalkfällungen (Seekreiden) können ebenfalls absolute Alterswerte für einen bestimmten Bildungszeitraum vermitteln.

Palynologische (1) und **karpologische** (2) Analysen sind Methoden der biologischen Altersbestimmung: (1) an Pollen (Blütenstaub) vor allem von windblütigen Pflanzen: Bäume (BP) sowie Heidekräuter und Gräser (NBP); (2) an pflanzlichen Makroresten (Samen und Früchte). Beide Methoden erlauben eine Rekonstruktion früherer Vegetations- und Klimaverhältnisse und ermöglichen eine zeitliche Zuordnung.

An weiteren, physikalischen Datierungsmethoden sind zu nennen:

Kalium-Argon-Methode: Altersbestimmungen von 200 000 Jahren aufwärts. Datierung von Kalium-40-haltigen Gesteinen (z. B. vulkanische Aschen);

Uran-Thorium-Methode: Moderne Datierungsmethode vor allem an Kalksinterbildungen (Travertin) oder auch an Zähnen oder an Torf und Schieferkohlen mit Alter zwischen 2000 und ca. 350 000 Jahren (GEYH 1980, 1983).

Sauerstoff-Isotopen-Methode: Unterscheidung von Warm- und Kaltzeiten aufgrund einer temperaturbedingten Änderung des Sauerstoff-Isotopenverhältnisses im Meerwasser, im Niederschlag und im Eis (DANSGAARD et al. 1969, 1982). Die Temperaturabhängigkeit des ^{18}O/^{16}O-Verhältnisses in Kalkschalen mariner Organismen ist zugleich ein „Isotopenthermometer". Sauerstoff-16 verdunstet leichter als das (schwerere) Isotop Sauerstoff-18.

In Kaltzeiten ist sowohl im Ozeanwasser wie auch in den Kalkschalen und Kalkskeletten mariner Organismen (z. B. Foraminiferen) mehr ^{18}O gespeichert (EMILIANI 1966). Andererseits ist ^{16}O in großen Inlandeismassen angereichert. Das Sauerstoff-Isotopenverhältnis im Meer kann somit auch Auskunft geben über das globale Eisvolumen einer Zeit (SHACKLETON 1967; IMBRIE & PALMER 1979: 168).

Elektronen-Spin-Resonanz-(ESR-)Methode: Sie eignet sich für Datierungen an Kalkschalen, Kalksinter, Knochen und Zähnen mit Alter zwischen 1000 und 1 000 000 Jahren (u. a. GRÜN 1985, 1988).

Thermolumineszenz-Methode: Standardmethode zur Datierung archäologischer Funde (Keramik, Schlacken, u. a.) mit Alter zwischen 100 und 15 000 Jahren. Neuerdings

---

[30] Für bestimmte Zeitabschnitte liefert die „^{14}C-Uhr" wegen des schwankenden CO_2-Gehaltes in der Atmosphäre ungenaue Werte. Die größten Differenzen im Postglazial zwischen den ^{14}C- und den astronomischen Daten betragen im mittleren Postglazial bis zu ± 400 (= 800) Jahre und im jüngeren Postglazial ± 100 (= 200 Jahre). – Mit Hilfe der Dendrodaten können diese Abweichungen „kalibriert" (angeglichen) werden. Der Dendrokalender reicht mittlerweile rund 11 000 Jahre zurück (B. BECKER, Hohenheim, freundl. mündl. Mitt. 1992).

werden damit auch quarz- und feldspathaltige Sedimente (z. B. Löß, Terrassensande) mit einem Alter bis zu 200 000 (300 000) Jahren datiert (WAGNER & ZÖLLER 1987).

Paläomagnetik: Methode zur zeitlichen Einordnung von Festgesteinen und Lockersedimenten mit ferrimagnetischen Mineralen aufgrund von Umkehrungen der Polarität des erdmagnetischen Feldes (Cox 1969; BERGGREN et al. 1985, u. a.). – Vgl. Kap. 15.

Wie bereits erwähnt, spielen bei der Erforschung des Pleistozäns, insbesondere seiner Interglaziale und Interstadiale, Ablagerungen mit Pflanzenresten, **Torf- und Schieferkohlen**[31] eine wichtige Rolle. Sie liefern wertvolle Hinweise zur Vegetation und zum Klima der Vorzeit.

Am besten bekannt ist die Klima- und Vegetationsgeschichte im letzten Spätglazial- und im Postglazial (vgl. Kap. 3.4 und 8). Auch für das letzte Glazial und seine Interstadiale und für das letzte Interglazial liegen zahlreiche gesicherte Ergebnisse vor. Weitaus geringer sind jedoch die Kenntnisse über die älteren Kalt- und Warmzeiten.

3.1 Im Altpleistozän

In **Südbayern** befindet sich eine bedeutende Fundstelle mit einer altquartären Flora am **Uhlenberg** (548 m ü. NN) auf der sog. Zusamschotterplatte nördlich Dinkelscherben in Schwaben. Es handelt sich um das bislang älteste bekannte Vorkommen einer quartären Schieferkohle im Alpenvorland. Es wurde 1969 von LORENZ SCHEUENPFLUG entdeckt und war seitdem mehrfach Gegenstand spezieller Untersuchungen. Im Profilschnitt ist eine bis zu 75 cm mächtige Torfkohle in Feinsedimente eingebettet, die fluvioglazialen Schottern der Donau-Kaltzeit auflagern (SCHEUENPFLUG 1979: 161 u. Abb. 2). Das Vegetationsbild zeigt einen Übergang von einem feucht-kühlen zu einem mild-warmen Klima (SCHEDLER 1979: 173, 178 u. Abb. 4):
(3) Fichten-Kiefern-Birken-Phase mit thermophilen Laubholzarten,
(2) Erlen-Fichten-Kiefern-Phase,
(1) *Tsuga*-Erlen-Kiefern-Phase.

Der hohe Anteil der Hemlock-Tanne (*Tsuga*) spricht für ein altquartäres Alter.

In den Tonen der gleichen Ablagerungen weist eine Auen-Faunengesellschaft mit Süßwasserschnecken und -muscheln auf ein mildes Klima hin (DEHM 1979: 125).

Paläomagnetische Messungen in den Tonen mit der Schieferkohle ergaben eine Umpolung des Erdmagnetfeldes von normal (unten) nach invers (oben); sie wird als Ende des Jaramillo-Event in der Matuyama-Epoche vor ca. einer Million Jahren gedeutet (BRUNNACKER et al. 1976: 3; vgl. auch Tab. 17).

Das Profil am Uhlenberg nimmt eine Sonderstellung ein. Seine Schieferkohle wird als interglazial angesehen. Mangels Vergleichsprofilen im Alpenvorland ist eine genaue Zuordnung vorerst noch sehr schwierig. Nach den paläobotanischen Befunden ist das Vorkommen älter als die Cromer-Warmzeiten und vermutlich jünger als die Tegelen-Warmzeiten (vgl. Tab. 1, 2).

---

[31] Schieferkohle (Lignit, Xylit): quartäre, schwach inkohlte, vielfach vom Gletschereis zusammengepreßte Torfe, u. a. mit Holzresten, dünnschichtig, „schiefrig", blättert beim Trocknen an der Luft auf. Die Torfe können unter warmen bis sehr kühlen Klimabedingungen entstanden sein.

In **Nordbayern** sind organische Ablagerungen des älteren Quartärs in Talaufschüttungen des Mains bekannt. Sie gehören zum sog. **Cromer-Komplex**[32], einem Zeitabschnitt mit mehreren palynologisch belegten Warmzeiten, deren jüngste mindestens 400 000 Jahre zurückliegt.

Zu den bekanntesten Vorkommen gehören die von Wörth a. Main und Marktheidenfeld (SCHWARZMEIER 1979; SCHIRMER 1988). Bei Faulbach-Breitenbrunn wurden in einem früheren Umlauftal des Mains bis über 4 m mächtige Torfe und humose Tone in ehemaligen Altwasserrinnen, die mit Hochflutlehm aufgefüllt sind, erbohrt[33]. Pollenanalytische Untersuchungen von B. STUKENBROCK (1988: 13) ergaben im wesentlichen drei Vegetationsabschnitte: (3) Kiefern-Birken-Wald, (2) Mischwald mit thermophilen Laubgehölzen, (1) Lichter Birken-Kiefern-Wald.

In Alzenau UFR. ist in einer 20 m tiefen Ziegeleigrube ein Profil mit kalt- und warmzeitlichen Bildungen, darunter auch solchen des „Cromer"-Abschnitts, aufgeschlossen: Lösse und Sande mit Eiskeilpseudomorphosen und Kryoturbationen wechseln mit humosen Lagen und Böden verschiedener Warmzeiten. Eine Torflage enthält Baumstammreste u. a. von Eiche und Linde (SEIDENSCHWANN 1980, 1988: 36). Im mittleren und oberen Profilabschnitt treten ferner mehrere Tephralagen auf (SEIDENSCHWANN & JUVIGNÉ 1986: 641). Die Florenzusammensetzung erlaubt bislang keine weitreichenden Aussagen (GREGOR et al. 1988: 43).

Von einigen Fundstellen im Mittelmaingebiet ist eine altpleistozäne Säugerfauna bekannt. Die Tierreste stammen aus Cromer-zeitlichen Ablagerungen in Flußrinnen und Flußterrassen bei Goßmannsdorf, bei Randersacker und vom Schalksberg in Würzburg. RUTTE (1957: 120, 1958: 740, 1981: 223) gibt von diesen Fundstellen folgende Vertreter verschiedener Tiergruppen an: Makak-Affe, Wald- und Steppenelefant, Nashorn, Flußpferd, Pferd, Wisent, Hirsch und Reh, dazu Biber und Dachs, sowie die Raubtiere Bär, Löwe, Säbelzahnkatze, Wolf und Hyäne.

3.2 Im Mittelpleistozän

Funde von organischen Makroresten aus dem mittleren Pleistozän sind in Bayern auffallend selten. Das **Mindel/Riß-Interglazial** (= Holstein-Warmzeit in Norddeutschland) ist in den kalkreichen Seeablagerungen im Gernmühler Becken am Samerberg enthalten (GRÜGER 1983; JERZ 1983). Die Forschungsbohrung **Samerberg 2** (1981) des Bayerischen Geologischen Landesamtes durchteufte unter der überdeckenden Würmmoräne rund 50 m mächtige Seeablagerungen, die durch eine Rißmoräne in einen jüngeren und in einen älteren Sedimentkomplex geteilt sind (s. Abb. 46). Der jüngere Komplex enthält Ablagerungen des letzten Interglazials (vgl. Profil Samerberg 1, s. Kap. 3.3), die Sedimentfolge darunter Seekreiden und Kalkmudden des vorletzten Interglazials mit Ostracoden und Mollusken, lagenweise reichlich Pflanzenreste sowie das Eisenphosphat Vivianit („Blaueisenerde") als Leitmineral für zersetzte organische

---

[32] Cromer bedeutete ursprünglich die 3. Warmzeit vor dem Eem- und dem Holstein-Interglazial.
[33] Vgl. SCHWARZMEIER 1984: 51 u. Abb. 7; ferner 2 Forschungsbohrungen des Bayer. Geologischen Landesamtes 1986 östlich Breitenbrunn (27,80 bzw. 17,90 m tief).

Reste. Die hier nachgewiesene Vergesellschaftung von *Abies, Buxus, Fagus* und *Pterocarya* (Flügelnußbaum) ist für holsteinzeitliche Ablagerungen charakteristisch (GRÜGER 1983). Eine Einstufung in das Holstein-Interglazial ist auch dadurch gesichert, daß darüber auf ein Stadial (ohne Gletscherablagerungen) ein Interstadial mit *Pinus* und *Picea* folgt, das mit der „Wacken-Warmzeit" in Norddeutschland (MENKE 1968) verglichen werden kann.

Die Datierungen für das Holstein-Interglazial mit verschiedenen Methoden streuen derzeit noch beträchtlich; im Mittel liegen sie zwischen 300 000 und 280 000 Jahren vor heute. Das bekannte Schieferkohlen-Vorkommen vom Pfefferbichl bei Buching nordöstlich Füssen, das verschiedentlich dem vorletzten Interglazial zugeordnet wurde, gehört nach neueren Datierungen vermutlich der Riß/Würm-Warmzeit an (Kap. 3.3).

3.3 Im Jungpleistozän

Am besten erforscht ist das Jungpleistozän mit dem letzten Interglazial und dem letzten Glazial einschließlich verschiedener Interstadiale (vgl. Tab. 7). Dem **Riß/Würm-Interglazial** (= Eem-Warmzeit in Norddeutschland) zugerechnet werden Seekreiden, Torf- und Schieferkohlen in bekannten Profilen wie Samerberg (rd. 600 m ü. NN), Eurach (610 m ü. NN), Großweil (630 m ü. NN), Pfefferbichl (825 m ü. NN), Zeifen (427 m ü. NN) und Mondsee im Salzburger Land (540 m ü. NN).

In den 50er Jahren wurde von MAX PRÖBSTL, Lehrer und Heimatforscher aus Nußdorf am Inn, eines der für die Quartärstratigraphie Mitteleuropas bedeutendsten Profile

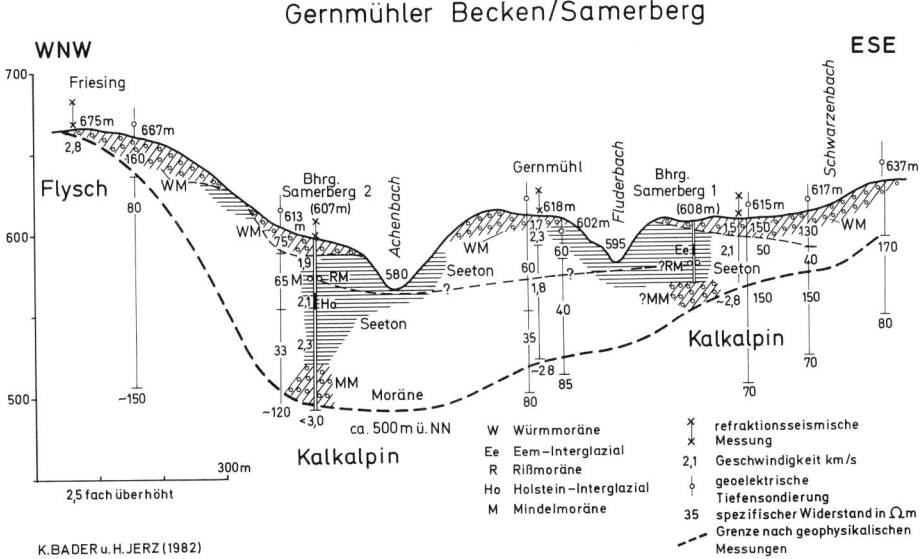

Abb. 46. Profilschnitt durch das Gernmühler Becken östlich Nußdorf a. Inn mit den Forschungsbohrungen Samerberg 1 (1973) und Samerberg 2 (1981) sowie mit geophysikalischen Meßdaten. Aus: JERZ 1983a: 7, Abb. 1.

entdeckt: das Interglazialprofil von Samerberg südlich Rosenheim (PRÖBSTL 1972, 1982). Es befindet sich in einer geschützten Position zur Richtung des Haupteisstromes des Inngletschers. In der Nähe der Bachaufschlüsse im Fluderbach ließ das Bayerische Geologische Landesamt die Forschungsbohrung **Samerberg 1** (1973) niederbringen (JERZ, BADER & PRÖBSTL 1979).

Geologisches Profil, stark vereinfacht (vgl. auch Abb. 46):
1) Würm-Moräne, kiesig bis schluffig-tonig (3,5 m)
2) Seeablagerungen, feinsandig bis schluffig-tonig (19 m), lagenweise mit reichlich Pflanzenresten aus Frühwürm-Interstadialen und dem Riß/Würm-Interglazial
3) Riß-Moräne, schluffig-tonig (1,5 m)
4) Seeablagerungen, schluffig-tonig (13,5 m), ?Spätmindel
5) Mindel-Moräne, kiesig-schluffig-tonig.

Das Riß/Würm-Interglazial und die Frühwürm-Interstadiale (s. S. 84 ff.) sind in den Tagesaufschlüssen im Achenbach und Fluderbach und in der Bohrung Samerberg 1 paläobotanisch genau untersucht (GRÜGER 1979; PRÖBSTL 1972, 1982). Für das letzte Interglazial ist ein vollständiger floristischer Zyklus (kalt – warm – kalt) dokumentiert: Die Wiederbewaldung zu Beginn der letzten Warmzeit beginnt mit einer Kiefern-Phase, es folgt die Ausbreitung von Laubgehölzen und der Fichte. Eine typische Eichenmischwaldzeit wird von einer kurzen Eiben-Zeit abgelöst. Es folgen Phasen mit der Ausbreitung der Tanne und der Hainbuche. Das Ende der Warmzeit wird wiederum von einer Kiefern-Phase und von einem Ansteigen der Nichtbaumpollen angezeigt.

Im einzelnen ist das letzte Interglazial am Samerberg nach den umfangreichen Untersuchungen von GRÜGER (1979 a, b) durch folgende Vegetationsabschnitte genauer charakterisiert (Abb. 47):
[Waldfreie Zeit (NBP), Frühwürm-Stadial 1]
(7) (Jüngere) Kiefern-Birken-Zeit,
(6) Fichten-Tannen-Hainbuchen-Zeit, ⎫
(5) Fichten-(EMW-) Tannen-Zeit, ⎬ Hainbuchen-Fichten-Tannen-Zeit,
(4) Eiben-Zeit,
(3) Eichenmischwald-Hasel-Zeit mit Fichte,
(2) Eichenmischwald-Zeit (v. a. mit Eiche, Esche, Ulme),
(1) (Ältere) Kiefern-Birken-Zeit.
[Waldlose Zeit (hohe NBP-Werte), Spätriß].

Bezeichnend für das letzte Interglazial sind die hohen Werte für Eichenmischwald (EMW, bis zu 50 %) sowie für Hasel und für Eibe (GRÜGER 1979 a: 19.f.).

Nachstehend werden weitere paläobotanisch näher untersuchte Interglazialprofile kurz beschrieben. In allen diesen Vorkommen sind jedoch die oberen Profilabschnitte glazialerosiv abgeschnitten.

Das Interglazial von **Eurach** südlich Seeshaupt war Ende der 60er Jahre in großen beim Autobahnbau angelegten Kiesgruben sichtbar. Es wurde durch Forschungsbohrungen des Bayerischen Geologischen Landesamtes weiter aufgeschlossen (STEPHAN 1979: 79). Etwa 20' m mächtige Feinsedimente aus Seeton, Kalkmudde und Seekreide mit Mollusken und Ostracoden belegen den Übergang von einer Kaltzeit (Riß) in die Eem-Warmzeit (DEHM 1979; OHMERT 1979). Besonders erwähnt sei das Auftreten von *Fagotia acicularis* (FÉR.), einer wärmeliebenden Schneckenart, die heute in Südosteuropa heimisch ist (DEHM 1979: 117).

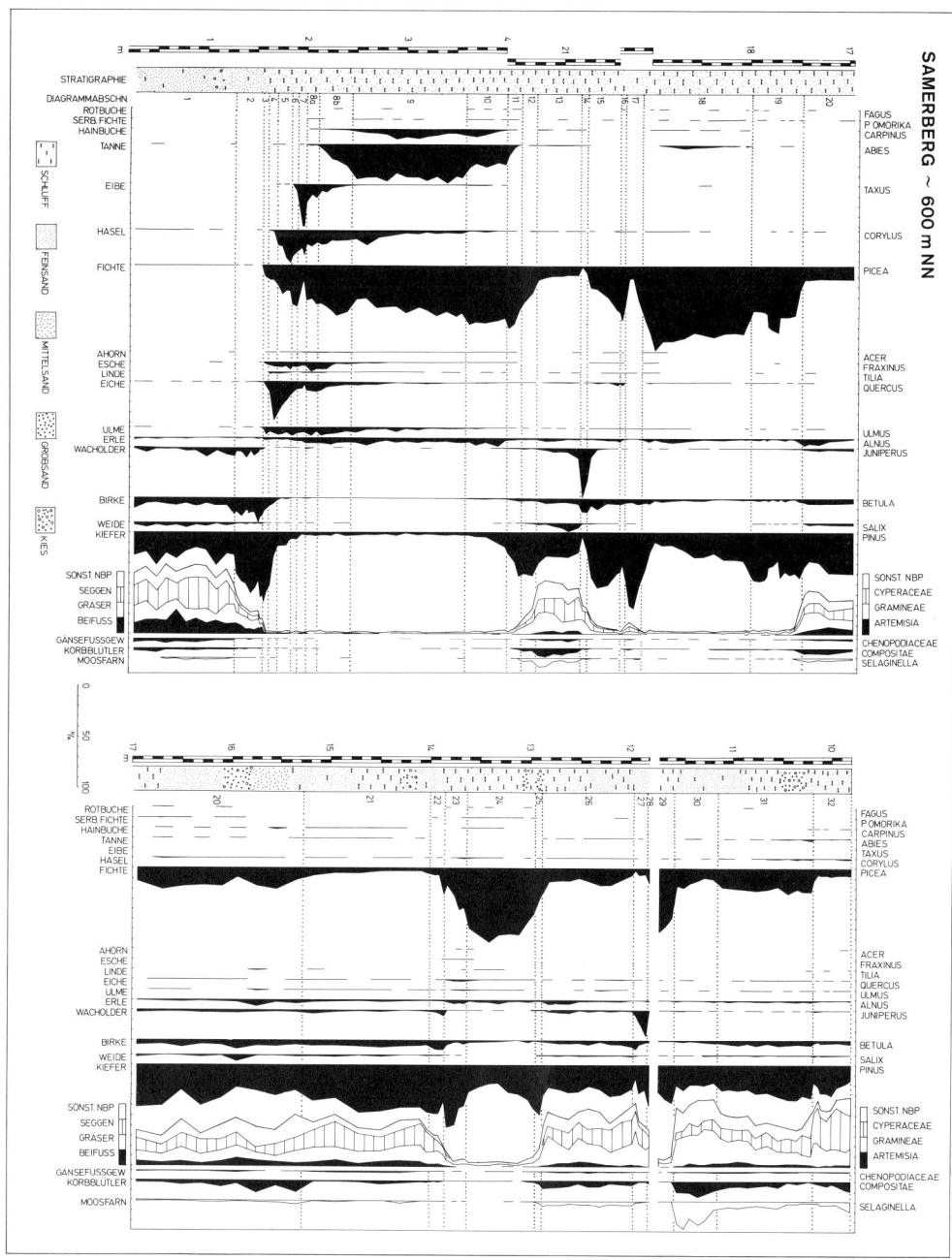

Abb. 47. Pollendiagramm des Profils Samerberg 1 – Gesamtprofil: Kernbohrung Samerberg 1 und Aufschluß Fluderbach. Pollendiagrammabschnitte (DA): Spätriß DA 1 – Riß/Würm DA 2-12 – Frühwürm DA 13-32. (Die verschiedenen Tiefenskalen kennzeichnen die verschiedenen Profilstücke.) Aus: GRÜGER 1979a: Beil. 1 (bzw. GRÜGER 1979b: Abb. 1).

Nach pollenanalytischen Befunden (BEUG 1979) beginnt die Vegetationsentwicklung mit einer waldlosen Zeit mit hohen NBP-Werten, danach folgen, ähnlich wie in Samerberg 1, eine Kiefern-Zeit, dann eine Eichenmischwaldzeit mit Hasel und Fichte, eine Eiben-Zeit, eine Fichten-EMW-Tannen-Zeit, eine Fichten-Tannen-Hainbuchen-Zeit und eine Fichten-Tannen-Zeit mit *Buxus*. Darüber ist das Profil durch würmzeitliche Schotter gekappt.

Das Interglazial von **Zeifen** östlich des Waginger Sees, 1959 von EDITH EBERS entdeckt, enthält kalkreiche Seeablagerungen mit reichlich Mollusken und Ostracoden sowie pflanzliche Reste mit torfigen Lagen. Nach JUNG, BEUG & DEHM (1972) zeigt die Pollen- und Makroflora eine ungestörte Entwicklung vom Riß-Spätglazial – mit einem deutlichen Klimarückschlag gegen Ende desselben – bis in die zweite Hälfte des Riß/Würm-Interglazials, d. h. von einer waldlosen Zeit über eine Kiefern-Birken-Zeit zur Eichenmischwald- und Eiben-Zeit und zur Tannen-Hainbuchen-Zeit. Darüber ist das Profil durch Glazialschotter abgeschnitten.

Große Ähnlichkeit mit Eurach, Samerberg und Zeifen besitzt das Interglazial von **Mondsee** östlich Salzburg (KLAUS 1975, 1987). Es kam beim Bau der Autobahn Salzburg-Wien 1957 in größeren Aufschlüssen zum Vorschein. Die fossilführenden Seeablagerungen aus dem letzten Interglazial mit Pflanzenresten (Hölzer, Früchte, Samen) und mit Mollusken (Schnecken und Muscheln) und Ostracoden sind heute im Steiner-Bach (unter der Autobahnbrücke) noch teilweise aufgeschlossen.

In **Großweil**, dem wohl bekanntesten Interglazialvorkommen im Alpenvorland, enthalten limnische Ablagerungen bis zu 3,70 m mächtige Schieferkohlen (vgl. Abb. 48). Sie liegen im „toten Winkel" zwischen den Eisströmen des Isar- und des Loisachgletschers. Die Kohleflöze wurden dort bis in die 50er Jahre im Tagebau und bergmännisch abgebaut.

Die Pflanzenreste-führenden Schichten werden von Sanden und Kiesen unterlagert und von frühglazialen Schottern überdeckt (vgl. KNAUER 1922: 52; JERZ & ULRICH 1983 a: 61, Abb. 7). In den bislang untersuchten Profilen (REICH 1953; PESCHKE 1976, 1983 u. unveröff.) setzt die Pollenführung in bereits warmzeitlichen Ablagerungen ein, mit einer Hainbuchen-Tannen-Phase, die ein Klimaoptimum anzeigt. Die liegenden Schichten erwiesen sich als pollenfrei. Allerdings ist im Liegenden der Großweiler Kohlen ein Backenzahn eines Waldelefanten (*Elephas antiquus*) gefunden worden. Zum Hangenden vollzieht sich der Übergang zu kühleren Abschnitten, mit stadialen und interstadialen Vegetationsabschnitten, die bereits dem Frühwürm zugerechnet werden.

Altersdatierungen an Großweiler Schieferkohlen ergaben mit der U/Th-Methode nach J. C. VOGEL, Pretoria, (frdl. schriftl. Mitt. 1982).
Großweil 2   85 900 ± 6700 B. P.[34] (Unteres Würm)
Großweil 1   116 000 ± 7800 B. P.[34] (Oberes Eem).

Große Ähnlichkeit mit Großweil besitzen die limnischen Sedimente mit Schieferkohlen in **Herrnhausen** südlich Wolfratshausen. Sie wurden bei Bohrungen für einen Wasserleitungsstollen der Stadtwerke München angetroffen (JERZ & ULRICH 1983 b). Die pollenanalytischen Untersuchungen lassen auf eine Warmzeit und zwei darauffolgende Interstadiale schließen (PESCHKE 1983 b: 107).

---

[34] B. P. = before present = vor heute (v. h.)

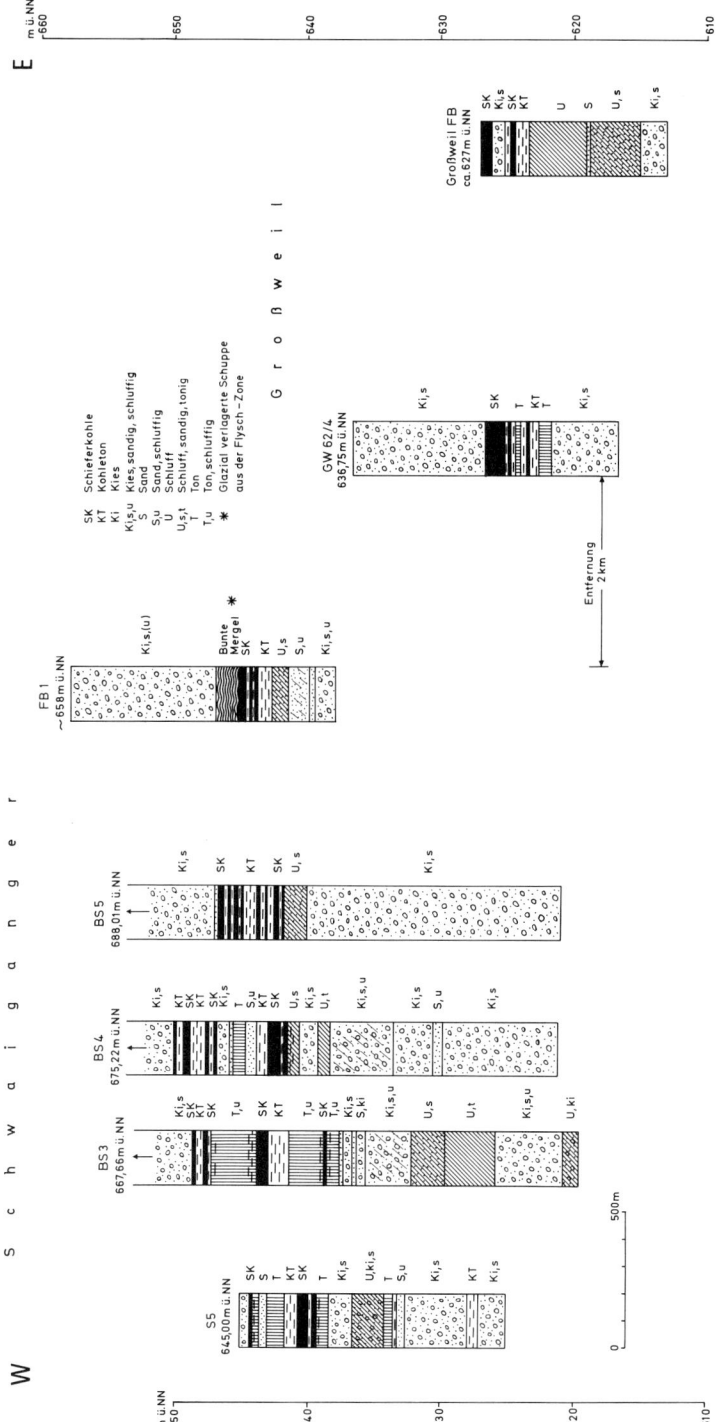

Abb. 48. Schieferkohlen in jungpleistozänen Sedimenten zwischen Großweil (Kocheler Becken) und Schwaiganger (Murnauer Becken). Alter der Schieferkohlen in Großweil: Riß/Würm-interglazial bis Frühwürm-interstadial, in Schwaiganger: Frühwürm-interstadial. Aus: JERZ & ULRICH 1983: 61, Abb. 7).

Auch das Interglazial des **Pfefferbichl** bei Buching (Füssen NE) ähnelt in vielem dem von Großweil. Im Verband mit Seetonen sind bis zu 4 m mächtige Schieferkohlen ausgebildet, die bis in die 60er Jahre für Heizzwecke abgebaut wurden. Von verschiedenen Stellen des Vorkommens sind Pollenprofile bestimmt, doch nirgends gelang es, die Einwanderung der thermophilen Gehölze am Ende der vorletzten Eiszeit zu erfassen (REICH 1953; FRENZEL 1976/78, u. a.). Die Pollenführung setzt mit der Hasel-Zeit ein, sie belegt verschiedene weitere warmzeitliche Abschnitte und endet mit einer Waldtundra und dem Übergang in eine waldlose Zeit (FRENZEL 1976: 117, 1978: 181). Das Alter der Schieferkohle vom Pfefferbichl war – wie in Großweil – viele Jahre ungeklärt. Neuere Datierungen mit der U/Th-Methode ergaben mit rd. 120 000 Jahren v. h. auch für Pfefferbichl ein letztinterglaziales Alter.

Die Vegetationsentwicklung im Mindel/Riß- und im Riß/Würm-Interglazial ist für das nördliche Alpenvorland von WEGMÜLLER (1992: 44 ff.) ausführlich beschrieben.

Erwähnt seien hier auch die „**Fagotien-Schotter**" südwestlich von Moosburg. Als Rinnenschotter im Hochterrassenschotter eingelagert, enthalten sie reichlich Reste einer interglazialen Molluskenfauna, v. a. Schneckengehäuse von *Fagotia acicularis* FÉRUSSAC und Muschelschälchen von *Pisidium amnicum* O. F. MÜLLER. Die Schotter mit den wärmeliebenden Mollusken (s. NATHAN 1953: 330) werden von Hochflutsedimenten mit einem rotgefärbten Riß/Würm-Interglazialboden und von würmzeitlichen Fließerden überdeckt (BRUNNACKER 1966: 217).

Die *Fagotia* (früher *Melanopsis*) im Pleistozän Bayerns wird als Relikt einer im Pliozän weit verbreiteten Gattung angesehen; sie ist heute z. B. im Donaugebiet in Ungarn heimisch.

Eine größere Anzahl von organischen Bildungen, vielfach mit Schieferkohlen, gehören den verschiedenen **Interstadialen** des Frühwürm an. Sie besitzen teils die Florengesellschaft eines noch gemäßigten Klimas mit Fichten und Tannen, teils aber auch eine nur auf ein kühles Klima hinweisende Vegetation mit Kiefern. Vermutlich handelt es sich um Zeiträume von einigen Jahrtausenden oder auch nur von mehreren Jahrhunderten (vgl. Tab. 7).

Am **Samerberg** ist das untere Würm mit seinen Stadialen und Interstadialen besonders gut erforscht (GRÜGER 1979 a, b). Die Eem-Warmzeit wird rasch von einer waldlosen Zeit (1. Stadial) abgelöst; dies weist auf eine einschneidende Klimaverschlechterung am Ende des letzten Interglazials hin. Es folgt ein zweigeteiltes Interstadial (= Brørup I und II) mit geschlossenen Wäldern und mit der Ausbreitung der Fichte (und untergeordnet Tanne); eine vorübergehende Kiefern-Zeit läßt auf einen Klimarückschlag schließen. Auf eine wiederum längere waldlose Zeit (2. Stadial) folgt eine Waldzeit mit Fichten (ohne Tanne), das 2. bedeutende Interstadial (= Odderade) im Frühwürm. Die nachfolgende waldlose Zeit (3. Stadial) wird von einem weiteren Interstadial (? Moershoofd) mit einem Kiefern-Fichtenwald unterbrochen. Die jüngeren erhaltenen Profilabschnitte sind ohne Waldvegetation.

Das Profil der Bohrung Samerberg 1 gilt seit 1983 als Typusprofil für das Untere Würm (INQUA-Symposium „Würm-Stratigraphie", CHALINE & JERZ 1983: 149, 1984: 185).

Zu den für die Würm-Stratigraphie wichtigsten Regionen zählen vor allem auch der Raum Murnau mit den Lokalitäten Schwaiganger, Großweil-Gstaig, Pömetsried sowie Ohlstadt und Hechendorf und der Raum Penzberg mit Höfen, Breinetsried und

Tabelle 7. Gliederung des Jungpleistozäns mit Interstadialen des Würm.

		Jahre vor heute	Geolog. Abschnitte	Stadiale (nach GROOTES 1979, GRÜGER 1979, u. a.)	Interstadiale	Zuordnung bekannter Vorkommen	
			Holozän	Postglazial			
		10 000					
Jungpleistozän	Oberes Würm			Spätwürm	Jüngere Dryas Ältere Dryas Älteste Dryas	Alleröd Bölling	
		~15 000					
			Hochwürm				
		~25 000					
	Mittleres Würm	~35 000			Stillfried B Denekamp	*Baumkirchen* *Goßmannshofen*	
					Hengelo	*Antdorf*	
					Moershoofd	*Breinetsried* *Schwaiganger*	
		(60 000) ~70 000	Frühwürm				
	Unteres Würm				Odderade	*Höfen* *Schwaiganger* *Zell b. Wasserburg*	
					Brørup II	*Schwaiganger ?*	*Samerberg*
					Brørup I (Amersfoort)	*Herrnhausen* *Großweil, Imberg*	
		~115 000					
	Eem		Riß/Würm-Interglazial (~130 000–~115 000)			*Großweil, Imberg* *Eurach, Zeifen,* *Pfefferbichl (?)*	

Entwurf: H. JERZ 1990

Antdorf. Dabei spielen in allen Aufschlüssen wie auch in den zahlreichen Bohrungen die Schieferkohlen eine herausragende Rolle (vgl. auch KNAUER 1922: 52 und STEPHAN 1978: 131).

In **Schwaiganger** sind in einem mächtigen Schotterkörper zwei rund 1 m mächtige Schieferkohleflöze ausgebildet (JERZ & ULRICH 1983: 55; s. Abb. 48), die sich in Alter und Polleninhalt deutlich unterscheiden: In Schwaiganger I, dem unteren Horizont bei 635 m ü. NN, weist der Polleninhalt der organischen Lagen nach PESCHKE (1983: 84 ff.) auf ein Interstadial mit einem deutlich kühl-gemäßigten Klima (? Brørup) und einen Fichtenwald mit einzelnen thermophilen Holzarten, und in Schwaiganger II, dem oberen Horizont bei 649 m ü. NN, auf ein Interstadial mit einem kühleren Klima (? Odderade) und einen Kiefern-Fichtenwald hin.

Die ^{14}C-Datierungen ergaben > 60 000 bzw. > 65 000 Jahre vor heute für den unteren Horizont und rd. 41 000 Jahre vor heute für den oberen Horizont (Prof. Dr. M. A. GEYH, frdl. schriftl. Mitt. 1985). Die Daten entsprechen nur näherungsweise dem tatsächlichen Alter. In den Schottern und Mergelzwischenlagen unter dem Horizont Schwaiganger I erhaltene Mollusken gehören möglicherweise bereits in das Riß/Würm-Interglazial (Dr. J. KOVANDA, frdl. schriftl. Mitt. 1982 und 1983c: 49).

Der Großaufschluß Schwaiganger ist heute eine zentrale Mülldeponie.

In **Höfen** bei Schönrain südlich Königsdorf war bis in die 80er Jahre in frühwürmzeitlichen Schottern eine 0,3 m mächtige Schieferkohle aufgeschlossen. Pflanzenreste und Mollusken zeigen ein kühlgemäßigtes Interstadial mit einem Fichten-Kiefern-Tannenwald an (FRENZEL & PESCHKE 1972: 77; PESCHKE 1983: 81; KOVANDA 1983: 34). Radiokohlenstoffdatierungen im ^{14}C-Labor in Groningen (GROOTES 1977) ergaben für die Flözoberkante 63 300 (+ 1500/− 1200) Jahre vor heute und für die Flözunterkante 65 300 (+ 1800/− 1500 B. P.) Jahre vor heute.

Die Schieferkohle von Höfen läßt sich am ehesten mit dem unteren Horizont von Schwaiganger vergleichen.

Bei **Breinetsried**, in einem zwischen den Haupteisströmen des Isar- und Loisachvorlandgletschers stehen gebliebenen Kiesrücken, enthalten Schluffe und Tone in frühwürmzeitlichen Schottern eine bis zu 0,5 m mächtige Schieferkohle. Die erhaltenen Pflanzenreste lassen auf eine Zeit relativ kühlen Klimas und auf eine ± offene Vegetation mit Kiefernbaumgruppen und wenig Fichte schließen (PESCHKE 1983: 79). Die Breinetsrieder Schieferkohle kann am ehesten mit dem Moershoofd-Interstadial parallelisiert werden (vgl. Tab. 7).

Altersdatierungen nach zwei verschiedenen Methoden ergaben:
^{14}C: Flözoberkante 45 500 Jahre vor heute
Flözunterkante 48 300 Jahre vor heute (GROOTES 1977, 1980: 184).
U/Th: Flözoberseite 39 000 ± 3300 Jahre vor heute (J. C. VOGEL, Pretoria, freundl. schriftl. Mitt. 1982).

Auf noch kühlere Verhältnisse weisen nur aus Bohrungen bei Antdorf bekannte Schieferkohlen hin.

Im Illergletschergebiet sind die bekannten Schieferkohle-Vorkommen von **Imberg** bei Hindelang im Oberallgäu näher untersucht. Die „Imberger Kohlen", u. a. im Löwen- und Kindels-Bach, hatten früher sogar eine gewisse wirtschaftliche Bedeutung (KNAUER 1922: 44; HÄUSSLER & BADER 1978: 51, 59). Stark zusammengepreßte, bis zu 1 m mächtige Schieferkohleflöze waren über viele Jahre auch in der Kiesgrube am Großen Bichel westlich Hindelang unter Würmmoräne und -schotter, eingebettet in Seetone, aufgeschlossen (EBEL 1983: 132 ff.; JERZ in SCHWERD et al. 1983: 111, 115). Nach den paläobotanischen Untersuchungen von PESCHKE (1983: 95) besitzt diese Schieferkohle pflanzliche Reste eines borealen Nadelwaldes, d. h. aus einem Interstadial. Nach den malakologischen Bestimmungen von DEHM (in EBEL 1983: 136) weisen Landschnecken, u. a. *Discus ruderatus*, auf ein wärmeres Klima hin. Die Schotter und Schluffe im Liegenden enthalten eine interglaziale Schneckenfauna, u. a. *Aegopis verticillus*, eines vermutlich ausklingenden Interglazials. Eine Radiokohlenstoffdatierung ergab ein Mindestalter von 50 600 Jahren vor heute (det. Prof. Dr. M. A. GEYH, Hannover).

Zu den bekannten würmzeitlichen Vorkommen gehören auch die **Wasserburger** Schieferkohlen. Frühere Abbaue existierten an verschiedenen Stellen beiderseits des Inns (KNAUER 1922: 58). Sie wurden lange Zeit einem Interglazial zugeschrieben. Seit den Untersuchungen von FRENZEL und Mitarbeitern (1972) ist nachgewiesen, daß sie Reste von sehr unterschiedlich zusammengesetzten Pflanzengesellschaften enthalten: Die Vorkommen von Zell und Bergholz (nördlich Wasserburg) zeigen eine Kiefern-Fichtenwald-Vegetation, die des Blaufeldes (gegenüber Wasserburg) und bei Oedmühle (nördlich Soyen) eine Tundra-Steppen-Vegetation. Sie repräsentieren demnach kühlgemäßigte und kühle Interstadiale.

Mit verschiedenen Methoden datiert ist die Schieferkohle von **Zell am Inn** (VOGEL & KRONFELD 1980: 557 und J. C. VOGEL, Pretoria, frdl. schriftl. Mitt. 1982).

^{14}C: 57 000 ± 900 Jahre vor heute (Flözoberkante) $\Big\}$ datiert in Groningen
65 400 $\pm{3500 \atop 2000}$ Jahre vor heute (Flözunterkante)

U/Th: 76 100 Jahre vor heute (Flözoberkante) $\Big\}$ datiert in Pretoria
83 500 ± 7000 Jahre vor heute (Flözunterkante)

Bei **Steingaden** im östlichen Randbereich des Lechvorlandgletschers sind unter Würmmoräne interglaziale und stadiale Staubeckensedimente aufgeschlossen (HÖFLE 1969: 113, Abb. 2; HÖFLE & MÜLLER 1983: 149, Abb. 1). Nach den Befunden pollenanalytischer Untersuchungen handelt es sich bei den tieferen Profilabschnitten um Seeablagerungen des ausgehenden Riß/Würm-Interglazials und bei den höheren Abschnitten um Feinsedimente eines relativ kühlen Würm-Interstadials. Datierungen einiger Holzreste aus dem interstadialen Komplex ergaben ^{14}C-Alter zwischen 36 000 und 31 900 Jahre v. h. (? Denekamp). – (^{14}C-Datierungen am HAHN-MEITNER-Institut, Berlin).

Wegen seiner besonderen Situation erwähnt sei auch das Profil **Goßmannshofen** südöstlich von Memmingen auf der Hochterrasse. Ein unter einer Fließerde begrabener Torfhorizont (0,5–1 m) enthält eine Kaltsteppenflora mit Moosen, Gräsern, Zwergsträuchern, wie sie heute in Teilen Sibiriens vorkommt (frdl. mündl. Mitt. Prof. Dr. B. FRENZEL, Hohenheim, 1974).

Eine besondere Rolle für die Würm-Stratigraphie spielen die Großaufschlüsse Großweil-Gstaig bei Murnau und Baumkirchen im Inntal bei Innsbruck.

In **Großweil-Gstaig**, zwischen Großweil und Schwaiganger, ist über dem Schieferkohleflöz eines kühlen Interstadials (^{14}C-Alter rd. 50 000 Jahre vor heute) ein ca. 30 m mächtiger Schotterkörper aufgeschlossen (s. Abb. 49). Das Besondere ist, daß sich in dem Schotterprofil der zunehmende Einfluß des Inngletscher-Ferneises als Lieferant von Geschiebematerial aus den Zentralalpen im Hochwürm deutlich nachweisen

Abb. 49. Kiesgrube Großweil-Gstaig, NE-Wand, Höhe 28 m. Hochglaziale Vorstoßschotter (Oberes Würm) überlagern frühglaziale Schotter (Mittleres Würm). Die Grenze verläuft knapp unterhalb der mittleren weißen Markierung und ist am Wechsel zwischen den Schotterlagen mit Schrägschichtung (unten) und mit horizontaler Schichtung (oben) gut erkennbar. WG 2 = Würm-hochglaziale Schotter (hier: Vorstoßschotter bzw. sog. Murnauer Schotter), WG 1 = Würm-frühglaziale Schotter. Aus: DREESBACH 1985: 172, Abb. 9. Aufnahme: Dr. U. MÜNZER.

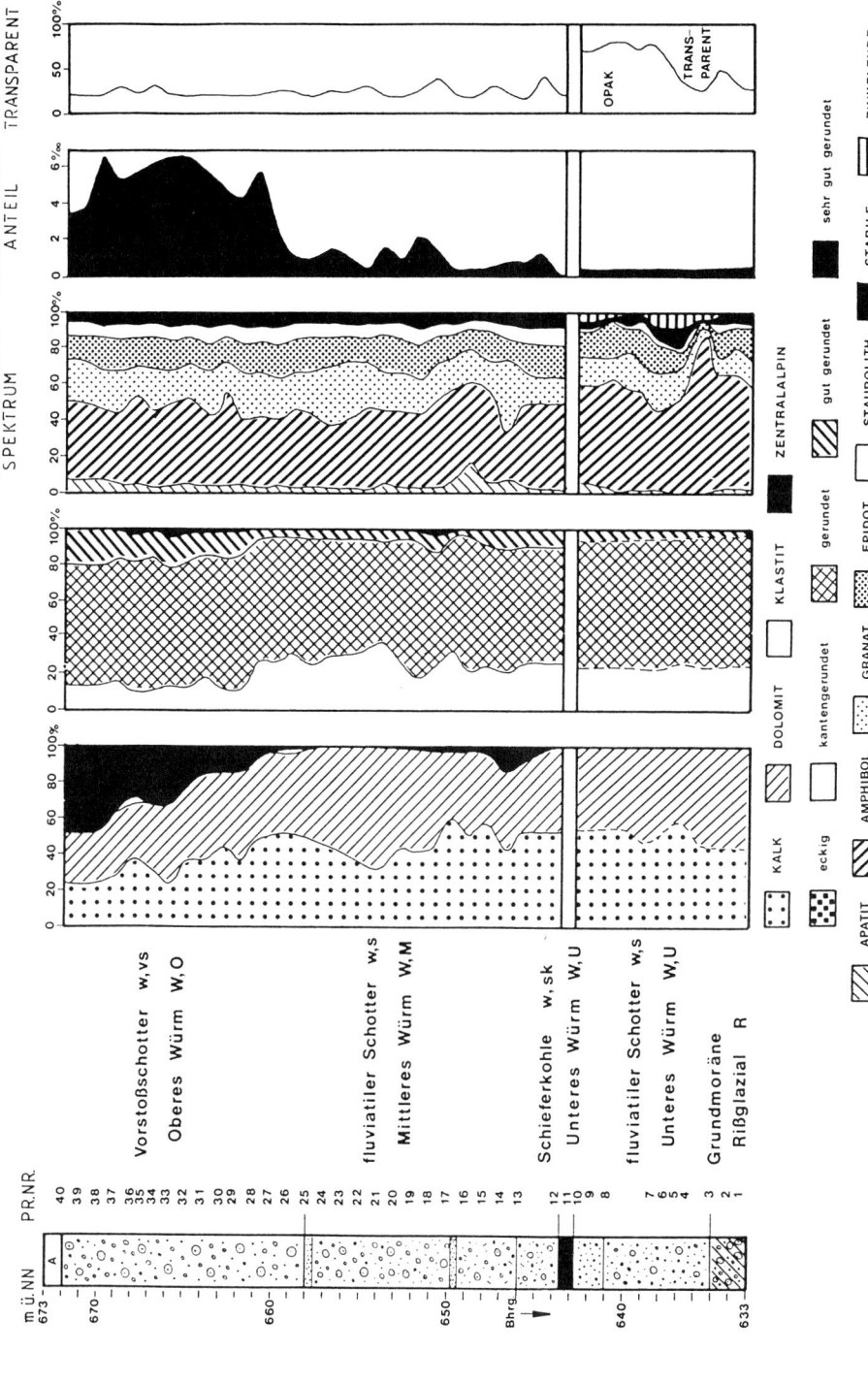

Abb. 50. Lithostratigraphische Gliederung würmzeitlicher Sedimente am Beispiel der Kiesgrube Gstaig (NE-Wand). Aus: DREESBACH 1986: 566, Abb. 4. Dargestellt sind: Geologisches Profil (schematisch, vgl. auch Abb. 49), Geröll-, Rundungsgrad- und Schwermineralspektren sowie das Verhältnis opake/transparente Minerale.

läßt. Der Übergang von kristallinarmen (1–2%) frühglazialen Flußschottern zu den kristallinreichen (35–40%) hochglazialen Vorrückungsschottern (hier: „Murnauer Schotter") wurde in Großweil-Gstaig von R. DREESBACH (1985, 1986) exemplarisch untersucht. Mit petrographischen Methoden kann hier die ungefähre Grenze zwischen dem Mittleren und dem Oberen Würm angegeben werden (vgl. Abb. 50).

Eine Marke für den Beginn des Hochglazials und damit des Oberen Würm nach lithologischen Kriterien läßt sich auch im Profil **Baumkirchen** östlich Innsbruck festlegen: mit dem Wechsel von lakustrischen Tonen im Liegenden zu den Vorstoßschottern im Hangenden. Die noch ins Mittlere Würm zu stellenden Seetone weisen auffällige Bewegungsspuren von Fischen auf und enthalten lagenweise vereinzelt Pflanzenreste. ^{14}C-Datierungen an Zweigen von Kiefer und Sanddorn ergaben ein Alter um 27 000 Jahre vor heute (FLIRI et al. 1970 und später).

3.4 Zum Ablauf der Würm-Zeit

Auf die **Riß/Würm-Warmzeit**, die nach heutigen Kenntnissen nur 15–20 000 Jahre dauerte und um 115 000 (110 000) vor heute endete, folgt mit der **Würm-Kaltzeit** ein Zeitabschnitt mit wechselnden klimatischen Bedingungen, mit Stadialen, Interstadialen und als Höhepunkt das eigentliche Glazial. Die Würm-Kaltzeit im weiteren Sinne umfaßt das lange Frühwürm (rd. 90 000 Jahre), das relativ kurze Hochwürm (rd. 10 000 Jahre) und das noch kürzere Spätwürm (rd. 5000 Jahre). – Vgl. Tab. 4.

In der **Frühwürm-Phase** wechselten waldlose Zeiten (Stadiale) mit Waldzeiten (Interstadiale) unterschiedlicher Vegetationsentwicklung (Kiefern-Fichtenwald mit einzelnen Thermophilen – Kiefernwald) mit Tendenz zu fortschreitender Klimaverschlechterung. Ein rapider Klimaabstieg setzt schließlich etwa vor 28 000 Jahren ein.

Damit im Einklang stehen die in der Tongrube Baumkirchen im Inntal östlich von Innsbruck gewonnenen Ergebnisse (FLIRI et al. 1970, u.a.). Eine Datierungsreihe von in Seetonen gefundenen Holzresten mit *Pinus silvestris* und *P. mugo*, beginnend um 32 000 J.v.H., endet um 27 000 J.v.H. Weitere wichtige Datierungen organischer Reste aus jener Zeit am Ende des Frühglazials sind die von Mondsee im Salzburger Land mit 27 400 J.v.h. (KLAUS in VAN HUSEN 1987: 16) und von Saulgau in Oberschwaben mit 26 195 ± 970 J.v.h. (WERNER 1978: 92). Daraus ergibt sich ein später Beginn für das **Hochwürm**, der Eiszeit im engen Sinne (ca. 25 000 Jahre vor heute). Der Hochstand der Vergletscherung, d.h. die Auffüllung der Alpentäler mit Gletschereis und die Vorlandvergletscherung wird zwischen 22 000 und 18 000 Jahren vor heute angenommen. Es gilt als sicher, daß das Alpenvorland und die großen Alpentäler nur wenige Jahrtausende vergletschert waren.

In diesem Zeitraum dürften auch die großen Niederterrassenfelder wie die Münchener Schotterebene, das Memminger Feld oder das Pockinger Feld aufgeschüttet worden sein.

Etwa zeitgleich wie die Hauptniederterrasse im Alpenvorland ist auch die Reundorfer Terrasse am Main bei Bamberg entstanden (vgl. Tab. 14). Datierungen an organischem Material (Torfproben, Mammutreste) ergaben ^{14}C-Alter zwischen 25 000 und 20 000 Jahren vor heute (SCHIRMER 1983: 18).

Ein bemerkenswertes Alter ergab die ^{14}C-Datierung von Lößschnecken (*Arianta arbustorum alpicola*) aus dem hochglazialen Oberen Löß im Quartärprofil am Salzachsteilufer gegenüber Burghausen: 21 650 ± 250 Jahre vor 1950 (det. M. A. GEY, Hannover, cit. TRAUB 1976: 190).

Die Vorstellung von der relativ kurzen Dauer der letzten Eiszeit (Hochwürm) deckt sich auch mit den neueren stratigraphischen Erkenntnissen in Norddeutschland und Skandinavien, in Polen und Rußland, wo das Maximum der Weichsel-(= Würm-)Eiszeit um 19 000 J. v. h. bestimmt ist.

Die **Spätwürm-Phase** umfaßt mit rund 5000 Jahren im Gegensatz zum Frühwürm nur eine kurze Zeitspanne. (Ähnliches gilt vermutlich auch für das Spätriß). Auf die Zeit des Eishochstandes folgte ein zunächst langsamer, dann beschleunigter Eisrückzug, unterbrochen von Haltephasen mit Oszillationen oder auch mit kurzzeitigen Vorstößen (TROLL 1937; JERZ 1970a).

Der im ausgehenden Hochglazial einsetzende Eisrückzug hinterließ bei allen größeren Vorlandgletschern typische Rückzugsmoränen in vergleichbaren Positionen (vgl. Tab. 5). Das Ende des Hochglazials ist als ein erster großer „Kollaps" des Gletschereises angezeigt: Das Abrücken von den die Zungenbecken umrahmenden Moränen der 2. Rückzugsphase und ein nachfolgend rasches Niederschmelzen der großen Eismassen. Das weitere Rückschmelzen der Vorlandgletscher wurde wiederholt von Haltephasen und von kurzzeitigen Wiedervorstößen unterbrochen. Eine besondere Bedeutung hat die 3. Rückzugsphase, die Weilheimer Phase (= Ammersee-Stadium TROLLS 1925), die neuerdings auch an den Beginn des Spätglazials gestellt wird.

Nach heutigen Kenntnissen war das Alpenvorland bereits vor rund 15 000 Jahren wieder eisfrei; die Gletscher hatten sich ziemlich rasch bis in die Alpentäler zurückgezogen. Mit der **Bühl**-Rückzugsphase – im Inntal bei Kirchbichl zwischen Kufstein und Wörgl – trat eine nochmalige, wenn auch nur kurzzeitige Stabilisierung in den Eismassen ein.

Die weiteren Gletscherstände im Spätglazial sind besonders gut im inneralpinen Inntal und in seinen Seitentälern erforscht (HEUBERGER 1966, 1975; PATZELT & BORTENSCHLAGER 1978): der Zerfall des Eisstromnetzes im Gebirge und die späteren Vorstöße der Lokalgletscher bis in die Gebirgstäler mit den **Steinach-, Gschnitz-, Daun-** und **Egesen-**Gletscherständen (vgl. Tab. 9).

Seit einigen Jahren werden auch im deutschen Alpenraum die spät- und postglazialen Gletscherstände näher untersucht (HIRTLREITER 1992). Eine chronologische Einstufung der Moränen des Partnach-Gletschers im Reintal (Wetterstein-Gebirge) ist in Tabelle 9 angegeben.

Im Hochglazial war Mitteleuropa wald- und baumfrei. Es herrschte eine Zwergstrauchtundra mit Gräsern und Moosen. Im Spätglazial wanderte zunächst die Birke, dann die Kiefer ein; beide bildeten die mitteleuropäischen Wälder der Späteiszeit (FIRBAS 1949/52; LANG 1952; FRENZEL 1968; SCHMEIDL 1971; BEUG 1977). Im Bölling-Interstadial war zunächst das südliche, im Alleröd-Interstadial schließlich auch das übrige Mitteleuropa wieder bewaldet. Die Waldgrenze lag am Nordalpenrand bei 1500 m ü. NN (heute: bei 1700 m), die polare Waldgrenze im südlichen Skandinavien. Während einer einschneidenden Klimaverschlechterung in der Jüngeren Tundrenzeit sank die alpine Waldgrenze erheblich ab, auch die polare Waldgrenze verschob sich nochmals weit nach Süden.

Tabelle 8. Gliederung des Spät- und Postglazials.

		Radiokarbonjahre vor heute (BP) [¹⁴C-Daten nicht korrigiert]	Zeitabschnitte	Pollenzonen nach FIRBAS (1949)	Vorherrschende Baumarten, u. a. nach SCHMEIDL 1972, BEUG 1976, RÖSCH 1979	Flußgeschichte (Donau, Main) nach FRENZEL 1977, 1978; BECKER 1977, 1978 u. SCHIRMER 1978, 1983, 1988	Kulturstufen
Holozän		1000 — Chr. Geb. — 2800 —	Subtalantikum jüng. Teil / ält. Teil	X / IX	genutzte Wälder, Forste (Kiefern-Fichten-Tannen-Zeit) Buchenzeit	Erosion + Akkumulation mit Stammlagen	Neuzeit Mittelalter Röm. Zeit Eisenzeit
		— 4500 —	*Klimaverschlechterung* Subboreal *Klimaoptimum*	VIII	Eichenmischwald-Buchenmischwaldzeit	starke Akkumulation mit *Eichen*-Stammlagen	Bronzezeit
		— 6000 — — 7500 —	Atlantikum jüng. Teil / ält. Teil	VII / VI	Eiben-Zeit und Eichenmischwald-Zeit (Eiche, Ulme, Linde, Esche)	Erosion und Akkumulation mit *Eichen*-Stammlagen	Neolithikum
		— 8800 —	Boreal	V	***) Haselzeit	Erosion + Akkumulation mit *Eichen- (Kiefern-)* Stammlagen	Mesolithikum
		— 10 300 —	Präboreal	IV	**) Birken-Kiefernzeit	Akkumulation mit *Kiefern*-Stammlagen	
Pleistozän		— 10 800 —	Jüngere Tundrenzeit	III	Baumarme Kiefernzeit	Akkumulation	
		— 11 900 —	Alleröd-Interstadial	II	Kiefern-Birkenzeit	*Laacher Bimstuff* Erosion v. a.	
		— 12 400 —	Ältere Tundrenzeit	Ic	Baumärmere Birken-Kiefernzeit	Akkumulation v. a.	
		— 13 300 —	Bölling-Interstadial	Ib	*) Birken-Wacholder-Weidenzeit	Erosion v. a.	Jungpaläolithikum
		> 15 000 —	Älteste Tundrenzeit	Ia	Beginn der Birkenausbreitung Waldfreie Zeit (baumlose Tundra)	Akkumulation v. a.	
			Würm-Hochglazial (Maximum ca. 20 000–18 000 v. h.)		Kaltsteppe	H. JERZ 1990	

*) Beginn der *Kiefern*ausbreitung – **) Beginnende *Hasel*ausbreitung – ***) verstärkte Einwanderung von *Eiche* und *Ulme*.

Die ältesten absoluten Datierungen für das Spätglazial der Nordalpen stammen aus dem österreichischen Traungletschergebiet (DRAXLER in VAN HUSEN 1987: 45: Rödschützmoor 15 400 ± 470 Jahre vor heute), aus dem Inntal bei Innsbruck (BORTENSCHLAGER 1978: 33: Lanser See 13 980 ± 240 J. v. h.) und aus Oberschwaben (MERKT et al. 178: 29, 1979: Tab. 1: Schleinsee bei Tettnang 13 325 ± 210 J. v. h.). Basisdaten von Moorprofilen, die bereits die Vegetationsabschnitte I a und I b (nach FIRBAS 1949; vgl. Tab. 8) mit der präbölling- und der böllingzeitlichen Erwärmung aufweisen, sind im Chiemgau (SCHMEIDL 1972a: 120: Lauterer Filz und Pechschnait, Wiederbewaldung um 13 200 J.v.h.), im Rosenheimer Becken (BEUG 1976: 390: Kolbermoor 13 120 ± 300 J.v.h.) bekannt. Von Samerberg-Gritschen ist eine krautartige Weide (*Salix herbacea* L.) mit 12 560 ± 190 J.v.h. datiert (PRÖBSTL 1972: 65; 1982: 57).

Bemerkenswerterweise ist in lakustrischen Feinsedimenten bei der Tutzinger Hütte (1327 m) am Nordfuß der Benediktenwand die präböllingzeitliche Pionierphase (I a) mit hohen *Juniperus*-Pollenwerten nachgewiesen (freundl. Bestimmung und schriftl. Mitt. Prof. Dr. E. GRÜGER, Göttingen 1979).

Der Vegetationsabschnitt II (nach FIRBAS 1949) mit dem Alleröd-Interstadial (vgl. Tab. 8) ist aus zahlreichen weiteren Moorvorkommen und Verlandungsgebieten mit Seekreiden und Kalkmudden bekannt.

Eine hervorragende Zeitmarke in spätglazialen Sedimenten stellen Bims-Partikel des Alleröd-zeitlichen Laacher-See-Vulkanismus um 11 000 J.v.h. dar. Vulkanische Glasteile aus dieser Zeit (Vegetationsabschnitt II b) wurden zunächst im Bodenseegebiet und in der Nordschweiz in bis zu 5 mm dünnen Lagen nachgewiesen (HOFMANN 1963; MERKT et al. 1978: 30, 1979: 26, 28) und schließlich auch im Allgäu in den kalkreichen Ablagerungen des Niedersonthofener Sees (MERKT in JERZ 1974: 86) sowie im Ammersee und im Starnberger See (MÜLLER et al. 1987: 84) gefunden. Im terrestrischen Bereich sind die Bims-Partikel kaum nachzuweisen; sie sind entweder jungtundrenzeitlich umgelagert oder im Zuge der Bodenbildung verwittert.

4 Das alpine Spät- und Postglazial

4.1 Spät- und postglaziale Gletscherstände

Das alpine **Spätglazial** bezeichnet die Endphase der letzten Vergletscherung. Das Eisstromnetz zerfiel und die Talgletscher schmolzen bis weit ins Alpeninnere zurück. Zeitlich ist der Beginn des Spätglazials nur ungefähr festzulegen: er wird nach heutigen Kenntnissen zwischen 17000 und 16000 Jahren vor heute angenommen. Das Inntal bei Innsbruck war zumindest um 14000 vor heute wieder eisfrei (Bortenschlager et al. 1978: 33, Abb. 10, Profil Lanser See-Moor, ^{14}C-Datierung einer Moorbasisprobe: 13980 ± 240 J. v. h.).

In dem maximal 7000 Jahre währenden Zeitraum für das letzte Spätglazial verlief die Klimaverbesserung nicht kontinuierlich. Es folgten noch mehrmals Klimarückschläge, die zu erneuten Vorstößen der Lokalgletscher führten. Rückschläge brachten vor allem die sog. Tundrenzeiten: Die Älteste, Ältere und Jüngere Tundrenzeit (auch als Dryaszeiten bezeichnet; vgl. Tab. 8, 9), zeitweise wieder mit eiszeitlichen Bedingungen, zuletzt um 10500 J. v. h. In den wärmeren Zeitabschnitten, im Bölling- und im Alleröd-Interstadial und schließlich ab dem Präboreal drang die Wiederbewaldung bis in die Alpentäler vor.

Die spätglazialen Gletscherstände wurden schon frühzeitig im Inntal und seinen Seitentälern erforscht: In Nordtirol von Penck & Brückner (1901/09: 340, Fig. 60), Kinzl (1929), Heuberger (1966, 1968, 1975); Mayr & Heuberger 1968 und Patzelt & Bortenschlager (1978) u. a., in Graubünden von Furrer und Mitarbeiter (1977, 1987, 1990).

Ausgehend von den Endmoränen-Staffeln des sog. Bühl-Stadiums bei Kirchbichl (zwischen Kufstein und Wörgl), die Gletscherhalte (und Vorstöße) des noch aktiven Inn-Eisstromes markieren, werden im System der späteren spätglazialen Lokalgletschervorstöße und Endmoränen das Steinach-, Gschnitz-, Daun- und Egesen-Stadium unterschieden (vgl. Tab. 9). Es ist allerdings bis heute noch nicht gelungen, alle spätglazialen Gletscherstände genau zu datieren.

In den Nördlichen Kalkalpen sind die spätglazialen Gletscherstände im österreichischen Trauntal näher untersucht (Van Husen 1977, 1987: Taf. 5, 6). Besonders erwähnt sei, daß in den inneralpinen Tälern die Vegegationsentwicklung lange vor der Bölling-Zeit einsetzte (Draxler 1977, 1987: 46, Profil Rödschitz-Moor im Mitterndorfer Becken, 15400 ± 470 Jahre vor heute, nach ^{14}C-Datierungen von Pflanzenresten).

Auch im Rheingletscher-Gebiet waren Vorder- und Hinterrhein bereits vor 15000 Jahren eisfrei (G. Furrer 1987, Vortrag in Luzern, Naturforsch. Gesell.).

Tabelle 9. Gletscherstände im Spätglazial und im frühen Postglazial im Wetterstein-Gebirge (nach HIRTLREITER 1992, Tab. 9) — im Vergleich zu dem in den Zentralalpen entwickelten Schema (nach PATZELT 1972, 1973, 1980; MAISCH 1982; KERSCHNER 1985, 1986; FURRER 1987, 1990).

	Zeit BP	Zeitabschnitte	Inngletscher und Lokalgletscher der österr. Zentralalpen	SGD*) (m)	Werdenfelser Eisstrom und Lokalgletscher im Wetterstein	SGD*) (m)
Postglazial	9 000	V Boreal	Venediger	wenige Zehnermeter	Brunntal	80–140
		IV Präboreal	Schlaten ↑ ?		Gletscherausdehnung etwa wie 1850	
	10 000		Kromer	70–100		
		III Jg. Dryas	Bockten	100–150	Brünnl	120–220
			Egesen	180–300	Höllentalanger	300–350**)
	11 000				Reintalanger	400–450
Würm – Spätglazial		II Alleröd			? ↓	
	12 000	Ic Ält. Dryas				
		Ib Bölling				
	13 000		Daun	300–400	Quellen	550–600
			Senders	400–520	Hinterklamm	600–650
	14 000		Gschnitz	600–700	Mitterklamm	700–750
			Steinach	700–800	Bodenlaine	750–800
		Ia Älteste Dryas			**Leutasch**	ca. 900
	15 000		**Bühl**	ca. 950	**Kankerbachtal**	ca. 950
	16 000		**Stephanskirchen**		**Loisachtal Uffing/Schwaiganger Weilheim**	
Würm – Hochglazial		– ? –				
	17 000					
	18 000		Hochwürm			

*) SGD: Größenordnung der Schneegrenzdepressionen gegenüber dem Bezugsniveau (BZN) 1850.
**) entsprechender Gletscherstand im Reintal beim Bergsturz am Partnach-Ursprung.
fett gedruckt: Gletscherstände der Ferneisströme.

Das älteste Datum aus dem Spätglazial des bayerischen Alpenvorlands stammt aus dem Eggstätter Seengebiet: rd. 15 000 J. v. h. (freundl. mündl. Mitt. Dr. H. Küster, München).

Stadialmoränen des spätglazialen Eisrückzuges in den Bayerischen Alpen sind vor allem in den Allgäuer Alpen, im Wetterstein- und Karwendel-Gebirge sowie in den Berchtesgadener Alpen ausgebildet. Vergleichende Untersuchungen, die über ihre genaue Zuordnung Auskunft geben sollen, sind noch im Gange.

Im Wetterstein-Gebirge, einem Modell-Gebiet in Bayern, können im Partnach- und Rein-Tal südlich Garmisch-Partenkirchen die Rückzugsstände des Partnach-Gletschers verfolgt werden: Moränenwälle bei der Bodenlaine gehören vermutlich dem Steinach-Gletscherstand, bei der Mitterklamm und der Hinterklamm dem Gschnitz-Gletscherstand, die Wälle bei den Quellen und der Blauen Gumpe dem Daun-Gletscherstand und die Wälle bei der Reintalanger-Hütte dem Egesen-Gletscherstand an. Die Stadialmoränen im Brunn-Tal bei der Knorr-Hütte (2052 m) und auf dem Zugspitz-Platt sind den postglazialen Gletschervorstößen zuzurechnen (Hirtlreiter 1992; vgl. Tab. 9).

Eine Parallelisierung der spät- und postglazialen Gletscherstände für verschiedene alpine Bereiche wird durch die Bestimmung der zugehörigen Schneegrenzen-Depression ermöglicht: Als Bezugsniveau (BZN) wird – auf Vorschlag von Gross, Kerschner & Patzelt (1978) – die meist zuverlässig ermittelbare Schneegrenze des Hochstandes von 1850 n. Chr. verwendet (100–150 m tiefer als die heutige Schneegrenze).

Mit der raschen Erwärmung zu Beginn des **Postglazials** vor rund 10 000 Jahren sind die Alpengletscher in kurzer Zeit bis auf die neuzeitliche Größenordnung zurückgeschmolzen (Patzelt 1980). Die postglazialen lokalen Gletschervorstöße erreichten die spätglazialen Endmoränen bei weitem nicht mehr.

Nach heutigen Kenntnissen verteilen sich die postglazialen Gletschervorstöße auf mindestens acht mehrphasige Vorstoßperioden (Patzelt 1980: 16, Abb. 1). Sie sind auf verschiedene Weise belegt: Radiokohlenstoffdatierungen, Jahrringchronologie, historische Daten (vgl. Patzelt 1972, 1973; Holzhauser 1982, 1983; Maisch 1982; Zumbühl & Holzhauser 1988; Furrer 1990). Am besten bekannt sind die Gletscherstände der „neuzeitlichen Vergletscherung" im 17. bis 19. Jahrhundert (s. u.).

Im nördlichen Alpenvorland gibt es sichere Hinweise für einschneidende Klimaverschlechterungen im jüngeren Subboreal (etwa ab 3500 J. v. h.) und am Beginn des Subatlantikums in der Hallstattzeit (um 2600 J. v. h., „subatlantischer Klimasturz", Frenzel 1980a: 41).

Klimaforschungen in der Schweiz ergaben für die Zeit zwischen 4500 und 3600 Jahren vor heute die längste Warmphase im Postglazial (Gamper & Suter 1982: „Postglaziales Klimaoptimum"). Ab etwa 3500 J. v. h. beginnt in den Schweizer Alpen der wohl kälteste Abschnitt des Postglazials. Dendroklimatologisch ist gegen Ende der Bronzezeit zwischen 3340 und 3175 J. v. h. die längste und extremste Kaltphase im Postglazial nachgewiesen (Gamper & Suter 1982: 109 und Tab. S. 111 „Löbben-Kaltphase").

Gletscherhochstände werden auch im letzten vorchristlichen Jahrtausend (2900–2200 J. v. h.) und in den ersten nachchristlichen Jahrhunderten (2. Jahrh. – ca. 6. Jahrh.) angenommen („Göschen-Kaltphasen I und II", Zoller 1977; Patzelt 1973; Holzhauser 1982, 1984; u. a.).

Auf eine warme Klimaperiode in der Römerzeit und auf eine kältere Periode im 4. und 5. Jahrhundert n. Chr. (Völkerwanderungszeit) folgte im Mittelalter zwischen 900 und 1300 eine klimatisch begünstigte Zeit („Mittelalterliches Klimaoptimum"). Ab 1300 n. Chr. schließlich ist der Beginn einer langzeitigen Klimaverschlechterung mehrfach belegt. Nach historischen Überlieferungen waren die 1420er und die 1430er Jahre äußerst kalt. Auf vorübergehend etwas günstigere Klimaverhältnisse im ausgehenden 15. Jahrhundert und in der ersten Hälfte des 16. Jahrhunderts folgte eine weitere Abkühlung etwa ab 1560, welche schließlich Ende des 16. Jahrhunderts zu bedeutenden Gletschervorstößen führte (PFISTER et al. 1978; HOLZHAUSER 1982; ZUMBÜHL & HOLZHAUSER 1988).

Die Phase großer Gletscherausdehnung hielt zunächst bis Mitte des 17. Jahrhunderts an, mit ersten Gletscherhochständen um 1600 und 1650, die regional auch neuzeitliche Gletschermaximalstände bedeuteten (z. B. im Wallis). Es blieb bis weit ins 18. Jahrhundert überwiegend kalt. In historischen Aufzeichnungen sind insbesondere die Jahre 1608, 1609 und 1640 sowie die Jahre 1708, 1709 und 1740–42 als sehr kalt dokumentiert.

Auch im 18. Jahrhundert stießen die Alpengletscher mehrmals vor, wenn auch ihre Ausdehnung insgesamt etwas geringer war als im 17. Jahrhundert. Im Bernina-Gebiet erreichten die Gletscher auch um 1720 und 1780 Höchststände.

In der ersten Hälfte des 19. Jahrhunderts führten kurze, intensive Klimaverschlechterungen zu weiteren kräftigen Vorstößen mit fast gleichwertigen Hochständen um 1820 und 1845–1856. Für die Bevölkerung brachten die naßkalten Sommer 1812–1817 große Not. Die Ungunst des Klimas und Mißernten in der ersten Hälfte des letzten Jahrhunderts ließ bei vielen den Entschluß reifen, nach Nordamerika auszuwandern. Erwähnt sei, daß der Nationalökonom FRIEDRICH LIST nach dem Hungerwinter 1816/17 von einer „Auswanderungsepidemie" sprach.

Einschneidende Klimaverschlechterungen, wie sie während der „Kleinen Eiszeit" im 16. bis 19. Jahrhundert mehrmals und kurzzeitig auftraten, werden verschiedentlich mit starken Vulkanausbrüchen und dem Ausstoß großer Mengen vulkanischer Asche in Beziehung gebracht. Eine Verminderung der Sonneneinstrahlung durch die über mehrere Jahre in der Stratosphäre verweilenden Aschepartikel kann zu einer globalen Abkühlung der Erdoberfläche führen. Als Beispiel sei der Ausbruch des Tambora auf der Sundainsel Sumbawa 1815 und der nachfolgend extrem kühle Sommer 1816 auch in unseren Breiten genannt (vgl. Abb. 51: Mitteltemperaturen am Hohenpeißenberg).

Etwa ab 1855 begannen die Temperaturen wieder zu steigen und es folgte eine längerfristige Abschmelzphase mit beträchtlichem Gletscherschwund. Das Rückschmelzen war lediglich durch kleinere Vorstöße um 1870, 1890 und 1920 kurzzeitig unterbrochen. Niederschlagsreiche und kühle Sommer zwischen 1950 und 1970 verlangsamten den Gletscherschwund. Ab 1965 stießen wieder zahlreiche Gletscher vor oder verhielten sich zumindest stationär. 1979/80 wurden bei fast 75% der Ostalpengletscher Hochstände für diese Zeit gemessen. Gletschergünstige Sommermonate in den 80er Jahren (v. a. 1982, 1983, 1985, 1986 und zuletzt 1990, 1991 und 1992) führten zu einem beträchtlichen Gletschereisschwund. Für die Gletscher der Ostalpen bedeutete dies auch das Ende der jüngsten Vorstoßperiode am Ende der 70er und Anfang der 80er Jahre. Seit 1986 überwiegt der Anteil der zurückschmelzenden Gletscher wieder deutlich (PATZELT 1989; ferner PATZELT 1980–1992: Gletscherberichte des Österr. Alpenvereins).

98 Das alpine Spät- und Postglazial

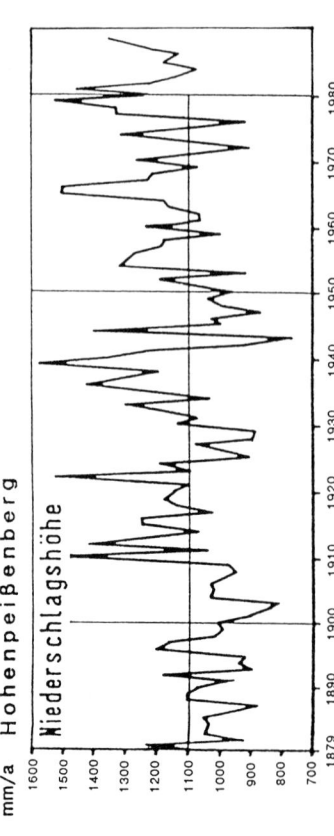

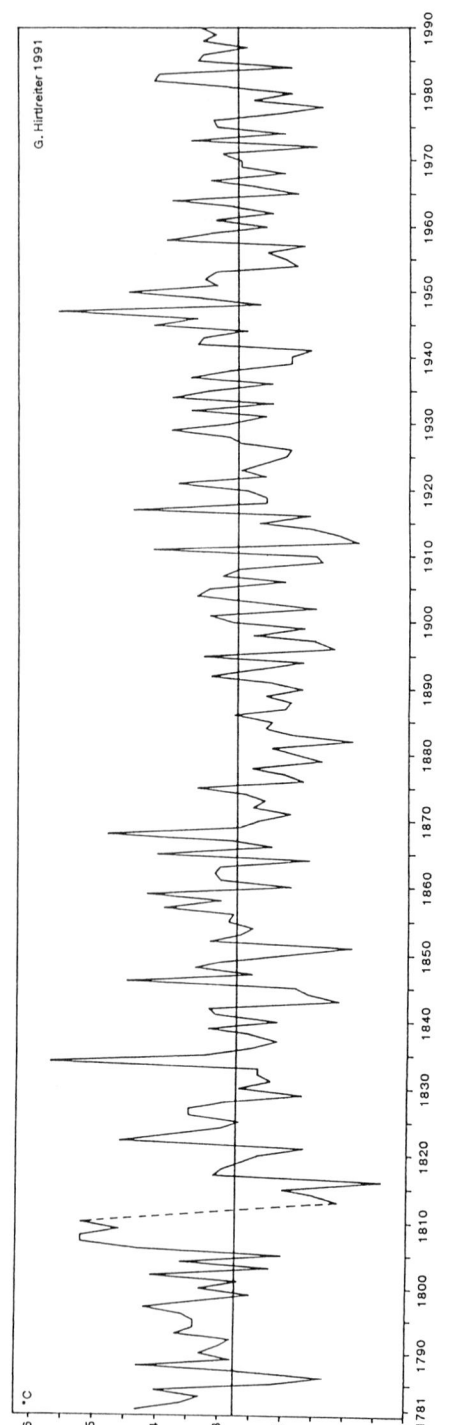

Abb. 51. Klimadaten vom Hohenpeißenberg (988 m ü. NN): Jährliche Niederschlagshöhen 1879–1989 und Mitteltemperaturen Mai bis September 1781–1990. Aus: HIRTLREITER 1992: 93 u. 96.

4.2 Die heutigen Gletscher

Nach dem starken Gletscherrückgang seit Mitte des letzten Jahrhunderts existieren in den Bayerischen Alpen heutzutage nur noch einige wenige Gletscher:
- Der **Nördliche** und der **Südliche Schneeferner** auf dem Zugspitz-Platt. Der Südliche Schneeferner, im letzten Jahrhundert noch größter Gletscher im deutschen Alpenraum, ist heute fast ganz verschwunden. Der Nördliche Schneeferner nimmt heute eine noch ansehnliche Fläche ein, jedoch ist auch sein Mächtigkeitsschwund seit Mitte des letzten Jahrhunderts beträchtlich: Damals reichte das Gletschereis noch bis an das Schneefernerhaus (2656 m) heran (FINSTERWALDER 1950: 61). Die Gletscherzunge endet heute bei 2550 m ü. NN.

  Ostwärts vom Schneefernerhaus existierte früher noch ein Östlicher Schneeferner. Er ist in den 50er und 60er Jahren ganz ausgeapert. In den 70er Jahren bildete sich an gleicher Stelle Firneis, das heute wieder stark im Schwinden begriffen ist. Der Kleine Schneeferner im östlich benachbarten Kar ist bereits früher verschwunden.

  Nach alten Kartenskizzen (s. HIRTLREITER 1992) hingen die Schneeferner im 17./18. und 19. Jahrhundert als rd. 3 km² großer Plattach-Ferner noch zusammen und nahmen das obere Drittel des Zugspitzplatts ein. Die Schneegrenze lag 1850 noch rund 150 m tiefer als heute, sie wird hier derzeit bei 2550–2600 m ü. NN angenommen.
- Der **Höllentalferner** nördlich der Zugspitze. Er wird vor allem von Lawinen genährt und reicht mit seiner Zunge fast bis auf 2200 m ü. NN herab.
- Der **Blaueisgletscher** am Hochkalter südlich Ramsau. Als ein nordwärts fließender Kargletscher ist er von der Sonnenbestrahlung weitgehend geschützt. Seine Gletscherzunge reicht bis auf ca. 2150 m ü. NN herunter.
- Der **Watzmanngletscher** im Watzmann-Kar bei Berchtesgaden. Er ist im vergangenen Jahrzehnt äußerst stark zurückgeschmolzen und besteht im wesentlichen nur noch aus Firneis. Die „**Eiskapelle**" (834 m ü. NN), fast 2000 Meter unterhalb der heutigen Schneegrenze, ist das Gletschertor eines ausschließlich von Lawinenschnee genährten Gletschers; es handelt sich um das tiefstgelegene Vorkommen von Gletschereis im deutschen Alpenraum.

Heute nicht mehr vorhanden sind zahlreiche kleine Gletscher, die in der ersten Hälfte des 20. Jahrhunderts noch existierten: z. B. im Mitterkar bei Mittenwald, am Hochvogel südlich Hinterstein, im Bacher Loch südlich Oberstdorf. Eine Periode mit kühlen und niederschlagsreichen Sommern könnte hier vermutlich in kurzer Zeit zu einer Firneisbildung führen.

Von jenseits der bayerischen Landesgrenze seien noch einige weitere stark zurückschmelzende Gletscher genannt: Schwarzmilz-Ferner auf der Südseite der Mädelegabel-Gruppe in den Allgäuer Alpen, Übergossene Alm am Höchkönig, Großer Gosau-, Hallstätter und Schladminger Gletscher im Dachstein-Massiv.

Eine Besonderheit für den deutschen Alpenraum ist das Vorkommen von **Permafrosteis** auf dem Zugspitzgipfel (2962 m). Es wurde bei felsmechanischen Untersuchungen für die Gipfelstation der Seilbahn Eibsee-Zugspitze entdeckt (KÖRNER & ULRICH 1965: 404). Beim Aussprengen für die Einfahrtnischen wurde in tiefreichenden, offenen Felsklüften neben gelbbraunem, tonigem Verwitterungslehm bis zu 1 Dezimeter dickes Eis als Zwischenmittel angetroffen. Das Eis, das nur an den freigelegten Stellen teilweise abtaute, hat hier einen vermutlich langen Zeitraum überdauert. Es handelt sich möglicherweise um ein in Spalten erhaltenes Eis aus der letzten Eiszeit.

4.3 Über Bergstürze und Felsstürze in den bayerischen Alpen

Mit dem Freiwerden der Berge und Täler vom Gletschereis und mit dem Verschwinden des Permafrostes im klüftigen Fels gingen im Spät- und Postglazial an verschiedenen Stellen in den bayerischen Kalkalpen Bergstürze und eine Vielzahl kleinerer Felsstürze nieder. Der Tiefenschurf der Gletscher hatte Talflanken übersteilt und der Dauerfrost das Gestein gelockert, wodurch vielerorts die Gefüge- bzw. Gesteinsfestigkeit herabgesetzt wurde. Die Bewegungsmechanismen bei der Verlagerung von Fest- und Lokkergesteinsmassen können äußerst kompliziert sein (ABELE 1974: 59 ff.; HINZE et al. 1989: 83 ff). Vielfach handelt es sich um eine Kombination verschiedener Hangbewegungen, häufig auch um mehrphasige Ereignisse.

Der größte Bergsturz auf bayerischem Boden ist der von **Eibsee-Grainau** am Nordwest-Fuß des Wettersteingebirges. Mit rd. 200–300 Millionen m³ erreicht er zwar nicht die Größe der Bergstürze am Fernpaß (über 1 km³), bei Köfels im Ötztal (über 2 km³) und Flims am Vorderrhein (rd. 10 km³), besitzt jedoch mit über 5 km Reichweite eine große Ausdehnung und bedeckt mit rund 12 km² eine große Fläche. Seine Hauptausbruchstelle befindet sich oberhalb des Bayerischen Schneekars, weitere Ausbrüche können unterhalb der Riffelspitzen lokalisiert werden. Im Norden erstrecken sich die Bergsturzmassen bis über das Loisachtal hinweg, im Osten bis weit in das Ortsgebiet von Grainau. Kegelförmige Hügel als Sonderformen aus Bergsturzmaterial werden auch als Toma[35] bezeichnet.

Am Eibsee besteht das Material zum überwiegenden Teil aus hellem Wettersteinkalk und zu einem geringen Teil aus dunklerem Muschelkalk, partienweise mit grünen Tuffiten, die aus den Wandfluchten im oberen Muschelkalk über dem Eibsee stammen. Die Korngrößen reichen von der Schluff- und Sandfraktion bis zu mehrere Kubikmeter großen Blöcken. An Mächtigkeiten sind in Bohrungen nördlich des Eibsees und in Baugruben am Badersee durchschnittlich 10 m nachgewiesen; darunter liegt bindige dunkelgraue Moräne.

Es wird allgemein angenommen, daß der Bergsturz von Eibsee-Grainau im frühen Spätglazial niederging, als noch Eis eines rückschmelzenden Gletschers das Loisachtal füllte und als im Eibseebecken und in weiteren Hohlformen noch große Toteismassen lagen (u.a. VIDAL 1953: 76). Es ist jedoch nicht auszuschließen, daß der Bergsturz postglazialen Alters ist. Zur Erklärung der Reichweite der Bergsturzmassen ist kein Eis erforderlich (G. ABELE, Innsbruck, freundl. mündl. Mitt. 1991).

Zahlreiche Felsstürze im Wettersteingebirge ereigneten sich in dem vom Partnachgletscher ausgeschürften **Reintal** südlich Garmisch-Partenkirchen: bei der Vorderen Blauen Gumpe, beim Steingerümpel und am Oberen Reintalanger. Sie sind postglazialen Alters, wobei der aus dem Gatterl ausgebrochene Felssturz am Oberen Anger am 6. Mai 1920 niederging (LEUCHS 1921: 190, rd. 50000 m³).

Am 1. Juni 1991 verbaute ein Felssturz den südlichen Eingang der Partnach-Klamm bei Garmisch-Partenkirchen (UHLIG 1992). Die Felsmassen (rd. 10000 m³) stauten die Partnach zu einem See auf. Es besteht hier weiter Felssturzgefahr durch Nachbrüche.

---

[35] Toma oder Tuma (von lat. *tumulus*), nach der Lokalbezeichnung für kegel- oder pyramidenförmige, isolierte Bergsturzhügel von Ems bei Chur (ABELE 1974: 119, 146).

Den zweitgrößten Bergsturz in den bayerischen Alpen stellt der von **Marquartstein** dar. Sein Volumen beträgt über 100 Millionen m³. Zu einem wie in Eibsee-Grainau vorläufig nicht näher einzuengenden Zeitpunkt im Zeitraum Spät-/Postglazial lösten sich vom Hochlerch gewaltige Gesteinsmassen, die sich westwärts über das Tal der Tiroler Ache bewegten (GANSS 1967: 146). Die Schuttmassen, vorwiegend aus Rät- und Liaskalken, stauten zeitweilig einen See auf. Ob Talbereiche noch von Eisresten des ehemaligen Talgletschers erfüllt waren, ist nicht bewiesen.

Ein weiteres größeres Bergsturzgelände mit dem Flurnamen „Im Boschet" liegt südwestlich Ohlstadt. Die Blockmassen, 2–3 Mio. m³, bestehen vor allem aus Oberrätkalk, die Ausbruchnische befindet sich in der kalkalpinen Randzone. Es handelt sich hier um ein Modellbeispiel eines Bergsturzes, scharf begrenzt, mit Rand- und Querwällen. Eine Erklärung der Formen und der Reichweite bis an den Ortsrand von Ohlstadt ist ohne das Eis eines rückschmelzenden Gletschers möglich (G. ABELE, Innsbruck, freundl. mündl. Mitt. 1991).

Westlich Brannenburg, am „Schrofen", nahe der Überschiebung von Kalkalpin auf Flysch, ging im August 1851 ein Bergsturz mit einigen hunderttausend Kubikmeter Blockmaterial aus v. a. Raibler Schichten nieder. Nach Aufstau des dortigen Kirchbaches folgte auf das Sturzereignis noch eine „Murbruchphase", bei der sich eine langsam zu Tal bewegende Geröllawine über die Brannenburger und Degerndorfer Felder ergoß (v. LOESCH 1914: 282).

In den Berchtesgadener Alpen gehören zu den bekanntesten Bergstürzen die am Paß Hallthurn und in Ramsau, wo der Hintersee an einer Bergsturzmasse aufgestaut ist. Im Wimbachtal ereignete sich im Februar 1959 ein größerer Felssturz (ZANKL 1961).

Am Walchensee löste sich im Frühjahr 1965 am Kirchel oberhalb der Uferstraße ein Felssturz mit einer Kubatur von ca. 35 000 m³ (KÖRNER in DOBEN 1985: 122 u. Abb. 19).

Verbreitet sind Bergstürze auch in den Allgäuer Bergen:
Bei Rathholz westlich Immenstadt ist nach Überlieferungen (DIETMANN 1932) im Januar 1348 – nach einem Erdbeben, das weite Teile des Alpenraumes erschütterte – ein Bergsturz in das Alpseetal niedergegangen. Es besteht hier ein zeitlicher Zusammenhang mit den Bergstürzen des Dobratsch bei Villach.

Bei Hinterstein südlich Hindelang stürzten im September 1964 vom Brunnenkopf rd. 400 000 m³ Felsmaterial in das Ostrachtal (KRÖGER 1970: 94; s. Abb. 52). Am Rubihorn bei Oberstdorf lösten sich im Mai 1987 mächtige Felsmassen zu einem größeren Felssturz. Eine ständige Gefahr bedeuten von der Nordflanke des Immenstädter Horns sich ablösende Nagelfluhblöcke. Der letzte größere Felssturz ereignete sich dort im Frühjahr 1970.

4.4 Hangrutsche

In weiten Teilen Bayerns führte eine in Glazialzeiten verstärkte Tiefen- und Seitenerosion der Bäche und Flüsse zu Hangunterschneidungen. Die Hangstabilität wurde dadurch insbesondere in quartären Lockergesteinen vermindert. Hangrutschgefahr tritt ein, wenn Kohäsions- und Reibungskräfte z. B. durch Wasseraufnahme weiter herabgesetzt werden. Ein Abgleiten und Abrutschen von Gesteinsmassen erfolgt schließlich,

Abb. 52. Bergrutsch bei Hinterstein im Oberallgäu in eng verfalteten Kössener Mergeln und Kalken, Oberrätkalken und Lias-Fleckenmergeln. Der Bergrutsch erfolgte in zwei Bewegungsabschnitten: im September 1964 und im Mai 1965. Aufnahme von Dipl.-Ing. WAIBEL, Marktbaumeister in Hindelang, im Mai 1965 nach dem 2. großen Rutschereignis.

Abb. 53. Hangrutschung am östlichen Hochufer des Isartales bei Grünwald. Erster Neuanbruch im Oktober 1970 in quartären Schottern (bankweise verfestigt) über tertiären Mergeln. Foto: H. Partheymüller (1973).

wenn deren Scherfestigkeit überschritten wird. Dabei ausgelöste **Bergrutsche** umfassen größere (über 1 ha Fläche), **Erdrutsche** oder Erdschlipfe kleinere Rutschmassen.

Langsam sich bewegende Schuttströme, die in ihrer Form eine große Ähnlichkeit mit Talgletschern aufweisen, werden auch als **Erdströme** bezeichnet (Fischer 1967: 235).

Anhaltende Bewegungen an Talflanken führen langfristig zu einem **Talzuschub**. Beschleunigte Bewegungen können Großrutschungen einleiten. Instabile Hänge mit Rutschbwegungen lassen sich oft schon am Hakenschlagen der Bäume erkennen. Junge

Hangbewegungen werden etwa durch eine aufgerissene Pflanzendecke oder durch schief (kreuz und quer) stehende Bäume angezeigt.

Nachstehend werden einige Beispiele von Hangrutschungen aus der jüngeren Vergangenheit angeführt:

Im Isartal südlich München bestehen ausgedehnte Hangbereiche des tief eingeschnittenen Flußtales aus ungezählten Rutschkörpern. Bis in unsere Zeit haben sich dort an verschiedenen Stellen Rutschungen ereignet: 1970 und 1975 in Grünwald (Abb. 53, 54 und 55), 1970 in Holzen bei Schäftlarn, im Juni 1979 in Buchenhain bei Baierbrunn (BAUMANN 1987, 1988; JERZ 1987 a, b). Die Rutschhänge sind vielfach in Rutschschollen zerlegt, als Erdwülste staffelförmig angeordnet, durch Gräben voneinander getrennt. Meßbare Hangbewegungen dauern bis in die Gegenwart an.

In Paterzell bei Weilheim, am Westabhang des Loisachgletscher-Zungenbeckens, kam im Mai 1955 eine größere Rutschung in Gang, die auch Flächen des berühmten Eibenwaldes mit erfaßte. In den 60er Jahren erfolgten weitere größere Hangrutschungen am rechten Lechufer bei Herzogsägmühle östlich Schongau und am linken Innufer südlich Gars a. Inn (August 1965).

Bei allen diesen Rutschungen reichen die Bewegungsbahnen bis in den tertiären Untergrund.

Von weiteren größeren Rutschungen im südlichen Oberbayern ist Näheres bekannt:

Der postglaziale Bergrutsch von Untermurbach bei den Gilgenhöfen westlich Lenggries in der kalkalpinen Randzone; die Rutschmassen sind in der topographischen Karte als „Tumuluslandschaft" bezeichnet.

Die „Lissabona" (lt. amtlicher Karte) am Windpasselkopf südöstlich Benediktbeuern in der Flyschzone. Vermutlich hat das verheerende Erdbeben von Lissabon am 1. November 1755 noch hier die Gesteine und den Verwitterungsschutt stark erschüttert,

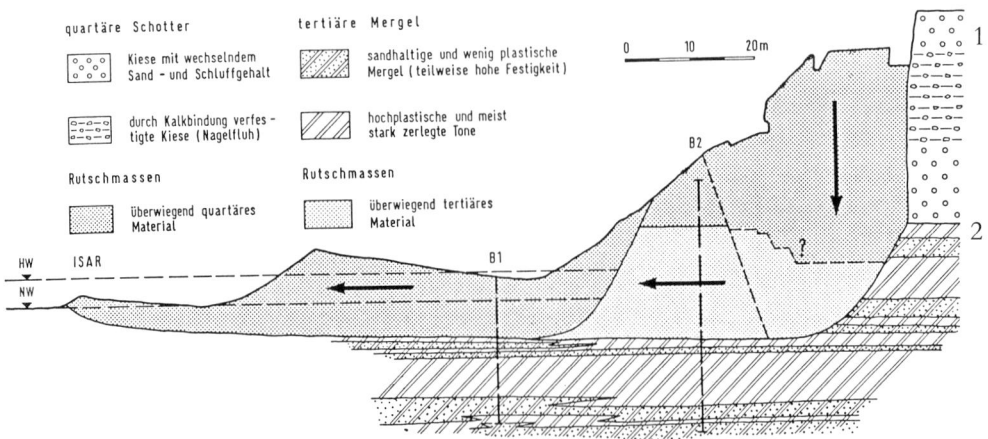

Abb. 54. Hangrutschung Grünwald, Zentrum des Neuanbruchs von 1970. Die Darstellung von H. J. BAUMANN (1988: 159, Profil 29) zeigt die Form und den Aufbau des Bruchkörpers und den Schichtenaufbau der noch ungebrochenen Hangpartien. 1 – Hangkante in Neugrünwald 576 m ü. NN, 2 – Tertiär-Oberkante 543 m ü. NN, 3 – Isar-Wasserspiegel (HW) 537 m ü. NN.

Abb. 55. Hangrutschung Grünwald Oktober 1970, mittlerer Abschnitt. Frischer Anriß in Schmelzwasserschottern verschiedener Eiszeiten. Foto: H. PARTHEYMÜLLER (1973).

entfestigt und eine große Rutschung ausgelöst. Zur gleichen Zeit ging am Walchensee ein Felssturz nieder (KNAUER 1924: 56).

In der Flyschzone bei Bad Feilnbach wird seit einigen Jahren ein größerer Hangrutsch am Jenbach beobachtet. Die in Bewegung befindliche Fläche in der Zementmergelserie umfaßt rund zwanzig Hektar, die Bewegungsbeträge erreichen bis zu 0,4 m pro Jahr (A. v. POSCHINGER, frdl. mündl. Mitt. 1990 und 1991: 61).

In der Faltenmolasse westlich Sonthofen bzw. nördlich Gunzesried im Oberallgäu gerieten 1955 ca. 1 Million Kubikmeter Verwitterungsschutt- und Moränenmaterial über wasserstauendem Molassemergel in Bewegung (ARMBRUSTER 1987: 41). Ein Erdstrom in Form eines zungenförmigen Schuttstromes kam bis dato noch nicht zum Stillstand.

In zahlreichen Alpentälern mit jungquartären Eisstauseebildungen (Moränen, Stauschotter, Seetone) sind kleine Rutschungen (Schlipfe) überaus zahlreich, wie z. B. im Werdenfelser Land (mittl. Partnach-Tal), bei Unterammergau (Schleifmühlen-Laine) oder bei Benediktbeuern (Lainbach-Tal).

In Molasse- und Flyschgebieten sind auf Hang- und Verwitterungsschutt verbreitet durch Bodenfließen entstandene Rutschbuckel zu beobachten. Selbst Viehtritte können Anbrüche und kleine Rutschungen auslösen.

4.5 Murströme

Muren sind seltener, jedoch wegen ihrer oft großen Reichweite äußerst gefahrenvoll. Sie werden in wassergetränkten Lockermassen, z. B. nach anhaltenden Starkniederschlägen, oft plötzlich ausgelöst und bewegen sich sehr schnell talwärts.

In den 60er Jahren haben sich einige größere Muren bei Tegernsee (Alpbach), Lenggries (Arzbach) und Landl i. Tirol (südlich Bayrischzell) bis in bewohnte Gebiete ergossen. Einige im Frühjahr 1985 in der Melcherreiße im Lainbachtal bei Benediktbeuern abgegangene Murströme sind näher untersucht (BECHT 1986).

Lange in Erinnerung bleiben wird die durch einen gewaltigen Murstrom im Juli 1987 im Veltlin in Norditalien ausgelöste Katastrophe, als sich eine ‚Steinlawine' mit einem Volumen von ca. 35 Millionen Kubikmeter ins Adda-Tal wälzte (COSTA 1991: 15).

Im August 1991 wurde bei Inzell im Ortsteil Hutterer eine Wohnsiedlung von einer Mure aus wasserübersättigten Flyschgesteinen bedroht.

Ein Fortschreiten des Waldsterbens und ein Zusammenbrechen von Schutzwäldern im Gebirge bedeuten in der Zukunft für viele Alpentäler und ihre Siedlungen eine wachsende Gefahr durch Bergrutsche, Felsstürze und Murströme.

5 Zur Flußgeschichte im Eiszeitalter

Die Flußsysteme sind in Bayern seit dem Jungtertiär zahlreichen tiefgreifenden Veränderungen unterworfen. Die Hauptrollen spielen dabei die **Donau** und der **Main** (vgl. Abb. 56). Es ist ein letztlich einseitiger Kampf um die Europäische Wasserscheide, die infolge einer starken rückschreitenden Erosion von der Rheinseite her immer weiter nach Südosten zurückgedrängt wird. Die Oberläufe von ehemals donautributären Flüssen werden mehr und mehr gekappt; „geköpfte Täler" weisen auf eine weit fortgeschrittene Entwicklung hin.

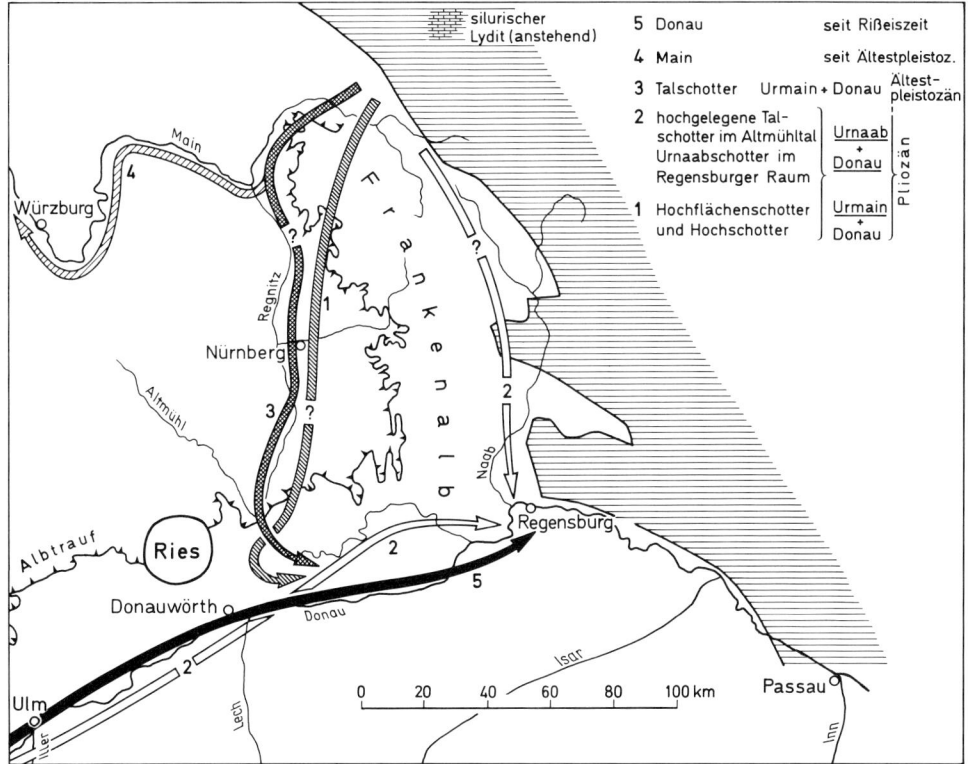

Abb. 56. Die Flußentwicklung von Urmain, Urdonau („Altmühldonau") und Urnaab im Pliozän und im Pleistozän (nach TILLMANNS 1978, 1980).

Die **Donau** bildet seit dem frühen Pleistozän die Sammelrinne aller gegen das Molassebecken gerichteten Abflüsse aus dem Westen, Süden und Norden. Größere Wassermassen aus dem westalpinen Raum wurden anfänglich noch von der Aaredonau und vom Alpenrhein zugeführt[36]. Aus Norden erhielt die Donau mit dem Urmain einen weiteren bedeutenden Zufluß[37].

Gegen Ende des Tertiärs floß die Donau in einer breiten Rinne noch auf der Hochfläche der Südalb, um sich dann zu Beginn des Quartärs allmählich in die Juratafel einzuschneiden. Hochgelegene Schotter im unteren Altmühltal führen neben reichlich alpinen Radiolariten auch Lydite (Kieselschiefer) aus dem Frankenwald; letztere stützen die Annahme von der Nord-Süd-Entwässerung durch den Urmain über den Rezat-Rednitz-Talzug noch im frühen Quartär (TILLMANNS 1977, 1978, 1980). Der Zusammenfluß des Urmains mit der Donau (im damaligen Wellheimer und Altmühl-Tal) wird in der Gegend von Dollnstein angenommen.

Nach bedeutenden Flußlaufveränderungen ist die Donau seit dem mittleren Pleistozän auf die „Nahtlinie" zwischen dem Molassebecken im Süden und der Schwäbisch-Fränkischen Alb im Nordwesten bzw. dem Kristallin des Bayerischen Waldes im Nordosten festgelegt. Im Altpleistozän floß die Donau zwischen Ulm und Rennertshofen in einem weiten Bogen bis zu 20 Kilometer weiter südlich als heute. Auf einen früheren Donaulauf über Burgau und Welden weisen vor allem reichlich Weißjurakalk-Schotter hin (SCHEUENPFLUG 1971; LÖSCHER 1976).

Noch zu Beginn der vorletzten Eiszeit floß die Donau – zusammen mit dem Lech – weiter durch das Wellheimer Tal und durch das **Altmühl**-Tal nach Kelheim. Danach verlegte sie ihren Lauf zunächst in das Schutter-Tal, das bei Ingolstadt den Jura verläßt, und schließlich an den Südrand der Frankenalb, wo sie seitdem ab Stepperg bei Neuburg auf kürzestem Weg in Richtung Kelheim fließt (siehe u. a. SCHAEFER 1966). Das Wellheimer Tal ist seit Mitte der Rißkaltzeit ein Trockental. Zwischen Dollnstein und Kelheim fließt durch das von der Donau verlassene breite Tal die Altmühl. Vermutlich ebenfalls im Rißglazial gibt die Sulz, ein Nebenfluß der Altmühl-Donau, das Ottmaringer Tal auf; sie mündet heute auf direktem Weg bei Beilngries ins Altmühltal.

Im Laufe des Pleistozäns war die Donau wiederholt Sammelrinne der Schmelzwässer der alpinen Gletscher bzw. der Vorlandgletscher. Vorläufer der heutigen Vorlandflüsse[38] führten mit den Schmelzwässern reichlich Schotterfracht aus dem alpinen Raum der Donau zu: Trias-Kalke und -Dolomite, Jura-Radiolarite, Kreide-Quarzite (Flysch), Kristallin aus den Zentralalpen u. v. m.

In der Flußgeschichte des **Mains** spielen die tektonischen Vorgänge im Tertiär und im Quartär eine maßgebliche Rolle. Erosion und Akkumulation stehen dabei in einem engen Zusammenhang sowohl mit dem Einbruch des Oberrheingrabens und mit der Absenkung des Untermaingebietes (RUTTE 1971; STREIT & WEINELT 1971) als auch

---

[36] Die Aaredonau wurde bereits im Pliozän, der Alpenrhein im frühen Quartär nach Westen umgelenkt.

[37] Der Anschluß des Obermains an den Untermain und damit an den Rhein vollzog sich im Ältestpleistozän (vgl. Tab. 10).

[38] Abflußbahnen bis in die Würmeiszeit bildeten im bayerischen Alpenvorland die Talrinnen von Iller, Roth, Günz, Mindel, Lech mit Wertach, Isar mit Loisach, Ammer/Amper und Würm, Inn mit Alz und Salzach.

mit den späteren Hebungen der Spessartschwelle und des Spessartvorlandes (SCHWARZ-MEIER 1978, 1979).

Bis in das älteste Pleistozän waren die Flußgebiete des heutigen Mittelmains und des Obermains durch die Steigerwald-Schwelle voneinander getrennt. Der „Bamberger Main" entwässerte noch über den Rezat-Rednitz-Talzug (s. u.) nach Süden zur Donau, der „Schweinfurter Main" war über den „Aschaffenburger Main" an den Rhein angeschlossen.

Mit dem Durchbruch des Mains durch die Steigerwald-Schwelle bei Eltmann zwischen Bamberg und Haßfurt und dem Anschluß des Obermains an den Mittelmain – und damit auch an den Untermain und an den Rhein[39] – änderte sich auch das Geröllspektrum, was sich vor allem in den Lydit-, Quarzit- und Quarzgeröllen aus dem Frankenwald und Fichtelgebirge zeigt. Entsprechende altquartäre Schotter liegen als inselförmige Vorkommen bei Volkach und Marktbreit rund 100 m über dem heutigen Main.

Von tektonischen Bewegungen gesteuert, begann für den Main nach seinem Anschluß an den Rhein eine Entwicklung, die durch den mehrmaligen Wechsel von Phasen mit kräftiger Erosion und fast ebenso starker Akkumulation gekennzeichnet ist. So schließt sich an die Akkumulation der Hauptterrassenfolge eine Phase mit kräftiger Erosion, die bis unter das heutige Mainniveau ging, an (Tab. 10). Auf eine längere Periode mit Verwitterung in diesem Talniveau folgt eine Zeit mit mächtigen Talaufschüttungen. Die Akkumulationen (A-Terrasse KÖRBERS 1962; Kt. 2) reichen im Mittelmaingebiet bis ca. 35 m ü. Main. Nach paläomagnetischen Ergebnissen gehören diese Maintalaufschüttungen in die Anfangsphase der Brunhes-Epoche und damit in den Cromer-Komplex (BRUNNACKER 1982: 22).

In den kiesig-sandigen, cromerzeitlichen Aufschüttungen treten im Mittelmain-Gebiet an mehreren Orten tonige und torfige Bildungen eines oder mehrerer Interstadiale bzw. Interglaziale auf, so bei Steinbach, Marktheidenfeld und Faulbach (WURM 1956; SCHWARZMEIER 1979, 1984).

Außerdem sind aus den cromerzeitlichen Ablagerungen zahlreiche Reste von Wirbeltieren aus dem Altpleistozän bekannt (RUTTE 1957, 1981). Vgl. auch Kap. 3.1.

Die anschließende Erosionsphase (E-Terrasse KÖRBERS 1962) ist außer durch eine Tiefenerosion auch durch eine kräftige Seitenerosion gekennzeichnet. Ihr folgen im Mittelpleistozän die Aufschüttungen der Mittelterrassen und – nach einer weiteren starken Eintiefung zu Beginn des Jungpleistozäns – die Aufschüttungen der Niederterrassen (s. Tab. 10).

Der **Rezat-Rednitz-Talzug** bezeichnet ein bis ins frühe Pleistozän noch von Norden nach Süden gerichtetes Flußsystem des „Urmain" (vgl. Abb. 56). Lydit-führende Schotter weisen auf ein Liefergebiet im Frankenwald hin. Die Umlenkung des Mains im Ältestpleistozän mit seinem Anschluß an das Rheinsystem hatte eine Umlenkung der mittelfränkischen Flüsse kurz vor ihrer Einmündung in den Rezat-Rednitz-Talzug zur Folge: Die Flußmündungen von Aurach, Rauhe und Reiche Ebrach, Zenn, Fränkische Rezat, Pegnitz, Wiesent, u. a. erscheinen nach Norden geschleppt.

Nach einer Ausräumungsphase, die die ältestpleistozänen Grobschotterterrassen erfaßte, erfolgte im Altpleistozän die Sedimentation einer sandigen Talfüllung. Die „Tal-

---

[39] Zur Zeit der Älteren Hauptterrassen am Rhein (vgl. Tab. 2, 10).

Tabelle 10. Flußgeschichtliche Gliederung im nördlichen Bayern (nach KÖRBER 1962, BRUNNACKER 1978, TILLMANNS 1977, 1980; ergänzt).

		Main-Gebiet	Rezat-Rednitz-Talzug	Altmühl-Donau-Bereich	Regensburger Raum
Pleistozän	Jung-	Niederterrassen	Sandterrassenkomplex	Altmühlschotter	Niederterrasse
	Mittel-	Mittelterrassen		Talsohleschotter (Umlenkung der Donau durch das Schuttertal in der Rißeiszeit)	Hochterrasse
		∿∿ E-Terrasse*)	Talverschüttung		
		Cromer-Aufschüttung A-Terrasse**)			?
	Alt-	∿∿∿∿∿∿∿	∿∿ Ausräumung ∿∿	∿∿∿∿∿∿∿ ?	
	Ältest-	Hauptterrassenfolge Anschluß des Mains an das Rheinsystem	?	Talschotter 10–30 m ü. T. mit Radiolariten 35–45 m ü. T. (vereinzelt Lydite) 45–55 m ü. T.	mehrere Schotterkörper bis 35 m ü. T. mit Radiolariten Schottergruppe 45–55 m ü. T. mit Radiolariten
			Grobschotter mit Lyditen	Schottergruppe 60–90 m ü. T. mit Radiolariten	
				± Ende der Lyditführung	± Ende der Lyditführung
		„Flächenterrassen"	?	Hochschotter 90–110 m ü. T. Lydite, vereinzelt Radiolarite	Donau-Hochschotter 60–110 m ü. T. Radiolarite + Lydite
			Bergnershof-Niveau 90–110 m ü. T. mit Lyditen	Hochflächenschotter 110–160 m ü. T. Lydite = Urmain Radiolarite = Donau (nur im weiteren Bereich der Wellheimer Talung)	Höhenhofer Schotter Radiolarite + Lydite im Verzahnungsbereich von „Urnaab" und „Urdonau"
			Usseltal-Schotter mit Lyditen [530 m NN]		
Pliozän			Monheimer Höhensand (aus Norden)	Hangendserie der Oberen Süßwassermolasse (Schüttung z. T. aus Norden)	Feldspatsande (nach Westen gerichtete Schüttung)

∿∿ Erosionsphase   *) Erosionsterrasse   **) Akkumulationsterrasse (nach KÖRBER 1962)

verschüttung" mit Sanden aus der näheren Umgebung reicht mehr als 30 m über das Erosionsniveau hinauf (TILLMANNS 1977: 85). Nach Süden zu, in der Gegend von Weißenburg, führen die Sande zunehmend kleinstückigen Weißjurakalk, den „Albkies" (SCHMIDT-KALER 1976: 74 u. Abb. 31). Das Mittel- und Jungpleistozän wird durch einen Komplex von Sandterrassen repräsentiert (Tab. 10).

Auch die **Ur-Naab** reichte einst mit ihren Quellflüssen bis in das Paläozoikum des Frankenwaldes zurück. Ihre pliozänen und ältestpleistozänen Schotter enthalten Quarzite und Lydite (Kieselschiefer) als Leitgerölle. Später ging das Einzugsgebiet im Frankenwald an den Urmain verloren. Das Naab-System bestimmte jedoch auch im weiteren Quartär die Entwässerung am Westrand des Alten Gebirges von Norden nach Südosten zur Donau (vgl. Abb. 56; TILLMANNS 1977, 1978, 1980).

Im **Altmühl-Donau**-Bereich geht die Sedimentanlieferung des „Urmains" aus Norden noch im Pliozän zu Ende (TILLMANNS 1977, 1980): Auf „Hochflächenschotter" und auf „Hochschotter" mit Lyditen aus dem Frankenwald als Leitgerölle folgen die „Talschotter" mit Radiolarit-Geröllen alpiner Herkunft (vgl. Tab. 10). In den „Talschottern" des Regensburger Raumes ist in der Stufe bis 35 m über dem Talboden die paläomagnetische Grenze Brunhes/Matuyama (vgl. Tab. 17) nachgewiesen (BRUNNACKER et al. 1976). Im engen und tief eingeschnittenen Altmühltal füllen die sog. Talsohleschotter der Rißeiszeit aus Donauschottern und die Altmühlschotter der Würmeiszeit aus Lokalmaterial (Malmkalkgerölle) den heutigen Talboden aus (TILLMANNS 1977, 1980: 200, Abb. 1).

In **Südbayern** verursachten die Vorlandvergletscherungen nachhaltige Veränderungen im Gewässernetz; z. B. hatten Flußlaufverbauungen durch Moränen größere Flußlaufverlegungen zur Folge.

Die **Isar** floß vor der letzten Eiszeit ab Bad Tölz noch in nordöstliche Richtung (SCHMIDT-THOMÉ 1955). Der präwürmzeitliche Isarlauf läßt sich mit einem S-förmigen Bogen unter den Moränen des Tölzer Lobus gegen Holzkirchen und weiter nach Nordosten nachweisen (BADER 1982). Nach der letzten Eiszeit jedoch blieb das alte Flußbett mit Moränen verbaut.

Die spätglaziale, junge Isar staute nach dem Rückschmelzen des Isargletschers zunächst den damaligen Tölzer See und danach – zusammen mit der Loisach – den ehemaligen Wolfratshauser See auf. Die Überlaufwässer des Sees schnitten sich bei Schäftlarn allmählich tief in die Endmoränen des Isarvorlandgletschers ein. Noch im Spätglazial fiel der See trocken; in der Folgezeit konnten sich die Isar und die Loisach im Wolfratshauser Becken als Vorlandflüsse entwickeln und Schotterterrassen aufschütten. Die Tiefenerosion durch den Münchener Deckenschotter hindurch war nicht allein das Werk der spät- und postglazialen Isar. Als Vorläuferin der Isar wird der Abfluß eines Wolfratshauser Sees im letzten Interglazial angesehen, der damals hauptsächlich von der Loisach gespeist wurde. Die abfließenden Wässer jener Warmzeit leisteten ebenso Erosionsarbeit wie die eiszeitlichen Schmelzwässer, die sich in der Abflußrinne sammelten.

Die **Loisach** floß vermutlich vor dem Rißglazial ab Penzberg in Richtung Nordwesten nach Seeshaupt und über Starnberg weiter nach Norden. Das Würmseebecken war damals noch nicht so tief ausgeschürft und nach der Mindel-Eiszeit rasch mit Schotter aufgefüllt. Zwischen Gauting und Planegg ist durch Bohrungen ein ehemals größeres Flußtal nachgewiesen, etwa doppelt so breit und doppelt so tief wie das heutige Würmtal (s. Abb. 57).

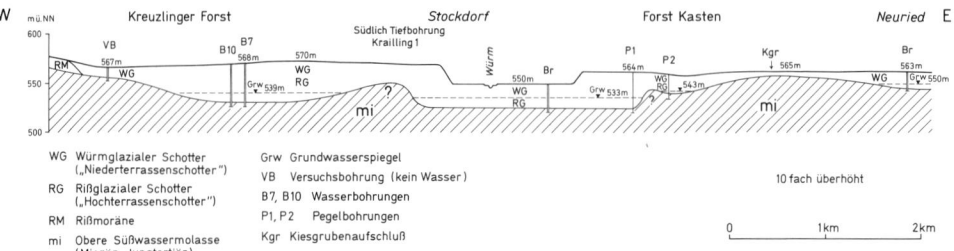

Abb. 57. Geologisches West-Ost-Profil durch das Würmtal zwischen dem Kreuzlinger Forst bei Krailling und Neuried. Aus dem Verlauf der Tertiärobergrenzen ergibt sich ein etwa doppelt so breites und doppelt so tiefes früheres Würmtal gegenüber heute (? ehem. Loisachtal im Mittelpleistozän). Aus: JERZ 1987a: Beil. 1, Fig. 2, in den Erläuterungen zur Geologischen Karte 1 : 25 000 Nr. 7934 Starnberg Nord.

Das heutige **Würmtal** ist in seinen wesentlichen Zügen in einem relativ kurzen Zeitraum im Spätglazial entstanden: Ab dem Rückzug des Isargletschers von seinen Endmoränen bei Leutstetten bis zu einem Gletscherstand südlich Antdorf. Die Schmelzwässer schnitten sich zwischen Mühlthal und Pasing tief in die Niederterrasse ein. Der breite Talboden bei Gauting mit dem Reismühler und Grubmühler Feld stellt eine bereits im Spätglazial vollendete Talentwicklung dar.

Die **Ammer** biegt südlich Peiting im rechten Winkel von einer Nord- in eine Ostrichtung um. Die Entstehung des „Ammerknies" – eine Parallele zur Umlenkung der Mangfall – hängt mit der Änderung der Entwässerung beim Eisrückzug von einer zentrifugalen in eine zentripetale Fließrichtung zusammen. Die Umlenkung der Schmelzwässer erfolgte im frühen Spätglazial mit dem Rückzug des Ammergletschers auf einen Stand bei Rottenbuch und mit dem Rückzug des Loisachgletschers aus dem Südteil des Ammerseebeckens (u. a. PIEHLER 1974). Bei starkem Gefälle hat sich die Ammer rd. 80 m tief in die Faltenmolasse eingeschnitten. Davor flossen die Schmelzwässer des Ammergletscher noch direkt nach Norden und schütteten das Peitinger Schotterfeld auf. Vermutlich floß die präwürmzeitliche Ammer in Richtung heutiges Lechtal bei Schongau.

Im älteren Pleistozän mündete die Ammer bei Oberau in das Loisach-Tal. Eine in den Hauptdolomit eingeschnittene Klamm ist mit Gletscherablagerungen verfüllt (vgl. FRANK 1979: 90f., Abb. 5).

Als **Amper** durchschneidet der Abfluß des Ammersees beim Verlassen des Zungenbeckens bei Wildenroth die Endmoränen des Loisachvorlandgletschers. Bei Dachau wird der Flußlauf von den eiszeitlichen Schwemmfächern, welche die Münchner Schotterebene aufbauen, gegen das Tertiärhügelland abgedrängt. Bei Haimhausen wurde die Amper vermutlich bereits im Mittelpleistozän von einem Nebenflüßchen der Glonn angezapft. Seitdem fließt die Amper über Allershausen bis zu ihrer Einmündung in die Isar bei Moosburg als ein aus dem Alpenvorland kommender Fluß rund 50 Kilometer durch das Tertiärhügelland.

Die **Iller** verlegte während des Pleistozäns ihren Lauf im Vorland aus dem Raum westlich Augsburg schrittweise bis in den Raum Memmingen. Sie weist damit unter den

Alpenvorlandflüssen die größte Laufänderung auf. Im Ältestpleistozän wechselte sie aus dem Gebiet ostwärts der „Dinkelscherbener Altwasserscheide" in das Gebiet westlich davon, im Altpleistozän ins Mindeltal und anschließend ins Günztal, im Mittelpleistozän vom Günz- ins Rothtal und im Jungpleistozän vom Roth- ins heute Illertal (GRAUL 1949; SINN 1972). Im Spätglazial entstand das Schluchttal der Iller zwischen Kempten und Memmingen (ELLWANGER 1980b).

In der östlichen Iller-Lech-Platte im Raum Augsburg bestehen die hochgelegenen Schotter aus Illermaterial. Im Ältestpleistozän schüttete die Ur-Iller nacheinander die Schotter des Staufenberges, die Schotter der Stauden- und der Aindlinger Platte und nach Überwinden der Altwasserscheide die Zusamplatte auf (vgl. Abb. 18 u. SCHEUENPFLUG 1986: 190).

Der **Lech** floß im Alt- und Mittelpleistozän – vereinigt mit der Donau – durch das Wellheimer und Altmühl-Tal. Im Ältestpleistozän dürfte er – aus dem Raum Füssen kommend – nach Nordosten in Richtung Amper und untere Isar geflossen sein (KNAUER 1952: 11, Abb. 5). Vermutlich trennte die „Augsburger Altwasserscheide" damals die Flußgebiete des Ur-Lech und der Ur-Iller (SCHEUENPFLUG 1991).

Eine bemerkenswerte Flußgeschichte hat auch die **Paar** südöstlich von Augsburg. Sie entspringt in den Würm-Endmoränen des Loisachvorlandgletschers nordwestlich des Ammersees, durchbricht die Rißmoränen und mündet bei Mering ins Lechtal. Im Spätglazial und frühen Postglazial haben schwemmfächerartige Schotteraufschüttungen von der Lechseite her die Paar an den Lechrain abgedrängt. Durch rückschreitende Erosion eines ursprünglich im Tertiärhügelland bei Ottmaring entspringenden Baches wurde die Paar von diesem angezapft und in ein zunächst West-Ost, dann nach Nordosten gerichtetes Bachbett abgelenkt, in welchem der Fluß seitdem durch das Hügelland fließt und bei Ingolstadt in die Donau mündet (SCHEUENPFLUG 1978). Es ist ein flußgeschichtliches Kuriosum, daß ein Gewässer nach seiner Einmündung wie hier in das breite Lechtal dieses wieder verläßt und den weiten Weg durch das Hügelland nimmt. Ein altes Flußbett der Paar im Lechtal wird heute von der Friedberger Ach benützt, deren Quellgebiet wenig nördlich der Anzapfungsstelle liegt.

Die **Mangfall** floß im letzten Hochglazial noch in einer am Außenrand der Endmoränen des Innvorlandgletschers verlaufenden Schmelzwasserrinne östlich Holzkirchen zentrifugal von Grub über Aying und Harthausen nach Norden (TROLL 1924). Der frühen Mangfall flossen in dieser Zeit auch Schmelzwässer des Isargletschers über den Teufelsgraben zu (vgl. Abb. 27 u. 28).

Mit der Umgestaltung des Gewässernetzes beim Rückschmelzen des Inngletschers wurde die Mangfall zunächst von der **Leitzach** angezapft und scharf nach Südosten zentripetal in das Becken von Feldkirchen-Westerham umgelenkt. Während eines Rückzugshaltes des Inngletschers (Ölkofener Phase) flossen Mangfall und Leitzach für kurze Zeit gemeinsam in einer peripheren Rinne, einem Urstromtal im Moränengebiet über Glonn, Grafing und Steinhöring in Richtung Gars („Leitzach-Gars-Talzug", TROLL 1924: 61). Die weitere Umlenkung der Mangfall und Leitzach in das tiefer gelegene Rosenheimer Becken erfolgte unmittelbar nach dem weiteren Rückzug des Inngletschers in sein Stammbecken.

Der **Inn** begann sein nacheiszeitliches Flußregime mit dem Rückzug des Inngletschers ins Alpeninnere. Er durchströmte zunächst zwischen Kiefersfelden und Wasserburg den ehemaligen Rosenheimer See und benutzte weiter nordwärts die Hauptabflußrinne der eiszeitlichen Schmelzwässer. Bei Wasserburg schnitten sich die Überlaufwässer des Sees rasch und tief in die Endmoränen des Innvorlandgletschers ein, so daß der Rosenheimer See noch im Spätglazial auslief. Schon bald darauf tiefte sich der Inn in die Seesedimente ein und schüttete die ersten größeren Sand- und Schotterterrassen im Rosenheimer Becken auf.

Über den Verlauf der präwürmzeitlichen Flußrinne des Inn geben seismische Untersuchungen und Bohrungen Auskunft (MÜLLER & UNGER 1973: Beil. 3 u. 4). Danach floß der Ur-Inn bei Wasserburg 2–3 km weiter östlich – fast parallel zur heutigen Flußrinne – in nordnordöstliche Richtung.

Die **Alz**, der Abfluß des Chiemsees, fließt etwa zwischen Truchtlaching und Altenmarkt ein „Stockwerk" über ihrem alten Flußlauf. Das ältere Flußbett ist verschüttet; es besitzt einen eigenen Grundwasserstrom (KNAUER 1952: 20f.).

Die **Salzach** durchfloß im Spätglazial nach ihrem Austritt aus dem Gebirge einen großen Salzachstausee. Bei Tittmoning schnitt sich der Fluß in die Endmoränen ein und legte den Seespiegel tiefer. Während einige Restseen des großen Vorlandsees heute noch bestehen (z.B. Waginger und Tachinger See), wurde der durchströmte Tittmoninger See von der Salzach zum Auslaufen gebracht. Die präwürmzeitliche Salzach floß vermutlich ab Laufen in Richtung Nordnordost auf kürzerem Weg dem Inn zu (KNAUER 1952: Abb. 5).

Die Flußdynamik zahlreicher Alpenvorlandflüsse wird heute von der ausgleichenden Wirkung vorgeschalteter natürlicher Seen bestimmt. Für die Amper ist dies der Ammersee, für die Würm der Starnberger See, für die Loisach der Kochelsee, für die Mangfall der Tegernsee, für die Alz der Chiemsee.

Noch im letzten Spätglazial existierten in ehemaligen Gletscherbecken zahlreiche weitere Vorlandseen. Die größten bildeten
- im Iller-Gebiet der Immenstädter See (Seespiegelhöhe bei 740 m ü. NN) und der Kemptener See (ca. 690 m ü. NN);
- im Lech-Gebiet der Füssener See (ca. 790 m ü. NN);
- im Loisach-Gebiet der Murnauer See (ca. 620 m ü. NN) und der einst größere Kochelsee (ca. 600 m ü. NN);
- im Isar-Gebiet der Wolfratshauser See (ca. 600 m ü. NN);
- im Inn-Gebiet der Rosenheimer See (ca. 480 m ü. NN);
- im Salzach-Gebiet der Salzach-(Tittmoninger) See (ca. 460 m ü. NN).

Künstliche Rückhaltebecken besitzen heute der Lech im Forggensee und in den zahlreichen Staustufen zwischen Schongau und Augsburg wie auch die Wertach im Grüntensee und im Bobinger Speichersee.

6 Tier- und Pflanzenwelt im Eiszeitalter

An die häufigen Kalt- und Warmzeiten im „Eiszeitalter" mußte sich die gesamte Lebewelt stets von neuem anpassen. Als besonders einschneidend erwiesen sich die Kälteeinbrüche am Ende einer Warmzeit. Sie bewirkten eine rasche Auflichtung der Wälder; erste Tierarten verschwanden. Den Höhepunkt einer Kaltzeit konnten in unseren Breiten nur wenige Pflanzen überdauern; auch die meisten Tiere kamen im Verlauf einer Kaltphase um, nur eine Minderzahl wanderte ab. Die Alpen, die nur auf weiten Wegen im Südwesten und im Osten umgangen werden konnten, bildeten für die meisten Tiere und Pflanzen eine unüberwindliche Barriere zwischen dem nördlichen Alpenvorland und dem wärmeren Mittelmeerraum.

Auf verschiedene Weise ist nachgewiesen, daß zumindest die beiden letzten großen Kaltzeiten, das Riß- und das Würmglazial, mit einer gravierenden Klimaverschlechterung begannen. Darauf folgte zunächst wieder eine wärmende Phase, ein sog. Interstadial. Mit weiteren Kältephasen, sog. Stadialen, verschwanden nach und nach die letzten Laubgehölze und schließlich auch die Nadelbäume; es entstanden tundrenähnliche Pflanzengemeinschaften. In dieser Zeit verschwanden auch Großsäuger wie der Waldelefant und das Waldnashorn. Ihr Platz wurde von dem von Nordosten eingewanderten, aus dem Steppenelefanten hervorgegangenen Mammut[40] und von dem ihn begleitenden Wollhaarnashorn eingenommen, die in der gras- und krautreichen Steppe noch ausreichend Nahrung fanden.

Im arktisch-trockenen Hochglazial (ca. 25 000 bis ca. 17 000 Jahre vor heute) lebten die eiszeitlichen Großsäuger vorwiegend in größerer Entfernung vom Eisrand. In unseren Regionen stammen die häufigsten Knochenfunde aus Ablagerungen der Zeit unmittelbar vor bzw. im Stillfried B, einem Interstadial um 30 000 vor heute (vgl. Tab. 11). Nach dem Hochglazial sind die eiszeitlichen Großsäuger nochmals im Bölling (um 13 000 vor heute) in größerer Zahl nachgewiesen, ehe sie ganz verschwunden sind.

Nach jeder Eiszeit begann die Wiederbesiedlung zunächst mit einer Grassteppenvegetation, der dann die Waldvegetation folgte. Den Pflanzen folgten die Tiere, die in unser Gebiet vor allem aus Südwesten einwanderten.

Die Erwärmungsphase am Ende einer Eiszeit war noch mehrmals von kräftigen Klimarückschlägen unterbrochen, die eine Wiederbewaldung hemmten. Allmählich drangen die Wälder bis in die Alpentäler vor, zunächst die Kiefer, dann die anspruchsvolleren Nadel- und Laubgewächse (vgl. Tab. 8).

---

[40] Mammut (estnisch „Erdmaulwurf"): „Eiszeitelefant" mit langhaarigem Pelz und bis zu 5 m langen Stoßzähnen.

116 Tier- und Pflanzenwelt im Eiszeitalter

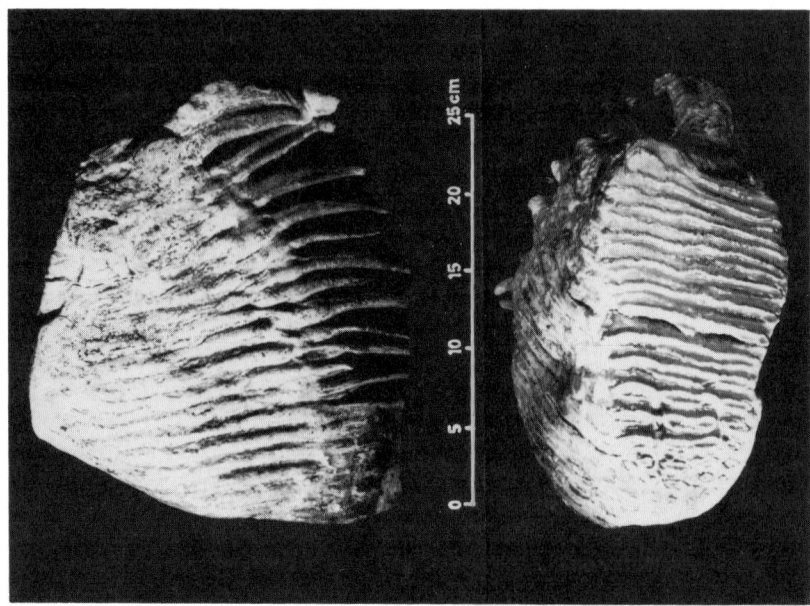

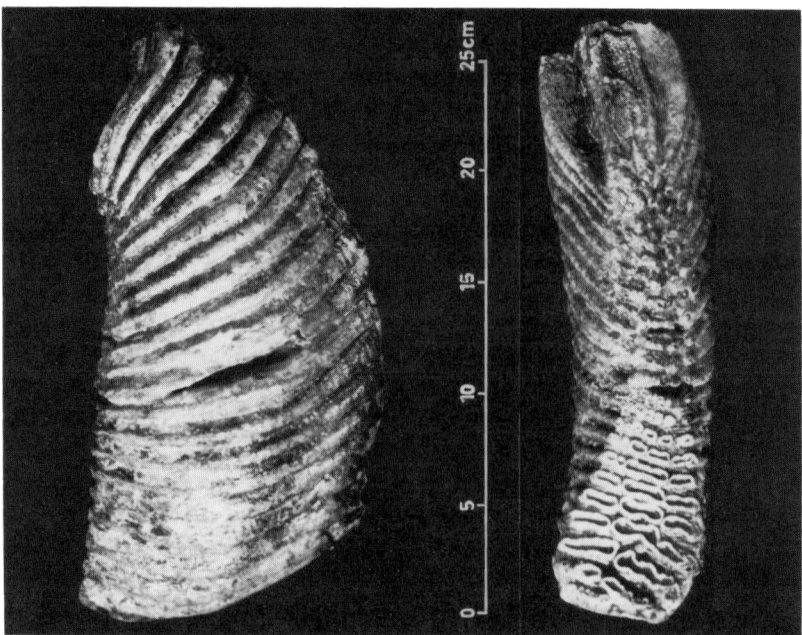

Abb. 58. Mammut-Backenzähne aus pleistozänen Mainablagerungen. Links: *Mammuthus trogontherii* (POHLIG). Seitenansicht und Aufsicht eines Backenzahnes aus dem rechten Unterkiefer eines Mammuts. – Altpleistozäne Mainterrasse, aus 6 m Tiefe eines Kanalisationsgrabens in Stockstadt a. Main. Rechts: *Mammuthus primigenius* (BLUMENBACH). Seitenansicht und Aufsicht eines Backenzahnes aus dem rechten Oberkiefer eines Mammuts. – Jungpleistozäne Mainterrasse. Fundort: Kiesgrube Bong zwischen Stockstadt a. Main und Seligenstadt. Sammlung Dr. F. RATTINGER, Stockstadt a. M. Aus: STREIT & WEINELT 1971: 166, Abb. 31.

Am besten erforscht ist die Entwicklung der Tier- und Pflanzenwelt seit dem ausgehenden Rißglazial, der vorletzten großen Kaltzeit. Das Spätriß und das folgende Riß/Würm-Interglazial zeigen dabei viele Parallelen zum Spätwürm und dem bis heute andauernden Postglazial – ein für die moderne Klimaforschung bedeutsamer Gesichtspunkt.

Tier- und Pflanzenwelt sind im Laufe des Eiszeitalters artenärmer geworden. Etwa seit den beiden letzten Kaltzeiten hat sich eine spezielle Fauna und zum Teil auch eine spezielle Flora herausgebildet.

Nachstehend seien einige der wichtigsten Glazial- und Interglazialformen der letzten rund 250 000 Jahre, etwa seit dem Beginn der Rißkaltzeit, genannt:

Tierwelt:

1. **„Kalt"** (Kaltsteppe, „Tundra")
Steppenelefant†*
Mammuthus trogontherii (vgl. Abb. 58)
(bis Mitte Rißkaltzeit)

Mammut, „Eiszeitelefant"†
Mammuthus primigenius (vgl. Abb. 58, 59)
(Rißkaltzeit bis Ende Würmkaltzeit)

Steppenriesenhirsch†*
Megaloceros giganteus

Rentier*
Rangifer tarandus
Steppenwisent*
Bison priscus
(bis Ende Würmkaltzeit)

Moschusochse
Ovibos moschatus
Woll(haar)nashorn†
Coelodonta antiquitatis
(bis Ende Würmkaltzeit)
Wildpferd* *Equus przewalskii*

Höhlenbär†
Ursus spelaeus
Höhlenlöwe†   (bis Ende
Panthera spelaea   Würm-
Höhlenhyäne†   Kaltzeit)
Crocuta spelaea

Eisfuchs *Alopex lagopus*
Schneehase *Lepus timidus*
Halsbandlemming *Dicrostonyx torquatus*
Berglemming *Lemmus lemmus*

2. **„Warm"** (gemäßigter Wald)

Waldelefant†
Palaeoloxodon (Elephas) antiquus
(Spätformen bis Anfang Würmkaltzeit)

Waldriesenhirsch†
Damhirsch* *Dama dama*, Rothirsch* *Cervus elaphus*
Reh *Capreolus capreolus*
Elch* *Alces alces*
Steinbock *Capra ibex*
Waldwisent
Bison bonasus
Auerochs *Bos primigenius*†
(bis ins Jungholozän)
Flußpferd *Hippotamus antiquus*
(bis Anfang Würmkaltzeit)
Wildrind*, Wildschaf*, Wildziege

Waldnashorn (Merck'sches Nashorn)†
Dicerorhinus kirchbergensis
(bis Anfang Würmkaltzeit)

Braunbär*
Ursus arctos

Rotfuchs *Vulpes vulpes*
Feldhase *Lepus europaeus*
Schermaus* *Arvicola terrestris*
Siebenschläfer *Glis glis*
Wald- und Haselmaus

* Übergangsformen (Subarktischer Wald, Lößsteppe)
† Ausgestorbene Tierart

Pflanzenwelt:

1. **„Kalt"** (Kaltsteppe, „Tundra")	2. **„Warm"** (gemäßigter Wald)
Zwergbirke *Betula nana*	Eichenmischwald (Eiche, Ulme, Linde, Esche)
Krautweide *Salix herbacea*	Buchen-Tannenwald
Wollige Weide *Salix lanata*	
Silberwurz *Dryas octopetala*	
Sonnenröschen *Helianthemum*	
Steinbrecharten (Saxifragaceae)	
Beifuß *Artemisia*	Kräuter und Gräser
und einige andere Kräuter	in großer Artenvielfalt
Gräser, Moose und Flechten	
der Kaltsteppe (bis in Eisrandnähe)	

Die beiden letzten großen Warmzeiten, das Holstein- und das Eem-Interglazial (vgl. Tab. 1, 4), dauerten nach heutigen Kenntnissen nur wenige Jahrtausende länger als unsere seit 10 000 Jahren während Postglazialzeit. Ihr Klima war dem heutigen sehr ähnlich, zeitweise wohl auch etwas wärmer als heute.

Markante Vertreter dieser Interglazialzeiten waren Waldelefant, Waldnashorn, Flußpferd (bis ins letzte Interglazial). In der Pflanzenwelt gelten als kennzeichnend für die Holstein-Warmzeit: Flügelnußbaum (*Pterocarya*), Rotbuche (*Fagus*) sowie generell mehr Nadelwald, und für die Eem-Warmzeit: Hainbuche (*Carpinus*) und insgesamt mehr Laubwald.

Abb. 59. Letztes Mammut auf dem Mariaberg bei Kempten im Allgäu. Das Mammut seufzt mit Trauerblick: „Mein schönes Eis zieht sich zurück!" – Zeichnung und Text: UDO SCHOLZ, Kempten (1979).

In der Urgeschichte werden Mammut (Abb. 59), wollhaariges Nashorn, Moschusochse und Ren sowie der bis in höhere Regionen vorkommende Höhlenbär[41] als wichtigste Vertreter der kaltzeitlichen Tiergemeinschaft der beiden letzten Glaziale bezeichnet. Sie gehörten zu den bevorzugten Jagdtieren des Eiszeitmenschen. Vermutlich hat dieser auch erheblich dazu beigetragen, daß ein Teil der auffälligsten Vertreter der Eiszeittierwelt wie Mammut, Wollhaarnashorn, Höhlenbär und Höhlenlöwe am Ende der letzten Eiszeit ausgestorben sind.[42]

Als „Mammut von Siegsdorf" bekannt und als Jahrhundertfund für Bayern bezeichnet wird ein fast vollständig erhaltenes Mammut-Skelett mit einem 2,68 m langen und rund 100 kg schweren Stoßzahn aus dem Gerhartsreiter Graben bei Siegsdorf. Der Eiszeitelefant, eingebettet in feinkörnige Sedimente, wurde von B. v. BREDOW entdeckt und 1985 ausgegraben (HEISSIG & v. BREDOW 1987). Eine Altersbestimmung ergab ein ^{14}C-Alter von 38 500 Jahren v. h.

Ein weiterer sensationeller Fund war das an gleicher Stelle entdeckte Skelett eines Höhlenlöwen. Das Alter des eiszeitlichen Raubtieres wurde mit rund 30 000 Jahren v. h. bestimmt. An der Fundstelle, die vor der letzten Hauptvergletscherung vermutlich als Tränke diente, wurden u. a. auch ein Kiefer eines Wollhaarnashorns, ein Schulterblatt eines Riesenhirsches, Knochen eines Steppenwisents sowie ein Faustkeil gefunden.

---

[41] In der Tischoferhöhle (594 m ü. NN) im Kaisertal bei Kufstein wurden Skelettreste von ca. 200 Höhlenbären gefunden, die nach ^{14}C-Datierungen aus der Zeit vor 30 000 – 25 000 Jahren stammen (EBERS 1965: 223, KNEUSSL 1973: 237). Höhlenbärenknochen wurden auch in einer Höhle am Pendling bei Kufstein in 1485 m Höhe entdeckt. Ihr ^{14}C-Alter wurde zu 28 370 ± 905 Jahren B. P. bestimmt (M. A. GEYH, Hannover, zit. in KNEUSSL & MANGELSDORF 1979: 11).

[42] In Mähren wurden allein an einer Magdalénien-zeitlichen Jägerstation Knochen von über 1000 Mammut-Tieren gefunden.

7 Der Mensch im Eiszeitalter

Das Quartär wird auch als die Formation des Menschen bezeichnet. Mit den Vorgängen im Eiszeitalter ist die Menschheitsgeschichte aufs engste verknüpft. Klimaänderungen, insbesondere der oftmalige Wechsel von Warmzeiten mit Kaltzeiten, haben nicht nur die Pflanzen- und Tierwelt, sondern stets auch die Entwicklung des Menschen stark beeinflußt. Die Belege menschlicher Existenz bzw. Präsenz in der Vorzeit stammen aus verschiedensten Quartärprofilen. Überlieferte Reste früherer Menschen sind vor allem die von ihnen hergestellten Geräte („Kulturen"). Skelettreste sind sehr selten erhalten.[43] Artefakte, das sind Werkzeuge, Gebrauchs- und Kunstgegenstände aus Stein, Knochen und Geweihteilen, weisen auf die Tätigkeit und auf die Entwicklungsstufe einstiger Menschengruppen hin.

Der erste Hinweis auf Menschen in Süddeutschland ist der 1908 in der Sandgrube von Mauer bei Heidelberg gemachte Fund eines Unterkiefers. Bei dem *Homo heidelbergensis* handelt es sich um einen Vertreter der *Homo erectus*-Gruppe, dessen Alter von den Urgeschichtsforschern auf über 500 000 Jahre geschätzt wird (vgl. Tab. 1). Die altpleistozänen Neckarsande der Fundschicht führen außerdem Reste einer warmzeitlichen Fauna (ADAM 1952, 1961; MÜLLER-BECK 1964, 1983).

Die wohl bisher ältesten urgeschichtlichen Funde in Bayern stammen aus der Ziegeleigrube Attenfeld bei Neuburg a.d. Donau (RIEDER 1989, 1990): Rund zwanzig Steinwerkzeuge, darunter ein Faustkeil und ein Klopfstein. Sie wurden in einem Geröllhorizont an der Abbausohle unter acht Meter mächtigen äolischen Deckschichten aus mindestens drei Eiszeiten entdeckt. Das Alter der Artefakte wird auf etwa 400 000 (500 000) Jahre geschätzt (vormindelzeitlich); es dürfte sich um Steinwerkzeuge der *Homo erectus*-Gruppe handeln.

Über hunderttausend Jahre jünger ist der 1933 bei Steinheim a.d. Murr in mittelpleistozänen Schottern gefundene Schädel eines Menschen. Er besitzt bereits Merkmale des *Homo sapiens*. Das Alter des *Homo praesapiens steinheimensis* wird auf 300 000 bis 250 000 Jahre vor heute geschätzt. Die begleitenden Funde von Tierresten können auch hier einer warmzeitlichen Fauna zugerechnet werden (ADAM 1954, 1984).

In die Zeit nach dem Steinheimer Menschen gehören in Bayern die Siedlungsspuren in der Höhlenruine Hunas im Landkreis Nürnberg-Land (HELLER & Mitarb. 1983): Es handelt sich um eine reiche Fundstelle mit Tierresten, mit Steinwerkzeugen, Abschlägen und Feuerstellen. Die ältesten Fundschichten werden in die Rißkaltzeit datiert.

---

[43] Die ältesten bekannten Knochenfragmente eines Menschen stammen aus Kenia. Ihr Alter wird mit 2,4 Millionen Jahren vor heute angegeben (Nature, 355: 719; 1992).

Als Hersteller der Steingeräte kommt ein früher Neandertaler oder ein Vorneandertaler in Betracht (GROISS et al. 1986: 8).

Günstiger steht es mit dem Nachweis des eigentlichen Neandertalers. (Erstfund eines Schädels 1856 im Neandertal bei Düsseldorf). In Bayern hat er durch seine Werkzeuge zahlreiche Spuren hinterlassen. Bedeutende Fundstellen sind die Höhlen der Fränkisch-Schwäbischen Alb (Altmühl-Tal, Wellheimer Tal, Lone-Tal). Der *Homo sapiens neanderthalensis* lebte im letzten Interglazial und in der darauffolgenden Kaltzeit bis in die mittlere Würmphase, von ca. 130 000 bis 35 000 vor heute. In älteren Fundschichten kommt er mit warmzeitlicher, in jüngeren mit kaltzeitlicher Begleitfauna vor.

Die Weinberghöhlen bei Mauern am Eingang des Wellheimer Tales, die Klausenhöhlen und das Große und Kleine Schulerloch bei Essing im unteren Altmühltal waren nach den zahlreichen Artefakten des Neandertalerkreises Wohnstätten der sog. Altmühl-Gruppe im ausgehenden Mittelpaläolithikum. Knochenreste von Mammut, Wollhaarnashorn, Rentier u.a. weisen auf eine Benutzung der Höhlen von vermutlich durchziehenden Jägern in der Würm-Kaltzeit hin. In den Höhlenlehmen fanden sich aber auch Knochen von Raubtieren wie Höhlenbär, Höhlenlöwe und Höhlenhyäne, die hier zeitweise Unterschlupf suchten.

Auch der Hohle Stein bei Schambach in der Altmühlalb gilt als bedeutende mittel- bis jungpaläolithische Höhlenstation. Er war über Jahrzehntausende ein vom Menschen aufgesuchter Ort (RIEDER 1981: 62, 1989: 24).

Am Speckberg über dem Schuttertal bei Meilenhofen nördlich von Neuburg a. d. Donau hatte bereits im Mittelpaläolithikum eine größere Freilandstation bestanden; hier wurden zahlreiche Steingeräte (Faustkeile, Abschlagsartefakte) gefunden (MÜLLER-BECK 1966, 1973/74). Auch bei Kitzingen wurden in einer Fließerde mittelpaläolithische Abschlagsartefakte entdeckt (BRUNNACKER 1956).

Um 35 000 vor heute erfolgte ein bedeutender Wechsel in der Menschheitsgeschichte. Der Neandertaler wurde von dem aus Osten und Südosten eingewanderten Aurignac-Menschen *Homo sapiens diluvialis* (Brünn-Gruppe) verdrängt. Als „Neumensch" oder Crô-Magnon-Mensch, Vorfahre des heutigen Menschen *Homo sapiens sapiens*, verstand er es nicht nur, bessere Werkzeuge aus Stein, Knochen und Geweihteilen herzustellen, sondern etwa aus Elfenbein des Mammuts figürliche Kunstformen (z. B. Menschen- und Tierplastiken) zu bearbeiten, Schmuckgegenstände aus Knochen und Zähnen herzustellen oder Tierzeichnungen auf Stein, Knochen und Elfenbein zu ritzen. Hierin besteht ein bedeutender Unterschied zum Neandertaler, dessen Verschwinden noch nicht eindeutig geklärt ist.

Die neuen Fähigkeiten der zugewanderten Menschengruppe werden auch damit in Zusammenhang gebracht, daß bei ihr die Partien des Schädels mit dem Vorderhirn besser entwickelt waren als beim Neandertaler (trotz dessen größerer Schädelkapazität). Offenbar war damit auch eine Voraussetzung für ein „gezieltes Denken" gegeben.

Mit dem Einwandern der neuen Menschengruppen ist auch der Beginn des Jungpaläolithikums (35 000–10 000 v. h.) festgelegt. Bereits aus der ersten Phase, dem Aurignacien (um 30 000 v. h.) sind bedeutende Kunstwerke bekannt (s. u.).

Die zahlreichen Stellen mit Funden von Artefakten auch in kaltzeitlichen Ablagerungen lassen darauf schließen, daß der Eiszeitmensch als Jäger und Sammler auch in klimatisch ungünstigen Zeiten nicht unbedingt gezwungen war, in wärmere Regionen auszuwandern. Als Jagdgebiet blieb ihm der Bereich zwischen den vergletscherten Gebieten Nord- (und Mittel-)Deutschlands und des Alpenvorlandes. Bevorzugte Lebensräume waren das Altmühl-, Blau-, Lone-, Donau- und Maintal. Die grasreiche Steppenvegetation mit zahlreichen Kräutern reichte offenbar der Eiszeittierwelt als Nahrungsquelle. Wichtige Jagdtiere in der letzten Eiszeit waren Mammut, Wollhaarnashorn, Höhlenbär, Rentier, Wildpferd, Wisent, Eisfuchs und Schneehase.

Wie schon erwähnt, sind oft die einzigen überlieferten Reste des Vorzeitmenschen seine Geräte. Er verwendete sie bei der Jagd und bei der Verarbeitung der Jagdbeute. Die auch als „**Kulturen**" bezeichneten Geräte zeigen eine mit der Entwicklung des Menschen einhergehende Differenzierung und wachsende Vielfalt.

Die ersten Werkzeuge des frühen Menschen waren harte Gerölle aus Quarzit, Kieselschiefer und Hornstein (Silex). Dazu gehören die schwarzen Lydite des Frankenwaldes in den Mainschottern, braunrote, grüne und dunkle Radiolarite der Alpen in den Schottern der Donau und der südlichen Zuflüsse sowie Quarzite aus der Flysch- und Helvetikum-Zone. Dazu kommen Oberjura-Hornsteine z. B. aus dem Raum Abensberg und auf dem Handelsweg eingeführte Feuersteine aus der Kreideformation Norddeutschlands.

Die ältesten bekannten Geröllwerkzeuge sind nur wenig behauen. Stärker bearbeitet sind die Faustkeile des Altpaläolithikums, die aus unverwitterten Kernstücken von Geröllen und großen Steinen gefertigt wurden. Aus den Abschlägen entstanden Abschlagsartefakte, nach denen je nach Art der Weiterbearbeitung die verschiedenen Abschlagskulturen benannt sind. Höhepunkte der Abschlags- und Bearbeitungstechnik bildeten die Klingen- und Blattspitzen-Kulturen im Mittelpaläolithikum und die Schmalklingen-Kultur im Jungpaläolithikum. Dazu kamen verfeinerte Werkzeuge aus Knochen und Geweihteilen.

Aus dem Aurignacien (35 000 – 28 000 v. h.) sind erste Tierdarstellungen bekannt: Ritzzeichnungen und Kleinplastiken aus Mammutelfenbein und Knochen. Aus der Oberen Klause im unteren Altmühltal stammt eine in Elfenbein geritzte Mammutdarstellung und ein aus weichem Kalkstein gearbeiteter Kopf eines Wildpferdes.

Aus dieser Zeit um 35 000 vor heute stammen auch die wohl ältesten bekannten Menschendarstellungen aus Elfenbein: eine 30 cm hohe Statuette einer Frau mit Löwenkopf aus dem Hohlenstein im Lonetal und eine kleine Figur eines Menschen mit erhobenen Armen aus der Geißenklösterle-Höhle im Achtal bei Blaubeuren (HAHN & SCHEER 1984; 14).

Auch im Gravettien (27 000 – 20 000 v. h.) spielt figürliche Kunst eine große Rolle (MÜLLER-BECK & ALBRECHT 1987). Ein bedeutender Fundplatz des Gravettien in Bayern ist das Felsendach-„Abri im Dorf" von Neuessing im Altmühltal mit einem umfangreichen Artefaktmaterial und mit Knochengeräten (HENNIG 1960: 214; FREUND 1964: 94). Die begleitenden Faunenreste weisen auf kaltzeitliche Verhältnisse hin.

Eine kontinuierliche Klimaverschlechterung im Verlauf des Jungpaläolithikums, die zwischen 20 000 und 18 000 Jahren vor heute ihren Höhepunkt hatte und welche die Lebensbedingungen des damaligen Menschen erheblich einschränkte, bedeutet auch im jungsteinzeitlichen Kunstschaffen eine Zäsur. Erst mit der Wiedererwärmung nach dem letzten Hochglazial etwa ab 15 000 v. h. erhielt die Entwicklung der Werkzeuge und der Kunst einen neuen Auftrieb.

Tabelle 11. Gliederung des Jungpleistozäns mit Kulturstufen und steinzeitlichen Siedlungsplätzen.

Jahre vor heute	Geolog. Abschnitte	Stadiale (nach Grootes 1979, Grüger 1979, u. a.)	Interstadiale	Kulturstufen (nach v. Holle 1970)	
Holozän	Postglazial			s. Tabelle 1	
10 000					
	Spätwürm	Jüngere Dryas Ältere Dryas Älteste Dryas	Alleröd Bölling	Magdalénien (15 000–8 000 v. Chr.) *Barbing, Ofnet-Höhlen* *Schussenquelle, Petersfels*	Jungpaläolithikum
~15 000					
	Hochwürm			Solutréen (20 000–15 000 v. Chr.) Gravettien (25 000–20 000 v. Chr.)	
~25 000					
			Stillfried B Denekamp	Aurignacien (35 000–25 000 v. Chr.)	
~35 000				35 000	
			Hengelo	*Ofnet-Höhlen* *Vogelherd-Höhle* *Weinberg-Höhlen, Speckberg* *Hohle Stein bei Schambach*	
	Frühwürm		Moershoofd	Moustérien (75 000–35 000 v. Chr.)	Mittelpaläolithikum
~70 000			Odderade		
			Brørup II	Micoquien (120 000–75 000 v. Chr.)	
			Brørup I (Amersfoort)		
~115 000				120 000	
	Riß/Würm-Interglazial (~130 000–~115 000)			Acheuléen (400 000–120 000)	Altpaläolithikum

Entwurf: H. Jerz 1990

Gegen Ende des Jungpaläolithikums, im Magdalénien (ca. 15000−10000 v. h.), erreichte die Höhlenmalerei ihren künstlerischen Höhepunkt (z. B. Höhle von Lascaux). Aus klimatischen Gründen (häufige Temperaturwechsel, hohe Feuchtigkeit) sind Höhlenmalereien bei uns nicht erhalten. Einen Zeitraum von über zehntausend Jahren gut überdauert hat hingegen eine Steinbock-Felsgravur im Kleinen Schulerloch bei Essing. In das Magdalénien datiert werden auch die abstrahierten Menschendarstellungen aus Elfenbein und aus Gagat (fossiles Holz) vom Petersfels bei Engen im Hegau (ALBRECHT et al. 1990: 34).

Erwähnt sei hier auch die berühmte Freilandstation an der Schussenquelle bei Bad Schussenried in Oberschwaben mit ihren zahlreichen Steinartefakten. Die Hauptfundschicht wird in ein für Mitteleuropa seltenes präbölling-zeitliches Magdalénien datiert (SCHULER 1989: 11). Spätjungpaläolithisch ist die Freilandstation von Barbing bei Regensburg (REISCH 1974). − Vgl. Tab. 11.

Die „Waffentechnik" hatte in dieser Zeit bereits einen hohen Stand: Aus Knochenresten wurden z. B. Geschoßspitzen für Jagd und Fischfang hergestellt.

Noch im Laufe des Magdalénien erfolgten einschneidende Veränderungen in der Tierwelt. Waren anfangs noch Mammut, Wollhaarnashorn, Höhlenbär und Wisent ein begehrtes und auch häufiges Jagdwild, blieb nach deren Aussterben hauptsächlich noch das Rentier als Jagdtier übrig. Mit zunehmender Erwärmung und Wiederbewaldung im Spätglazial verließ schließlich auch das Rentier unsere Breiten.

Aus dem frühen Postglazial sind Gerätefunde spärlicher, da der Mensch nun in grösserem Umfang auch Holz als Material bearbeitete.

Im Mesolithikum blieb der Mensch im wesentlichen noch auf der Stufe der Jäger und Sammler. Die Kunst aus dem Jungpaläolithikum fand keine Fortsetzung.

Im Neolithikum wurde der Mensch allmählich seßhaft. Neben der Jagd betrieb er Ackerbau und Viehzucht. Er entwickelte daneben handwerkliche Tätigkeiten wie Töpfern und Weben (PESCHECK 1983).

Daß in der Jungsteinzeit nicht nur Talräume besiedelt waren, sondern daß der Mensch auch bis ins Hochgebirge vordrang und Gebirgspässe überschritt, beweist der sensationelle Fund eines über 5000 Jahre alten Gletschertoten am Similaun − von Bergsteigern am 19. 9. 1991 im Eis des Niederjochferners in 3200 m Höhe entdeckt. Damit wurde die von Innsbrucker Gletscher- und Klimaforschern schon lange zuvor vertretene Auffassung bestätigt, daß der Mensch sich bereits im Neolithikum im Gebirge aufhielt, etwa auf der Suche nach Erzen oder zur Jagd.

Bei dem Similaun-Mann wurden u. a. ein Kupferbeil und ein Steinklingenmesser gefunden. Seine Ausrüstungsgegenstände und einige Altersdatierungen (5300 ± 100 Jahre v. h., ^{14}C-Alter korr.) erlauben eine genaue Einordnung in die Mittlere Jungsteinzeit („Kupfersteinzeit"; Dr. G. PATZELT, Innsbruck, frdl. mündl. Mitt. 29. 05. 1992).

8 Nacheiszeitliche holozäne Bildungen

Verschiedene Vorgänge haben in der Nacheiszeit unsere heutige Landschaft weiter geformt. Insbesondere die fluviale Morphodynamik führt in den großen Flußtälern wie auch in den Seitentälern bis zum heutigen Tag zu beträchtlichen Umlagerungen. Zu den auffälligen landschaftsgestaltenden Prozessen gehören Flußbettablagerungen und die Ausbildung von Flußterrassen, Aufschüttungen von Schwemmfächern an Mündungen von Seitentälern. Dabei lassen sich Beziehungen sowohl zur Klimageschichte als auch zur Waldentwicklung erkennen.

Zahlreiche geomorphodynamische Vorgänge, die dem Postglazial zugerechnet werden, haben ihren Anfang bereits im ausgehenden Spätglazial, in dem es in der Jüngeren Tundrenzeit (11 000 – 10 300 Jahre vor heute) nochmals zu einem kräftigen Klimarückschlag kam. Mit ihm endet das pleistozäne „Eiszeitalter".

Das Holozän mit der „Postglazialen Wärmezeit" ist der jüngste und weitaus kürzeste Abschnitt der geologischen Zeitrechnung (s. Tab. 8). Seine Unterteilung erfolgt in erster Linie nach vegetationsgeschichtlichen Kriterien (Pollenzonen nach FIRBAS 1949 u. a.). Absolute Altersdaten werden vor allem mit der Radiokohlenstoff-Methode und mit der Dendrochronologie (Jahrringuntersuchungen an Bäumen) gewonnen. Dokumentiert ist die postglaziale Zeit mit ihren zahlreichen Klimaschwankungen in Seesedimenten (Seekreiden) und in Torfschichten und bis zu einem gewissen Grad auch in Sinterkalkbildungen.

Mit Flußablagerungen ist eine genaue Chronologie des Postglazials ungleich schwieriger zu bestimmen; während der Phasen mit kräftiger Erosion oder Akkumulation wurden in den Flußbetten die Sedimentkörper aus Schotter und Sand teilweise oder ganz umgestaltet. Für verschiedene Flußgebiete Bayerns haben neuerdings interdisziplinäre Untersuchungen der holozänen Terrassen und ihres Inhaltes die Stratigraphie wesentlich verbessert (vgl. Kap. 8.1).

Zur nacheiszeitlichen Waldgeschichte (vgl. Tab. 8):

Im **älteren Holozän** (Präboreal, Boreal) wanderte mit der postglazialen Erwärmung in unseren Breiten zunächst die Hasel ein („Haselzeit"); die Kiefer blieb noch weiterhin dominant. Nach einem Klimarückschlag breiteten sich ab dem mittleren Boreal Eiche und Ulme, danach Linde sowie Esche aus. Der Höhepunkt der „Eichenmischwaldzeit" war während des postglazialen Klimaoptimums im Atlantikum und frühen Subboreal (zwischen 7500 und 4000 Jahren vor heute). In die 2. Hälfte des Atlantikums fällt die Hauptausbreitung der Eibe (RÖSCH 1979). Die jährliche Durchschnittstemperatur lag damals vermutlich 1–2 °C über der heutigen, die alpine Waldgrenze war rund 300 m höher als heute (am Nordalpenrand heute bei 1800 m ü. NN).

Im weiteren Verlauf des Holozäns (spätes Atlantikum, Subboreal) gewannen zunächst die Rotbuche (erste Massenausbreitung bereits um 5000 J. v. h.), dann auch die Tanne an Bedeutung. Allerdings brachte die Kaltphase in der 2. Hälfte des Subboreals (zwischen 3340 und 3175 Jahren v. h.) am Ende der Bronzezeit einen empfindlichen Rückschlag (RENNER 1982: 162).

Das **jüngere Holozän** (Subatlantikum) wird von einer länger anhaltenden Abkühlung eingeleitet. Sie begünstigte den Vormarsch der Fichte. Etwa ab dem Beginn unserer Zeitrechnung breitete sich unter wieder günstigeren Bedingungen die Hainbuche aus.

Zeit- und gebietsweise führte stärkere Besiedlung zu einem spürbaren Rückgang der Bewaldung. Der Einfluß des Menschen ist vor allem auch in den Seesedimenten ab dem Jungneolithium (ab 4000 J. v. h.) eindeutig nachweisbar. Zu besonders einschneidenden Veränderungen führten Rodungsphasen in der Bronzezeit und besonders in der Hallstattzeit und im Mittelalter.

Die Zusammensetzung der Wälder heute ist in beträchtlichem Maße von der Waldnutzung beeinflußt. In den Wirtschaftsforsten herrschen Fichte, Kiefer und Tanne vor; im Spessart dominiert die Eiche.

Die wichtigsten Sedimente der letzten zehntausend Jahre lassen sich in folgenden Kapiteln zusammenfassen:
8.1 Holozäne Flußablagerungen
8.2 Schwemmfächer und Schwemmkegel
8.3 Sinterkalkbildungen
8.4 Seekreiden
8.5 Moore

8.1 Holozäne Flußablagerungen

Im Donau- und im Maingebiet wie auch in weiteren Flußgebieten setzte sich im Holozän der Wechsel von Akkumulations- und Erosionsvorgängen aus dem Pleistozän fort (vgl. Tab. 8). Es waren damit tiefgreifende Umlagerungen mächtiger Schotterkörper in den Flußbetten verbunden (FRENZEL 1977, 1978; BECKER & FRENZEL 1977; BECKER & SCHIRMER 1978; SCHIRMER 1983; BUCH 1987, 1988; SCHELLMANN 1988, 1990).

Für jede wiederkehrende Sedimentfolge kann eine „Fluviatile Serie" unterschieden werden, die mit einem groben Flußbettsediment beginnt und mit einem Auenboden abschließt (SCHIRMER 1980, 1983). Es wird dabei zwischen einem im wesentlichen **vertikal** aufgewachsenen Schotter mit vornehmlich horizontaler Schichtung oder schwacher Trogschichtung, dem V-Terrassentyp und einem mehr durch **laterale** Sedimentanlagerung entstandenen, großbogig schräg geschichteten Schotter, dem L-Terrassentyp, unterschieden (SCHIRMER 1983: 25 f., Abb. 4).

Schotter und Sande des V-Typs werden in weit verzweigten, breiten Flußbetten abgesetzt, wie sie bevorzugt in den Eiszeiten und in den Früh- und Spätphasen einer Eiszeit existierten. Schotter und Sande des L-Typs werden von einem mäandrierenden Fluß abgelagert, wobei oft nur älteres Schottermaterial umgelagert wird; es ist der Terrassentyp der holozänen Flußablagerungen.

Nach den Ergebnissen der dendrochronologischen Untersuchungen von BECKER (1982, 1983, u. a.) an Kiefern und Eichen aus Baumstammlagen in Flußterrassen und

Flußrinnen wechseln zu bestimmten Zeiten an Donau und am Main (ebenso am Rhein) Phasen der Tiefen- und Seitenerosion (v. a. im Atlantikum) mit Phasen der Akkumulation (Präboreal, Boreal und Subboreal). In diese Zeit fällt überwiegend auch der Aufbau der großen Flußschwemmfächer (Iller-, Lech-, Isar-Mündungsgebiete).

Die meisten Auensedimente in den größeren Flußtälern gehören dem jüngeren Holozän (Subatlantikum) an. Ihre Entstehung – nach Bodenabtrag, Verschwemmung und Auflandung – hängt zu einem großen Teil auch mit der Rodungstätigkeit in den Einzugsgebieten zusammen. Die Einwirkung des Menschen hat hierbei vielfach Einflüsse des Klimas überdeckt. Seit dem Neolithikum und vor allem ab der Bronzezeit verursachten Rodungen eine verstärkte Bodenerosion und eine höhere Belastung der Flüsse mit abgeschwemmtem Bodenmaterial. Grundwasseranstieg und Talvermoorungen waren die Folge (FRENZEL 1978: 124). Die jüngsten kräftigen Schotteraufschüttungen fallen in den Zeitraum vom Hochmittelalter bis in die frühe Neuzeit (SCHIRMER 1978: 28). Vergleichsweise waren in einigen donautributären Flußtälern im Alpenvorland wie Mindel und Günz die Umlagerungen während des gesamten Postglazials äußerst gering (FRENZEL 1978; JERZ & WAGNER 1978).

Ausgehend von Terrassen in den größeren Flußgebieten und ihrer relativen Alterseinstufung stützt sich die Terrassenstratigraphie heute mehr und mehr auf die Datierung organischen Materials (Hölzer, Torf, Pollen, Molluskenschalen), auf die Bestimmung von Kulturresten (Keramikscherben) sowie auf die Bodenentwicklung (s. Kap. 13) der Fluß- und Bachablagerungen. Eine Korrelierung der Terrassen in verschiedenen Flußgebieten ist in den meisten untersuchten Flußabschnitten möglich.

Am besten erforscht sind die holozänen Flußterrassen an der mittleren Isar zwischen München und Landshut, an der Donau zwischen Ingolstadt, Regensburg und Straubing und am oberen Main im Raum Bamberg. Nachstehend werden Terrassenfolgen einiger bayerischer Flußgebiete im Spät- und Postglazial in Kurzbeschreibungen und tabellarisch dargestellt und Schlüsseldaten von Altersdatierungen angegeben.

8.1.1 Terrassenfolge an der Isar zwischen München und Landshut
(nach MÜNICHSDORFER 1921, BRUNNACKER 1959a und 1959b, FELDMANN 1990; SCHELLMANN 1990; JERZ 1991; vgl. Tab. 12).

Im ausgehenden Spätglazial erhielt die Flußdynamik der Isar nach dem Auslaufen des Wolfratshauser Sees neue Impulse (JERZ 1969: 68 f.; SCHUMACHER 1981: 56). In München wurde die der Hochterrasse (Riß-Eiszeit) und der Niederterrasse (Würm-Eiszeit) vorgelagerten Schotter der Altstadt-Stufe aufgeschüttet (MÜNICHSDORFER 1921: 30). Sie läßt sich über Freising und Landshut weiter isarabwärts verfolgen (SCHELLMANN 1990: 12, Tab. 5).

Die Datierung eines Torfvorkommens auf der Altstadt-Stufe beim Koislhof nahe Altheim nordöstlich Landshut mit $10\,600 \pm 140$ Jahren vor heute (SCHARPENSEEL et al. 1976: 269) bestätigt das spätglaziale Alter dieser Terrasse.

Die Garching-Stufe (vgl. Tab. 12) wird als jüngstes Glied der Niederterrassenfolge im Isartal nach sedimentologischen und paläontologischen Kriterien als jungtundrenzeitlich eingestuft (FELDMANN et al. 1991: 141 f. u. Tab. 5).

Die älteste der holozänen Isarterrassen, die Neufahrn-Stufe (BRUNNACKER 1959a und b) konnte mit Kiefern-Baumstämmen, die beim Bau des Flughafens München II im Erdinger Moos ausgebaggert wurden, genauer zeitlich eingeordnet werden (FELDMANN 1990: 235). Die Daten der ^{14}C-Bestimmungen liegen zwischen 9270 ± 60 und 8985 ± 70 (dat. M. A. GEYH, Hannover), wonach die Terrasse um die Wende Präboral/Boreal enstanden ist.

Einen größeren Zeitraum umfaßt die Pulling-Stufe, mit Phasen der Aufschüttung und Abtragung bzw. Umlagerung. Ein aus einer früheren Kiesgrube beim Bahnhof Pulling geborgener Baumstamm besitzt ein ^{14}C-Alter von 4280 ± 110 Jahre v. h. (dat. K. O. MÜNNICH, Heidelberg, cit. BRUNNACKER 1959a: 82, 85). Die Datierung ergibt eine Zeitmarke im frühen Subboreal (Jungneolithikum).

Eine verbreitet mächtige Flußmergeldecke zeichnet die nächst jüngere Terrasse, die Lerchenfeld-Stufe, aus. Schotterkörper und Mergelauflage sind römerzeitlich bis frühmittelalterlich. Ein in einer Kiesgrube bei Entenau östlich Landshut entdeckter Baumstamm hat ein ^{14}C-Alter von 1505 ± 65 Jahre vor 1950 (dat. M. A. GEYH, Hannover).

Vom Mittelalter bis in die Neuzeit reicht die Aufschotterung der Dichtl-Stufe. Ihre Schotter enthalten reichlich abgerollte mittelalterliche Ziegelbrocken. Die Datierung eines Pappel-Baumstumpfes ergab ein ^{14}C-Alter von 310 ± 50 Jahren vor 1950. Bei großen Hochwässern wurde die Dichtl-Stufe noch bis in unser Jahrhundert überflutet.

In der Auwald-Stufe sind die jüngsten Flußablagerungen zusammengefaßt. Sie ist durch einen flußbegleitenden, oft dichten Auwald gekennzeichnet. Bis zu den großen Flußregulierungen zu Beginn des 20. Jahrhunderts wurden die zahlreichen Flußrinnen bei Hochwasser oft mehrmals jährlich geflutet.

8.1.2 Terrassenfolge am Inn bei Mühldorf
(nach KOEHNE & NIKLAS 1916, MÜNICHSDORFER 1921; BRUNNACKER 1957; UNGER 1978; vgl. Tab. 12).

Nach seinem Durchbruch durch die Endmoränen bei Wasserburg und mit der Talerweiterung ab Gars bildete der Inn im Spät- und Postglazial eine reich gegliederte Terrassenlandschaft. Die Terrassen, bereits von KOEHNE & NIKLAS (1916) kartiert und benannt, konnten bis heute noch nicht genau datiert werden. Sie können nur mit Vorbehalt aufgrund ihrer Bodenbildungen (BRUNNACKER 1959: 97) mit der Terrassenfolge an der Isar parallelisiert werden (vgl. Tab. 12).

Auf die Hauptniederterrrasse, die Ampfinger Stufe, folgen drei Spätglazialterrassen, die Rauschinger, die Ebinger und die Wörther Stufe, die aus der Niederterrasse „herausgeschnitten" sind. Die Pürtner Stufe (Kraiburger Stufe) vermittelt den Übergang vom Jungpleistozän ins Altholozän. Dem Mittelholozän wird die streckenweise zweigeteilte Niederndorfer Stufe zugerechnet; für das Jungholozän sind die Auenstufen kennzeichnend.

Tabelle 12. Terrassenfolge an der **Isar** und am **Inn** seit dem Hochwürm. (Für das Isar-Gebiet: nach Brunnacker 1959a u. 1959b, Feldmann 1990, Schellmann 1990, Jerz 1991; für das Inn-Gebiet: nach Koehne & Niklas 1916, Münichsdorfer 1921, Brunnacker 1959, Unger 1978).

Zeitabschnitte konv. ^{14}C-Alter vor heute	Terrassenfolge im Isar-Gebiet	Terrassenfolge im Inn-Gebiet	Kulturstufen
Subatlantikum — 2 000	Auwald-Stufe Dichtl-Stufe Lerchenfeld-Stufe	Jüngere Auenstufen Ältere Auenstufe	Neuzeit Mittelalter Eisenzeit – Römerzeit
Subboreal — 5 000 Atlantikum — 8 000	Pulling-Stufe i. w. S.	Niederndorfer Stufe i. w. S.	Bronzezeit Jungsteinzeit Mittelsteinzeit
Boreal Präboreal — 10 000	Neufahrn-Stufe	Gwenger Stufe (?)	
Würm-Spätglazial	Garchinger Stufe Altstadt-Stufe	Pürtener Stufe Wörther Stufe Ebinger Stufe Rauschinger Stufe	Jüngere Altsteinzeit
Würm-Hochglazial — 20 000	Hauptniederterrasse	Ampfinger Stufe (= Hauptniveau der Niederterrasse)	

8.1.3 Terrassenfolge am Lech bei Landsberg

(nach Brunnacker 1959a, 1964e; Dietz 1967, 1968; Schreiber 1985; vgl. Tab. 13).

Das südliche Lechtal besitzt zwischen Schongau und Kaufering eine durch Flußeintiefung entstandene, reich gegliederte Terrassenlandschaft. Bis Klosterlechfeld verringert sich die Anzahl der Terrassen durch Terrassenkreuzungen auf weniger als die Hälfte. Ab Augsburg in Richtung unteres Lechtal vollzieht sich der Übergang von der Terrassenlandschaft in eine breite, fast ebene Tallandschaft, die durch schwemmfächerartige Aufschüttungen des Lechs im Postglazial entstanden ist (u. a. Troll 1926).

Die Terrassengliederung im Lechtal erfolgt hauptsächlich nach bodenkundlichen Kriterien und archäologischen Hinweisen. Die genaueste Einstufung erlaubt die sog. Ältere Auenstufe bei Epfach aufgrund frührömerzeitlichen Fundmaterials (Brunnacker 1964e).

Tabelle 13. Terrassenfolge am **Lech** seit dem Hochwürm. (Nach BRUNNACKER 1959a, 1964e DIEZ 1967, 1968, SCHREIBER 1985).

Zeitabschnitte konv. ^{14}C-Alter vor heute	Terrassenfolge	Kulturstufen
Subatlantikum	Jüngste Auenstufe	Neuzeit
	Jüngere Auenstufe	Mittelalter
2 000	Ältere Auenstufe	Eisenzeit – Römerzeit
Subboreal	?	Bronzezeit
5 000	Untere Lorenzberg-Stufe Obere Lorenzberg-Stufe	Jungsteinzeit
Atlantikum	Untere Epfach-Stufe Obere Epfach-Stufe	Mittelsteinzeit
8 000		
Boreal	Zehnerhof-Stufe	
Präboreal	Kaufering-Stufe (Bhf.)	
10 000		
Würm-Spätglazial	Friedheim-Stufe Unterigling-Stufe	Jüngere Altsteinzeit
	Niederterrassen-Stufen von Schongau-Peiting, Hohenfurch, Altenstadt	
Würm-Hochglazial 20 000	Hauptniederterrasse	

8.1.4 Terrassenfolge an der Donau bei Ingolstadt und zwischen Regensburg, Straubing und Pleinting
(nach BUCH 1987, 1988; SCHELLMANN 1988, 1990; JERZ: GK 25 Ingolstadt, in Druckvorbereitung)

Das Flußregime der Donau wird streckenweise vom Abflußregime der alpinen Zuflüsse (Iller, Lech + Wertach, Isar + Loisach, Inn + Salzach) und von dem der Zuflüsse aus den Mittelgebirgen des Oberpfälzer und Bayerischen Waldes (Naab, Regen) überprägt (BUCH 1987: 108; JERZ 1989: 12). Dennoch lassen sich in den einzelnen großen Flußabschnitten zwischen Ulm und Passau synchrone Entwicklungen erkennen und eine weitgehend übereinstimmende Terrassengliederung durchführen.

Für die am besten untersuchten Talabschnitte im Ingolstädter Becken, unterhalb Regensburg, im Straubinger Becken wie auch unterhalb der Einmündung der Isar in die Donau lassen sich neben der hochwürmglazialen Niederterrasse NT 1 zwei weitere Niederterrassen NT 2 und NT 3 unterscheiden, die in das Würm-Spätglazial datiert werden.

Das Postglazial ist wie am Main bei Bamberg (Kap. 8.1.5) durch sieben Terrassenstufen repräsentiert. Aus allen postglazialen Terrassen H 1–H 7 wurden Baumstämme geborgen und datiert, die mittelalterlichen und neuzeitlichen Terrassen H 6 und H 7 führen abgerollte Ziegelbrocken und Keramikscherben. (SCHELLMANN 1990, Abb. 28, 32 und Tab. 21).

8.1.5 Terrassenfolge am Main bei Bamberg
(nach SCHIRMER 1983; BECKER 1983; SCHIRMER et al. 1988; vgl. Tab. 14)

Im Gegensatz zur Donau und den Alpenvorlandflüssen erreichen extrem starke Hochwässer am Main die Spätglazialterrassen. Die Schönbrunner und die Ebinger Terrasse sind noch mit jüngeren Auensedimenten bedeckt (SCHIRMER 1988: 5, Tab. 1). Erstere

Tabelle 14. Terrassenfolge am **Main** seit dem Hochwürm. (Nach SCHIRMER 1983, 1988a, 1991.)

Zeitabschnitte konv. ^{14}C-Alter vor heute	Terrassenfolge	Kulturstufen
Subatlantikum	Vierether Terrasse	Frühes 19. Jahrhundert
	Staffelbacher Terrasse	Spätmittelalter – Frühneuzeit
	Unterbrunner Terrasse	Frühes Mittelalter
2 000	Zettlitzer Terrasse	Eisenzeit — Römerzeit / Hallstattzeit
Subboreal	Oberbrunner Terrasse	Bronzezeit
5 000		Jungsteinzeit
Atlantikum	Ebensfelder Terrasse	
8 000		Mittelsteinzeit
Boreal Präboreal	Lichtenfelser Terrasse	
10 000		
Würm-Spätglazial	Ebinger Terrasse	Jüngere Altsteinzeit
	Schönbrunner Terrasse	
Würm-Hochglazial 20 000	Reundorfer Terrasse	

wird in die Ältere Tundrenzeit, letztere in die Jüngere Tundrenzeit datiert (SCHIRMER 1983: 20 f.).

Die Lichtenfelser Terrasse besitzt nach der Datierung eines Erlenholzes mit 9996 ± 75 Jahren v. h. ein präboreales Alter und ist somit das älteste Glied der postglazialen (holozänen) Terrassenfolge am oberen Main (SCHIRMER 1988: 6).

Die nächst jüngere Ebensfelder Terrasse führt in ihrem Schotter reichlich Eichenstämme, sog. Rannen. Aus ihren Datierungen ergibt sich eine große Zeitspanne zwischen 7400 und 5500 Jahren v. h. (konventionelle ^{14}C-Alter) und eine Einstufung ins Atlantikum (BECKER 1983: 51 u. Tab. 2; SCHIRMER 1983: 21 u. Abb. 3).

Eine reiche Rannenführung ist auch für die Oberbrunner Terrasse kennzeichnend. Die Altersdatierungen zwischen 4500 und 3200 Jahren v. h. (konventionelle ^{14}C-Alter) erlauben eine Einstufung ins Subboreal (SCHIRMER 1983: 23).

Die Zettlitzer Terrasse wird in die Eisenzeit und Römerzeit am Beginn des Subatlantikums eingestuft. Die Dendroalter (= Absterbedaten) geborgener Eichenstämme liegen zwischen 200 v. Chr. und 250 n. Chr. (BECKER cit. in SCHIRMER 1983: 23; BECKER 1983: Tab. 2).

Als Terrasse des Frühmittelalters gilt die Unterbrunner Terrasse. Die Dendroalter der Auwald-Eichen betragen zwischen 550 und 850 n. Chr. (BECKER zit. in SCHIRMER 1983: 23; BECKER 1983: Tab. 2).

Die Staffelbacher Terrasse enthält auffallend reichlich Kulturreste (Keramikscherben, Handwerksgeräte) und weist auf eine intensive Besiedlung am Fluß im Spätmittelalter und in der Frühneuzeit hin (GERLACH 1988).

Weiter eingetieft ist die Vierether Terrasse, die Mainterrasse der Neuzeit (SCHIRMER 1988: 4, Abb. 2). Veränderungen bei Flußrinnen und das Wandern der Mäander in den beiden letzten Jahrhunderten sind durch historische Karten belegt. Besonders erwähnt sei der Nachweis der Muschel *Dreissenia polymorpha* (PAL.), die zu Beginn des 19. Jahrhunderts am Main eingewandert ist.

8.2 Schwemmfächer und Schwemmkegel

Bachschwemmfächer und Bachschwemmkegel, letztere mit stärkerem Gefälle und steileren Flanken, gehören zu den auffälligsten nacheiszeitlichen Ablagerungsformen am Alpenrand und in den Gebirgstälern. Besonders ausgedehnt sind sie an den Stufenmündungen von Seitentälern in ein glazial übertieftes Trogtal. Typischerweise liegen die meisten älteren Siedlungen im Gebirge auf solchen Schwemmfächern oder Schwemmkegeln. Vorzüge besitzen trockene Standorte als Baugrund. Das Risiko gelegentlicher Vermurungen und Ausuferungen bedeutete offenbar kein Siedlungshindernis.

Die Ausweitung der Erholungs- und Siedlungsgebiete im Alpenraum und eine mögliche Zunahme der Gefährdung durch Hochwässer und Muren (vgl. Kap. 4.5) haben in den letzten Jahren zu einem steigenden Interesse an Angaben über die Entstehung und das Alter dieser Aufschüttungen geführt.

Untersuchungen zur Chronologie der Schwemmkegel im Tiroler Raum durch PATZELT (1987) haben gezeigt, daß Aufschüttungsperioden zeitlich gut übereinstimmen mit Perioden der Klimaverschlechterung, wie sie sich aus der nacheiszeitlichen Gletscher- und Vegetationsentwicklung ergeben.

Für die Entwicklung der Schwemmkegel und des Talsohlenbereiches weist PATZELT (1991: 47) Perioden verstärkter Akkumulation nach für die Zeit um 9400 v. h. (mittl. Präboreal), zwischen 7500 und 6000 J. v. h. (Älteres Atlantikum), um 3500 J. v. h. (Früh- bis Hochbronzezeit) und in geringerem Ausmaß ab dem Spätmittelalter. Eine Periode mit vorwiegend Erosion wird zwischen 6000 und 4500 J. v. h. (Jüngeres Atlantikum) angenommen.

Abb. 60. Aufschluß im spätglazialen Schwemmkegel von Nußdorf a. Inn. – Aufnahme 1971. Solifluktionsdecke (0,4 m) über Löß (0,6 m), vermutlich im ausgehenden Spätglazial kryoturbat gestört, über grobem Bachschuttmaterial des Steinbaches.

In Bayern sind Schwemmfächer und Schwemmkegel bislang nur wenig erforscht.

In das Spätglazial datiert werden kann der große Schwemmfächer des Steinbaches in Nußdorf a. Inn am Ausgang der Mühltal-Schlucht. Seine Entstehung wird mit dem Auslaufen des Sees von Gritschen am Samerberg um 13 000 J. v. h. in Zusammenhang gebracht (PRÖBSTL 1982: 127). Auf dem Blockmaterial des Schwemmkegels findet sich aus dem Inntal ausgeweheter Löß und darüber eine Solifluktionsdecke (JERZ in WOLFF 1973: 242; s. Abb. 60).

Im Schwemmkegel der Kaltwasser-Laine in Ohlstadt sind zwei begrabene Humushorizonte ^{14}C-datiert: 7715 ± 170 und 8115 ± 125 Jahre v. h. (dat. M. A. GEYH, Hannover). Aus der Oberflächennähe der begrabenen Böden – zwischen 2,3 und 2,6 m unter Flur – kann auf eine hier bereits weit fortgeschrittene Schwemmfächerbildung im älteren Holozän geschlossen werden (JERZ in DOBEN & FRANK 1983: 120, 124). Die Bodenbildungszeit fällt in einen Zeitraum der geringen Umlagerungen (Ende Boreal/frühes Atlantikum).

Von Immenstadt, dessen Siedlungskern auf dem Steigbach-Schwemmkegel liegt, ist eine Überschwemmungskatastrophe überliefert: Ende Juli 1873 ergossen sich dort nach einem Starkregen große Geröllmassen mit Felsblöcken, Bäumen und Wurzelstöcken in das Stadtgebiet; es wurden Häuser zerstört oder beschädigt und es waren Menschenleben zu beklagen (FÖRDERREUTHER 1907).

8.3 Sinterkalkbildungen (Quellenkalke, Kalktuff und Alm)

Kalkabsätze in verschiedenster Ausbildung gehören zu den interessantesten quartären Ablagerungen (vgl. auch Kap. 8.4 Seekreiden). Die hier unter dem Begriff Sinterkalke (auch Quellenkalke) zusammengefaßten chemischen Ausfällungsgesteine **Kalktuff** und **Alm** stehen mit Quellaustritten von stark kalkhaltigem Wasser in Zusammenhang. Kennzeichnend ist ihr äußerst hoher Kalkgehalt (bis über 98 % $CaCO_3$).

Die Kalkausfällungen erfolgen unmittelbar an der Erdoberfläche; Druckentlastung und Erwärmung führen zu einem Verlust an CO_2 und die assimilierende Tätigkeit von Algen und Moosen zu einem weiteren CO_2-Entzug, so daß das aus karbonatreichen Ablagerungen herausgelöste Calciumkarbonat aus dem Quellwasser wieder ausfällt.

In früheren Zeiten hatten die Kalkabsätze eine gewisse wirtschaftliche Bedeutung. Schon im frühen Mittelalter waren feste Sinterkalke (Kalktuffe) in Regionen ihrer Vorkommen ein wichtiges Baumaterial (vgl. Kap. 10.3).

Darüberhinaus sind Sinterkalke mit organischen Einschlüssen für die Stratigraphie bedeutungsvoll, insbesondere wenn Mollusken und Ostracoden, Torfe oder weniger zersetzte Pflanzenreste erhalten sind, die Fazies- und Altersbestimmungen erlauben.

In **Südbayern** treten Quellenkalke in zahlreichen kleinen Einzelvorkommen wie auch in größerer Ausdehnung auf; sie sind hier bevorzugt an Stellen entstanden, wo kalkhaltiges Wasser aus Moränen und Schotterablagerungen über dichten, wasserstauenden Molasseschichten austritt. Sinterkalkbildungen überziehen dabei oft größere Hangbereiche. Teils bestehen sie aus festem **Kalktuff**, teils aus **Kalktuffsand** (als In-situ-Bildung) oder auch aus **Schwemmtuff**, vielfach mit einer Wechselfolge aus festen und lockeren Ablagerungen. Überaus häufig finden sich darin kalkinkrustierte Pflanzenreste wie etwa von Moosen (*Eucladium-, Cratoneurum*-Tuff) oder von Schilfstengeln (*Phragmites*-Tuff)[44].

In Fließgewässern können nach Geländestufen bis über 20 m mächtige „Kaskadentuffe" aufwachsen. Hingegen sind in langsam fließenden bis stehenden Gewässern nicht selten auch Übergänge von dünnlagigen Sinterbildungen zu feinschichtigen Seekreiden zu beobachten.

Unter den größeren Sinterkalk-Vorkommen in Südbayern lassen sich unterscheiden:
- feste **Kaskadentuffe** (in Hanglage meist mit Schwemmtuffen durchsetzt) in Neuenried bei Ronsberg, Dießen am Ammersee, Polling und Paterzell bei Weilheim, Puppling und Königsdorf im Wolfratshauser Becken, im Mangfalltal bei Weyarn, im Glonn- und Moosachtal bei Grafing;
- **Tuffbarren** bei Polling und Deutenhausen bei Weilheim, Wiesmühl bei Tittmoning, bei Wittislingen;
- **Tuffkegel** aus Kalktuffsand im Bereich von Quellaufbrüchen z. B. bei Wielenbach und Königsdorf.

Im Gebiet **nördlich der Donau** sind Sinterkalkbildungen seltener anzutreffen. Sie entstehen überall dort, wo kalkreiche Wässer über stauenden Schichten entspringen: Im Grenzbereich Muschelkalk/Buntsandstein (Röttone), im Oberen Muschelkalk, in Quellbereichen des Feuerletten und des oberen Braunen Jura (bzw. an der Basis des Weißen Jura) und im höheren Weißjura.

Das wohl größte Vorkommen befindet sich bei Wittislingen am Austritt der Egau aus der Schwäbischen Alb ins Donautal. Die Egau hat dort im Laufe des Postglazials einen Mündungskegel aus Sinterkalk aufgebaut (SEITZ 1951, 1952; HÜTTNER 1961: 94, GALL 1971: 93). Ein mächtiges Vorkommen ist auch von Egloffstein bei Forchheim beschrieben (M. & K. BRUNNACKER 1959).

In Niederungen, Talungen und auch Mooren kommt an Austritten bzw. Aufbrüchen kalkreicher Quellwässer verbreitet grauweißer, lockerer, feinkörniger Wiesenkalk vor, der speziell in Bayern auch als **Alm** bezeichnet wird (abgeleitet von *terra alba*). In vielen Vorkommen ist er mit Anmoor und Niedermoor, in Moorrandbereichen nicht selten auch mit Ausfällungen von Eisenocker (aus amorphem Eisenhydroxid) vergesellschaftet.

Der Alm ist in seiner typischen Ausbildung sehr feinkörnig („mehlig"). Sein lockeres, fast krümeliges Gefüge hängt wohl auch damit zusammen, daß die aus den torfigen Bildungen stammenden Huminstoffe Schutzkolloide bilden, die eine Verkittung des ausgefällten Calcits verhindern (MÜNICHSDORFER 1927: 73).

Die größten Alm-Vorkommen liegen im Dachauer, Freisinger und Erdinger Moos (VIDAL et al. 1966), z. B. bei Graßlfing (KOHL 1957: 50), bei der Brennermühle (KOHL 1951: 170; BRUNNACKER 1959a: 133), mit Mächtigkeiten bis über 4 m.

Auch in Tälern mit hohem Grundwasserstand ist der Alm weit verbreitet, wie im Memminger Achtal, im Günz-, Mindel-, Wertach- und Maisachtal. Es gehören hierzu auch die Alm-Ablagerungen im Friedberger Achtal bei Thierhaupten, im Hungerbachtal

---

[44] Sinterkalke fließender Gewässer, auch die von Quellwässern, werden auch als Dauch, z. B. als Moos- und Schilfdauch, bezeichnet (KOVANDA 1983: 286). Häufige volkstümliche Bezeichnungen sind: Tauchstein, Dauchstein, Duftstein (vgl. FISCHER 1908, Bd. 2, Sp. 105/106; EBERL 1925: 203; KEINATH 1951: 40).

westlich Buchloe, im Singoldtal bei Schwabmühlhausen, im Lechtal bei Erpfting sowie nördlich der Donau im Schambach- und Rohrachtal bei Treuchtlingen.

Spezielle Untersuchungen an Basistorfen und an torfigen Zwischenlagen in Sinterkalken haben ergeben, daß ihre Ausfällung an verschiedenen, näher untersuchten Stellen bereits im Präboreal einsetzt und – mit Unterbrechungen – bis in die historische und z. T. bis in die heutige Zeit reicht (z. B. Neuenried, Paterzell, Ramsdorf). Höhepunkte der Kalkausfällung lagen in der postglazialen Wärmezeit im Atlantikum und frühen Subboreal (vgl. Tab. 8) rd. 7000–4000 Jahre vor heute, in einer Zeit verstärkter Niederschläge und Quelltätigkeit.

Unter den genannten Sinterkalkvorkommen gehören die von Polling bei Weilheim zu den bekanntesten. Sie sind an der Überlaufstelle des ehemaligen Jakobsees, der bis ins 18. Jahrhundert vom später abgeleiteten Ettinger Bach gespeist wurde, in der außergewöhnlich großen Mächtigkeit von rd. 20 m entstanden: als fester Kalktuff, z. T. als Strukturtuff, als Schwemmtuff und mit feinen Seekreide-artigen Ausfällungen.

Im Pollinger Steinbruch Lindner wurde unter den Sinterkalken ein 20 cm mächtiger Torfhorizont erschürft. Die Radiokohlenstoffdatierung dieses Basistorfes lieferte ein ^{14}C-Alter von 9575 ± 90 Jahren vor 1950 (Datierung durch Prof. Dr. M. A. Geyh, Hannover). Aus dem Polleninhalt der Torfproben ergibt sich ein etwas jüngeres, d. h. boreales Alter (Bestimmungen durch Dr. P. Peschke, Hohenheim): Es dominiert Kiefer mit über 80 % der Baumpollensumme; am Rest sind Birke, etwas Eichenmischwald (meist Ulme und Linde) und Fichte (2–7 %) beteiligt. An der Gesamtsumme ist Hasel mit 10–15 % vertreten; die Nichtbaumpollenwerte liegen um 10 % (v. a. Süß- und Sauergräser sowie Heidekraut).

Von der reichen Molluskenfauna in den Pollinger Sinterkalken seien genannt (Bestimmungen durch Prof. Dr. R. Dehm, München, und Dr. J. Kovanda, Prag): *Cochlicopa lubrica* (Müll), *Discus rotundatus* (Müll.), *Aegopinella nitens* (Mich.), *Lymnaea stagnalis* (L.), *L. palustris* (Müll.), *Planorbis planorbis* (L.), *P. carinatus* (Müll.), *Bithynia tentaculata* (L.), *Valvata piscinalis* (Müll.).

Im Gegensatz zu den mächtigen Kalkabsätzen, die fast das gesamte Postglazial dokumentieren, sind eine Vielzahl der geringer mächtigen Ablagerungen hauptsächlich im mittleren Holozän entstanden. Hierzu zählen die 2–3 m mächtigen Kalktuffe am östlichen Stadtrand von Weilheim. Ein fossiler Humushorizont zwischen den Sinterkalken, der mit 6455 ± 55 Jahren vor 1950 datiert werden konnte (dat. M. A. Geyh, Hannover), läßt darauf schließen, daß die Sinterbildung eine zeitlang unterbrochen war.

Auch die Entstehung der bekannten Kalktuffvorkommen in Dießen, bei Huglfing und im Paterzeller Eibenwald sowie die der Almlager bei Wielenbach dürfte im Boreal einsetzen. Der Höhepunkt lag vermutlich im Atlantikum und frühen Subboreal (Jerz 1981: 33, 1983: 291).

Biostratigraphisch eingehend untersucht sind die Vorkommen im Ried-Graben bei Puppling (Kovanda in Jerz 1987b: 64) und im Mangfall-Tal bei Weyarn (Kovanda in Grottenthaler 1985: 87). Die Entstehung der ca. 8 m mächtigen Moos- und Schwemmtuffe im Ried-Graben fällt in das Präboreal, Boreal und Atlantikum; die mächtigen, auffallend stark versinterten Kalktuffe und überlagernden Kalktuffsande (insgesamt 15–20 m mächtig) im Mangfalltal wurden aus starken Hangquellen bis ins jüngere Postglazial ausgefällt.

Die Sinterbildungen von Ramsdorf bei Tittmoning mit einer bis über 8 m mächtigen Wechselfolge aus Kalktuff und Seekreiden gehören ebenfalls zu den größeren Vorkommen im Alpenvorland. Den Kalkausfällungen zwischengeschaltet sind einige fossile humose Horizonte (SCHWARZ 1980: 103, Abb. 22). Die Datierung organischen Materials aus einer torfigen Lage unter 5 m Überdeckung besitzt ein ^{14}C-Alter von 6290 ± 160 Jahren B. P. (GLÜCKERT 1973: 374 u. Abb. 6).

In Neuenried bei Ronsberg, wo über Molassemergel starke Hangquellen austreten (JERZ et al. 1975: 24), sind in den dort ausgefällten Sinterkalken eingeschlossene organische Reste datiert: Holzkohle unter 3,2 m Überdeckung ergab ein ^{14}C-Alter von 4580 ± 90 Jahren, humose Substanz in 0,6–0,9 m Tiefe ein Alter von 1640 ± 70 Jahren B. P. (dat. H. W. SCHARPENSEEL, Hamburg).

In Wittislingen reicht die Entstehungszeit der Sinterkalke bis ins ältere Postglazial zurück. Das Liegende bildet ein borealer Torf. „Trockenhorizonte" (mit jungneolithischen Siedlungsresten; SEITZ 1956) stehen hier nicht nur mit Klimaänderungen, sondern wohl auch mit wechselnden örtlichen Abflußverhältnissen im Egau-Mündungskegel in Zusammenhang (GALL 1971: 95). In rund 2000 Jahren, seit der ausgehenden Keltenzeit, hat sich der Fluß bis zu 6 m tief in die Tuffbarriere am Ausgang der Egau aus der Schwäbischen Alb eingeschnitten.

Näher untersucht sind auch **Basistorfe** einiger **Alm**-Vorkommen: Im östlichen Stadtgebiet von Memmingen und im Memminger Achtal, wo Alm und Kalktuff engräumig wechseln (GAMS & NORDHAGEN 1923: 61; BRUNNACKER 1959a: 130, Abb. 10; JERZ 1978: 66) ergaben Datierungen

einer dünnen Torflage im Alm   8525 ± 170 Jahre B. P.
und zweier Proben aus dem Basistorf   9240 ± 135 Jahre B. P.
und   9485 ± 125 Jahre B. P.

(dat. M. A. GEYH, Niedersächs. Landesamt f. Bodenforsch., Hannover).

Vom Randbereich des Erdinger Mooses bei Altenerding ist ein unter 4–6 m mächtigem Alm und Schilftuff ausgebildeter grauschwarzer Humushorizont mit Pflanzenresten datiert: 8375 ± 90 Jahre vor 1950 (dat. M. A. GEYH, Hannover, in JERZ 1983: 293). Für den Basistorf der ausgedehnten und bis über 4 m mächtigen Almvorkommen nordöstlich Ismaning bei der Brennermühle ergaben auf pollenanalytische Bestimmungen von Dr. H. SCHMEIDL, Bernau, basierende Datierungen Einstufungen ins Boreal bis frühes Atlantikum (in: BRUNNACKER 1959b: 66) und für den Basistorf des Alm bei Hallbergmoos-Klösterlschwaige ins ausgehende Präboreal (in: BRUNNACKER 1959b: 64).

Aus den genannten Daten wird auf ein verstärktes Einsetzen der Sinterkalkbildungen im Verlauf des Boreals geschlossen. Für die meisten Vorkommen wird jedoch ein Höhepunkt der Kalkausfällungen – sowohl für Kalktuff als auch für Alm – im Atlantikum angenommen.

Paläontologische Untersuchungen von DEHM (1967) anhand der Landschnecke *Discus ruderatus* (FÉR.) haben ergeben, daß in jener Zeit nicht nur mit höheren Gesamtniederschlägen, sondern daß hierbei mit einem ausgeprägtem Maximum der Niederschläge im Sommer gerechnet werden kann.

Im Verlauf des Subboreals kam es offenbar zu einer weitgehenden Trockenlegung zahlreicher Areale mit vormals ausgedehnten Sinterbildungen (vgl. auch BRUNNACKER 1959a: 138). Im Graßlfinger Moor westlich München sind dabei im Alm 60–70 cm tiefe und 15–20 cm breite Trockenspalten entstanden (vgl. KOHL 1957: 50, Abb. 2).

Rezente Sinterkalkbildungen erfolgen in einer kleineren Dimension. Sie sind im wesentlichen auf Quellaustritte in Hanglagen beschränkt.

Zu den bekanntesten Vorkommen zählen die „Steinernen Rinnen" im Gebiet des Hahnenkamms nordwestlich Treuchtlingen, an Stellen, wo kalkreiche Quellwässer an der Basis des Oberjura austreten (SCHMIDT-KALER 1970: 52). Die mit rund 130 m längste Rinne oberhalb Wolfsbronn (VOIGTLÄNDER 1966) ist eine vielbesuchte Sehenswürdigkeit. Sie steht als geologische Besonderheit und Naturdenkmal unter Naturschutz.

Auch bei Rohrbach östlich Weißenburg, wo Quellen über dem Opalinuston ausfliessen, ist auf über 70 m Länge ein Damm aus Sinterkalk mit einer „Steinernen Rinne" entstanden (DORN 1928: 630).

Ein sehenswertes Naturdenkmal bildet auch der „Wachsende Stein" von Usterling bei Landau a. d. Isar, dessen Alter auf 3–4000 Jahre geschätzt wird. Die Kalkablagerungen bilden inzwischen eine 5 m hohe und über 20 m lange Mauer.

Als Studienobjekt besonders geeignet ist die rezente Sinterkalkbildung im Naturschutzgebiet Eibenwald in Paterzell westlich Weilheim i. OB. Es entstehen hier „Steinerne Dämme und Rinnen" und Kaskaden aus Sinterkalk. Eine Beteiligung von niederen Pflanzen wie Algen und Moose an der Kalkfällung ist hier gut zu erkennen. Besonders anschaulich ist die rezente Kalkausfällung in dem seit kurzem unter Naturschutz stehenden „Quellmoor bei der Steinsäge" westlich von Bad Tölz. Starke Quellaustritte mit kalkübersättigten Wässern lassen Sinterterrassen entstehen.

8.3.1 Interglaziale Sinterkalke

Ein **interglaziales Alm**vorkommen ist von Tutting am Rand der Pockinger Heide zwischen Simbach und Passau bekannt (MÜNICHSDORFER 1927: 74 u. Abb. 1, 2). Es war von Fließerden und Lößlehm bedeckt, bis es nach dem ersten Weltkrieg zur Gewinnung von Düngekalk freigelegt worden ist.

Erst seit wenigen Jahren näher untersucht ist ein Sinterkalkvorkommen am linken Lechufer östlich von Hurlach rd. 8 km nördlich von Landsberg. Die bis zu 3 m mächtigen Kalkabsätze galten zunächst als postglazial. Die Datierung eines Sinterkalkes mit der U/Th-Methode durch R. HAUSMANN, Köln, ergab ein Datum um $120\,300 \pm 5700$ Jahren vor heute und somit eine Zuordnung in das letzte Interglazial. Dieses Ergebnis wird vor allem auch durch Mollusken-Bestimmungen gestützt.

Die am linken Lechufer profilmäßig aufgeschlossenen Sinterkalke besitzen eine große Vielfalt: Moos- und Algentuffe wechseln mit Kalktuffsand und Schwemmtuff, die reichlich Schnecken enthalten, darunter hochinterglaziale Leitformen: *Aegopis verticillus* (LAM.) und *Pagodulina pagodula* (DESM.). Als Lebensraum wird ein Laubmischwald mit feuchtem Charakter angenommen (KOVANDA 1989: 37). Die Sinterkalke am Lech sind heute von Quellhorizonten und Quellen kalkreicher Wässer, wie sie am östlichen Lechsteilhang austreten, abgeschnitten. Es wird angenommen, daß der Fluß hier sein Steilufer in den letzten hunderttausend Jahren bis zu 200 m weit nach Osten zurückverlegt hat (JERZ & MANGELSDORF 1989: 30, Abb. 2).

8.4 Seekreiden

Seekreiden stellen typische Sedimente kalkreicher Seen dar. Sie werden bevorzugt in deren Ufer- und Flachwasserbereich ausgefällt. Nach dem Rückschmelzen der Gletscher entstanden bereits bei der ersten kräftigen Erwärmung im Spätglazial in zahlreichen Seen des Alpenvorlandes feingeschichtete Kalkablagerungen. In vielen heutigen Seen wurden während des gesamten Postglazials und bis in unsere Zeit „Kalkkreiden" ausgefällt. Auch in den Verlandungsgebieten ehemaliger Seen sind unter Moorbedeckung die Seekreiden weit verbreitet.

Zu den am besten untersuchten Vorkommen – alle in Südbayern – zählen: der Starnberger See und das Leutstettener Moor, der Ammersee und das Herrschinger und Amper-Moor, das Agathazeller Moor bei Immenstadt, das Gebiet der Niedersonthofner Seen, zahlreiche kleine Seen im Bodensee-Gebiet, darunter der Degersee und der Schleinsee im bayerisch-oberschwäbischen Grenzgebiet, ferner in Südostbayern das Ainringer Filz bei Freilassing.

Die grauweiße, fast reine **Seekreide** besteht zu über 90 % aus Calciumcarbonat. Die mit ihr vielfach wechsellagernde graue, unreine **Kalkmudde** besitzt einen höheren Ton- und Schluffanteil und damit einen geringeren Kalkgehalt (90–20 %); es handelt sich dabei um teils organogene, teils minerogene Bestandteile (vgl. MERKT, LÜTTIG & SCHNEEKLOTH 1971). Die Mächtigkeit eines Seekreide-Kalkmudde-Profils kann über 10 m betragen. Bei der Kalkbildung in Seen sind die Abnahme der Löslichkeit für $CaCO_3$ im erwärmten Wasser und der CO_2-Entzug bei der Assimilation der Wasserpflanzen maßgebend. Der ausgefällte Kalk bedeckt als „Litoralkreide" ganze Uferzonen und bildet Kalkkrusten an verschiedenen bei der Kalkfällung beteiligten Wasserpflanzen (Armleuchter-Algen, Laich- und Nixkrautgewächse). Am Bodensee werden die kreidigen Ablagerungen der Uferzone auch als „Wysse" (Weiße) bezeichnet.

Alks Besonderheit erwähnt sei ein im Schleinsee nordwestlich Lindau entdeckter Kristalltuff als dünne Lage (0,1 mm) in Seekreiden. Er wird mit rd. 7000 Jahren in das frühe Atlantikum datiert. Die Herkunft des Tuffs wird mit einem holozänen Ausbruch in der Chaîne des Puys im Französichen Zentralmassiv in Zusammenhang gebracht (GEYH et al. 1970, 1971; MERKT et al. 1978: 30, Beil. 3).

Ausfällungen von kreidigen Süßwasserkalken sind, wie erwähnt, für verschiedene Seen bereits im Spätglazial, im Bölling- und Alleröd-Interstadial, nachgewiesen. Doch auch schon während einer präböllingzeitlichen Wärmeschwankung sind helle Feinschichten durch Kalkfällung entstanden. Eine sichere Einstufung ins Spätglazial ist außer mit der Pollenanalyse durch den Nachweis von Glasteilchen des Laacher See-Bimstuffes in den Seesedimenten möglich. (Der Hauptausbruch des Laacher See-Vulkanismus wird mit etwa 11 000 Jahren vor heute, also ins Alleröd-Interstadial, datiert; vgl. Tab. 8).

Im Alpenvorland gelang der Nachweis des Laacher See-**Bimstuffes** bisher im Ammersee und im Starnberger See (MÜLLER & KLEINMANN 1987: 84), in den Niedersonthofner Inselseen (JERZ 1974: 86), im östlichen Bodensee-Gebiet im Degersee und im Schleinsee (MERKT & MÜLLER 1978: 30) sowie in der Nordschweiz (HOFMANN 1963). In manchen Vorkommen ist die Bimstufflage 1–2 mm dick und dann bereits mit bloßem Auge erkennbar.

Die stärkste Seekreidebildung hat in zahlreichen untersuchten Seen während des postglazialen Klimaoptimums im Atlantikum stattgefunden. Im Schleinsee gelangen MERKT & MÜLLER 1978: 30 u. Beil. 3) der Nachweis einer jahreszeitlichen Feinschichtung (0,2–0,5 mm-Zyklen). Für den Zeitabschnitt Boreal-Atlantikum wurden rund 4020 Jahresschichten gezählt. An der Wende Boreal/Atlantikum sind zudem Partikel eines Kristalltuffes nachgewiesen, deren Herkunft in einem jungen Vulkanismus im Französischen Zentralmassiv vermutet wird.

Stellvertretend für viele ähnliche Sedimentfolgen in Verlandungsgebieten bayerischer Seen sei ein Profil aus dem Gebit der Niedersonthofner Seen beschrieben:

Verlandungszone Unterer Inselsee, Südufer (in JERZ 1974: 86 f. – mit freundlichen Hinweisen von J. MERKT, Hannover)

- 1,70 m   Niedermoortorf (Seggen- und Bruchwaldtorf)
- 1,80 m   Mudde, mit organischem Grobdetritus
- 4,95 m   Seekreide, hellbraungrau, humos, mit Schilfresten und Schneckengehäusen v. a. von Bithynien und Valvaten
- 7,25 m   Seekreide, hellgraubeige, feingeschichtet, mit Schneckengehäusen und Muschelschalen.
- 7,65 m   Kalkmudde, grau, mit feinflaserig geschichteten Turbiditen (Störungen der Sedimentschichtung, i. allg. kennzeichnend für die Jüngere Tundrenzeit)
- 8,05 m   Seekreide, hellgrau, feingeschichtet, mit Schneckengehäusen und Ostracoden-Schälchen sowie mit Bimstuff-Mineralen (Alleröd-zeitlich), zum Liegenden Wechselfolge aus Seekreide, Kalkmudde und stark humosen Lagen (vermutlich Böllingzeitlich)
- 10,00 m+   Beckenton, blaugrau, mit Feinschichtung, im höheren Teil mit Spuren von sedimentfressenden Organismen (?*Tubifex*), zum Liegenden Übergang in Würm-Grundmoräne.

8.5 Moore

In der niederschlagsreichen Gebieten Bayerns entfallen größere Flächenanteile auf Moorgebiete: im Alpenvorland und im Alpengebiet, im Bayerischen Wald, im Fichtelgebirge und in der Hohen Rhön. Die Gesamtfläche der Moore in Bayern beträgt rd. 3 %, das sind rd. 200 000 Hektar, davon 3/4 Niedermoore und 1/4 Übergangs- und Hochmoore (SCHUCH 1978b: 71).

Der Hauptanteil der Moorvorkommen entfällt auf das Alpenvorland. Hier waren nach dem Eisrückzug in den Gletscherbecken und Gletscherwannen zunächst größere und kleinere Seen entstanden. Nach dem Verlanden vieler Gewässer im Spät- und im Postglazial konnten sich an deren Stelle eine große Anzahl von Mooren entwickeln.

In der Moor- und Torfkunde werden die Begriffe Moor[45] und Torf streng voneinander unterschieden (vgl. GÖTTLICH 1976).

Moor ist der übergeordnete, geomorphologisch-floristische Begriff; es ist eine Fläche oder ein Gebiet mit einer oberflächennahen, mindestens 30 cm mächtigen Torfschicht (SCHNEEKLOTH in GÖTTLICH 1976: 23).

---

[45] In der Umgangssprache werden in Bayern Niedermoore auch als *Moos* und Hochmoore als *Filz* bezeichnet. In Schwaben einschließlich Allgäu heißen Niedermoore auch *Ried* und Hochmoore *Moos*.

Torf ist der geologische Begriff; es handelt sich um ein organogenes Sediment mit mindestens 30% organischer Substanz. Bei der „Vertorfung", d.h. bei gehemmtem biologisch-chemischen Abbau abgestorbener Pflanzen unter weitgehendem Luftabschluß entstehen je nach Art des Standortes und der Pflanzenreste Niedermoor-, Übergangsmoor- und Hochmoortorf.

In den bayerischen Vorkommen (vgl. auch Kap. 10.6) sind auf vielfach organisch-mineralischen Seeablagerungen (Mudden) basenreiche oder basenarme Niedermoore entstanden. An vielen Stellen haben sich daraus Übergangs- und Hochmoore weiterentwickelt.

Die Moortypen werden im folgenden kurz charakterisiert:

Niedermoor (suhydrisch, eutroph) – meist auch am Beginn einer Moorbildung –, entsteht in mineralstoffreichem Milieu in Verlandungs- und Versumpfungsmooren oder in Quellmooren.

Torf mit Resten u.a. von Schilf (*Phragmites communis*), Rohrkolben (*Typhia latifolia*), Ried- oder Sauergräser (Cyperaceen), Schwarzerle (*Alnus glutinosa*), Weiden (*Salix-Arten*).

Übergangsmoor (mesotroph) entsteht unter zunehmend mineralstoffärmeren Bedingungen. Moore mit Baumvegetation unterliegen einem beschleunigten Nährstoffverbrauch.

Torf mit Resten u.a. von Schnabel-Segge (*Carex rostrata*), Schlamm-Segge (*Carex limosa*), Blasenbinse (*Scheuchzeria palustris*), Latsche (*Pinus mugo*), Föhre (*Pinus silvestris*), Moorbirke (*Betula pubescens*).

Hochmoor (ombrogen, oligotroph) entsteht in nährstoffarmem Milieu in niederschlagsreichen Gebieten. Seine anspruchslosen Pflanzen werden nur vom Regenwasser gespeist.

Torf mit Resten u.a. von Bleichmoosen (*Sphagnum*-Arten), Scheidiges Wollgras (*Eriopherum vaginatum*), Moosbeere (*Oxycoccus* sp.), Rundblättriger Sonnentau (*Drosera rotundifolia*), Spirke (*Pinus mugo* ssp. *rotundata*).

Profil aus dem Allmannshauser Filz als Beispiel für den Aufbau eines Hochmoores im Alpenvorland (nach SCHMEIDL 1987: 100):

- 180 cm   Hochmoor mit *Eriopherum*, faserig, fest, schwer durchtrennbar, und *Sphagnum*, stengelig
- 220 cm   Übergangsmoor, mir *Scheuchzeria*, grasartig
- 400 cm   Niedermoor, mit Radizellen (Wurzeln von Sauergräsern), mit Braunmoos, sehr fest, dicht, und *Phragmites*
- 420 cm   Kalkmudde, tonig, breiig
- 430 cm   Seeton

Die meisten Moore sind durch die Anlage von Drängräben und durch land- und forstwirtschaftliche Nutzung stark verändert; ihr Wasserhaushalt ist nachhaltig gestört. Ungezählte „Kulturmaßnahmen" wurden bis in die 50er und 60er Jahre unseres Jahrhunderts in großem Umfang durchgeführt. Etwa die Hälfte der Moore in Bayern stehen unter landwirtschaftlicher Nutzung. In unserer Zeit wurden viele der einst kultivierten Moorflächen aufgeforstet oder werden nur extensiv als Streuwiesen genutzt. Entwässerung, Bearbeitung und Düngung haben dazu geführt, daß die Torfmächtigkeit wie auch die Größe vieler Moorflächen sich beträchtlich verringert haben. Besonders groß ist der Verlust an Moorfläche im Donaumoos bei Neuburg a. d. Donau (vgl. Kap. 10.6). Der Moorschwund beträgt durchschnittlich 1–2 cm/Jahr. Zahlreiche auf älteren Karten noch als Moorgebiete ausgewiesene Flächen können heute bestenfalls noch als Anmoor oder als anmooriger Boden bezeichnet werden.

In vielen Gebieten hat auch der Torfabbau zu einer starken Reduzierung der Torfschichten geführt. Erst in jüngster Vergangenheit hat man die große Bedeutung der Moore als Refugium vieler Eiszeitreliktpflanzen und als Lebensraum zahlreicher vom Aussterben bedrohter Pflanzen- und Tierarten erkannt. Verschiedene Moore stehen heute als Feuchtbiotope unter Naturschutz.

Zu den schönsten und wertvollsten Naturschutzgebieten zählen das Schönleiten-Moos bei Buchenberg i. Allgäu, das Murnauer Moos, das Kirchsee- und Ellbach-Moor bei Bad Tölz, das schwimmende Moor im Kleinen Arbersee, das Schwarze Moor, das Große und das Kleine Moor in der Hohen Rhön (ebenso das Rote Moor im angrenzenden Hessen).

8.6 Seespiegelschwankungen

Am Bodensee, Ammersee und Starnberger See wie auch an einigen Seen im Salzkammergut (Attersee, Mondsee, Traunsee) sind Seespiegelschwankungen bis zu mehreren Metern nachgewiesen, die mit Klimaschwankungen in der Nacheiszeit in Beziehung gebracht werden können.

Nachweise größerer Seespiegelschwankungen stützen sich auf archäologische Befunde (Pfahlbauten, Artefakte), auf radiometrische und dendrochronologische Datierungen sowie auf pollenanalytische und sedimentologische Untersuchungen (u. a. MÜLLER et al. 1987; SCHNEIDER et al. 1987; KLEINMANN 1992). Bestimmungen der Sauerstoffisotopenverhältnisse $^{18}O/^{16}O$ in Ostracoden- und Muschelschalen erlauben zudem sichere Angaben über Kalt- und Warmphasen im Spät- und Postglazial (v. GRAFENSTEIN et al. 1992).

Von besonderer Bedeutung für die vorgeschichtliche Besiedlung der Seeufer waren die Seespiegeltiefstände. Sie sind in allen bislang untersuchten größeren voralpinen Seen nahezu zeitgleich: im jüngeren Atlantikum (Neolithikum) und im mittleren Subboreal (Bronzezeit). – (Zeitskala s. Tab. 8). Wärmeres Klima und geringere Niederschläge bei stärkerer Verdunstung machten sich in einer Absenkung des Seespiegels bemerkbar.

Am Bodensee (mittlerer Wasserspiegel 395 m ü. NN) wird im Neolithikum und in der Bronzezeit mit einem bis 3–4 m tieferen Wasserspiegelstand gerechnet (RÖSCH et al. 1988: 373, SCHWERD 1986: 34). Seeufersiedlungen mit Pfahlbauten werden in diese Zeit datiert (REINERTH 1983; SCHLICHTHERLE et al. 1986).

Noch größer war die Seespiegelabsenkung des Ammersees im Jüngeren Atlantikum und in der jüngeren Hälfte des Subboreals mit 5–7 m unter den heutigen mittleren Wasserspiegel (533 m ü. NN). Hinweise liefern subaquatische Uferbänke und „ertrunkene" Torfvorkommen (KLEINMANN 1992: 105).

Am Starnberger See (mittlerer Wasserspiegel 584 m ü. NN) läßt eine jungneolithische Besiedlung der Flachwasserbereiche mit Pfahlbauten bei der Roseninsel und bei Kempfenhausen auf einen um 4–5 m abgesenkten Wasserspiegel schließen (BEER 1987: 40; MÜLLER et al. 1987: 78).

Auch am Attersee und am Mondsee sind neolithische Seeufersiedlungen mit Pfahlbauten nachgewiesen, die in etwa gleich große Seespiegelabsenkungen wie in den genannten Seen in Südbayern voraussetzen (OFENBERGER 1991; SCHMIDT 1981).

Hingegen werden maximale Seespiegelstände im Postglazial gegen Ende Präboreal/ Anfang Boreal vermutet und sind aus dem Jüngeren Subatlantikum bekannt; am Ammersee bis etwa 2 m über dem heutigen Wasserspiegel (KLEINMANN 1992: 8, 106).

9 Tektonik im Quartär

Die Frage nach tektonischen „Ereignissen" im Quartär einschließlich der geologischen Gegenwart wird häufig gestellt. Es besteht kein Zweifel und es ist auf verschiedenem Wege nachgewiesen, daß auch unser Gebiet in die rezenten großräumigen Bewegungen der Erdkruste einbezogen ist. Dabei werden Erosions- und Akkumulationsvorgänge, also auch die Anlage von Tälern und Terrassen, mehr oder minder stark von Hebungs- und Senkungsbewegungen gesteuert. Der Nachweis der relativ geringen Bewegungsbeträge ist heute keine Frage der Meßbarkeit, vielmehr ist es ein Problem, geeignete Meßpunkte für Feinnivellements zu finden.

Die Hauptfaltungsphasen des Alpengebirges fanden bereits in der Kreide- und in der Tertiärzeit statt; letzte Faltungsbewegungen werden in das Pliozän datiert. Die Heraushebung des Alpenkörpers dauert auch während der gesamten Quartärzeit an. Für rezente Alpenhebungen ergeben sich aus Präzisionsmessungen Beträge in der Größenordnung von 1 mm/Jahr (STARZMANN 1976: 331).

Die Hebung des Alpenkörpers auch im Quartär erklärt beispielsweise das starke Gefälle der Oberen Donau, was einen überwiegenden Abtransport der Verwitterungs- und Abtragsmassen aus dem südbayerischen Raum bedeutet: Sie werden in die großen Senkungsgebiete der Mittleren und Unteren Donau unterhalb der der Porta Hungarica transportiert (FINK 1966: 4, Abb. 2). Eine Auswirkung des Schwereausgleichs (Isostasie) infolge Eisbelastung ist im Alpenraum, wo lediglich die Alpentäler mit Eis gefüllt und Teilbereiche des Vorlandes von Gletschern bedeckt waren, nicht sicher nachzuweisen, im Gegensatz zu Skandinavien oder Kanada mit großräumiger Eisbedeckung und mit Eisdicken von 2–3000 m. Geringe Beträge sind jedoch auch in Südbayern denkbar.

An Beispielen mit Hinweisen auf tektonische Bewegungen im Quartär seien angeführt:
– Die Hebung des mit den Alpen verschweißten Alpenvorlandes. Flüsse reagieren mit Eintiefung und Terrassenbildung. Die Hebungsbeträge sind in den westlichen Bereichen größer als in den östlichen.
– Bei Augsburg und auch weiter westlich weisen auffällige Flußknicke auf das „Durchpausen" einer jungen Tektonik in der Molasse bis an die Erdoberfläche hin. Die „Neutektonik" begünstigte vermutlich dort auch den Durchbruch durch Wasserscheiden und die Wanderung der Flußläufe nach Westen (u.a. SCHEUENPFLUG 1991: 53).
– Die Absenkung des Untermain- bzw. des Rhein-Main-Gebietes und die Hebung des Spessarts und seines östlichen Vorlandes steuern seit dem Jungtertiär, d.h. auch während des gesamten Quartärs die Fluß- und Talentwicklung des Mains (u.a. SCHWARZMEIER 1978: 59, 63; 1979: 75).

— Auch im Donautal zwischen Regensburg und Straubing dauern die jungteriären Senkungsbewegungen vermutlich auch im Quartär noch an. Tief gelegene altquartäre Ablagerungen mit mächtigen Paläoböden (BRUNNACKER 1964b, c) weisen darauf hin.

Außerdem gibt es einige Anhalte für eine Wiederbelebung jungtertiärer Tektonik im Quartär:
— An der Grenze Faltenmolasse/Vorlandmolasse werden südlich Seeshaupt bei Eurach im mittleren Pleistozän Nachbewegungen an der Hauptüberschiebung vermutet. Es sind dort ?rißzeitliche Schotter gegen Molasseschichten an einer steilen Störung versetzt. Allerdings ist auch Glazialtektonik (s. u.) nicht ganz auszuschließen.
— Am Bodensee sind am Beispiel des Zeller-See Grabens junge Bewegungen an alten Verwerfungen nachgewiesen (SCHREINER 1976: 38).
— Auch an anderen Stellen am Alpenrand wird mit jungen Einsenkungen und Bruchzonen gerechnet, wie z. B. im Loisachtal zwischen Garmisch und Murnau oder im Querstörungsgebiet von Walchensee und Kochelsee (SCHMIDT-THOMÉ: 1955: 153).

Dagegen sind Schichtstörungen im altquartären Deckenschotter, wie sie PENCK & BRÜCKNER (1901/09: 117, 184) und PENCK (1922, 1925, 1937) annehmen, nicht bewiesen.

Abb. 61. Würmzeitlicher Vorstoßschotter, zu einem großen „Sattel" gestaucht und verbogen (Glazialtektonik). Unter dem Gittermast großer Eiskeil (s. Abb. 37). Ehem. Kiesgrube bei Josereute, Ostallgäu. Foto: Dr. K. SCHWERD (1978).

Abb. 62. Dicht gepackte Altmoräne (vermutlich Riß) im Kern eines durch Eisüberfahrung entstandenen Stauchsattels aus Würmschottern in der ehemaligen Kiesgrube südwestlich Josereute im Ostallgäu. Aus: SCHWERD 1983: 51, Abb. 5. – Aufnahme 1978.

Die Niveauunterschiede benachbarter Schotterfelder lassen sich mit primär getrennten Aufschüttungen erklären. Auch die PENCKsche Vorstellung (1922) einer junquartären tektonischen Verbiegung der Seetone im oberen Isartal ist widerlegt (SAUER 1938: 353; SCHMIDT-THOMÉ 1955: 155).

Für das Mittelmaingebiet beschreibt WURM (1956: 16) junge Störungen einer postcromerzeitlichen Tektonik, mit Flexuren und sattel- und muldenartigen Verbiegungen, welche beim Durchstich des Mainkanals bei Volkach in der „altdiluvialen Sand- und Tonformation" aufgeschlossen waren. Nach SCHWARZMEIER (1983: 72) sind die De-

Abb. 63. Spitzwinklige Stauchfalten in Würm-Vorstoßschottern als Beispiel einer glazialtektonischen Verstellung in gefrorenem Zustand durch überfahrendes Gletschereis (von rechts). Ehem. Kiesgrube beim Hubersee westlich Penzberg. – Aufnahme 1966.

formationen von Bewegungen beeinflußt worden, die auf die Salzauslaugung im Mittleren Muschelkalk zurückzuführen sind.

Erwähnt seien auch die **glazialtektonischen** Erscheinungen in Moränen, Schottern oder Seetonen wie Auf- oder Abschiebungen, Fältelungen und Falten, größere Stauchungen, Verschuppungen und Überschiebungen. Sie entstanden in den ehemals gefrorenen Lockergesteinen bei Belastung und Entlastung unter dem sich aufbauenden oder abschmelzenden Gletschereis und bei der Fließbewegung der Eismassen. Glazialtektonik ist im Alpenraum und im Alpenvorland vor allem in Großaufschlüssen ziemlich häufig zu beobachten.

An eindrucksvollen Beispielen aus dem Alpenvorland seien angeführt:
- Zu einem großen „Sattel" gestauchte und verbogene würmzeitliche Vorstoßschotter bei Josereute nordwestlich von Oy-Mittelberg im Ostallgäu (SCHWERD 1983: 52). – Vgl. Abb. 61. Im Kern des durch Eisüberfahrung entstandenen Stauchsattels aus Würmschottern kommt dichtgepackte Altmoräne zum Vorschein (SCHWERD 1983: 51). – Vgl. Abb. 62.
- Zwischen Sonthofen und Hindelang sind in der Kiesgrube am Großen Bichel weitgespannte Stauchfalten mit Amplituden von über 5 m diskordant von einer blockreichen Rißmoräne abgeschnitten (EBEL 1983: 133, Abb. 5).
- Stauchfalten mit Amplituden von mehr als 8 Metern waren in einer Kiesgrube östlich von Kempten zwischen Leubas und Heising zu sehen (SCHOLZ & ZACHER 1983: 18, Abb. 2). Der würmeiszeitliche Illergletscher hat hier seine Vorstoßschotter überfahren und diese dabei kräftig gestaucht.
- Bei Eurach südlich Seeshaupt sind interglaziale Seetone und frühglaziale Schotter mit dem Gletschereis nach Norden geschleppt (STEPHAN 1979: 83, 1991: 155).
- Bei Breinetsried westlich Penzberg sind geschichtete Schotter und Schieferkohlen in Schollen zerlegt und treppenförmig abgesetzt. Die Versatzhöhen betragen oft mehrere Meter (STEPHAN 1991: 155). Beim Huber See sind frühglaziale Schotter und Sande zu engen Stauchfalten zusammengeschoben (Abb. 63).
- Ebenso wurden am Samerberg und bei Aschau würmzeitliche Vorstoßschotter beim späteren Hauptvorstoß des Gletschereises kräftig gestaucht (GANSS 1980: 92, 96).
- Besonders intensiv gestaucht ist Gletscherschutt oft auf der Innenseite von Endmoränenwällen, wie dies z. B. bei Schöffelding östlich Landsberg in tiefen (heute verbauten) Straßeneinschnitten zu beobachten war (DOPPLER, Geologica Bavarica Nr. 97, 1993).

10 Bodenschätze

Unter den quartären Ablagerungen besitzen die Baurohstoffe **Kies** und **Sand** die größte wirtschaftliche Bedeutung. Nächstrangig folgen **Lehme** als Rohstoff für Grobkeramik und Ziegeleiprodukte. Eine örtliche und heute meist nur noch geringe Bedeutung besitzen **Sinterkalk** und **Seeton**. Ebenso hatte der **Torf** in früheren Zeiten – bis Mitte unseres Jahrhunderts – eine noch weitaus größere wirtschaftliche Bedeutung.

Zu den besonderen Lagerstätten gerechnet werden die nutzbaren **Trinkwasser**-Vorkommen. Zu den wichtigsten Bodenschätzen gezählt werden müssen die obersten (belebten) **Boden**schichten. Wasser und Boden bilden die Lebensgrundlage für die gesamte Lebewelt und sind daher von größtem, heute unschätzbarem Wert (vgl. Kap. 11 und 13).

Die Gewinnung von oberflächennahen Lockergesteinen wie Kies, Sand und Lehm nimmt im allgemeinen größere Flächen in Anspruch. Konflikte mit anderen Nutzungsinteressen sind überaus häufig. Bei aller konkurrierender Landnutzung kommt heute neben dem Wasserschutz und dem Bodenschutz auch der Sicherung nutzbarer Kies- und Sandlagerstätten eine wachsende Bedeutung zu (vgl. WEINIG et al. 1984).

10.1 Kies und Sand

Die wichtigsten quartären Massenrohstoffe **Kies** und **Sand** sind in Bayern sehr unterschiedlich verteilt. In Südbayern sind es die Bereiche im Alpenvorland mit den eiszeitlichen Schmelzwasserablagerungen und zum Teil auch die ehemals vergletscherten Gebiete. Hier liegen noch beträchtliche gewinnbare Reserven. In Nord- und Nordostbayern sind die Kies- und Sandvorkommen im wesentlichen auf das Main-, Regnitz- und Naabtal beschränkt. In den anderen Gebieten besteht ein großer Mangel an Kies und Sand.

In **Südbayern** sind die großen Schotter[46]-Vorkommen zum einen an die Abflußrinnen und die großen Schwemmfächer („Schotterebenen") der eiszeitlichen Schmelzwässer gebunden, zum anderen füllen sie als Ablagerungen der vorrückenden und abschmelzenden Gletscher ehemalige Becken und Täler aus.
Die größten Bereiche im nichtvergletscherten Alpenvorland sind:
– Donautal mit Donauried, Ingolstädter und Straubinger Talweitung,
– Münchener Schotterebene und Isartal,

---

[46] Der Begriff „Schotter" gilt als Sammelbezeichnung für ein Korngemisch aus Kies mit Sand. Im Alpenvorland wird die Bezeichnung „Schotter" vielfach auch mit stratigraphischem Bezug verwendet, z.B. Niederterrassenschotter (Würm-Eiszeit), Hochterrassenschotter (Riß-Eiszeit), Deck(en)schotter (Mindel-Eiszeit und älter).

- Schotterfelder bei Memmingen, Augsburg, Mühldorf und Burghausen,
- Terrassen- und Talschotter im Iller-, Wertach-, Lech-, Isar-, Inn-, Alz- und Salzach-Tal.

Im Bereich (innerhalb) der einst vergletscherten Gebiete finden sich größere Vorkommen mit frühglazialen Schottern bzw. mit hochglazialen Vorrückungsschottern, wie z. B. im Raum Murnau-Weilheim („Murnauer Schotter") und im Raum Laufen („Laufenschotter"), und mit spätglazialen Abschmelzschottern, wie z. B. im Raum Marktoberdorf, Wolfratshausen und Rosenheim.

Moränen eignen sich nur bei vorwiegend kiesig-sandiger Ausbildung als Baukies und Bausand, wie z. B. in den äußeren Endmoränen – im Übergang zu Schmelzwasserschottern.

Die eiszeitlichen Kiese im Alpenvorland besitzen einen hohen Anteil an der Grobkiesfraktion; sie bestehen überwiegend aus Karbonatgesteinen (Kalke und Dolomite, bis zu 80 % im Isar- und Lechgletschergebiet), gebietsweise auch mit beträchtlichen Anteilen an kristallinen Gesteinen (Quarz, Granit, Gneis, Glimmerschiefer, Amphibolit u. a., bis zu 35 % im Loisachgletscher-, bis über 50 % im Inn-Chiemseegletscher- und Salzachgletscher- sowie im Rheingletscher-Gebiet).

Sand für Bauzwecke u. ä. wird im Alpenvorland hauptsächlich bei der Aufbereitung der Schotter gewonnen.

Die Qualität der Schotter (Druckfestigkeit, Frostbeständigkeit) ist in hohem Maße vom Alter der Ablagerungen abhängig. Nur die jüngeren Schotter wie die Postglazial- und Niederterrassenschotter genügen hohen Ansprüchen. Bei den älteren eiszeitlichen Schottern (mindelzeitlich und älter) haben langzeitige Verwitterungsprozesse die Schotterqualität stark herabgesetzt. Hinzu kommt eine häufige Verbackung der Gerölle, wodurch ein Abbau stark behindert oder auch unmöglich gemacht wird.

In **Nordbayern** ist die Kies- und Sandgewinnung hauptsächlich auf das Maintal konzentriert. Zahlreiche Flächen sind bereits ausgebeutet, manche Terrasse ist verschwunden. Weitere bedeutende Vorkommen mit Terrassenkiesen und -sanden finden sich im Bereich der Regnitz und ihrer Zuflüsse sowie im Naabtal, v. a. im Gebiet der Haidenaab.

Die Flußschotter des Mains und der Regnitz sind durch hohe Sandanteile gekennzeichnet; im Naabtal ist die Talfüllung stärker kiesig ausgebildet. Auffallend bunt zusammengesetzt sind die Kiese vor allem im Mittelmain- und Untermain-Gebiet: Harte Gerölle aus Quarz, Quarzit und Kieselschiefer (Lydit) stammen aus dem Frankenwald, Sandsteingerölle aus dem Keuper und weiter flußabwärts aus dem Buntsandstein. Kalke liefern der Jura und der Muschelkalk.

In Gegenden mit hohem Rohstoffbedarf und ohne ausreichende Vorkommen an Flußkies und -sand werden auch Flugsande für Bauzwecke abgebaut, wie z. B. im Großraum Nürnberg, im Raum Neumarkt/OPF., im Landkreis Kitzingen bei Großlangheim, im Raum Aschaffenburg bei Alzenau. Selbst im Ries bei Wemding wird Formsand aus Dünensand gewonnen.

Der große Bedarf an Kies und Sand für den gesamten Hoch- und Tiefbau und modernen Straßenbau, für zement- und bitumenhaltige Baustoffprodukte (Beton- und Schwarzdecken) ließ in einigen Gebieten ausgedehnte Abbaue bis unter den Grundwasserspiegel entstehen. Nachstehend seien einige **Schottervorkommen** mit größeren Kies- und Sand-Abbauflächen in knapper Form beschrieben (vgl. auch Dobner 1980; Weinig 1980; Weinig et al. 1984; Dingethal et al. 1985):

Im **Donautal** wird in wechselnd mächtigen, grundwassererfüllten, durchschnittlich 5–10 m mächtigen Ablagerungen Kies und Sand gewonnen, im Iller-, Günz-, Mindel-, Wertach-, Lech-, Isar-, Inn- und Salzach-Tal sowohl in grundwasserfreien älteren Terrassenschottern (5–15 m) als auch in grundwasserführenden Talschottern. In geringerem Umfang bestehen Kiesabbaue auch in den mit Periglazialschottern angefüllten Tälern Südbayerns, z. B. im Zusam-, Paar-, Ilm-, Abens-, Vils- und Rott-Tal.

In der **Münchener Schotterebene** sind die Schotter auf bewegtem Tertiärrelief (mit Rinnen und Hochgebieten) sehr unterschiedlich mächtig: im Süden bei Gauting rd. 30 m, bei Baierbrunn 40–60 m, bei Oberhaching rd. 30 m und bei Höhenkirchen 50–60 m, auf der Linie Gräfelfing – Solln – Ottobrunn – Vaterstetten rd. 20–30 m. Nordwärts in Richtung Freising nehmen die Mächtigkeiten auf ca. 15–10 m ab. Von Süden nach Norden verringern sich auch die Grundwasser-Flurabstände: Hofoldinger Forst 50–40 m, Perlacher Forst 15 m, Giesing 10 m, Dachauer und Erdinger Moos bis unter 1 m.

In Endmoränennähe ist bei großen Schottermächtigkeiten (bis 30 m) meist Trockenabbau möglich (Planegg, Taufkirchen); in größerer Entfernung werden die Flurabstände des Grundwassers rasch geringer, so daß ein Abbau mit Naßbaggerung erfolgt (Hochbrück, Eching). Hier besitzen die Niederterrassenschotter die besten technischen Eigenschaften: die Gerölle sind vorwiegend frisch („druckfest") und nur ausnahmsweise etwas verkittet. Entsprechendes gilt auch für die würmglazialen Vorstoßschotter unter den Moränen und für die spätglazialen Abschmelzschotter. Der in den eiszeitlichen Schottern reichlich enthaltene Grobkies wird vor seiner Verwendung als Betonkies oder für Straßensplitt meist schon vor Ort gebrochen.

Viele Talzüge im Alpenvorland besitzen Terrassen und Terrassenleisten aus Hochterrassenschotter und aus Jüngerem Deckenschotter. Im allgemeinen sind sie mit einer einige Meter mächtigen Löß- und Lößlehmauflage bedeckt. Die Verwitterung ist noch auf die oberen Meter beschränkt. Nach Aussonderung der stärker verwitterten Gerölle (Dolomite, Kristallin z. T.) kann das Material für Bauzwecke verwendet werden.

In der Riedellandschaft der **Iller-Lech-** und **Isar-Inn-Schotterplatten** besitzen die Älteren Deckenschotter (5–15 m) nur eine geringe wirtschaftlich-technische Bedeutung. Zu Nagelfluh verfestigte Schotter, bevorzugt an Talrändern auftretend, und bis über 10 m mächtige Löß- und Lößlehmauflagen machen einen Abbau unwirtschaftlich. Langzeitige Verwitterungseinflüsse bewirkten zudem einen tief reichenden Schotterzersatz; dies führte u. a. zu den bereits im Geröllverband „aschig" zerfallenden Dolomiten und zur Entstehung der oft mehrere Meter tiefen Verwitterungsschlote, den „Geologischen Orgeln". Die altquartären Schotter sind meist nur noch als Schüttmaterial verwendbar.

Im **Maintal** spielen für die Quartär-Mächtigkeiten neben dem Untergrundrelief auch tektonische Vorgänge eine Rolle, die mehrfach Phasen mit kräftiger Schotterakkumulation oder Flußerosion auslösten. Die älteren Schotter sind ± grundwasserfrei, die jüngsten liegen fast ganz im Grundwasser.

Im Aschaffenburger Becken mit den größten Kies- und Sandvorkommen Unterfrankens betragen die Mächtigkeiten 5–12 (15) m. Die Talbuchten bei Faulbach, Marktheidenfeld, Lohr und Zellingen sind mit altquartären Schottern aufgefüllt; ihre Festigkeit ist durch langzeitige Verwitterungsprozesse erheblich beeinträchtigt. Bei Marktbreit und Marktsteft weisen durch Lösungsvorgänge entstandene Rinnen im Mittleren Muschelkalk bis zu 35 m mächtige Kiesfüllungen auf.

Im Schweinfurter Becken sind die quartären Kiese und Sande durchschnittlich 6–8 (10 m) mächtig; dort bestehen Nutzungskonflikte mit der Wasserversorgung.

Das Gebiet Haßfurt-Bamberg gehört ebenfalls zu den großen Kies- und Sandvorkommen im Maintal (durchschnittlich 6–8 m, maximal 10 m); sie umfassen v. a. im Bereich der Regnitz-Mündung größere Flächen.

Im **Regnitztal**, zwischen Bamberg und Forchheim einige Kilometer breit, liegen quartäre Flußablagerungen von 8–12 m, örtlich auch bis zu 20 m Mächtigkeit vor: vorwiegend sind es quarzreiche Sande verschiedener geologischer Herkunft. Hier wie am Obermain finden sich auffallend zahlreich Baumstämme und Wurzelstöcke in den Sedimenten eingebettet (SCHIRMER 1983, 1988). Die zahlreichen Abbaue in Arealen mit hohem Grundwasserstand bedeuten eine stete Gefährdung für das Trinkwasser.

Im **Naabtal** sind durch Höhenlage bzw. Alter getrennte Kies- und Sandablagerungen unterschiedlicher Zusammensetzung bekannt. Ihre Mächtigkeit beträgt zwischen 5 und 10 m, ihr Geröllbestand enthält vorwiegend Quarz und sonstiges Kristallin. In den Talauen von Haidenaab und Waldnaab und im unteren Naabtal erfolgt bei hohem Grundwasserstand die Kiesgewinnung durch Naßbaggerung.

In **Gebirgstälern** ohne gewinnbare Kies- und Sandvorkommen wird ersatzweise lockerer **Gesteinsschutt**, der am Fuß hoher Felswände in Schuttkegeln angehäuft ist, für den Straßenbau und den (Forst-)Wegebau gewonnen. Bevorzugt wird kleinstückig zerfallendes Material, wie es bei der Frostsprengung vor allem von dolomitischem Gestein anfällt. So wird beispielsweise im Berchtesgadener Land Hangschutt aus Ramsaudolomit, im Karwendel und Vorkarwendel Hauptdolomitschutt, im Oberallgäu bei Tiefenbach und Obermaiselstein auch gröberer Schutt aus Schrattenkalk abgetragen.

Bergsturzmaterial mit typisch sandig-grusiger bis grobblockiger Ausbildung wird heute in kleinerem Umfang z. B. in Grainau am Hinterbühl und im Zierwald, bei Marquartstein am Wuhrbichl noch abgebaut.

10.2 Schotternagelfluh (Konglomerat)

Nagelfluhen aus fest verbackenen eiszeitlichen Schottern spielten in Südbayern im früheren Jahrhunderten als Werkstein regional eine wichtige Rolle. Aufgelassene Steinbrüche in Schotternagelfluhen sind über das ganze Alpenvorland verstreut.

Im Isartal südlich München existierten früher mehrere Steinbrüche im „Münchener Deckenschotter": am westlichen Isarsteilhang zwischen Baierbrunn und Pullach, am östlichen Isarhang zwischen Grünwald und östlich Kloster Schäftlarn (vgl. BRÜCKNER 1897: 190; v. AMMON 1899: 117, Fig. 5; PENCK 1901: 60f.; JERZ 1987a: 29, 1987b: 26) sowie im Gleißental bei Deisenhofen (s. Abb. 21; vgl. PENCK 1901: 66, Abb. 9; EBERS 1934: 37, Abb. 4; KRAUS 1964: 125, 128, Abb. 1 u. 3). Die Abbaue lieferten Bausteine für Brücken, Kirchen, Wehrmauern und Hausbauten. Die Werksteingewinnung im Isartal kam bald nach der Jahrhundertwende zum Erliegen.

Das einzige in unserer Zeit in Abbau befindliche Nagelfluhvorkommen befindet sich am Biberkopf bei Brannenburg. Die sog. Biber-Nagelfluh, bis über 50 m mächtig, aus einem vermutlich rißzeitlichen Deltaschotter entstanden, bildet heute einen beliebten Werkstein z. B. für Wandverkleidungen an Außenfassaden und Innenräumen, in Unterführungen und U-Bahnhöfen. Ihre bunte Zusammensetzung und ihr vielfarbiges Aussehen ist auf den hohen Anteil an verschiedensten zentralalpinen Geröllen zurückzuführen. Die porige bis löchrige Struktur schränkt die Verwendungsmöglichkeiten dieses Natursteines nur wenig ein.

Außer den Schotternagelfluhen fanden die im Alpenvorland und im Alpenraum verbreiteten Moränennagelfluhen in früheren Zeiten eine begrenzte Verwendung, z. B. für Grundmauern bei Gebäuden, bei Befestigungsanlagen (mittelalterliche Burgställe), u. a.

10.3 Sinterkalke (Kalktuff, Alm)

Kalktuff („Travertin") als feste Sinterbildung war in früheren Zeiten insbesondere in Südbayern ein wichtiger Baustein. Die sog. Werktuffe spielten bereits in der Römerzeit und danach vor allem im Mittelalter eine bedeutende Rolle beim Bau von Kirchen und Klöstern, Stadtmauern und Wohngebäuden. Auch bei Bauten in München wurden sie früher häufig verwendet (REIS 1935: 31 ff.; GRIMM 1990). Die allermeisten Steinbrüche sind längst aufgelassen. Nur in Polling bei Weilheim (3 Betriebe) und in Ramsdorf bei Tittmoning werden Sinterkalkbildungen gegenwärtig noch abgebaut. Bis vor wenigen Jahren wurde auch in Paterzell bei Wessobrunn noch in geringem Umfang fester Tuffkalkstein gewonnen (JERZ 1981: 33). Die Natursteine werden gebrochen oder – wie zum Teil in Polling – direkt als Quader aus dem Anstehenden herausgesägt. In ‚bergfrischem' Zustand ist das Gestein teilweise halbfest bis fest, nach Lufttrocknung wird es ziemlich hart.

Wichtige frühere Gewinnungsstellen (ehem. Steinbrüche):
– Umgebung von Weilheim i. OB. bei Huglfing, Polling und Paterzell,
– Dießen a. Ammersee,
– Königsdorf,
– im Mangfalltal zwischen Valley und Weyarn,
– Moosach bei Grafing (vgl. v. AMMON 1894: Taf. 7),
– Wittislingen und
– Neuenried bei Ronsberg.

Von bekannten Bauwerken aus Kalktuff seien genannt: die Kirchen in Altenstadt bei Schongau, Polling bei Weilheim, Oberdarching bei Weyarn, Petersberg bei Altomünster, die Martinskirche in Memmingen, die Klosterbauten in Beuerberg und Wessobrunn, die Stadtmauern in Schongau und Weilheim, das Burgschloß in Grünwald.

Die Kalktuffplatten der vier merowingischen Sarkophage von Wielenbach (heute in der Prähistorischen Staatssammlung in München) sind vermutlich aus festem Pollinger Kalkstein gehauen.

Platten aus festem Kalktuff werden heute für Verblendmauerwerk (im Außen- und Innenausbau), Hohlblocksteine aus lückigem Strukturtuff für Mauerwek und für Ziersteine in Gärten verwendet.

Aus kleinstückig zerbrochenem und grusig-sandig zerfallenem Kalktuffmaterial wird in den heutigen Betrieben der geschätzte „Kunsttravertin" (z. B. für Bodenplatten) – nach Mahlung des Rohgutes und Zementzusatz – hergestellt (Polling, Ramsdorf, Wittislingen).

In Dießen am Ammersee, im 17. Jahrhundert Zentrum der Weißhafnerei, diente geschlämmtes, feingemahlenes Kalktuff- und Seekreidemehl als Zuschlagsstoff der Aufhellung des Rohtones aus Geschiebelehm (frdl. mündl. Mitt. E. LÖSCHE, Dießen-St. Georgen; HAGN 1983). Die Dießener Keramik zeichnet sich durch einen auffallend hellen Scherben aus.

Kalktuff diente früher auch zur Herstellung von Branntkalk.

Alm (Wiesenkalk), die lockere Quellenkalkausfällung, wurde in früheren Zeiten z. B. zum Reinigen von Haushaltsgeräten benutzt, als sog. Weißsand, d. h. als Scheuer- und Fegsand. Das hochkalkige Material fand einst auch als Düngekalk Verwendung. Stellen mit Abgrabungen sind im Dachauer und Erdinger Moos, im Memminger Achtal, zwischen Amendingen und Steinheim, nördlich Puppling bei Wolfratshausen, bei Tutting südlich Pocking (NB.) bekannt und als solche noch zu erkennen.

10.4 Lehm und Ton

In Bayern gehören Lehme und Tone zu den verbreitetsten Rohstoffen. Sie werden hauptsächlich als Rohmaterial für Ziegeleiprodukte wie Ziegelsteine und Dachziegel und für keramische Produkte genutzt. Sie sind auch als Erdbaustoff für die Abdichtung von Deponien gefragt.

Im Quartär sind in erster Linie die **äolischen** Ablagerungen, Lösse und Lößlehme, zu nennen (vgl. Kap. 3.2.1). Eine nur untergeordnete Rolle spielen hingegen mehr oder weniger verwitterte **glaziale** Ablagerungen (Moränen, Fließerden), **fluviatile** und **limnische** Feinsedimente (Auenlehme bzw. Seetone).

10.4.1 Löß und Lößlehm

In **Südbayern** sind schluffig-lehmige Deckschichten weit verbreitet: auf Hochterrassen und älteren eiszeitlichen Schotterplatten, auf Altmoränen und auf Molasseschichten. Ihre Oberfläche ist vor allem mit Löß und Lößlehm der letzten Eiszeit überzogen. Deckschichten früherer Eiszeiten sind auf altquartären und auf tertiären Ablagerungen anzutreffen; meist handelt es sich um Lößlehme, die durch fossile, tonige Böden (vgl. Kap. 14) gegliedert sein können.

Über die Zusammensetzung und die Eigenschaften dieser Deckschichten werden von DOBNER (1984: 484) detaillierte Angaben gemacht.

Große Lehmgruben von heute meist stillgelegten Ziegeleibetrieben befinden sich
- auf der Münchener Hochterrasse mit zahlreichen Gewinnungsstellen aus früheren Zeiten zwischen Ramersdorf, Berg am Laim (von *Loam* = Lehm), Bogenhausen, Ober- und Unterföhring.
- auf der Augsburger Hochterrasse in Nachbarschaft der ehemaligen Ziegeleien in Inning, Bobingen, Schwabmünchen und Buchloe;
- auf der Hochterrasse bei Memmingen mit ehemaligen Ziegeleien in Goßmannshofen und Steinheim;
- auf den Hochterrassen nördlich Landshut und südlich Straubing;
- auf den älteren eiszeitlichen Schotterplatten mit großen Abbauen der früheren Ziegeleien in Offingen und Roßhaupten bei Burgau, östlich Welden und westlich Gablingen bei Augsburg sowie einiger Ziegeleien bei Regensburg.
- auf Altmoränen mit Lehmgruben bei Landsberg, Argelsried bei Fürstenfeldbruck, Laufzorn bei Grünwald, Anzing, Markt Schwaben, Hörlkofen und Sollauer Forst bei Isen. Abgebaut wurden die Deckschichten, Fließerden und die oberste lehmig verwitternde Altmoräne. Neue Gruben der Ziegelwerke Isen und Dorfen sind auf den lößlehmbedeckten Altmoränen bei Lappach-St. Wolfgang angelegt;
- auf Molasseschichten mit in Abbau befindlichen Lössen und Lößlehmen in den Gruben der Ziegeleien Ergoldsbach und Kumhausen bei Landshut, Hagelstadt bei Regensburg, Attenfeld bei Neuburg/Donau, Bellenberg bei Illertissen.

In **Nordbayern** besitzen Lösse und Lößlehm ihre Hauptverbreitung in Mainfranken zwischen Spessart und Steigerwald. Größere Ziegeleibetriebe bestehen in Alzenau und Marktheidenfeld. Frühere Abbaue befinden sich bei Helmstadt, Kirchheim i. UFR., Laudenbach bei Karlstadt, Gollhofen und Kitzingen. Unmittelbar nördlich der Donau reichen die Lößgebiete bis in den Äußeren Bayerischen Wald und auf die südliche Frankenalb. Schließlich finden sich auch im Rieskessel bedeutende Lößvorkommen.

10.4.2 Moränenlehm

Im Alpenvorland wurde früher an zahlreichen Stellen verwitterte Moräne mit geringem Geschiebegehalt als Rohstoff für Ziegel und Keramik gewonnen. Als Abbaue hatten sie meist nur örtliche Bedeutung. Eine Ausnahme bildete Mittelstetten bei Fürstenfeldbruck, wo bis vor wenigen Jahren in einem größeren Betrieb stark bindige, verwitterte Altmoräne abgebaut wurde.

In Dießen a. Ammersee bildete verwitterte, äußerst tonige Würm-Grundmoräne die Grundlage eines vor allem im 17. Jahrhundert blühenden Hafnerhandwerks.

10.4.3 Schwemmlehm

Verschwemmungsbildungen wie Hochflutlehm, Auenlehm oder Schwemmfächermaterial sind heute als Rohstoff ohne nennenswerte Bedeutung. Sie fanden früher bisweilen als Zugschlagstoff bei der Ziegelherstellung eine Verwendung. Bis 1938 wurde im Ammertal bei Weilheim schluffig-toniger Auenlehm für die Ziegeleien in Polling und Oderding abgebaut.

10.4.4 Ton

In **Nordbayern** sind quartäre Tone vornehmlich im Mittelmaingebiet anzutreffen, wo sie in abgeschnürten Flußschlingen und in Umlauftälern zum Absatz kamen. Am wertvollsten sind die plastischen Tone aus dem Hangenden der altpleistozänen Mainablagerungen, z.B. bei Marktheidenfeld und Hafenlohr. Nach ihrer Fazies werden sie als Altwassersedimente gedeutet (SCHIRMER 1988: 10). Die Vorkommen in Hafenlohr liefern den Rohstoff für die wenigen heute noch existierenden Töpfereien. Hafenlohr war einst das Zentrum des Töpferhandwerks in Unterfranken.

Bei Faulbach wurden altquartäre, plastische, z.T. stark humose Tone im Breitenbrunner Umlauftal in einer Mächtigkeit bis zu 6 m erbohrt (Forschungsbohrungen des Bayer. Geol. Landesamtes 1986; vgl. auch SCHWARZMEIER 1984: 51).

Die in **Südbayern** verbreiteten glazialen ‚Seetone' spielen gegenüber früheren Zeiten heutzutage kaum noch eine wirtschaftliche Rolle. Zudem erweisen sich die oft äußerst karbonatreichen Schluffe nur in einem zumindest teilweise entkalkten Zustand als Ziegelei- und Töpfereirohstoff geeignet – oder wenn kalkärmeres Material, z.B. Auenlehm, beigemengt ist.

Zwischen Iller und Salzach sind auf Verlandungsflächen einst großer spätglazialer Vorlandseen eine größere Anzahl von ehemaligen Abbauen bekannt. Manchmal sind in den Karten noch die „Ziegelstadel" vermerkt. Ohne Anspruch auf Vollständigkeit seien folgende Abbaustellen genannt: Agathazell, Neumummen, Seifen und Wagneritz bei Immenstadt; Depsried bei Altusried nördlich Kempten; Eurasburg und Gelting bei Wolfratshausen; bei Ohlstadt; Kolbermoor (Tonwerk in Betrieb) und Landl bei Rosenheim (Abb. 64); Tittmoning a. d. Salzach.

Von Westerndorf bei Rosenheim ist eine Verarbeitung von Seetonen als Töpferton bereits aus römischer Zeit bekannt.

Eine Sonderstellung nehmen die (Eis-)Stausedimente im Gebiet zwischen Garmisch-Partenkirchen und Mittenwald ein. Wegen ihrer hellgrauen Farbe und ihres hohen Kalkgehaltes sind sie besser unter der Handelsbezeichnung „Bergkreide" bekannt. Es handelt sich jedoch nicht um eine Kreide im geologischen Sinne, vielmehr besteht das schluffig-tonige Material aus feinstem glazialen Abrieb im Schmelzwasser der Gletscher („Gletschermilch"). Nach dem Alter und der Konsistenz lassen sich hier frühglaziale Seetone am Isarsteilhang nördlich Mittenwald mit dichter und fester, plattiger Ausbildung und spätglaziale, mehr steifplastische Seetone z. B. bei Kaltenbrunn und in der Umgebung von Schloß Kranzbach und Schloß Elmau unterscheiden. GÜMBEL (1861: 886) erwähnt sieben „Kreidebrüche" im Kranzbach- und Kreidenbach-Tal („Kranzberger Kreide"). Nähere Angaben über die Zusammensetzung der Seetone im Raum Mittenwald siehe bei SAUER (1938) und JERZ & ULRICH (1966).

Abb. 64. Gebänderte Seetone als Ablagerungen im spätglazialen Rosenheimer See. Ehem. Tongrube bei Landl südöstlich Rosenheim. Aus: KRAUS & EBERS 1965: 125.

Der Absatzmarkt der „Mittenwalder Kreide" reichte einst bis in die Balkanländer. Der Rohstoff wurde in Fässer verpackt, auf Flößen auf der Isar verfrachtet und auf der Donau weiter verschifft. Das bekannte Kreidewerk nördlich Mittenwald wurde nach dem 2. Weltkrieg stillgelegt.

In Kaltenbrunn zwischen Klais und Partenkirchen werden „kreidige Tone" seit ca. 400 Jahren abgebaut. Während die glazialen Tone (ebenso wie die von Kranzbach und Mittenwald) früher hauptsächlich zum Weißtünchen als „Tüncherkreide" verwendet wurden, dienen sie heute als Rohstoff in der chemisch-technischen Industrie. Sie finden z. B. als Füllstoff (Kitt, Farben, u. a.) oder bei der Herstellung von Leichtbauplatten Verwendung.

10.5 Schieferkohle (Lignit)

Die quartären Schieferkohlen stellen die jüngsten Kohlebildungen in Bayern dar. Sie bestehen aus sehr stark zusammengepreßten (Algen-, Moos- und Bruchwald-) Torfen, oft mit Holzresten; meist sind sie in Seetonen eingebettet. Unter der Eislast der Gletscher wurden sie auf weniger als ein Fünftel ihrer ursprünglichen Mächtigkeit zusammengedrückt. Von den zahlreichen Vorkommen im Alpenvorland hatten in früheren Zeiten und bis nach dem zweiten Weltkrieg verschiedene eine gewisse Bedeutung für die Brennstoffversorgung.

Zu den bekanntesten Schieferkohlevorkommen gehört das von Großweil bei Murnau. Abgebaut wurde dort seit 1865, zunächst im Tagebau, bald darauf auch im Bergbaubetrieb („Irenenzeche 1 und 2") – bis 1961. Die intensivste Abbauphase war während des ersten Weltkrieges. Mit einer Luftseilbahn wurde die Kohle zur nächsten Bahnstation nach Kochel transportiert.

KNAUER (1922: 52) beschreibt die Großweiler Kohle als eine gut geschichtete bis dünnschieferige, zum Teil lignitähnliche, zum Teil torfähnliche Braunkohle, welche beim Trocknen an der Luft aufblättert. Sie ist im Vergleich zu anderen derartigen Bildungen sehr rein, d. h. der mineralische Anteil ist äußerst gering.

Nach der Stillegung des Betriebes war die Großweiler Schieferkohle nochmals 1968 beim Bau der Autobahnauffahrt westlich des Ortes großflächig aufgeschlossen (JERZ & ULRICH 1983: 50, Abb. 2). Im alten Bergwerksgelände, wo die Schieferkohle noch stellenweise zu sehen ist oder leicht erschürft werden kann, haben eine Forschungsbohrung und ein Baggerschurf 1984 mit Mitteln des Bayerischen Geologischen Landesamtes ein Profil mit einer Flözmächtigkeit von 3,70 m erschlossen (vgl. Kap. 3.3). Für die früheren Abbaue ist eine durchschnittliche Mächtigkeit von 2–3 m (max. 4 m) beschrieben (vgl. SCHMID & WEINELT 1978: 37).

Weitere Abbaue aus der Zeit um die Jahrhundertwende bis nach dem ersten Weltkrieg sind von Ohlstadt („Antoniezeche") und Hechendorf bei Murnau („Karlszeche") bekannt (KNAUER 1922: 53). Bei Schwaiganger wurde noch nach dem zweiten Weltkrieg auf Kohle geschürft (ZEIL 1954: 70).

Zu den bekanntesten Schieferkohle-Vorkommen zählt auch das vom Pfefferbichl bei Buching nordöstlich Füssen (BRUNNACKER 1962: 43 ff.) Das 3–4 m mächtige Flöz aus lignitischer Braunkohle wurde im Tagebau, nach dem zweiten Weltkrieg bis 1949 auch bergmännisch abgebaut. Wirtschaftlich blieb das Vorkommen unbedeutend. Zuletzt wurde die „Kohle" in einer Bäckerei in Buching verfeuert.

Bei Imberg westlich Hindelang im Allgäu wurde seit dem 18. Jahrhundert und bis nach dem ersten Weltkrieg Schieferkohle bergmännisch abgebaut (KNAUER 1922: 43 ff. u. Abb. 4). Die Mächtigkeit der Kohleflöze erreichte in den beiden Grubenfeldern „Antonzeche" und „Josephszeche" 0,5 bis 1 Meter. Spuren der ehemaligen Stolleneingänge befinden sich im Löwenbach-(Imberger) Tobel.

Von der Wasserburger Gegend sind mehrere Schieferkohle-Vorkommen bekannt. Sie liegen im tief eingeschnittenen Inntal zwischen Wasserburg und Gars a. Inn (KNAUER 1922: 58 ff.). In einigen wurde Brennmaterial gewonnen: an der Innleite bei Wasserburg (Im Blaufeld, „Kronastzeche"), bei Zell („Barbarazeche") und bei Bergholz („Ludwigszeche"). Die verfallenen Abbaue in den bis zu 1,20 m mächtigen Flözen befinden sich alle nahe dem Inn-Flußniveau.

Abweichend zu den genannten, aus interglazialen und interstadialen Torfen entstandenen Schieferkohlen besitzt die „Braunkohle" von Schambach (ehem. „Prinzregentenzeche") am rechten Innufer nördlich Wasserburg ein postglaziales Alter. Nach pollenanalytischen Bestimmungen von FRENZEL & JOCHIMSEN (1972: 74 f.) handelt es sich hierbei um einen Blättertorf eines Buchenwaldes aus der Zeit vor rund 2000 Jahren. Das Vorkommen liegt in einem jungen Erdrutschgelände und ist von Hangschuttmaterial überdeckt.

10.6 Torf

In früheren Zeiten, und verstärkt in Notzeiten, wurde Torf in fast allen größeren Vorkommen gewonnen: als Heizmaterial für den häuslichen Brennstoffbedarf, für Bäckereien, Brauereien und Salinen, selbst für Lokomotiven und für Glashütten. Der Torf fand früher auch als Einstreu im Stall eine häufige Verwendung. Heute ist Torf vor allem im Gartenbau als Düngetorf gefragt. Im medizinischen Bereich wird er als Badetorf und für pharmazeutische Zwecke verwendet.

In **Südbayern** existieren bis in die erste Zeit nach dem zweiten Weltkrieg ca. 100 Torfwerke, in denen der Torf zum Teil auch maschinell abgebaut wurde. (1965 waren es noch 15 Betriebe.) Ungezählt sind die vielen kleinen bäuerlichen Handstichbetriebe, in denen der Torf hauptsächlich für den Eigenbedarf gewonnen wurde. Heutzutage wird Torf industriell z. B. mit Fräsmaschinen noch in Ainring bei Freilassing, im Schönramer Filz bei Waging, im Kendlmühl-Filz südlich des Chiemsees („Chiemsee-Moore"), im Koller-Filz südwestlich Rosenheim, im Hochrunst-Filz bei Raubling, im Weilheimer Moos und Schwattacher Filz nordwestlich Weilheim gewonnen.

Ehemalige bedeutende Abbaue befanden sich zum Beispiel
im Dachauer, Freisinger und Erdinger Moos, im Isarmoos bei Dingolfing, im Donaumoos bei Neuburg a. d. Donau, in weiteren Mooren bei Bad Aibling und Kolbermoor, im Königsdorfer Filz (Torfwerk Oberland und Torfwerk Boschhof), im Geltinger Filz (Torfwerk Gelting), im Weid-Filz bei Penzberg (Torfwerk Hohenbirken), im Schechener Moos bei Seeshaupt (Torfwerke Schechen und Sanimoor), im Münsinger Filz (Torfwerk Münsing), im Allmannshauser und Bachhauser Filz bei Berg a. Starnberger See, im Agathazeller Moor und Werdensteiner Moos bei Immenstadt i. Allgäu, im Langen-Moos und Breitenmoos bei Buchenberg (Torfwerk Schwarzerd).

Im einst über 180 km² großen **Donaumoos** wurden zwischen 1790 und 1830 unter Kurfürst Karl Theodor von Bayern-Neuburg umfangreiche Kulturmaßnahmen durchgeführt. Die Kultivierung und die Bodennutzung führten seitdem zu beträchtlichen Moorsackungen. Am Moorpegel in Ludwigsmoos beträgt der Moorschwund seit 1836 rund drei Meter. Großflächig wird mit einem „Moorverzehr" von 1 cm/Jahr gerechnet (SCHUCH 1978a: 247). Durch Moorschwund hat das Donaumoos inzwischen ein Drittel seiner Moorfläche eingebüßt (vgl. Moorkarte der Bayer. Landesanstalt für Bodenkultur und Pflanzenbau, Abt. Boden- und Landschaftspflege, München 1985).

In **Nordbayern** sind größere Moore auf einige wenige Gebiete konzentriert. Für die Torfgewinnung hatten eine örtliche Bedeutung: das Lindauer Moor bei Trebgast, das Fichtelseemoor bei Fichtelberg, die Häuselloh südöstlich Selb (nahe der Grenze zur Tschechischen Republik), das Schwarze Moor in der Hohen Rhön, zahlreiche kleinere Moore im Bayerischen Wald (und Böhmerwald).[47]

10.7 Pleistozäne Eisenerze

Auf hochliegenden Flächen und an Hangkanten von Riedeln mit altquartären Deck(en)- schottern ist im Raum Augsburg ein bemerkenswerter, frühgeschichtlicher Eisenerz- Abbau nachgewiesen (FREI 1966, 1967). Spuren im Gelände bilden die sog. Trichtergruben, das sind runde, geschlossene Hohlformen von 3–12 m Durchmesser. In einigen Vorkommen zwischen Schmutter und Zusam und im Gebiet der Aindlinger Schotterplatte sind sie zu Hunderten anzutreffen, so bei Aystetten im Rauhen Forst westlich Augsburg oder zwischen Thierhaupten und Unterbaar nordöstlich Augsburg.[48] Nach den Bodenuntersuchungen mit Grabungen von H. FREI sind die flachen Mulden nur bescheidene Reste von ehemals bis zu 10 m tiefen, steilen Schächten, die zur Gewinnung von Eisenerz-Konkretionen abgeteuft wurden. Die Erzknollen finden sich an der Basis der quartären Schotter und in den unmittelbar darunter folgenden schluffigen und tonigen Schichten der Oberen Süßwassermolasse. Sie sind hühnerei- bis kürbisgroß und besitzen einen hohen Eisengehalt (Gesamt-Fe 45–55%, v. a. Goethit; s. FREI 1966: 61, Tab. 2). Die zeitliche Einstufung des Bergbaues stützt sich auf Altersbestimmungen von Grubenhölzern und Keramikresten; danach kann die Abbautätigkeit ins 8. bis 10. Jahrhundert n. Chr. datiert werden. Archivalische Unterlagen oder Hinweise sind nicht bekannt.

Die Entstehung der Eisenerze wird hier mit der tiefgründigen Verwitterung der ältestpleistozänen (donauzeitlichen) Schotter erklärt. Das bei der Lösungsverwitterung der Schotter freigesetzte Eisen wandert in komplexen Lösungen in die tieferen Bodenschichten und wird unter geänderten Lösungsbedingungen an Schicht- und Substratgrenzen wieder ausgefällt und in Konkretionen angereichert.

---

[47] Unterlagen über Torfvorkommen und Torfabbau sind im Moorarchiv der Bayerischen Landesanstalt für Bodenkultur und Pflanzenbau, Abt. Moorkunde und Torfwirtschaft, München, gesammelt. Die Moorgrenzen in den amtlichen geologischen Karten sind aus dem „Moorkataster" (Maßstab 1 : 5000) der Landesanstalt übernommen. Die Erläuterungen dieser Karten enthalten Kurzbeschreibungen der Moorvorkommen.
[48] Weitere Trichtergrubenfelder mit ehemaligen Erzschürfstellen sind aus dem Tertiärhügelland zwischen Lech und Isar (z. B. bei Oberschneitbach im Landkreis Aichach-Friedberg) und auf Quarzrestschotterflächen in Niederbayern (z. B. im Landkreis Griesbach) bekannt und beschrieben (FREI 1966).

In vor- und frühgeschichtlicher Zeit stützte sich die Eisengewinnung vor allem auch auf die Verhüttung von Raseneisenerz. Die Eisenhydroxide werden in feuchten Niederungen im Schwankungsbereich der Grundwasseroberfläche und bei Zutritt von Sauerstoff ausgefällt; es entstehen dabei oft mehrere Zentimeter dicke Brauneisenkrusten. Das Eisen stammt auch hier aus Verwitterungsmineralen.

10.8 Flußgold

An zahlreichen bayerischen Flüssen wurde im Mittelalter und bis ins 19. Jahrhundert Gold gewaschen: in Südbayern an der Isar und an der Loisach, am Inn, an der Alz und der Salzach sowie an der Donau, in Ostbayern u.a. an der Naab, am Regen und an der Ilz, in Nordostbayern z.B. am Weißen Main.

Nach historischen Überlieferungen war über mehrere Jahrhunderte der Isarlauf zwischen Moosburg und Plattling Mittelpunkt der südbayerischen Goldwäscherei (FLURL 1792: 203; PLESSEN 1983: 356). Noch um 1880 wurde diese mühevolle Tätigkeit am Inn bei Mühldorf und unterhalb der Salzachmündung ausgeübt. Das Goldwaschen war nur dort erfolgversprechend, wo genügend kristalline Gesteine beim Transport im Flußbett zerrieben und freigesetzte Goldflitter im angeschwemmten Flußsand in sog. Mineralseifen angereichert wurden. Es wird angenommen, daß ein großer Anteil des Goldes in quartären Flußsanden des Alpenvorlandes aus den Molasseschottern umgelagert ist. Nur der Inn und die Salzach sowie die Flüsse aus dem Bayerischen Wald und dem Oberpfälzer Wald führen Gold aus den Abtragungsgebieten primärer Goldvorkommen (LEHRBERGER & GRUNDMANN 1990: 98f.). Die Ausbeute beim Goldwaschen blieb stets gering. Immerhin konnte das Waschgold zu Schmuck verarbeitet werden und außerdem wurden daraus verschiedene „Flußdukaten" geschlagen; die Münzen besitzen heute einen hohen Sammlerwert.

Die Münzprägungen unterscheiden z.B. „Flußdukaten" aus „Inngold" *Ex auro Oeni*, aus „Isargold" *Ex auro Isarae*, aus „Donaugold" *Ex auro Danubii*.

Auf der einen Seite der Dukaten ist das Bildnis des regierenden Landesherrn, auf der anderen Seite ein Flußgott mit dem bayerischen Wappen in der Hand dargestellt (FLURL 1792: 207; PLESSEN 1983: 358f.).

11 Grundwasser

Das Grundwasser zählt zu den wichtigsten Naturschätzen auf der Erde; es ist „Lebenselixier" für Mensch, Tier und Pflanze. In seiner vielfältigen Verwendung als Trinkwasser ist es täglich unser kostbarstes Lebensmittel.

Bayern gehört zu den wenigen Ländern, die mit gutem Trinkwasser ausreichend versorgt sind. Die Grundwasservorkommen sind zwar regional sehr unterschiedlich verteilt; Wasserversorgungsgruppen und Fernwasserleitungen gewährleisten jedoch heute in fast allen Landesteilen eine gute Versorgung.

Als Grundwasserspeicher und -leiter (Aquifer) spielen die quartären Lockergesteine eine herausragende Rolle. Wie in vorstehenden Kapiteln ausgeführt, besitzen sie in den Flußtälern und Schotterfeldern im Alpenvorland eine sehr große Verbreitung. Sie stellen hier wichtige Trinkwasser-Gewinnungsgebiete, verschiedentlich auch überregional bedeutsame Liefergebiete dar.

Im Wasserangebot bestehen zwischen Südbayern und Nordbayern grundlegende Unterschiede. Diese sind außer im Klima vor allem auch im geologischen Bau Bayerns und damit in den verschiedenen hydrogeologischen Verhältnissen südlich und nördlich der Donau begründet.

Südbayern mit seinen verbreiteten Lockergesteinen besitzt überwiegend **Porengrundwasser**, Nordbayern mit seinen Festgesteinen hauptsächlich **Kluft-** und **Karstgrundwasser**. Letzteres gilt auch für die Kalkalpen und für die Voralpen. Die Beschaffenheit des Grundwasser ist in hohem Maße vom Chemismus der Gesteine abhängig (vgl. Taf. 15).

Niederschlag, Verdunstung und Abfluß als Kriterien für die Grundwasserneubildung ergeben, daß das Grundwasserangebot in Südbayern etwa dreimal so groß ist wie in Nordbayern. Betrachtet man die vom Grundwasserspeicher abhängige Gewinnbarkeit des Grundwassers, so verschiebt sich dieses Verhältnis noch weiter zugunsten der grundwasserhöffigen Regionen in Südbayern.

Südbayern gilt insgesamt als ein Grundwasserüberschußgebiet. Fördergebiete von überregionaler Bedeutung sind hier
– die Flußtäler des Alpenvorlandes,
– die Schotterfelder des Alpenvorlandes und
– die glazial übertieften Alpentäler.

Das Grundwasser ist im allgemeinen oberflächennah; es korrespondiert häufig mit den oberirdischen Gewässern. Es ist dann auch besonders durch Schadstoffe aus der Umwelt gefährdet. Günstigenfalls ist es ausreichend durch Deckschichten geschützt. Im Vergleich zu den Flußtälern und den Schotterfeldern im Alpenvorland sind die Alpen und große Bereiche der Moränengebiete arm an nutzbarem Grundwasser.

Tabelle 15. Charakteristische Eigenschaften des Grundwassers.

a) Alpenvorland		Oberes Loisachtal (Garmisch-Eschenlohe) LOHR 1967: 91	Quellen im Mangfalltal (Gotzing, Mühltal) FRANK 1985: Beil. 6	Moränengebiete des Isarvorlandgletschers WROBEL 1987a: Beil. 4; WROBEL 1987b: Beil. 3	Münchener Schotterebene (Arget, Höhenkirchner Forst, Forstenrieder Park) FRANK 1985: Beil. 6; WROBEL 1987a: Beil. 4	Isarwasser zw. Pupplinger Au und Schäftlarn
1. Gesamthärte	°d.H.	14–16	17–18	18–20	13–16	10,6
2. Karbonathärte	°d.H.	11–12	15–16	16–18	12–15	9,2–9,3
3. Sauerstoff-Sättigung	%	70–80	90	70–100	80–90	n.b.
4. Fe-, Mn-, NH_4-Verbindungen	mg/l	0	0	0	0	0
5. Nitrate	mg/l	2–6	20–25	10–30	10–20	4,0–4,2
6. Chloride	mg/l	n.b.	9–10	6–40	2–9	3,0–3,8
7. Sulfate	mg/l	20 (–70)	9–13	10–35	5–12	19–21
8. $KMNO_4$-Verbrauch	mg/l	1	0	2–3	1	rd. 12
9. pH-Wert		7,5–7,7	7,1–7,3	7,1–7,6	7,3–7,5	7,2–7,9
10. Temperatur	°C	rd. 8	8–8,5	8–9	8,5–9,2	3–4 (Jan. 89)

Anmerkung: Bei Vermischung mit Moorwässern, wie in der nördlichen Münchener Schotterebene, im Donautal und in Tälern einiger Donaunebenflüsse, weist das Grundwasser wenig Sauerstoff auf, enthält Fe-, Mn- und NH_4-Verbindungen und reagiert schwach sauer (pH-Wert um 6,5).

b) Maintal

		Grafenrheinfeld bei Schweinfurt SCHWARZMEIER 1981: Beil. 3	Main-Uferfiltrat bei Karlstadt SCHWARZMEIER 1971: Beil. 3	Untermainebene bei Aschaffenburg ANDRES & MATTHESS 1971: Beil. 3	Mainwasser zw. Marktsteft und Ochsenfurt DOBNER & FRANK 1986: Beil. 3
1. Gesamthärte	°d.H.	25–40	20–30	16–20	17–19
2. Karbonathärte	°d.H.	10–20	14–17	11–16	10–11
3. Sauerstoff-Sättigung	%	10–20	20–90	n.b.	60–90
4. Fe-, Mn-, NH_4-Verbindungen	mg/l	0,5–2	0–0,3	0–0,1	0–0,1
5. Nitrate	mg/l	1–45	3–85	5–50	rd. 25
6. Chloride	mg/l	50–110	40–70	15–40	40–45
7. Sulfate	mg/l	150–350	90–140	35–75	110–115
8. $KMNO_4$-Verbrauch	mg/l	n.b.	3–8	3–5	rd. 15
9. pH-Wert		7,2–7,4	7,5–7,6	7,1–7,3	7,7–8,0
10. Temperatur	°C	12–13	10–14	10–11	17–18 (Sept. 85)

Analysen: Dr. A. WILD, Bayer. Geologisches Landesamt München.

Nordbayern gilt überwiegend als Grundwassermangelgebiet. Die quartären Lockersedimente besitzen gegenüber den mehr oder weniger klüftigen Festgesteinen mit wesentlich geringerem Speichervermögen eine relativ geringe flächenmäßige Verbreitung. Ergiebigere Grundwasservorkommen sind insbesondere in den jungen Talsedimenten wie im Maintal, im Rednitz-Regnitz-Flußsystem, im Altmühltal und im Naabtal bekannt.

11.1 Grundwasservorkommen in Südbayern

In weiten Teilen Südbayerns bildet die Obere Süßwassermolasse mit ihren Mergeln und Tonen die bedeutendste Grundwassersohlschicht bzw. den wichtigsten Grundwasserstauhorizont. Auf ihnen sammeln sich die Niederschlagswässer, welche die quartären Schotter und Moränen durchsickern. Quellen und Quellhorizonte weisen an Talflanken vielfach auf die Molasse-Obergrenze hin.

In den großen Alpentälern und im Alpenvorland sammeln sich die Grundwässer in hochkarbonatischen Gesteinen; ihre Beschaffenheit hängt im wesentlichen von der Zusammensetzung des Grundwasserleiters ab. Sie gehören zum Grundwassertyp der „Kalkschotterwässer" (GERB 1956, 1958), deren Kalk-Kohlensäureverhältnis sich in einem Gleichgewicht befindet.

Die „Kalkschotterwässer" im Alpenvorland sind nach einer von GERB (1956: 90) veröffentlichten Übersicht folgendermaßen gekennzeichnet:
Abdampfungsrückstand etwa 350 ± 50 mg/l,
Karbonathärte etwa 16° ± 3° dH.
Gesamthärte = Karbonathärte +1° bis 3° dH.,
Magnesia-Anteil der Gesamthärte etwa 30 bis 35 %.
Chlor-Ion ⎫
Sulfat-Ion ⎬ immer vorhanden, jedoch in kleinen Konzentrationen

	Normaltyp	Reduktionstyp
freier gelöster Sauerstoff	6–9 mg/l	häufig unter 1 mg/l oder fehlt ganz
Ammonium-Ion	fehlt	oft vorhanden
Nitrit-Ion[49]	fehlt	oft vorhanden
Hydrosulfid-Ion	fehlt	oft vorhanden
Eisen-2-Ion	fehlt	oft vorhanden
Mangan-2-Ion	fehlt	oft vorhanden
Permanganat-Verbrauch	2–4 mg/l	2–8 mg/l, in einzelnen Fällen mehr

Die Kalkschotterwässer können häufig mit Tertiärwässern in Kontakt treten und sich mit diesen vermischen. Vergleichsweise besitzen die Wässer aus Schichten der Oberen Süßwassermolasse eine Karbonathärte von rd. 9° dH. und eine Gesamthärte von rd. 10–11° dH.

---

[49] häufig durch den Einfluß intensiver landwirtschaftlicher Düngung stark erhöht (vgl. WROBEL & HANKE 1987).

Das **Donautal** zählt zu den grundwasserreichsten Gebieten in Bayern. Seine hochdurchlässigen Schotter (k_f-Wert 10^{-2} bis 10^{-3} m/sec) sind meist bis in Flurnähe von Grundwasser erfüllt (vgl. WEINIG 1980: 13, 15). Die Grundwassermächtigkeiten erreichen häufig bis zu 10 m, in Schotterrinnen in der Molasseoberfläche nicht selten bis zu 15 m. Der flußbegleitende Grundwasserstrom steht mit dem Flußwasser der Donau in Verbindung. Neben der Neubildung im Talbereich erhält das Grundwasser im Donautal Zustrom von Karstwasser, von Norden aus der Schwäbisch-Fränkischen Alb und von Süden aus dem Molassebecken.

Im Donautal befinden sich einige Trinkwassergewinnungsgebiete von überörtlicher Bedeutung: Im (württ.) Donauried östlich Ulm für den Wirtschaftsraum Stuttgart, auf den Hochterrassen zwischen Gundelfingen und Höchstädt für die Bayerische Riesgruppe, im Lechmündungsgebiet für den Wirtschaftsraum Nürnberg, im Isarmündungsgebiet für den Siedlungsraum Bayerischer Wald.

WEINIG (1980: 13) gibt für das Grundwasser im Donautal folgende Charakteristik an: „Die Grundwässer des Donautalquartärs sind dem von GERB (1958) charakterisierten Typ der Kalkschotterwässer zuzuordnen, deren wichtigste Eigenschaft das immer vorhandene Kalk-Kohlensäuregleichgewicht darstellt. Die Wässer sind dem Härtebereich ziemlich hart bis hart (ca. 14° bis über 20° dH.) nach HÖLL (1970) zuzuordnen. Neben Wässern mit normalen Sauerstoffgehalten bis max. 10 mg/l sind auch sauerstoffarme und -freie Wässer verbreitet, die ihren Sauerstoffgehalt durch längere Verweildauer unter abdeckenden Schichten, meist aber durch Oxidationsvorgänge an organische Substanzen abgegeben haben. Der Reduktionstyp der Kalkschotterwässer ist deshalb vor allem im Bereich von Mooren und Anmooren weit verbreitet. Hierbei können zusätzlich durch Sauerstoffarmut bedingte Gehalte an Eisen und Mangan oder an Huminstoffen auftreten, die bereits in geringen Konzentrationen die Grundwasserqualität stark beeinträchtigen bzw. eine Wasseraufbereitung notwendig machen. In weiten Bereichen des Donautales ist der Grundwasserchemismus durch anthropogene Einwirkungen vielfältiger Art, in Gebieten intensiver Landwirtschaft z. B. durch erhöhte Nitratgehalte beeinträchtigt."

Die hydrogeologischen Kenndaten vieler **Flußtäler** im **Alpenvorland** ähneln den für das Donautal gemachten Angaben: 10–20 m mächtige Schotter mit hoher Durchlässigkeit, die weitgehend von Grundwasser erfüllt sind. Dies gilt insbesondere für die eiszeitlich aufgefüllten Schmelzwasserrinnen und die im Spät- und Postglazial umgestalteten Täler, wie das Iller-, Wertach-, Lech-, Loisach-, Isar-, Mangfall-, Inn-, Alz-, Traun-, Saalach- und Salzach-Tal. Sie alle führen ein sehr gutes, sauerstoffreiches Kalkschotterwasser (Härtebereich 14–21° d.H. = Härtestufe 3).

Von den zahlreichen Grundwasservorkommen besitzen einige Talabschnitte eine für die Trinkwasserversorgung überörtliche Bedeutung
Illertal zwischen Memmingen und Ulm,
Lechtal zwischen Landsberg und Rain a. Lech,
Isartal zwischen Freising und Landshut,
Mangfalltal bei Weyarn (Reisach, Thalham) und Bad Aibling,
Inntal zwischen Gars, Neuötting und Simbach a. Inn,
Salzachtal unterhalb Burghausen.

Besonders genannt seien hier auch das Lech- und das Isarmündungsgebiet mit Trinkwasserentnahmen für nordbayerische Mangelgebiete (Fränkischer Wirtschaftsraum bzw. Bayerischer Wald).

In einigen **alpinen Flußtälern** sind Grundwasservorkommen bekannt, die an Ergiebigkeit und Qualität manche Gewinnungsgebiete im Alpenvorland übertreffen.

Im **oberen Illertal** zwischen Sonthofen und Burgberg, im Mündungsgebiet der Ostrach in die Iller, werden von der Stadt Kempten und der „Fernwasserversorgung Oberes Allgäu" bis über 500 l/sec gefördert. Eine Trogwanne im glazial übertieften Illertal (BADER & JERZ 1978: 37, Abb. 3) fängt hier das von Süden und Osten zufließende Grundwasser auf. Grundwasserreserven sind auch oberstrom im Abschnitt Fischen-Altstädten nachgewiesen.

Das **Lechtal** mit seinen hochdurchlässigen eiszeitlichen Schmelzwasserschottern und postglazialen Flußschottern zählt zu den grundwasserreichen Gebieten Bayerns. Die größeren Grundwasservorräte werden in den jungquartären Schottern angetroffen, aus denen auch die Stadt Augsburg im Siebentischwald einen Großteil ihres Grundwassers entnimmt.

Im **oberen Ammertal** südlich Oberammergau gabelt sich der von Westen aus Richtung Graswang ziehende Grundwasserstrom (LOHR 1967: 94). Etwa ab der Ettaler Mühle fließt der größte Teil des Grundwassers der Loisach zu und tritt zum Teil in den Maulenbachquellen oberhalb von Oberau zutage. Der zweite Ast folgt dem heutigen Ammerlauf nach Norden.

Im **oberen Loisachtal** nützt die Stadt München die ergiebigen Grundwasservorkommen zwischen Farchant und Eschenlohe (LOHR 1967: 89, Beil. 2 + 3). Bei Oberau werden bis zu 2500 l/sec entnommen. Die Entnahme erfolgt ausschließlich aus dem unteren der beiden Stockwerke, das durch Seetone gegen Einflüsse von der Oberfläche geschützt ist. Das Tal wurde hier vom Loisachgletscher besonders kräftig ausgeschürft und ca. 350–400 m, nördlich Farchant sogar bis zu 600 m unter die heutige Talsohle übertieft (BADER 1967: 73, Abb. 28). An der Engstelle bei Eschenlohe erfährt der Grundwasserstrom einen Rückstau; wegen der undurchlässigen Seetone ist das Grundwasser gespannt. An verschiedenen Stellen im Loisachtal entstanden aufstoßende Quellbäche, die das Wasser oberirdisch der Loisach zuführen.

Westlich Oberau erhält das Loisachtal über die Maulenbach-Quellen (rd. 1000 l/sec) Zustrom aus dem Ammertal. Ein ehemals hier einmündendes Seitental (Ur-Ammer) ist durch Moränen des Loisach-Gletschers verbaut.

Von Osten fließt dem Grundwasser im Loisachtal Karstwasser aus dem Estergebirge zu. Das Krottenkopf-Plateau und die Krottenkopf-Mulde sind ohne oberirdischen Abfluß, der verkarstete Plattenkalk mit Dolinen und Schlucklöchern übersät. Mit Markierungsversuchen konnte nachgewiesen werden, daß ein Teil des Sickerwassers an der bei Farchant 450 m hoch über dem Loisachtal entspringenden Kuhfluchtquelle wieder zum Vorschein kommt (WROBEL 1970, 1976).

Im **oberen Isartal** sind die Gegenden um Krün und bei Lenggries besonders grundwasserhöffig.

Im **Inntal** bei Brannenburg und bei Nußdorf führen Deltaschotter und ausgedehnte Schwemmfächer bedeutende Grundwassermengen.

Im **Saalach**- und im **Salzachtal** bilden die von Schotter erfüllten, durchströmten Gletscherbecken ergiebige Trinkwasservorkommen.

Sehr unterschiedlich ist die Grundwasserhöffigkeit in den **voralpinen Schotterplatten**, die aus Schmelzwasserschottern von Vorlandgletschern verschiedener Eiszeiten aufgebaut sind und die sich von den Endmoränen bis zur Donau erstrecken: die Iller-

Lech- und die Isar-Inn-Schotterplatten (MEYNEN & SCHMIDTHÜSEN 1953). Im allgemeinen bilden die älteren Schotter vorwiegend stark zerschnittene Hochflächen (Riedel) und nur die Schotter der letzten 2–3 Eiszeiten mehr zusammenhängende Schotterfluren und -terrassen oder Talfüllungen. Abweichend davon ist die Münchener Schotterebene aufgebaut, wo die jüngeren den älteren Schottern auflagern.

Die Schotterplatten sind vielfach bis in die unterlagernde Molasse zerschnitten; an Talrändern treten dann häufig Quellen und Quellhorizonte an der Grenze Quartär/Tertiär auf. Die größeren Grundwasservorräte weisen jedoch die Hochterrassen und vor allem die Niederterrassen auf. Ihre großen Durchlässigkeiten, ihr großes nutzbares Speichervermögen und die hohen Niederschläge im Alpenvorland bedeuten eine rasche Grundwasserneubildung und auch sehr große Ergiebigkeiten. Weniger ergiebig bis trocken sind Bereiche mit hochliegendem Tertiär – wie an einigen Stellen in der Münchener Schotterebene. In Terrassentreppen mit tiefer liegender Tertiäroberfläche ist ein Überfließen des Grundwassers von einer höheren auf die nächst tiefere Terrasse möglich.

Die **Münchener Schotterebene**, eine außergewöhnlich große eiszeitliche Aufschüttungsfläche (vgl. Kap. 1.1.2.3), ist auch in hydrogeologischer Hinsicht ein Ausnahmegebiet. Sie bildet einen Porenwasserleiter mit modellhaftem Charakter (vgl. SCHIRM 1968). Die rund 1800 km² große Fläche besitzt trotz Amper, Würm und Isar eine nur unbedeutende Oberflächenentwässerung. Östlich der Isar versickert zudem der Hachinger Bach bereits nach einer etwa 12 km langen Laufstrecke. Einige ergiebige Quellen treten an den Flanken des tief eingeschnittenen Isartales aus: südlich Grünwald, bei Pullach, im Münchener Stadtgebiet bei Großhesselohe und Hinterbrühl und beim Tierpark Hellabrunn, beim Volksbad und beim Friedensengel.

Die im Süden 70–50 m und im Norden 20–10 m mächtigen, dem Tertiär auflagernden Schotter zeichnen sich durch eine hohe Versickerungsrate (bis zu 40 % des Niederschlags) und durch eine hohe Durchlässigkeit (k_f-Wert zwischen $1 \cdot 10^{-2}$ und $5 \cdot 10^{-3}$ m/sec) aus. Der Grundwasserstrom ist zwischen 10 und 20 m mächtig (in Rinnen auch bis zu 25 m), in Bereichen mit hochanstehendem tertiären Untergrund auch erheblich geringer. Geringmächtige quartäre Schotter auf hochreichenden Molasseschichten führen nur wenig oder gar kein Grundwasser, wie z. B. bei Hofolding und Neuried.

Das Ansteigen der Grundwassermächtigkeit nach Norden zu – bei einem Ausdünnen der Schotterdecke in gleicher Richtung – ließen bei Dachau und Erding ausgedehnte Quellmoore entstehen.

Das Grundwasser der Münchner Schotterebene wird von zahlreichen Gemeinden als Trinkwasser genutzt. Gegenwärtig sind 40–50 Brunnen in Betrieb, viele weitere sind als Notbrunnen ausgebaut. Die Stadt München betreibt Förderwerke in Pasing, im Forstenrieder Park, im Deisenhofener und Höhenkirchener Forst, in Arget und in Trudering. Die gesamte mittlere Ergiebigkeit des Grundwasservorkommens in der Münchener Schotterebene wird auf 15–20 m³/sec geschätzt.

In den **voralpinen Moränengebieten** ist das Grundwasser auf eine größere Anzahl von Einzelvorkommen verteilt (WROBEL 1982, 1983); bei oft wechselhafter Schichtenfolge ist es hier bedeutend schwieriger, höffige Gebiete aufzufinden. Grundwasserarm sind Landschaften mit schluffreichen, schlecht wasserdurchlässigen Grundmoränen; Kieslinsen sind darin sehr selten. Dies gilt auch für die oft mächtigen Seeablagerungen, die nach einer Vorlandvergletscherung in den großen Glazialbecken zum Absatz kamen. Ausnahmen bilden kiesig-sandige Schüttungen spät- und postglazialer Flüsse, wie z. B.

die Deltaschotter der Isar in das ehemalige Wolfratshauser Seebecken bei Geretsried, die (jüngeren) Deltaschotter bei Brannenburg und die Schotter der Mangfall bei Bad Aibling im Rosenheimer Becken.

Nach Süden lassen sich manche schottererfüllte Rinnen bis unter die Moränen zurückverfolgen. Als ehemalige Abflußrinnen wurden sie bei späteren Gletschervorstößen überfahren und mit Gletscherschutt überdeckt. Mehrere dieser Rinnen sind näher untersucht, verschiedene sind wasserführend und stellen in den überwiegend grundwasserarmen Moränengebieten außerordentlich wichtige Trinkwasservorkommen dar. Sogenannte Rinnenschotter mit bedeutender Grundwasserführung sind bekannt:

— im östlichen Rheingletschergebiet bei Isny und Leutkirch unter Jung- und Altmoränen (z. B. die Argen-Eschach-Rinne, WERNER et al. 1974);
— im Gebiet des Isarvorlandgletschers unter Rißmoräne zwischen (südlich) Schäftlarn und (nördlich) Baierbrunn; beide Gemeinden und die Stadt München fördern aus einer wasserführenden Rinne mit mehreren Brunnen reichlich Trinkwasser (Abb. 65); es wird mit einem unterirdischen Abfluß von rd. 200–250 l/sec gerechnet (WROBEL 1982: 33). Auch die am westlichen Isarhang bei Pullach austretenden starken Quellen werden von diesem Grundwasserstrom gespeist;
— nördlich und südlich des Taubenberges schneidet die Mangfall WSW-ENE verlaufende Schotterrinnen an: Die starken Quellen am westlichen Talhang werden seit über 100 Jahren von der Stadt München als Trinkwasser genutzt: die Mühlthaler Quellen mit rd. 1100 l/sec und die Gotzinger Quellen mit rd. 900 l/sec. Zusammen mit den Grundwasserfassungen Reisach und Thalham bezieht die Landeshauptstadt aus dem Mangfallgebiet im Mittel 3500 l/sec (TRAUB 1956: 61);
— bei Glonn und Moosach sind im Grenzbereich Deckenschotter/Molasse starke Quellen angeschnitten. Sie stehen hydrologisch vermutlich mit der Münchener Schotterebene in Verbindung;
— im Leitzachtal ist ein alter Flußlauf mit Würmmoräne verhüllt; Flußrinnen einer früheren Leitzach führen mitunter reichlich Grundwasser (STEPHAN 1968: 350);

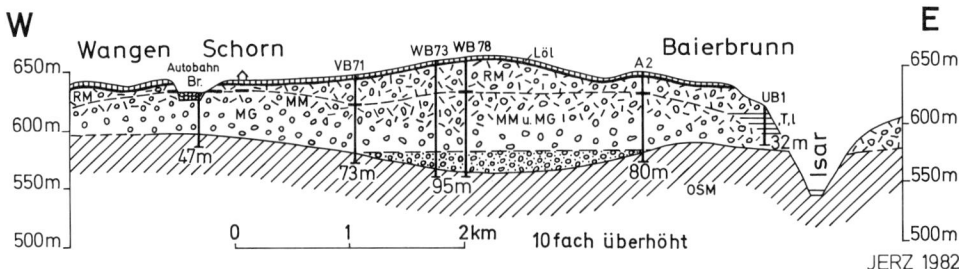

Abb. 65. Geologisches Profil zwischen Wangen nordöstlich Starnberg und Baierbrunn südlich München.
Löl – Lößlehm, RM – Rißmoräne, T, l – Ton, limnisch spätmindelzeitl. Seeton, MM Mindelmoräne, MG Mindelschotter, OSM Obere Süßwassermolasse. Br = Brunnen, VB = Versuchsbohrung, WB = Wasserbohrung, UB = Baugrundbohrung. Die Ergebnisse der Wasserbohrungen WB 73 und WB 78 wurden freundlicherweise von Dr. F. TRAUB, München, zur Verfügung gestellt.

- bei Holzkirchen ist ein Ur-Tal der Isar (BADER 1982: 14, Abb. 1), bei Wasserburg ein Ur-Tal des Inn (MÜLLER & UNGER 1973: Beil. 2–4) geophysikalisch und durch Bohrungen nachgewiesen. Über ihre heutige Grundwasserführung ist wenig bekannt.
- bei Burghausen schneidet die Salzach einen nach Osten ziehenden Grundwasserstrom an. Die über dem Tertiär austretenden Quellen (zus. rd. 350 l/sec) werden zum Teil für die Trinkwasserversorgung genutzt (TRAUB 1956: 50).

Eine **Beeinträchtigung** des Trinkwassers besteht in Südbayern in Einzugsbereichen von Anmoor- und Moorgebieten, im Dachauer und Erdinger Moos, im Donaumoos, im Ingolstädter und Straubinger Becken (WEINIG 1980) wie auch in vielen kleineren Tälern mit vermoorten Talsohlen (z. B. Günz- und Mindeltal, Maisach- und Ampertal). Die Kalkschotterwässer treten dann in reduzierter Form auf. Infolge Sauerstoffarmut erreichen Eisen, Mangan und Huminstoffe Gehalte, die eine Qualitätsminderung bedeuten und die eine Aufbereitung erforderlich machen (Grenzwerte für gelöstes Eisen 0,1 mg/l, für gelöstes Mangan 0,05 mg/l).

Eine **Gefährdung** des Trinkwassers erfolgt vielfach durch anthropogene Einflüsse. Eine erhebliche Verunreinigungsgefahr besteht vor allem bei geringen Flurabständen des Grundwassers. In den letzten Jahren stark angestiegen sind die Werte für Nitrat durch intensive Stickstoffdüngung und für Chlorid durch Streusalze (Grenzwerte für Nitrat 50 mg/l, für Chlorid 200 mg/l). Ein anthropogener Einfluß wird bei Nitratwerten von über 30 mg/l deutlich. – (Vgl. Tab. 15.)

Eine **Verseuchung** des Grundwassers können u. a. Pestizide (Herbizide und Insektizide), polychlorierte Kohlenwasserstoffe (PCKW) und polychlorierte Biphenyle (PCB) verursachen.[50]

Eine oft nicht kalkulierbare Gefahr für das Grundwasser geht von Deponien aus (vgl. u. a. EXLER 1972). Zahlreiche unkontrolliert verfüllte Kies- und Sandgruben dürften in den nächsten Jahren und Jahrzehnten noch zu nachteiligen Auswirkungen für die Grundwasserqualität führen.

Die vor allem in Südbayern verbreiteten kiesigen Lockersedimente besitzen neben ihrer günstigen Durchlässigkeit ein hohes Reinigungsvermögen. Eine ausreichende Filterung für biologisch abbaubare Stoffe (z. B. Keime) ist bereits nach einer Fließstrecke von rund 10 m, eine Reinigung von zahlreichen weiteren Substanzen nach einer Verweildauer von 50 Tagen erreicht (Richtwert für die engere Schutzzone in Trinkwasserfördergebieten). Die gilt jedoch nicht für Nitrate, Phosphate, chlorierte und polychlorierte Kohlenwasserstoffe und Rückstände von Pflanzenschutzmitteln (Triazine, u. a. Atrazin), die im Boden nur sehr langsam abgebaut werden.

11.2 Grundwasservorkommen in Nordbayern

Nördlich der Donau sind die hydrogeologischen Verhältnisse vielfach komplizierter. Im **Maintal** sind die wichtigsten Grundwasservorkommen an die quartären Talfüllungen in den breiteren Talabschnitten gebunden. Sie sind örtlich sehr ergiebig, wie im Raum Aschaffenburg-Großostheim-Alzenau in der Untermainebene, einem jungtertiä-

---

[50] Grenzwerte pro Liter Wasser: 0,1 Mikrogramm bei Rückstand eines Wirkstoffes, 0,5 Mikrogramm für die Summe aller Wirkstoffe.

ren und quartären Senkungsgebiet. Vielerorts wird aus dem Uferfiltrat Trinkwasser gewonnen, wie bei Haßfurt, Kitzingen und Karlstadt; es reicht vorwiegend nur für den örtlichen Bedarf und muß meist noch aufbereitet werden. Im Raum Schweinfurt wird Grundwasser auch in Sickerbecken angereichert.

Bedeutsam ist, daß größere Mengen an Grundwasser aus den klüftigen Festgesteinen dem Talraum zugeführt werden. Aus dem Buntsandstein kommend ist es sehr weich, aus dem Muschelkalk ist es sehr hart. Der Zustrom ist von der Zerrüttung und gebietsweise auch von der Verkarstung der Festgesteine abhängig (DOBNER 1980: 27). Am Mittelmain hat die Verkarstung in den gipsführenden Gesteinen des Mittleren Muschelkalks zu Einsenkungen geführt, die 30–40 m unter die heutige Mainsohle reichen. Die wannen- und rinnenartigen Vertiefungen sind mit Kies und Sand verfüllt, der Porenraum mit Wasser erfüllt. Zwischen Sulzfeld und Marktbreit sind die Subrosionssenken für die Trinkwassergewinnung von großer Bedeutung (DOBNER & FRANK 1986: 100).

Die Beschaffenheit der Grundwässer im Maintal und in den Seitentälern (Wern, Fränk. Saale, Sinn) schwankt in weiten Grenzen (DOBNER 1980: 35). Es ist abhängig vom Einzugsgebiet der zufließenden Wässer, von der Verweildauer in den Talsedimenten und von anthropogenen Einflüssen. Die größten Schwankungen im Chemismus sind im Raum Würzburg zu verzeichnen. Bei einer Karbonathärte zwischen 11–17° d. H. lassen mit Sulfat angereicherte zuströmende Wässer die Gesamthärte bis auf 60° d. H. ansteigen. Vergleichsweise liegen die entsprechenden Werte im Raum Aschaffenburg deutlich niedriger (Gesamthärte 10–20° d. H.). – Vgl. Tab. 15.

Geringe Flurabstände sowie intensive Landwirtschaft und Gartenbau mit Sonderkulturen, Siedlungen und Kiesgruben schränken die Nutzung des Grundwassers als Trinkwasser örtlich stark ein.

Im **Rezat-Rednitz-Regnitz**-Flußsystem und einigen Zuflüssen (Pegnitz, Bibert) und im **Altmühltal** sind in den kiesig-sandigen Talfüllungen zum Teil bedeutende Grundwasservorkommen bekannt. In Karstgebieten des Jura besteht eine hydraulische Verbindung mit dem Karstgrundwasser. Die Grundwässer sind in ihrem Chemismus sehr unterschiedlich und außerdem durch anthropogene Einflüsse (Düngung, Deponien, Siedlungen und Kiesabbau) gefährdet.

Im bayerischen **Tertiärhügelland** sind in erster Linie die Täler der Isar und des Inn, die das Hügelland durchziehen, zu nennen. Größere Trinkwassermengen werden aus Brunnen bei Moosburg, Landshut und Plattling gefördert.

Das **kristalline Grundgebirge** besitzt im allgemeinen nur ein geringes Kluftvolumen. Es sind vorwiegend Trinkwassermangelgebiete. Die Talzüge und Talweitungen mit quartären Füllungen aus Fließerdematerial und Verwitterungsschuttdecken sind wenig ergiebig und reichen günstigenfalls für den örtlichen Bedarf. Die Versorgung erfolgt heute zu einem großen Teil über Fernwasserleitungen und aus Trinkwassertalsperren (Mauthaus bei Kronach, Frauenau im Bayerischen Wald).

Im **Oberpfälzischen Hügelland** zwischen dem Fränkischen Jura und dem kristallinen Grundgebirge enthalten die quartären Kiese im **Naabtal** ausreichende Grundwassermengen. Nachteilig wirken sich hier die oft geringen Flurabstände aus.

11.3 Heil- und Mineralquellen

Heilquellen und Mineralquellen zählen wie das Grundwasser zu unseren kostbarsten Naturschätzen. Sie tragen dazu bei, unsere Gesundheit zu erhalten und zu fördern. Während **Heilwässer** eine medizinisch nachgewiesene Heilwirkung aufweisen müssen, sind **Mineralwässer** durch ihren Gehalt an Mineralstoffen (mind. 1000 mg gelöste Salze in 1 kg Wasser) oder an freiem Kohlendioxid (mind. 250 mg/kg) festgelegt und näher gekennzeichnet[51] (u. a. ABELE 1950; QUENTIN 1970).

Wie im Abschnitt Grundwasser beschrieben, werden große Gebiete Bayerns mit Trinkwasser aus quartären Ablagerungen versorgt. Mineralstoffreiche Wässer sind im Quartär im Vergleich zu anderen Formationen selten; warme Quellen oder Thermen (mit über 20° C) aus dem Quartär sind in Bayern nicht bekannt.

Heilwässer können auch einen geringeren Gehalt (d. h. weniger als 1 g/kg) an Mineralstoffen aufweisen, sofern sie besonders wirksame Einzelstoffe enthalten. Ein Mineralwasser kann ein Heilwasser sein, ein Heilwasser muß aber nicht zwangsläufig auch ein Mineralwasser sein (QUENTIN 1970: 14).

Zahlreiche einfache (mineralarme) kalte Quellen galten früher und zum Teil bis in unsere Zeit als Heilquellen. Aus quartären Ablagerungen sind sie vor allem in Südbayern verbreitet. Häufig sind es gewöhnliche Quell- und Brunnenwässer. Ihre Heilwirkung ist selten medizinisch nachgewiesen, die Heilkräfte beruhen oft nur auf reiner Wasserwirkung.

Seit über 500 Jahren werden die Quellen von Krumbad bei Krumbach/Schwaben als Heilquellen genutzt; als Schichtquellen entspringen sie an der Grenze altquartäre Schotter/tertiäre Mergel. Als spezifischer Bestandteil gilt ihr Gehalt an Kieselsäure (47,2 mg/l, ABELE 1950: 37).

Im Mayenbad bei Mindelheim dient eine aus glazialen Schottern über Flinzschichten entspringende „Heilquelle" Trinkkuren und Badezwecken. Die Quelle besitzt die Qualität eines guten Trinkwassers (ABELE 1950: 41).

Auch die Quellen von Empfing nördlich Traunstein werden schon seit Jahrhunderten als Heilwasser genutzt. Sie entspringen in altquartären Schottern über sandig-mergeliger Molasse. Das Quellwasser wird für Bade- und Trinkkuren und als Tafelwasser verwendet (ABELE 1950: 19).

Zahlreiche weitere quartäre „Heilquellen", denen nicht selten „Heilbäder" angeschlossen waren, werden entweder in beschränktem Umfang noch als Trinkwasser genutzt oder sind heute ohne Bedeutung. Es handelt sich dabei um „einfache kalte Quellen" wie z. B. in: Annabrunn bei Schwindegg, Bad St. Achatz bei Wasserburg, Dankelsried bei Erkheim, Dickenreis bei Memmingen, Petersbrunn bei Leutstetten/Starnberg, Kloster Schäftlarn.

Die Quelle von Annabrunn entspringt der Altmoräne des Inngletschers, die Quellen von Petersbrunn und Kloster Schäftlarn treten über Seetonen aus; die anderen angeführten Quellen entspringen an der Grenze Quartär/Tertiär.

---

[51] Als Tafelwässer in den Handel kommen Mineralwässer (mind. 1 g Mineralstoffe pro 1 kg Wasser) und Sauerbrunnen (= Säuerlinge mit mind. 1 g freies Kohlendioxid pro 1 kg Wasser). Mineralwässer, die mit künstlicher Kohlensäure versetzt sind, werden auch als „Sprudel" vertrieben.

In Bad Aibling wurde bis in unser Jahrhundert das eisenhaltige Wasser der Ludwigs-Quelle nahe der Ortschaft Moos als Heilwasser genutzt. Der Eisengehalt beträgt 5 mg/kg Wasser bei 571 mg/kg Gesamtgehalt an gelösten festen Stoffen (ABELE 1950: 15).

Die angeführten Beispiele erheben keinen Anspruch auf Vollständigkeit. Eine Übersicht über die Heil- und Mineralquellen findet sich bei ABELE (1950: Kt. 1 u. 2) für Südbayern und bei QUENTIN (1970: Kt. 1) für Nordbayern.

12 Karstbildungen und Höhlenfüllungen

Karstspalten und Höhlen entstanden durch intensive Lösungsverwitterung in Karbonatgesteinen und in sulfathaltigen Schichten bereits in der Tertiärzeit in großer Zahl. Auf der Schwäbisch-Fränkischen Alb und in Unterfranken begann mit dem Einschneiden der Donau in den Jura und des Main in den Keuper und Muschelkalk im **Quartär** eine weitere Verkarstungsperiode.

Die Urdonau grub sich auf der sich hebenden Albtafel tief in die Oberjurakalke ein, schnitt ältere Karsthohlräume an und senkte das Vorflutniveau für das Karstwasser, so daß Höhlensysteme trocken fielen. Trockenhöhlen an den Talflanken weisen darauf hin.

Der altpleistozäne Main tiefte sich im Mittelmain-Gebiet bis unter die heutige Flußsohle ein. Im Grundgips des Mittleren Keuper entstand der „Gipskarst" und aus den Steinsalzlagern im Mittleren Muschelkalk begannen in jener Zeit umfangreiche Ablaugungen; es bildeten sich bis über 30 m tiefe Subrosionssenken.

Auch im Hochgebirge war eine intensive Verkarstung in Kalken und Dolomiten über einen langen Zeitraum im Jungtertiär und im Quartär wirksam, zum Beispiel auf dem Zugspitz-Platt im Wettersteinkalk, im „Steinernen Meer" im Dachsteinkalk, auf dem Gottesackerplateau im Ifen-Gebiet im Schrattenkalk (vgl. Abb. 66).

Zu den verbreitetsten oberirdischen Karsterscheinungen zählen Erdfälle (Dolinen) und schachtartige Hohlformen, im Hochgebirge formenreiche Karren („Schratten") und Karrenfelder. Große Senkungsfelder (bis 150 m Durchmesser) sind beispielsweise im Grundgips aus dem Raum Schweinfurt (BÜTTNER 1990: 87) und über auslaugbaren gipshaltigen Raibler Schichten südlich Rosenheim bei Flintsbach am Inn (WOLFF 1973: 297) beschrieben. Trichterförmige Dolinen in spätglazialen Schottern nordwestlich Garmisch werden ebenfalls mit jungen Lösungsvorgängen in Raibler Gipsgesteinen erklärt.

Von besonderem Interesse sind die Karstspalten und Höhlen in Bayern wegen ihres Fossilinhaltes. Eingebettet in den Verwitterungs- bzw. Höhlenlehm finden sich nicht selten Reste von Groß- und Kleinsäugern. Sie lassen die Entwicklung der Eiszeittierwelt verfolgen (HELLER 1967; CHALINE 1972, u. a.).
Bedeutende Funde einer altpleistozänen Fauna sind aus Höhlen in Nordbayern bekannt:

In den Höhlen von Moggast westlich Gößweinstein (Fränkische Schweiz, OFR.) und Sackdilling südlich Auerbach (OPF.) wurden Reste von Kleinsäugern (u. a. Siebenschläfer) gefunden (HELLER 1930 a und b), aus einem Karsthohlraum im Unteren Muschelkalk bei Karlstadt (Zementwerk-Steinbruch) stammen Reste von Höhlenbären und anderen Raubtieren (RUTTE 1981: 244).

In der Höhlenruine Hunas bei Hartmannshof (MFR.) wurden eine große Zahl an Tierresten aus dem mittleren Pleistozän entdeckt. Hunas war auch ein Siedlungsplatz des frühen Steinzeitmenschen in Bayern (HELLER et al. 1983).

Abb. 66. Verkarstung im Schrattenkalk des Gottesackerplateaus im Oberallgäu. Im Verlauf des Quartärs war unter kühlfeuchten Klimabedingungen die Lösungsverwitterung besonders intensiv. Stark kohlensäurehaltiges Wasser löst bis in unsere Zeit Kalkgestein, wobei die Kalklösung bevorzugt auf Klüften und auf Schichtfugen erfolgt. In hunderttausenden von Jahren entstanden in vielen Bereichen der Kalkalpen ausgedehnte Karrenfelder wie hier auf dem Gottesackerplateau in 1800 bis 2000 m Höhe. Foto: C. Heimhuber (1970).

Höhlenfunde, die wie die erwähnten älter sind als das letzte Interglazial, sind selten. Als Ursache dafür sieht BRUNNACKER (1956: 24; 1964: 241) „eine Zerstörung der Höhlen infolge Rückwitterung am Eingang und besonders in Ausräumungen des Sedimentinhaltes infolge periglazialer Vorgänge".

Im allgemeinen kann auch in Höhlen eine Interglazial/Glazial-Abfolge unterschieden werden. Während es in einer Warmzeit zu Sinterbildungen im Höhleninnern kommt und am Höhleneingang sich humoser Schutt ansammelt, führt im Frühglazial Solifluktion zu einer Umlagerung und Ausräumung älterer Sedimente. Im Hochglazial entstand grober Frostschutt, der oft in mehreren Lagen den Boden vieler unserer Höhlen bedeckt (z. B. BRUNNACKER 1956: 30, 1979: 109).

Eine Besitznahme der Höhlen durch den Eiszeitmenschen fand wohl nur zeitweise statt. Die nomadisierenden „Eiszeitjäger" lagerten vorwiegend nur im Sommer vor und in den Höhlen. In den langen Wintermonaten waren Karsthöhlen bevorzugte Winterschlafplätze der Höhlenhyänen und Höhlenbären.

13 Böden der quartären Ablagerungen

Neben dem Grundwasser bildet der **Boden** den wichtigsten Bodenschatz auf der belebten Erde.

Allgemein kann ein Boden als oberste Verwitterungsschicht und als ein Produkt physikalischer, chemischer und biologischer Umbildungsprozesse bezeichnet werden. Faktoren der Bodenbildung sind in erster Linie das geologische Ausgangssubstrat, das Klima, die Zeitdauer der Bodenbildung, das Relief, das Bodenleben und nicht zuletzt die Bodennutzung durch den Menschen. Im Zusammenwirken der bodenbildenden Prozesse entstehen Ton- und Humussubstanzen, welche in kolloidalen Zustand von großer Bedeutung bei der Nährstoffversorgung der Pflanzen sind, da sie Kationen (Ca, Mg, K, Na) speichern und bei Bedarf an die Pflanzenwurzeln abgeben.

In unserem Klimabereich führt das Sickerwasser die leichtlöslichen Salze der Alkalien und Erdalkalien in den Untergrund. Die Folge ist eine zunehmende Entbasung. Das Sickerwasser ist auch für die Verlagerung von Tonteilchen und Eisen aus dem Oberboden in den Unterboden verantwortlich. Es ist an der Podsolierung beteiligt, wobei in stark saurem Milieu Ton zerstört und Fe und Al mobilisiert werden. Sein Einfluß als Stau- und Grundwasser führt zu einer Pseudovergleyung bzw. Vergleyung.

Richtwerte zur Klassifizierung wichtiger Bodeneigenschaften sind in den Bodenkarten von Bayern und deren Erläuterungen enthalten. Besonders genannt seien die Standortkundlichen Bodenkarten 1: 25000 der **Hallertau** (WITTMANN et al. 1981) und der Kartenblock 1: 50000 **München-Augsburg und Umgebung** (FETZER et al. 1986).

Wie schon erwähnt, ist die Bodenentwicklung in starkem Maße vom Ausgangsmaterial und von der Zeitdauer der Bodenbildung abhängig. Es lassen sich innerhalb eines Klimabezirks bei gleichem oder ähnlichem Substrat beispielsweise Rückschlüsse auf das relative Alter eines Bodens ziehen. Aus vergleichenden Untersuchungen ergeben sich daraus nicht nur Hinweise für das Minimumalter eines Bodens, sondern auch Anhalte für das Alter des Bodenausgangssubstrats, etwa eines Schotters, einer Moräne oder einer Deckschicht.

Im folgenden werden Leitbodenformen der verbreitetsten jungquartären Ablagerungen in Südbayern und Nordbayern aufgeführt. Sie sind zudem in Tabelle 16 in Kurzform beschrieben.

13.1 Südbayern

Böden der **Täler** und **Niederungen**: Im Donautal und in den Tälern der alpinen Zuflüsse sind aus jungen, kiesig-sandigen Flußablagerungen (mit bis zu über 50%

Abb. 67. Hellgraue Almkalkausfällungen im Memminger Achtal östlich von Amendingen. Seit der starken Grundwasserabsenkung Mitte unseres Jahrhunderts bis 3–4 m unter Flur werden die ehemaligen Feuchtgebiete intensiv landwirtschaftlich genutzt. Aus: JERZ 1976: 29, Abb. 4.

Karbonat) vor allem Auenrendzinen, in den autochthonen Tälern der pleistozänen Schotterplatten (Iller-Lech- und Isar-Inn-Gebiet) und in den Tälern des Tertiärhügellandes aus überwiegend karbonatarmen Talfüllungen vielfach kolluviale lehmige Böden entstanden. In den Niederungen finden sich verbreitet mineralische und organische Grundwasserböden mit Gleyen und Mooren.

Auf (schluffig-)tonigen Ablagerungen ehemaliger Gletscherseen haben sich Tonböden (Pelosole) entwickelt. Grundwasser- oder quellennah sind Böden aus Sinterkalk (Alm, Quellenkalk) mit Kalkgleyen und Übergängen zu Rendzinen entstanden (vgl. Abb. 67).

Tabelle 16. Böden aus quartären Ablagerungen.

Bodenausgangsmaterial	Häufige Bodentypen	Bodenarten v. a.	Nutzung v. a.
Junge Ablagerungen in Flußtälern und in größeren Bachtälern	Südbayern: Auenrendzina, karbonatreich; Gley z. T. anmoorig	schluffiger (lehmiger) Feinsand bis feinsandiger (lehmiger) Schluff, oft kiesig (auf Schotter)	Auwald; Grünland-Wechselland
	Nordbayern: Auenpararendzina, Gley, karbonathaltig bis ± karbonatfrei	(lehmiger) Feinsand bis schluffiger (toniger) Lehm, z. T. kiesig	Grünland-Wechselland
Junge Moränen (nur im Hochgebirge)	Regorendzina, z. T. verbraunt	sandiger, schluffiger Kalkgrus mit Steinen	z. T. Schafweide
Postglaziale (bis spätglaziale) Schotter (v. a. in Südbayern) z. T. mit Flußmergelauflage	Pararendzina, Braunerde (und Parabraunerde)	lehmiger Feinsand bis feinsandiger, schluffiger (schwach toniger) Lehm, kiesig (auf Schotter)	Acker; Grünland; Wald
Postglaziale (bis spätglaziale) Sande (v. a. in Nordbayern)	Braunerde, z. T. podsoliert	(lehmiger) Sand	Acker
Jungpleistozäne Schotter (v. a. in Südbayern)	Parabraunerde und Braunerde	feinsandiger bis schluffiger (toniger) Lehm, mit Restgeröllen	Acker; Grünland; Wald
Jungpleistozäne Sande (v. a. in Nordbayern)	Braunerde, z. T. podsoliert	(lehmiger) Sand	Acker
Jungpleistozäne Moränen (Würm-Eiszeit)	Parabraunerde und Braunerde; bei Bodenerosion: Pararendzina, bei Akkumulation: Kolluvium	feinsandiger bis toniger Lehm, mit Restgeschieben	Grünland; Wald (Acker zurücktretend)
Mittel- und altpleistozäne Schotter und Sande (in Süd- und Nordbayern)	Braunerde und Parabraunerde	sandiger, toniger Lehm bis lehmiger Ton, mit Restgeröllen	Acker; Wald
Mittel- und altpleistozäne Moränen (Riß- und Mindel-Eiszeit)	Parabraunerde und Braunerde, z. T. pseudovergleyt	feinsandiger bis toniger Lehm, mit Restgeschieben	Acker; Grünland; Wald

Löß und Lößlehm (in Südbayern)	Parabraunerde und Braunerde, z. T. pseudovergleyt, bei Bodenerosion: Pararendzina, bei Akkumulation: Kolluvium	feinsandiger Schluff bis schluffiger (toniger) Lehm	Acker-Wechselland; Wald
Löß und Sandlöß (in Nordbayern)	Parabraunerde	feinsandiger Schluff bis schluffiger (toniger) Lehm	Acker
Lößlehm und Decklehm (in Südbayern), z. T. mit älteren Verwitterungsböden vermengt	Braunerde bis Pseudogley (alle Übergänge)	feinsandiger, lehmiger Schluff bis schluffiger (toniger) Lehm; z. T. kiesig-sandig	Grünland-Wechselland Wald
Lößlehm-Fließerde, z. T. mit Beimengungen verschiedener Substrate (z. B. Löß, Lößlehm, Deckenschotter, Molassesande)	Braunerde bis Pseudogley und Hanggley	schluffiger, toniger Lehm, z. T. kiesig und sandig	Acker; Grünland; Wald
Flugsand	Braunerde, podsoliert, bis Podsol	(lehmiger) Sand	Acker; Wald
Eiszeitliche Fließerde aus Kristallinmaterial (z. B. Granitgrus, Gneiszersatz, Glimmerschiefer)	Lockerbraunerde, Regosol, Podsolierte Braunerde (und Podsol)	grusiger, sandiger, lehmiger Schluff bis schluffiger Lehm	Wald; Grünland-Wechselland
Sinterkalkbildungen (Alm, Quellenkalk)	Rendzina bis Kalkgley, z. T. anmoorig	(kalk)sandiger (lehmiger) bis toniger Schluff	Grünland; Wald
Seeschluff (Beckenschluff) und Seeton (Beckenton)	Braunerde und Pelosol, z. T. anmoorig	schluffiger, toniger Lehm bis schluffiger Ton	Grünland; Streuwiesen
Seekreide und Kalkmudde	Kalkgley, z. T. anmoorig	lehmiger Schluff	Grünland; Streuwiesen
Anmoor und Niedermoortorf, Ton- und Torfmudde	Anmoorgley, Moorgley, (erdiges) Niedermoor	anmooriger, schluffiger bis toniger Lehm;	Grünland; Streuwiesen (Acker nach Entwässerung)
Quellmoortorf	Moorquellengley	Niedermoortorf, ± stark zersetzt	Grünland; Wald
Übergangsmoor- und Hochmoortorf	Übergangsmoor und Hochmoor	Übergangsmoor- und Hochmoortorf, schwach bis mäßig zersetzt	Grünland; Streuwiesen; Wald (mit Latschen und Spirken)

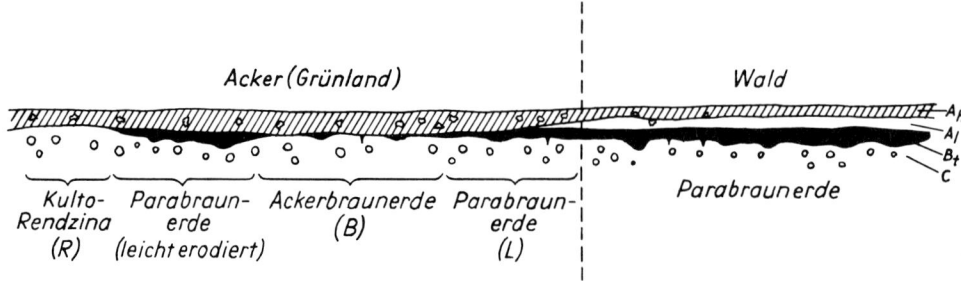

Abb. 68. Die Bodenvergesellschaftung auf den Niederterrassen in Abhängigkeit von der Bodennutzung. Aus: DIEZ 1968: 117, Abb. 5.

Die **Böden** der **Schotterterrassen** und **Schotterebenen** des älteren Holozäns und des Jungpleistozäns sind im Alpenvorland aus vorwiegend karbonatreichen Fluß- und Schmelzwasserablagerungen hervorgegangen (vgl. Abb. 68). Auflagen aus Flußmergel oder Hochflutlehm begünstigen die Bodenbildung ganz wesentlich. Die wichtigsten Bodenformen einer Bodenentwicklungsreihe sind Pararendzinen, Braunerden und Parabraunerden.

Die **Böden** der **Moränengebiete** zeigen eine auffallend starke Abhängigkeit von Relief und Zeit: Böden der Altmoränen unterscheiden sich von denen der Jungmoränen eines Glazialgebietes durch ihre größere Entkalkungs- und Entwicklungstiefe. Es lassen sich nach diesen Kriterien im Alpenvorland die maximalen Grenzen der Würmvereisung bestimmen und innerhalb einer Altmoränenzone oft Rißmoränen von älteren Moränen unterscheiden, sofern die Grenzen nicht durch jüngere Deckschichten verwischt sind.

Die vorherrschenden Bodentypen sind Braunerden und Parabraunerden, wobei die Böden der bindigen Moränen meist pseudovergleyt sind. Durch Bodenerosion sind Pararendzinen, bei Bodenakkumulation humose und braune Kolluvien entstanden.

Im **Hochgebirge** der bayerischen Kalkalpen entwickelt sich auf den jungen (postglazialen) Moränen die Regorendzina, die Typusbodenform aus lockerem, karbonatreichem Gletscherschutt.

Die **Böden** der **äolischen** und **solifluidalen Deckschichten** haben südlich der Donau ihre Hauptverbreitung auf den älteren Flußterrassen, auf den altpleistozänen Schotterplatten Schwabens und Niederbayerns und im Tertiärhügelland. Es handelt sich dabei vor allem um Böden aus Löß und Lößlehm, aus Lößlehmfließerden und Decklehm, untergeordnet auch aus Flugsanden. Als Bodenformen sind tiefgründige Braunerden, Parabraunerden und Pseudogleye bzw. deren Übergangsformen, auf Flugsanden podsolierte Braunerden bis Podsole verbreitet. Im Hügelland sind die vorgenannten Leitbodentypen mit erodierten Parabraunerden und mit Pararendzinen sowie mit Kolluvien vergesellschaftet.

13.2 Nordbayern

Die **Böden** der **Talauen** und **Niederungen** aus Bach- und Flußablagerungen sind je nach Geologie der Liefergebiete oft sehr verschieden zusammengesetzt. Die Ausgangssubstrate der Böden sind teils karbonathaltig, teils karbonatarm oder $\pm$ karbonatfrei. Beispielsweise besitzen Auenböden am Obermain im allgemeinen weniger als 1 % Karbonat, am Mittel- und Untermain bis über 10 % Karbonat. Höhere Gehalte treten in Talböden aus Verschwemmungsablagerungen mit Alm und Kalktuff auf.

Die **Böden** der pleistozänen **Terrassenschotter** und **-sande** sind häufig von grobschluffigen bis mittelsandigen äolischen **Deckschichten**, Löß, Sandlöß oder/und Flugsand, geprägt. Die vorherrschenden Bodenformen aus Schotter und Flußsanden sind Braunerden; mit Auflagen aus Löß und Sandlöß verläuft die Bodenentwicklung in Richtung Parabraunerde, mit Flugsand in Richtung podsolierte Braunerden und Podsol.

Unter den **Böden** der pleistozänen **Deckschichten silikatischer Ausgangsgesteine** dominieren stark saure, meist podsolierte Braunerden. In den Kristallingebieten Ost- und Nordostbayerns sind auf Fließerden und lockerem Frostschutt mit schluffiger (äolischer) Beimengung als Sonderformen mittel- bis tiefgründige Lockerbraunerden flächenhaft verbreitet.

Mehrgliedrige Deckschichtenprofile mit interglazialen und auch interstadialen Paläoböden bilden in Süd- und in Nordbayern wichtige Typusprofile für die Gliederung und Stratigraphie des Quartärs (vgl. Kap. 14).

14 Paläoböden des Quartärs

Paläoböden gelten als Böden der Vorzeit. Zwischen geologischen Ablagerungen bilden sie „Zeitmarken", die vor allem bei der Abtrennung verschieden alter eiszeitlicher Bildungen und somit in der Quartärstratigraphie eine wichtige Rolle spielen. Bodenkundliche Merkmale lassen auf frühere bodenbildende Prozesse schließen; diese liefern beispielsweise Informationen über die Dauer einer Bodenbildung, über die Verwitterungsintensität in einer Bodenbildungszeit und damit auch über das Paläoklima. Für Rückschlüsse aus Paläoböden ist die Kenntnis der rezenten Böden im gleichen Klimabereich eine stets wichtige Voraussetzung.

Die Variationsbreite der Paläoböden im Quartär ist groß. Die systematische Ordnung wird dadurch erschwert, daß oftmals nur Reste eines Bodenprofils erhalten sind.

Definitionsgemäß ist ein **Paläoboden** ein präholozäner Boden (MÜCKENHAUSEN 1982: 8); seine Entwicklung wurde im Pleistozän abgeschlossen. Im allgemeinen werden fossile und reliktische Paläoböden unterschieden: Ein **fossiler** Boden ist ein von Sediment überdeckter, „begrabener" Boden, dessen Entwicklung mit seiner Überdeckung unterbrochen wurde. Ein **reliktischer** Paläoboden ist unter anderen Umweltbedingungen entstanden und wird von rezenten Bodenbildungsprozessen überprägt.

Bei den meisten Paläoböden handelt es sich um Bodenbildungen längerer Warmzeiten (Interglaziale) oder klimatisch begünstigter Phasen von kürzerer Dauer (Interstadiale). Es können dabei noch Bodentypen wie Braunerden, Parabraunerden, Pseudogleye und Gleye bzw. Bodenreste davon unterschieden werden. Kompliziert wird eine Deutung, wenn ein Paläoboden von einer weiteren Bodenbildung überprägt wurde und wenn Bodenmerkmale sekundär verändert sind.

Paläoböden in verbreitet dichtem Solifluktionsmaterial zeichnen sich vielfach durch Horizontmerkmale stagnierender Nässe aus. In älteren Paläoböden ist eine kräftige Naßbleichung häufig und horizontweise können Eisen-Mangan-Konkretionen von Millimeter- bis Zentimeter-Größe ausgebildet sein.

Die Bedeutung der Paläoböden ist in einer weiteren Hinsicht bemerkenswert: In oberflächennahen Vorkommen und bei flächenhafter Verbreitung können sie die rezente Bodenentwicklung und somit die heutige Vegetation und die Bodennutzung beeinflussen. Bodenchemische und bodenphysikalische Eigenschaften älterer Bodenhorizonte wirken sich dann nachhaltig auf jüngere Bodenbildungen aus. Unterschiede in der Bodengüte lassen sich vielfach darauf zurückführen.

14.1 Paläoböden des jüngeren Pleistozäns

Die größte flächenmäßige Verbreitung unter den Paläoböden des Quartärs besitzen fossile Böden aus dem letzten Interglazial, der Riß/Würm-Warmzeit. In weiten Teilen des Alpenvorlandes, im Donau- und im Maingebiet wie auch in vielen anderen Lößgebieten Bayerns sind sie unter würmeiszeitlichen Deckschichten begraben. Genannt seien hier einige der wichtigsten Vorkommen:

In **Südbayern**, südlich der Donau, sind Riß/Würm-interglaziale Böden, die vor allem aus Rißmoräne, aus Hochterrassenschotter und aus Rißlöß hervorgegangen sind, von wechselnd mächtigem Würmlöß und -lößlehm (1–6 m) überdeckt. Die fossilen, meist rötlich-braunen Bodenhorizonte kommen nicht selten in Kies- und Lehmgruben, in Baugruben und in Flachbohrungen zum Vorschein. Ein für Rißmoränengebiete typisches Profil ist das von Laufzorn bei Grünwald südlich München:

0–2,6 m   Lößlehm und Staublehm, entkalkt
–4,0 m   Fließerde aus Lößlehm und Bodenmaterial der Rißmoränenverwitterung, kalkfrei
–5,2 m   Riß-/Würm-Interglazialboden aus Rißmoräne, kalkfrei
–6,0 m++   Rißmoräne, mit reichlich kalk- und zentralalpinen Geschieben.

Im Bereich der Münchner Schotterebene sind stellenweise unter mächtigem Niederterrassenschotter fossile Bodenreste aus Hochterrassenschotter erhalten. Sie waren z. B. in den Baugruben für das Klinikum München-Großhadern aufgeschlossen. Sie wurden in dieser Gegend bereits von Knauer (1931: Abb. 4) aufgenommen. Die „jüngsten" Paläoböden im Alpenvorland sind spätglazialen Alters. Es handelt sich dabei um nach dem letzten Hochglazial entstandene Bodenbildungen, die sich durch besondere Strukturen wie kryoturbat verzogene Bodenhorizonte von den holozänen Böden unterscheiden lassen (vgl. Abb. 69).

Auch in **Nordbayern** sind fossile Böden des letzten Interglazials unter wechselnd mächtigen würmzeitlichen Deckschichten – hier aus Löß und Flugsand – verbreitet erhalten, wie zum Beispiel auf den ausgedehnten Gäuflächen Unterfranken oder im Straubinger Gäu. Bei größerer Lößmächtigkeit sind sowohl in Mainfranken wie auch im Donaugebiet Böden aus würmzeitlichen Interstadialen in typischer Ausbildung entwickelt: die Erbenheimer Naßböden (1–4) im jüngeren Würm, der Lohner Boden,

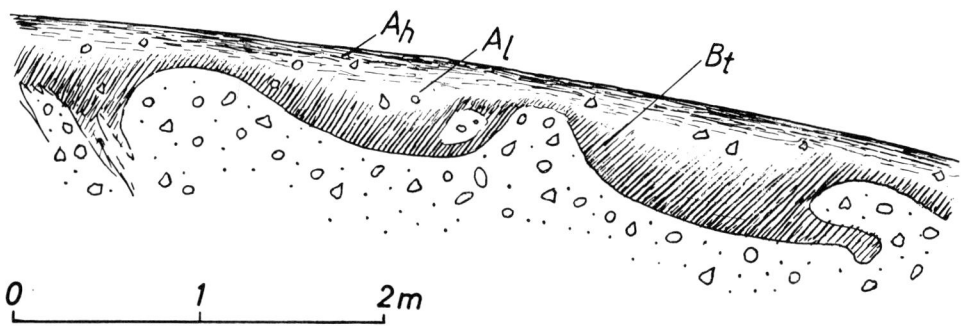

Abb. 69. Engräumiger kryoturbationsbedingter Bodenwechsel auf Jungmoränen und Niederterrassen, hier: Bodenwechsel auf einer Würmmoräne in der Kiesgrube Stillern östlich Landsberg a. Lech. Aus: Diez 1967: 45, Abb. 7, in den Erläuterungen zur Bodenkarte 1 : 25 000 Blatt Nr. 7931 Landberg a. Lech.

eine Braunerde, im mittleren Würm, die Mosbacher Humuszonen (1–3) im älteren Würm.

In den feuchteren Lößfaziesbezirken des Alpenvorlandes bilden die sog. Tundra-Naßböden (2–3) ein Äquivalent der Lohner Braunerde in den trockeneren Regionen Bayerns (vgl. Kap. 2.3).

14.2 Paläoböden des älteren Pleistozäns

Aus verschiedenen Gegenden Bayerns sind mächtige Quartärprofile mit einer größeren Anzahl von fossilen Böden bekannt und beschrieben. Viele stellen zugleich „Schlüsselprofile" der Quartärstratigraphie dar.

In **Südbayern** war über lange Zeit die Ziegeleigrube Strobel bei Regensburg das bedeutenste Quartärprofil. Seit einigen Jahren ist der Aufschluß verfüllt. BRUNNACKER (1964 c, 1982: 22, Abb. 6) unterschied bei dem in einem Senkungsgebiet im Donautal gelegenen Deckschichtenprofil mindestens sieben Interglazialböden, davon im unteren Profilabschnitt einen „Riesenboden" aus Pseudogley(en). Mit dem Nachweis der paläomagnetischen Grenze Brunhes/Matuyama und des Jaramillo-Events ist sicher, daß dieses Profil rund eine Jahrmillion in der Erdgeschichte zurückreicht.

Südöstlich von Regensburg, bereits im nördlichen Tertiärhügelland, ist in der Ziegeleigrube Hagelstadt ein weiteres, sehr mächtiges und vielgliedriges Deckschichtenprofil erschlossen. STRUNK (1990: 87) unterscheidet in der 17 m mächtigen Sedimentfolge aus Löß, Lößlehm, Staublehm und Fließerden bis zu acht Paläoböden mit interglazialer Ausprägung. Mächtige Deckschichtenprofile mit fossilen Böden finden sich vor allem auch in Bayerisch Schwaben in der Umgebung von Burgau und Günzburg. Zu den bekanntesten gehört das Profil der Ziegeleigrube Starker in Roßhaupten östlich Burgau (vgl. Abb. 70). Unter drei Interglazialböden folgt ein Pseudogley-Bodenkomplex (LEGER 1988); darin ist die paläomagnetische Grenze Brunhes/Matuyama nachgewiesen und wird der Jaramillo-Event vermutet (TILLMANNS et al. 1986: 243, Abb. 3; STRATTNER unpubl.).

Im benachbarten Offingen (Burgau N) ist sowohl die Würmlöß- als auch die Rißlößfolge durch Naßböden gegliedert (Erbenheimer und Bruchköbeler Naßböden; freundl. Mitt. E. BIBUS am Profil, 1990). Es bestehen hier auffallend gute Parallelen mit Profilen in Nordbayern, Nordwürttemberg und Hessen. Neuere Ergebnisse der Pedostratigraphie sind in den Exkursionsführern des Arbeitskreises Paläoböden der Deutschen Bodenkundlichen Gesellschaft niedergelegt (1986–1990).

In der sich nach Süden ausdehnenden Iller-Lech-Schotterplatte sind Paläoböden des mittleren und älteren Pleistozäns unter zum Teil mächtigen Deckschichten flächenhaft erhalten, wie in zahlreichen Aufschlüssen und durch Bohrungen nachgewiesen ist (GRAUL 1962; BRUNNACKER in: GRAUL 1962; JERZ 1976, 1978; LÖSCHER 1976). Mit Hilfe der fossilen Böden war hier für viele ältere Ablagerungen eine chronologische Zuordnung möglich.

Innerhalb der Verbreitungsgrenzen, d. h. im Vereisungsgebiet der Moränen, sind Paläoböden wesentlich seltener erhalten. Meist wurden sie vom Gletscher abgeschürft, aufgenommen und mit dem Gletscherschutt vermengt. Ein wichtiges Profil für Moränengebiete befindet sich im Hinterschmalholzer Graben bei Obergünzburg (SINN

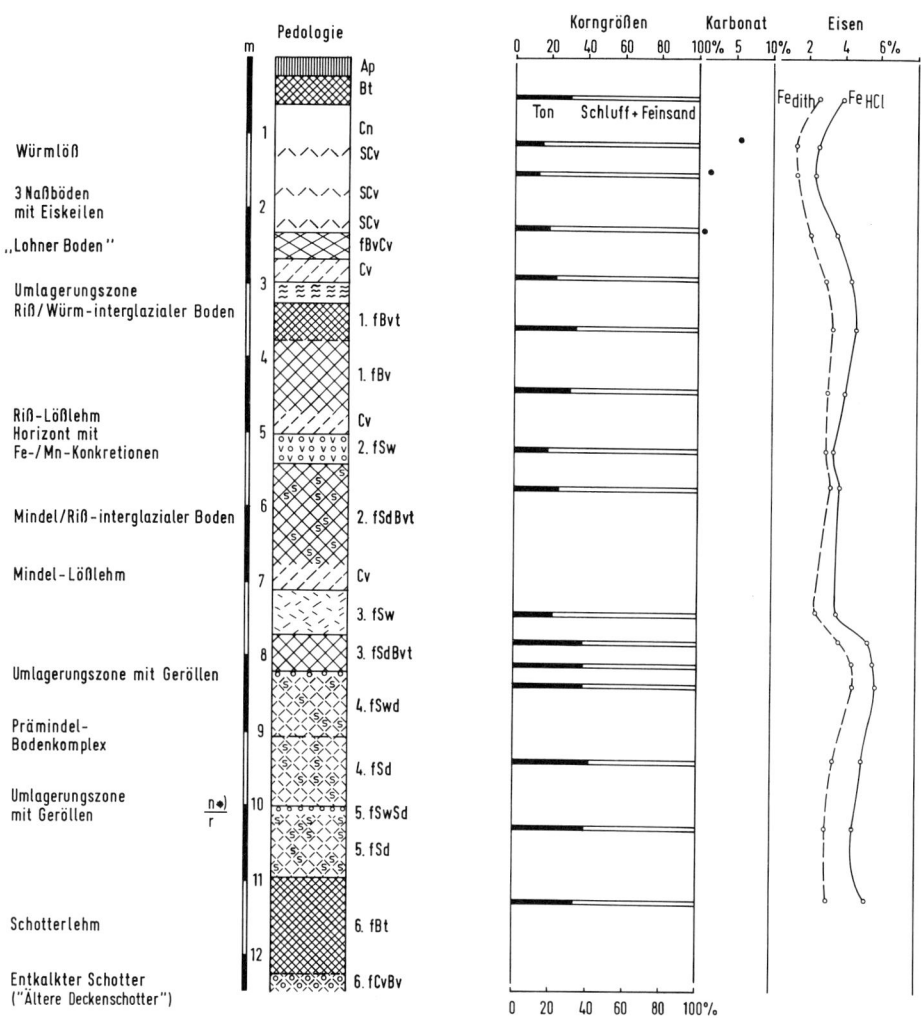

Abb. 70. Löß- und Lößlehm-Profil in Roßhaupten bei Burgau mit interstadialen und interglazialen Paläoböden (nach LÉGER 1988, ergänzt). Vom Hangenden zum Liegenden: – Würm-Löß mit Lohner Braunerde; – Riß-Löß mit Riß/Würm interglazialer Parabraunerde; – Mindel-Lößlehm mit Mindel/Riß interglazialer Parabraunerde; stark pseudovergleyt; – Prämindelzeitlicher Pseudogley-Komplex aus Lößlehm, im unteren Abschnitt mit Umpolung des Erdmagnetfeldes (Brunhes/Matuyama-Grenze, vgl. Tab. 17); – Donauzeitlicher Glazialschotter.

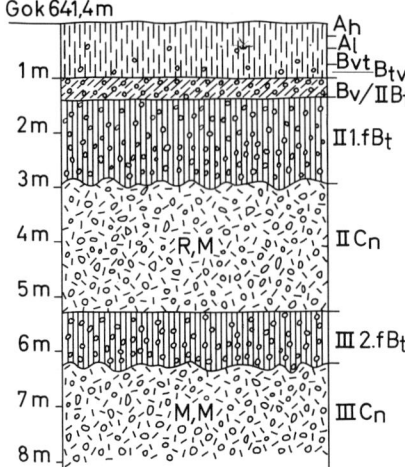

Abb. 71. Paläoböden im Profil der Baugrube Milchwerk Schorn nordöstlich Starnberg. – Aufnahme 1973. II 1.fBt Riß/Würm-Interglazialboden aus Rißmoräne (R, M). III 2.fBt Mindel/Riß-Interglazialboden aus Mindelmoräne (M, M). Der jüngere fossile Boden ist von würmzeitlichem Lößlehm bzw. einer Parabraunerde aus Lößlehm überdeckt; der ältere fossile Boden ist von der Rißmoräne gekappt. Stellenweise kennzeichnen auch nur noch Bodenreste die Diskordanz zwischen jüngerer und älterer Moräne (vgl. JERZ 1982: 34, Abb. 3, 1987a: 36, Abb. 8).

1972: 115; ROPPELT 1988: 98). Unter Altmoräne (vermutlich Riß) und unter Verschwemmungsbildungen ist ein fast 4 m mächtiger Bodenkomplex aus Moräne (?Mindel, ?Haslach, ?Günz) erschlossen. Auch vom Mühlberg bei Waging a. See ist ein rund 4 m mächtiger „Riesenboden" aus quartären Schottern bekannt (ZIEGLER 1978).

Baugrubenaufschlüsse von Schorn bei Starnberg zeigten einen Paläoboden aus Mindelmoräne, der vom rißeiszeitlichen Gletscher gekappt worden ist (Abb. 71). Zahlreiche fossile Bodenreste von Moränen- und Schotternagelfluhen sind beim Bau des Münchner Wasserleitungsstollens zwischen Kloster Schäftlarn und dem Hochzonenbehälter im Forstenrieder Park angetroffen worden (JERZ 1987)

Auf eine intensive Verwitterung in Schottern und Moränen des älteren Pleistozäns weisen außer den fossilen Böden oft mehrere Meter tief reichende Verwitterungstrichter, sog. Geologische Orgeln, hin: z.B. im Deckenschotter in der südlichen Umgebung von München (Isartal, Gleißental), im Iller-Mindel-Gebiet wie auch im Alz-, Traun- und Salzach-Gebiet. Sie erreichen im Jüngeren Deckenschotter (?Mindel, ?Haslach) Tiefen von 4–6 m, im Älteren Deckenschotter (Günz und älter) bis über 10 m. „Geologische Orgeln" gelten allgemein als wichtiges Indiz für eine langzeitige, interglaziale Verwitterung.

Zu den bekannten quartären Nagelfluh-Vorkommen mit „Geologischen Orgeln" zählen die von Pullach-Höllriegelskreuth, Baierbrunn-Buchenhain („Münchener Klettergarten", Abb. 72) und im Gleißental bei Deisenhofen (PENCK 1901: 60, 66; EBERS 1954: 59; KRAUS 1964: 128), bei Bossarts südlich Ottobeuren (als Naturdenkmal geschützt) oder unterhalb der Baumburg bei Altenmarkt und bei Mankham nördlich Trostberg (DOPPLER 1980: 113, 1982: 50).

In den trockenen Lößlandschaften **Nordbayerns** finden sich auf Gäuflächen und Flußterrassen, in Hangmulden und Senkungsgebieten mächtige und stark differenzierte Lößprofile. Zu den bekanntesten Vorkommen Mainfrankens zählen: Kirchheim i. UFR. (s. Abb. 73), Kitzingen, Helmstadt und Marktheidenfeld.

Paläoböden des älteren Pleistozäns 187

Abb. 72. „Geologische Orgeln" im Älteren Deckenschotter im Münchener Klettergarten bei Baierbrunn-Buchenhain. Die im Querschnitt oft kreisrunden Verwitterungsschlote werden nach oben vom Jüngeren Deckenschotter scharf abgeschnitten (vgl. auch Abb. 20).
M = Mindel-, ?G (?D) = ?Günz- (?Donau-)zeitlich. Foto: H. Partheymüller (1985)

Ihre Paläoböden sind Zeugen teils intensiver Bodenbildungen in langen Warmzeiten (Interglaziale) mit Parabraunerden bzw. Bt-Horizonten erodierter Parabraunerden, teils schwächerer Bodenbildungen aus kürzeren klimatisch begünstigten Phasen (Interstadiale, Intervalle) mit Braunerden und Naßböden.

Aus der Entwicklungstiefe von Parabraunerden schließt Brunnacker (1964d: 422) auf die Bodenbildungszeit: Im Vergleich der Bt-Horizonte ergibt sich für einen Riß/Würm-Interglazialboden aus Löß eine 2,5- bis 3fache, für einen Mindel/Riß-Boden

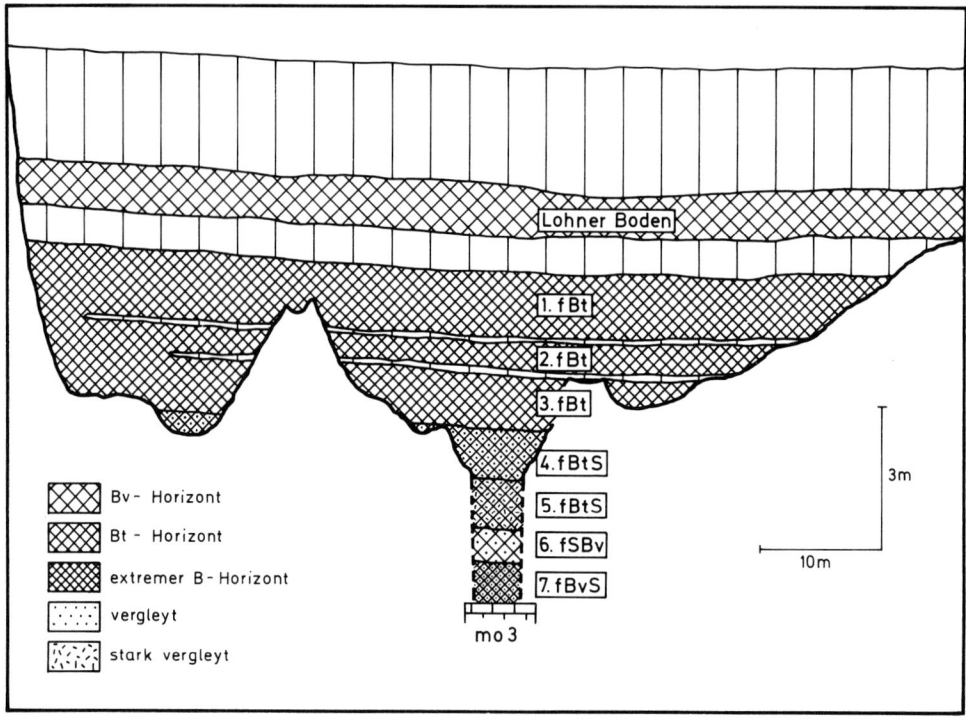

Abb. 73. Quartäres Deckschichtenprofil auf Oberem Muschelkalk im Steinbruch Kirchheim in Unterfranken: Zuoberst Würmlöß mit Lohner Boden, darunter 7 fossile Böden aus älteren Lößfolgen (Mittel- bis Altquartär). Aus: SKOWRONEK & WILLMANN 1984: 43.

Abb. 74. Löß-Profil in der ehemaligen Ziegeleigrube Attenfeld bei Neuburg a. d. Donau mit interstadialen und interglazialen Paläoböden (aus: JERZ & GROTTENTHALER 1992, im Druck). Vom Hangenden zum Liegenden: – Würm-Löß mit interstadialem Lohner Boden (Braunerde); – Riß-Löß mit Riß/Würm-Interglazialboden (Parabraunerde); – Präriß-Lößlehm mit zweigeteiltem Bodenkomplex (Pseudogleye); – Fließerde, darin Lage mit altpaläolithischen Steinwerkzeugen (RIEDER 1990).

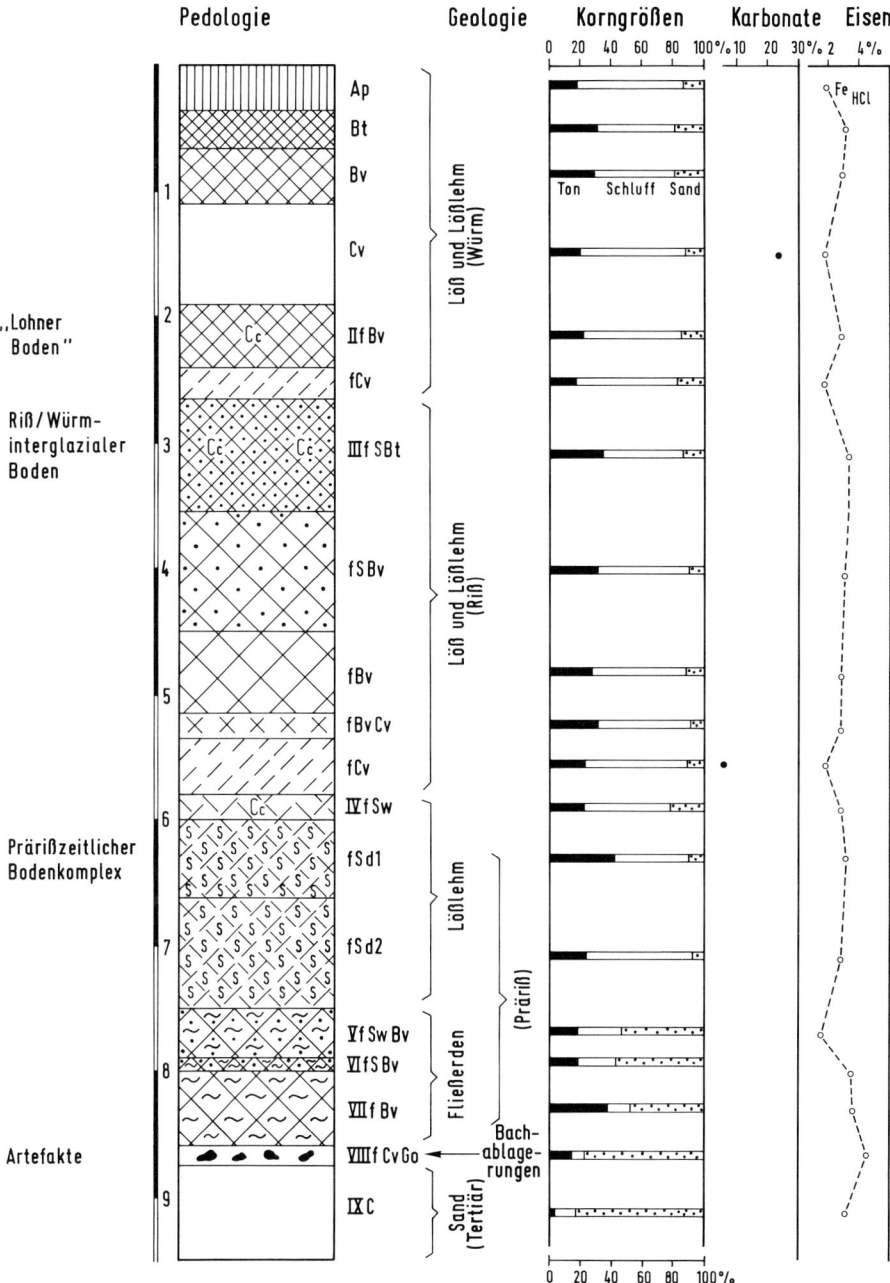

eine etwas mehr als 3fache und für einen Günz/Mindel-Boden eine rund 3fache Bildungsdauer gegenüber bei einem entsprechenden „rezenten" Boden mit ca. 15 000 Jahren (hier das Spät- und Postglazial umfassend). Für die „Riesenböden", die auch von zwischenzeitlich kälteren Klimaeinflüssen geprägt sein können, werden 100 000 Jahre und mehr angesetzt.

Ein schon im Ältestpleistozän entstandener und seitdem weiter entwickelter Boden ist ein Braunerde-Reliktboden auf der sog. Übergangsterrasse KÖRBERS (1962: Kt. 4) rund 100 m über dem heutigen Main östlich Marktbreit beim Gertholz (JERZ: 1986: 71).

Von besonderer Bedeutung sowohl für die Quartärstratigraphie als auch für die Urgeschichte ist das Deckschichtenprofil von Attenfeld bei Neuburg a. d. Donau, mit Löß und Lößlehm (Würm, Riß, Präriß) und mit interglazialen und interstadialen Bodenbildungen über tertiärem Sand (JERZ & GROTTENTHALER 1992; vgl. Abb. 74). Im untersten Bereich der Deckschichten wurden Artefakte gefunden, die schätzungsweise rund 500 000 Jahre alt sind (RIEDER 1990: 24, Zeit des „*homo erectus*"). Es handelt sich um die bislang ältesten gefundenen Steinwerkzeuge in Bayern.

15 Magnetostratigraphie in quartären Sedimenten

Die Magnetostratigraphie beruht auf dem Paläomagnetismus der Gesteine. Magma- und Sedimentgesteine besitzen die Eigenschaft, die primäre Magnetisierung über geologische Zeiträume zu erhalten. Bei der Entstehung der Gesteine wird die herrschende Richtung des erdmagnetischen Feldes „eingefroren".

Von quartären Basalten ausgehend und wurde in den 60er Jahren mit Erfolg versucht, die natürliche remanente (zurückbleibende) Magnetisierung auch an Tiefseesedimenten zu messen. Schließlich wurden die paläomagnetischen Messungen auf limnische, fluviatile und auf äolische Ablagerungen ausgedehnt.

Bei der Sedimentbildung richten sich magnetische Partikel von Magnetit, Maghemit oder Magnetkies (Pyrrhotin) wie kleine Kompaßnadeln nach dem erdmagnetischen Feld aus. Nach der Verfestigung des Sediments bleibt die Richtung des Erdmagnetfeldes dem Gestein aufgeprägt („Sedimentationsremanenz"). Die remanente Gesteinsmagnetisierung wird heute mit hochempfindlichen Magnetometern gemessen.

Seit einigen Jahrzehnten ist nachgewiesen, daß sich das erdmagnetische Feld in der geologischen Vergangenheit öfters um 180° gedreht hat. In einem Sedimentpaket größerer Mächtigkeit können mehrere Umpolungen des Erdmagnetfeldes enthalten sein. Eine dem heutigen Erdmagnetfeld gleichgerichtete Magnetisierung wird als „normal", eine dem heutigen Feld entgegengesetzte Magnetisierung wird als „invers" bezeichnet.

Paläomagnetische Untersuchungen besitzen seit vielen Jahren in der Quartärforschung in Bayern einen hohen Stellenwert. Dabei konnten viele neue, grundlegende Ergebnisse vor allem an Deckschichtenprofilen erzielt werden (PETERSEN und Mitarbeiter). Für die meisten Profile des älteren Quartärs bietet die Magnetostratigraphie die einzige Möglichkeit einer zeitlichen Zuordnung. Als Rahmen dient hierbei eine aus vielen paläomagnetischen Messungen erstellte Polaritäts-Zeitskala. Die vollständigen Umkehrungen des Erdmagnetfeldes, eingeteilt in sog. Epochen[52] und Events[53] sind weltweit synchron.

Aufgrund der Aussagekraft der Magnetostratigraphie und der damit verbundenen Möglichkeiten empfiehlt die INQUA[54] eine Grundgliederung des Pleistozäns nach pa-

---

[52] Epoche (Chron): In der Polaritäts-Zeitskala für den Erdmagnetismus eine langandauernde Zeit einheitlicher Polarität von mehreren Jahrhunderttausenden bis über eine Jahrmillion. – Benennungen nach berühmten Erforschern des Erdmagnetismus: BRUNHES, MATUYAMA, GAUSS.

[53] Event (Subchron): „Ereignis" des Erdmagnetfeldes, Polaritätsintervall von mehreren Jahrzehntausenden – Benennung nach Orten ihrer Entdeckung: Jaramillo, Olduvai, u.a.
Exkursion: Fluktuation des Erdmagnetfeldes (ohne vollständige Umkehrung) über einen Zeitraum bis zu einigen Jahrtausenden.

[54] INQUA: International Union for Quaternary Research, Subcommission „Subdivision Pleistocene (G. M. RICHMOND).

Tabelle 17. Polaritätsskala des Erdmagnetfeldes für das Quartär. (Nach PETERSEN 1986: 25, vereinfacht, und nach weiteren Literaturdaten). — (vgl. Tabelle 1).

Alter in Millionen Jahre	Polarität	Event	Epoche	von der INQUA vorgeschlagene neue Gliederung*)	im Alpenvorland gebräuchliche „klassische" Gliederung
0,11		Blake	BRUNHES (normal)	Jungpleistozän	Jungpleistozän
				Mittelpleistozän	Mittelpleistozän
0,78					Altpleistozän
0,91 / 0,98		Jaramillo	MATUYAMA (invers)	Altpleistozän	Ältestpleistozän
1,66 / 1,88		Olduvai			
2,47				Älteres Pleistozän (Eopleistozän)	
			GAUSS (normal)	Pliozän	Pliozän

weiß = normale Polarität des Erdmagnetfeldes
schwarz = inverse Polarität des Erdmagnetfeldes

*) Vorschlag der RICHMOND-Kommission der INQUA (International Union for Quaternary Research) 1992. — [Freundl. Mitt. von Dr. D. VAN HUSEN, Wien, Sekretär der INQUA-Kommission für Quartärstratigraphie].

läomagnetischen Epochen (vgl. Tab. 17): Die Grenze Pliozän/Pleistozän soll nahe der Wende der Epochen Gauss/Matuyama vor rd. 2,47 Millionen Jahren und die Grenze Altpleistozän/Mittelpleistozän mit der Wende der Epochen Matuyama/Brunhes vor rd. 780 000 Jahren gezogen werden. Die Vorschläge der INQUA sind der ISSC[55] zur weiteren Diskussion vorgelegt. Darüberhinaus wird versucht, das Quartär aufgrund kürzerer paläomagnetischer „Ereignisse" (Events) weiter zu untergliedern: Jaramillo-Event 0,91 – 0,98 Millionen Jahre vor heute, Olduvai-Event 1,66 – 1,88 Millionen Jahre vor heute.

Wie an Sedimentkernen aus der Tiefsee ist es auch auf dem Festland an geeigneten Profilen möglich, innerhalb der Epochen weitere, kürzere Abschnitte aufzuspüren. Es genügt dabei nicht, nur kurze Abschnitte aus einem Profil zu messen (was leicht zu Fehldeutungen führen kann). Für einen Vergleich mit dem erdmagnetischen Polaritätsmuster sind vielmehr längere paläomagnetische Sequenzen notwendig. Hilfreich ist, wenn dazu geologische, pedologische sowie paläontologische Ergebnisse vorliegen.

In Bayern sind bislang drei Deckschichtenprofile mit erdmagnetischen Umpolungen bekannt:

Ehem. Ziegelei Strobel bei Regensburg: Jaramillo-Event und Matuyama/Brunhes-Grenze (BRUNNACKER 1964c, 1982):

Uhlenberg bei Dinkelscherben/Schwaben: Jaramillo-Event (?) und Matuyama-Epoche (BRUNNACKER et al. 1976);

Ehem. Ziegelei Starker in Roßhaupten bei Burgau/Schwaben: Jaramillo-Event (?) und Matuyama/Brunhes-Grenze (TILLMANNS et al. 1986).

In einem weiteren mächtigen Deckschichtenprofil in Hagelstadt bei Regensburg wird eine Reversion vermutet (?Matuyama/Brunhes-Grenze); wegen der schwachen Magnetisierung des Substrates ist sie nicht eindeutig nachzuweisen (frdl. mündl. Mitt. Frau M. STRATTNER, München).

Die Profile sind sehr mächtig, äußerst differenziert und besitzen mehrere fossile Böden (s. Kap. 14.2).

Eine relativ starke natürliche remanente Magnetisierung besitzen die Seetone des interglazialen Sees von Samerberg bei Rosenheim (ROLF 1985: 37). Paläomagnetische Messungen an Sedimenten der Bohrung Samerberg 2 (1981) ergaben invers gerichtete Magnetisierungen. Eine deutlich ausgebildete Reversion entspricht vermutlich dem Blake-Event rd. 110 000 Jahr vor heute, eine weniger deutliche dem Laschamp-Event (?) rd. 40 000 Jahre vor heute (PETERSEN 1986: 28).

---

[55] ISSC: International Subcommission on Stratigraphic Classification.

Literatur

ABELE, GERHARD (1974): Bergstürze in den Alpen, ihre Verbreitung, Morphologie und Folgeerscheinungen. – Wiss. Alpenvereinshefte, **25**: 230 S., 73 Abb., 3 Kt., 4 Tab.; München.
ABELE, GUSTAV (1950): Die Heil- und Mineralquellen Südbayerns. – Geologica Bavarica, **2**: 112 S., zahlr. chem. Analysen, 2 Beil. (Kt.); München.
ADAM, K. D. (1952): Die altpleistozänen Säugetierfaunen Südwestdeutschlands. – N. Jb. Geol. Paläont., Mh., **1952**: 229–236, 2 Tab.; Stuttgart.
– (1954): Die zeitliche Stellung der Urmenschen-Fundschicht von Steinheim an der Murr innerhalb des Pleistozäns. – Eiszeitalter u. Gegenwart, **4/5**: 18–21; Öhringen/Württ.
– (1961): Die Bedeutung der pleistozänen Säugetier-Faunen Mitteleuropas für die Geschichte des Eiszeitalters. – Stuttgarter Beitr. Naturkde., **78**: 1–34; Stuttgart.
– (1984): Der Mensch der Vorzeit. – 172 S., 160 Abb., 8 Tab.; Stuttgart (K. Theiss).
ALBRECHT, G. & WOLLKOPF, P. (1990): Rentierjäger und frühe Bauern. Steinzeitliche Besiedlung zwischen Bodensee und der Schwäbischen Alb. – Städt. Museen Konstanz, 81 S., zahlr. Abb.; Konstanz.
AMMON, L. VON (1894): Die Gegend von München. – Festschr. Geogr. Ges. München zu ihrem 25jährigen Bestehen: 1–152, 1 geol-Übersichtskt. 1 : 250000, München.
– (1899): Geologische Bilder aus der Münchner Gegend. – Geognost. Jh. **12**: 109–129, 16 Abb., München.
ANDRES, G. & MATTHES, G. (1971): Hydrogeologie. – In: STREIT, R. & WEINELT, W.: Geologische Karte von Bayern 1 : 25000, Erläuterungen zum Blatt Nr. 6020 Aschaffenburg, S. 217–230, 1 Beil.; München (Bayer. Geol. L.-Amt).
Arbeitsgruppe Bodenkunde (1982): Bodenkundliche Kartieranleitung, 3. Aufl. – 331 S., 19 Abb., 98 Tab., 1 Beil.; Hannover.
Arbeitskreis Bodensystematik (1985): Systematik der Böden der Bundesrepublik Deutschland. (Kurzfassung). – Mitt. Dt. Bodenkundl. Gesell., **44**: 91 S.; Göttingen.
ARMBRUSTER, G. (1987): Ein Bergrutsch bei Gunzesried im Allgäu (1955). – Ber. Naturwiss. Ver. f. Schwaben e. V., **91** (2): 38–44, 8 Abb.; Augsburg.
BACHMANN, G. H. & MÜLLER, M. (1981): Geologie der Tiefbohrung Vorderriß I (Kalkalpen, Bayern). – Geologica Bavarica, **81**: 17–53, 4 Abb., 2 Tab., 1 Taf., 2 Beil.; München.
BADER, K. (1967): Geophysikalische Untersuchungen. – In: KUHNERT, C.: Erläuterungen zur Geologischen Karte von Bayern 1 : 25000, Blatt Nr. 8432 Oberammergau, S. 71–78, 2 Abb.; München (Bayer. Geol. L.-Amt).
– (1979): Exarationstiefen würmeiszeitlicher und älterer Gletscher in Südbayern. – Eiszeitalter u. Gegenwart, **29**: 49–61, 5 Abb.; Hannover.
– (1982): Die Verbauung von Ur-Isartälern durch die Vorlandvergletscherungen als Teilursache der anomalen Schichtung des Quartärs in der Münchener Ebene. – Mitt. Geogr. Gesell. München, **67**: 5–20, 1 Abb., 2 Beil.; München.
BADER, K. & JERZ, H. (1978): Die glaziale Übertiefung im Iller- und Alpseetal (Oberes Allgäu). – Geol. Jb., **A 46**: 25–45, 4 Abb., 1 Tab.; Hannover.
BAUBERGER, W. (1977): Geologische Karte von Bayern 1 : 25000, Erläuterungen zum Blatt Nr. 7046 Spiegelau und zum Blatt Nr. 7047 Finsterau (Nationalpark Bayerischer Wald). – 183 S., 19 Abb., 8 Tab., 5 Beil.; München (Bayer. Geol. L.-Amt).

BAUMANN, H. J. (1987): Ingenieurgeologie. In: JERZ, H.: Geologische Karte von Bayern 1 : 25 000, Erläuterungen zum Blatt Nr. 7934 Starnberg Nord, S. 91–95, 1 Beil.; München (Bayer. Geol. L.-Amt).
– (1988): Bruchvorgänge in Folge der Isareintiefung südlich Münchens und die kritischen Höhen der Talhänge. – Schriftenreihe Lehrst. f. Grundbau, Bodenmechanik u. Felsmechanik d. TU München, **12**: 287 S., zahlr. Abb.; München.
Bayerisches Geologisches Landesamt [Hrsg.] (1964): Erläuterungen zur Geologischen Karte von Bayern 1 : 500 000. – 2 Aufl.: 344 S., 40 Abb., 20 Tab.; München.
Bayerisches Geologisches Landesamt München [Hrsg.] (1981): Erläuterungen zur Geologischen Karte von Bayern 1 : 500 000. – 3. neubearb. Aufl.: 168 S., 29 Abb., 21 Tab., 6 Taf., 1 Beil.; München.
Bayerische Staatssammlung für Paläontologie und Historische Geologie [Hrsg.] (1977): Leben und Vorzeit. – 40 S., 104 Abb., 1 Tab.; München.
– [Hrsg.] (1978): Sand Kies und Knochen. Aus Münchens Erdgeschichte. – 40 S., 142 Abb., München
– [Hrsg.] (1987): Der Eiszeit auf der Spur. Mit Beiträgen von JUNG, W., HEISSIG, K., ZIEGELMAYER, G., HEISSIG, K. & BREDOW, B. R. – Sonderdruck aus dem Katalog der Mineralientage München 1987: 97–144, mit zahlr. Abb.; München.
BECHT, M. (1986): Die Schwebstofführung der Gewässer im Lainbachtal bei Benediktbeuern/Obb. – Münchener Geogr. Abh., Reihe B, **2**: 201 S., 110 Abb., 13 Tab.; München (Inst. f. Geogr. Univ. München).
BECKER, B. (1978): Zeitstellung und Entstehung postglazialer Baumstammlagen in Fluß-Schottern im Bereich des Iller-Schwemmkegels und des Donautals östlich von Ulm. – In: FRENZEL, B.: Führer zur Exkursionstagung des IGCP-Projektes 73/1/24, 1976: 115–123, 3 Abb.; Bonn-Bad Godesberg (DFG).
– (1982): Dendrochronologie und Paläoökologie subfossiler Baumstämme aus Flußablagerungen. Ein Beitrag zur nacheiszeitlichen Auenentwicklung im südlichen Mitteleuropa. – Mitt. Komm. Quartärforsch. Österr. Akad. Wiss., **5**: 120 S., 34 Abb., 12 Fotos, 10 Tab., Wien.
– (1983): Postglaziale Auwaldentwicklung im mittleren und oberen Maintal anhand dendrochronologischer Untersuchungen subfossiler Baumstammablagerungen. – Geol. Jb., **A 71**: 45–59, 3 Abb., 2 Tab.; Hannover.
BECKER, B. & FRENZEL, B. (1977): Paläoökologische Befunde zur Geschichte postglazialer Flußauen im südlichen Mitteleuropa. – In: FRENZEL, B., (Hrsg.): Dendrochronologie und postglaziale Klimaschwankungen in Europa. – Erdwissenschaftl. Forsch., **13**: 43–61, 8 Abb.; Wiesbaden (Steiner).
BECKER, B. & SCHIRMER, W. (1978): Palaeoecological study on the Holocene valley development of the River Main, southern Germany. – Boreas, **6**: 303–321, 17 Abb.; Oslo.
BEER, H. (1987): Tauchuntersuchungen an einer jungneolithischen Seeufersiedlung bei Kempfenhausen im Starnberger See. – Das Archäologische Jahr in Bayern **1986**: 40–42, 4 Abb.; Stuttgart (Theiss).
BERGER, K. (1978): Erläuterungen zur Geologischen Karte Nürnberg – Fürth – Erlangen und Umgebung 1 : 50 000. – 219 S., 38 Abb., 1 Tab., 3 Beil.; München (Bayer. Geol. L.-Amt).
BERGGREN, W. A., KENT, D. V., FLYNN, J. J. & VAN COUVERING, J. A. (1985): Cenozoic Geochronology. – Geol. Soc. of America, Bull., **96**: 1407–1418, 6 Fig., 3 Tab.; Boulder, Col.
BEUG, H.-J. (1976): Die spätglaziale und frühpostglaziale Vegetationsgeschichte im Gebiet des ehemaligen Rosenheimer Sees (Oberbayern). – Bot. Jb. Syst., **95** (3): 373–400, 8 Abb., 2 Beil.; Stuttgart.
– (1977): Waldgrenzen und Waldbestand in Europa während des Eiszeitalters. – Göttinger Universitätsreden, **61**: 5–23; Göttingen (Vandenhoeck & Ruprecht).
– (1979): Vegetationsgeschichtlich-pollenanalytische Untersuchungen am Riß/Würm-Interglazial von Eurach am Starnberger See/Obb. – Geologica Bavarica, **80**: 91–106, 1 Beil., 1 Tab.; München.

BIBUS, E. (1974): Abtragungs- und Bodenbildungsphasen im Rißlöß. – Eiszeitalter u. Gegenwart, **25**: 166–182, 6 Abb.; Öhringen/Württ.
BLASY, L. (1974): Die Grundwasserverhältnisse in der Münchner Schotterebene westlich der Isar. – Diss. TU München, 103 S., 22 Abb., 9 Tab.; München.
BORTENSCHLAGER, I. & BORTENSCHLAGER, S. (1978): Pollenanalytische Untersuchung am Bänderton von Baumkirchen (Inntal, Tirol). – Z. Gletscherkde. u. Glazialgeol., **14** (1): 95–103, 1 Taf.; Innsbruck.
BORTENSCHLAGER, S. (1978): Die spätglaziale Vegetationsentwicklung im Pollenprofil des Lanser See-Moores. – Führer zur Tirol-Exkursion der 19. wissensch. Tagung der Dt. Quartärvereinigung 1978: 33–34, 1 Abb.; Innsbruck.
– (1982): Chronostratigraphic Subdivision of the Holocene in the Alps. – Striae, **16**: 75–79, Uppsala.
BORTENSCHLAGER, S., FLIRI, F., HEUBERGER, H. & PATZELT, G. (1978): Innsbrucker Raum und Ötztal. – Führer zur Tirol-Exkursion anläßlich der 19. wissensch. Tagung der Dt. Quartärvereinigung 1978 in Wien. – 36 S., 10 Abb.; Innbruck.
BOWEN, D. Q. (1978): Quaternary Geology. – 221 S.; Oxford-Frankfurt a. M. (Pergamon Press).
BRAUN, W. (1983): Vegetationskundliche Skizze des Murnauer Moores. – In: DOBEN, D. & FRANK, H.: Geologische Karte von Bayern 1 : 25000, Erläuterungen zum Blatt Nr. 8333 Murnau, S. 78–85; München (Bayer. Geol. L.-Amt).
BRÜCKNER, E. (1897): Allgemeine Erdkunde. Bd. 2: Die feste Erdrinde und ihre Formen. – 368 S.; Prag, Wien, Leipzig.
BRUNNACKER, K. (1953): Der würmeiszeitliche Löß in Südbayern. – Geologica Bavarica, **19**: 258–265; München.
– (1955): Würmeiszeitlicher Löß und fossile Böden in Mainfranken. – Geologica Bavarica, **25**: 27–43, 4 Abb.; München.
– (1956 a): Die Höhlensedimente im Hohlen Stein bei Schambach. – Geol. Bl. NO-Bayern; **6**: 21–32, 2 Abb., 1 Tab.; Erlangen.
– (1956 b): Das Lößprofil von Kitzingen. Ein Beitrag zur Chronologie des Paläolithikums. – Germania, **34**: 3–11, 3 Abb., 1 Tab.; Berlin.
– (1957): Die Geschichte der Böden im jüngeren Pleistozän in Bayern. – Geol. Bavarica, **34**: 95 S., 11 Abb., 3 Tab., 2 Taf.; München.
– (1959 a): Zur Kenntnis des Spät- und Postglazials in Bayern. – Geologica Bavarica, **43**: 74–150, 13 Abb., 16 Tab.; München.
– (1959 b): Erläuterungen zur Geologischen Karte von Bayern 1 : 25000, Blatt Nr. 7636 Freising Süd. – 94 S., 8 Abb., 8 Tab., 1 Beil., München (Bayer. Geol. L.-Amt).
– (1962): Das Schieferkohlenlager vom Pfefferbichl bei Füssen. – Jber. u. Mitt. oberrh. geol. Verein., N. F. **44**: 43–60, 2 Abb., 3 Tab.; Stuttgart.
– (1964 a): Quartär. – In: Erläuterungen zur Geologischen Karte von Bayern 1 : 500000. 2. Aufl. – 230–243, 1 Abb., 1 Tab.; München (Bayer. Geol. L.-Amt).
– (1964 b): Über Ablauf und Altersstellung altquartärer Verschüttungen im Maintal und nächst dem Donautal bei Regensburg. – Eiszeitalter u. Gegenwart, **15**: 72–80, 1 Abb., 1 Tab.; Öhringen/Württ.
– (1964 c): Böden des älteren Pleistozäns bei Regensburg. – Geologica Bavarica, **53**: 148–160, 1 Abb., 2 Tab., 1 Beil.; München.
– (1964 d): Schätzungen über die Dauer des Quartärs, insbesondere auf der Grundlage seiner Paläoböden. – Geol. Rdsch., **54**: 415–428, 1 Abb.; Stuttgart.
– (1964 e): Die geologisch-bodenkundlichen Verhältnisse bei Epfach. – In: WERNER, J. (Hrsg.): Studien zu *Abodiacum* – Epfach, I. – Münchner Beitr. Vor- u. Frühgesch., **7**: 140–156, 3 Abb., 1 Tab.; München.
– (1966): Die Deckschichten und Paläoböden über dem Fagotien-Schotter südwestlich von Moosburg. – N. Jb. Geol. Paläont. Mh., **1966** (4): 214–227, 4 Abb., 1 Tab.; Stuttgart.
– (1970): Zwei Lößprofile extremer Klimabereiche Bayerns. – Geologica Bavarica, **63**: 195–206, 2 Abb., 3 Tab.; München.

- (1978a): Böden. – In: Das Mainprojekt. – Schriftenreihe Bayer. Landesamt f. Wasserwirtschaft, **7**: 21–23, München.
- (1978b): Der Main im Quartär. – In: Das Mainprojekt. – Schriftenreihe Bayer. Landesamt f. Wasserwirtsch., **7**: 27–28; München.
- (1979): Die Sedimente im Hohlen Stein bei Schambach (Südliche Frankenalb). – Geol. Bl. NO-Bayern, **29**: 89–112, 5 Abb.; Erlangen.
- (1982): Äolische Deckschichten und deren fossile Böden im Periglazialbereich Bayerns. – Geol. Jb., **F 14**: 15–25, 6 Abb., 1 Tab.; Hannover.

BRUNNACKER, K. & BOENIGK, W. (1976): Über den Stand der paläomagnetischen Untersuchungen im Pliozän und Pleistozän der Bundesrepublik Deutschland. – Eiszeitalter u. Gegenwart, **27**: 1–17, 5 Abb.; Öhringen/Württ.

BRUNNACKER, K., BOENIGK, W., KOČI, A. & TILLMANNS, W. (1976): Die Matuyama/Brunhes-Grenze am Rhein und an der Donau. – N. Jb. Geol. Paläont. Abh., **151**: 358–378, 10 Abb., 2 Tab.; Stuttgart.

BRUNNACKER, M. & BRUNNACKER, K. (1959): Der Kalktuff von Egloffstein (nördliche Frankenalb. – Geol. Bl. NO-Bayern, **9**: 135–140, 1 Tab.; Erlangen.

BUCH, M. W. (1987): Spätpleistozäne und holozäne fluviale Geomorphodynamik im Donautal zwischen Regensburg und Straubing. – Regensburger Geogr. Schriften, **21**: 197 S., 14 Fotoabb., 6 Tab. und einem Anhangsband: 55 Abb., 14 Kt.; Regensburg (Selbstverl. Inst. f. Geogr.).

- (1988): Spätpleistozäne und holozäne fluviale Geomorphodynamik im Donautal östlich von Regensburg – ein Sonderfall unter den mitteleuropäischen Flußsystemen. – Z. Geomorph. N. F., Suppl. Bd. **66**: 95–111, 3 Abb.; Berlin – Stuttgart.

BUCH, M. W. & ZÖLLER, L. (1990): Gliederung und Thermolumineszenz-Chronologie der Würmlösse im Raum Regensburg. – Eiszeitalter u. Gegenwart, **40**: 63–84, 14 Abb., 1 Tab.; Hannover.

BÜDEL, J. (1944): Die morphologischen Wirkungen des Eiszeitklimas im gletscherfreien Gebiet. – Geol. Rdsch. (Klimaheft), **34** (7/8): 482–519, 14 Abb., 2 Taf.; Stuttgart.

- (1962): Die Abtragungsvorgänge auf Spitzbergen im Umkreis der Barentsinsel. – Verh. Dt. Geogr.-Tag Köln 1961, **33**: 336–375; Wiesbaden.
- (1969): Der Eisrindeneffekt als Motor des Tiefenerosion in der exzessiven Talbildungszone. – Würzburger Geogr. Arb., **25**: 1–41, Würzburg.
- (1977): Klimageomorphologie. – 304 S., 82 Abb., 3 Tab., 61 Fotos; Berlin – Stuttgart.

BUNZA, G. (1976): Systematik und Analyse alpiner Massenbewegungen. – Schriftenreihe Bayer. Landesstelle Gewässerkde., **11**: 1–84, 59 Abb.; München.

BÜTTNER, G. (1990): Erdfälle in der Oberndorfer Flur. – Naturwiss. Jahrb. Schweinfurt, **8**: 85–110, 11 Abb.; Schweinfurt (Selbstverlag Naturwiss. Verein).

CHALINE, J. (1972): Le Quaternaire, l'histoire humaine dans son environnement. – 338 S., 66 Abb., 43 Taf., Paris (Doin).

CHALINE, J. & JERZ, H. (1983): Proposition de création d'un étage würmien par la sous-commission de Stratigraphie du Quaternaire européen de l'INQUA. – Bull. de l'A. F. E. Q., **16**: 149–152; Paris.

– – (1984): Arbeitsergebnisse der Subkommission für Europäische Quartärstratigraphie. – Stratotypen des Würm-Glazials (Berichte der SEQS 6). – Eiszeitalter u. Gegenwart, **34**: 185–206, 2 Abb., 2 Tab.; Hannover.

CORNWALL, I. (1970): Ice Ages. Their Nature and Effects. – 180 S., zahlr. Abb.; London (Baker Ltd.).

COSTA, J. E. (1991): Nature, mechanics and mitigation of the Val Pola Landslide, Valtellina, Italy, 1987–1988. – Z. Geomorph. N. F., **35** (1): 15–38, 13 Fig., 3 Tab.; Berlin-Stuttgart.

COX, A. (1969): Geomagnetic reversals. – Science, **163**: 237–245; Washington.

DANSGAARD, W. (1982): A new Greenland deep ice core. – Science, **218**: 1273–1277; Washington.

DANSGAARD, W. & TAUBER, H. (1969): Glacier oxygen-18 content and Pleistocene ocean temperatures. – Science, **166**: 499–502; Washington.

DEHM, R. (1967): Die Landschnecke *Discus ruderatus* im Postglazial Süddeutschlands. – Mitt. Bayer. Staatsslg. Paläont. hist. Geol., **7**: 135–155; München.
– (1979): Artenliste der altpleistozänen Molluskenfauna vom Uhlenberg bei Dinkelscherben. – Geologica Bavarica, **80**: 123–125; München.
Deutsche Bodenkundliche Gesellschaft, Arbeitskreis Paläoböden (1987–1990): Exkursionsführer der Tagungen 1987 in Würzburg, 1988 in Regensburg, 1989 in Heilbronn und 1990 in Günzburg.
DIETMANN, K. (1932): Der „Große Immenstädter Illersee" und der Bergsturz bei Rathholz-Konstanzer. – In: Heimat, Beil. z. Allgäuer Anzeigenblatt, **21**: 81–84; Immenstadt.
DIEZ, T. (1967): Erläuterungen zur Bodenkarte von Bayern 1:25000, Blatt Nr. 7931 Landsberg a. Lech, 11 Abb., 5 Tab., 4 Taf., 2 Beil.; München (Bayer. Geol. L.-Amt).
– (1968): Die würm- und postwürmglazialen Terrassen des Lech und ihre Bodenbildungen. – Eiszeitalter u. Gegenwart, **19**: 102–128, 6 Abb., 6 Tab.; Öhringen/Württ.
– (1973): Geologische Karte von Bayern 1:25000, Erläuterungen zum Blatt Nr. 7931 Landsberg a. Lech. – 78 S., 19 Abb., 3 Tab.; München (Bayer. Geol. L.-Amt).
DINGETHAL, F. J., JÜRGING, P., KAULE, G. & WEINZIERL, W. (1985): Kiesgrube und Landschaft. Handbuch über den Abbau von Sand und Kies, über Gestaltung, Rekultivierung und Renaturierung. – 285 S., 22 Abb., 15 Tab.; Hamburg u. Berlin (Parey).
DOBEN, K. (1976): Geologische Karte von Bayern 1:25000, Erläuterungen zum Blatt Nr. 8433 Eschenlohe. – 96 S., 19 Abb., 4 Tab., 7 Beil.; München (Bayer. Geol. L.-Amt).
DOBNER, A. (1980): Hydrogeologie des Maintales. – In: Wasserwirtschaftliche Rahmenuntersuchung Donau und Main (Hydrogeologie), 27–44, 7 Beil.; München (Bayer. Geol. L.-Amt).
– (1984): Tone, Mergel und Lehme des Quartärs. – In: WEINIG, H. et al.: Oberflächennahe mineralische Rohstoffe von Bayern. – Geologica Bavarica, **86**: 482–492; München.
DOBNER, A. & FRANK, H. (1986): Hydrogeologische Verhältnisse. – In: HAUNSCHILD, H.: Geologische Karte von Bayern 1:25000, Erläuterungen zum Blatt Nr. 6326 Ochsenfurt, S. 98–105, 1 Abb., 1 Beil.; München (Bayer. Geol. L.-Amt).
DOPPLER, G. (1980): Das Quartär im Raum Trostberg an der Alz im Vergleich mit dem nordwestlichen Altmoränengebiet des Salzachvorlandgletschers (Südostbayern). – Diss. Univ. München, 198 S., 39 Abb., 8 Tab., 17 Taf., München.
– (1982): Geologische Karte von Bayern 1:25000, Erläuterungen zum Blatt Nr. 7941 Trostberg. – 131 S., 14 Abb., 9 Tab., 9 Beil.; München (Bayer. Geol. L.-Amt).
– (i. Druckvorb.): Erläuterungen zur Geologischen Karte von Bayern 1:50000, Blatt Nr. L 7726 Neu-Ulm. – München (Bayer. Geol. L.-Amt).
DORN, P. (1928): Die Steinerne Rinne von Rohrbach bei Weißenburg in Bayern. – Cbl. Mineral. usw., B., **1928**: 630–633; Stuttgart.
DRAXLER, I. (1980): Das Quartär. – In: Geologische Bundesanstalt Wien (Hrsg.): Der geologische Aufbau Österreichs: 56–69, 2 Abb.; Wien – New York (Springer).
– (1987): Zur Vegetationsgeschichte und Stratigraphie des Würmspätglazials des Traungletschergebietes. – In: VAN HUSEN, D.: Das Gebiet des Traungletschers, Oberösterreich. Eine Typusregion des Würm-Glazials, S. 37–49, 2 Taf.; Wien (Österr. Akad. Wiss.).
DRAXLER, I. & VAN HUSEN, D. (1977): Zur Entwicklung des Spätglazials im Mitterndorfer Becken (Steiermark). – Verh. Geol. B.-A., **1977** (2): 79–84, 2 Abb.; Wien.
DREESBACH, R. (1985): Sedimentpetrographische Untersuchungen zur Stratigraphie des Würmglazials im Bereich des Isar-Loisachgletschers – Diss. Univ. München, 176 S., 29 Abb., 18 Fotos, 25 Tab.; München.
– (1986): Zur Lithostratigraphie des Würmglazials im Gebiet des Isar-Loisach-Gletschers/Oberbayern. – Z. dt. geol. Gesell., **137**: 553–572, Hannover.
EBEL, R. (1983): Die Lagerungsverhältnisse der Schieferkohlen zwischen der Ostrach und der Iller bei Sonthofen im Oberallgäu. (Mit einem paläontologischen Beitrag von RICHARD DEHM). – Geologica Bavarica, **84**: 123–146, 8 Abb.; München.
EBERL, B. (1925): Die bayerischen Ortsnamen als Grundlage der Siedlungsgeschichte. Bd. 2. – 273 S.; München (Knorr & Hirt).

EBERL, B. (1930): Die Eiszeitenfolge im nördlichen Alpenvorlande (Iller-Lech-Gletscher). – 427 S., 10 Abb., 2 Taf., 1 Kt.; Augsburg (Filser).

EBERS, E. (1926): Das Eberfinger Drumlinfeld. Eine geologisch-morphologische Studie. – Geogn. Jh., **39**: 47–86, 23 Abb., 1 geol. Kt. 1:25000; München.

– (1934): Die Eiszeit im Landschaftsbilde des bayerischen Alpenvorlandes. – 167 S., 30 Abb.; München (Beck).

– (1937): Zur Entstehung der Drumlins als Stromlinienkörper. Zehn weitere Jahre Drumlinforschung (1926–1936). – N. Jb. Mineral. usw., **78**. Beil. Bd., Abt. B: 200–240; Stuttgart.

– (1939): Die diluviale Vergletscherung des bayerischen Traungebietes. – Veröff. Gesell. Bayer. Landeskunde e. V. München, **13–14**: 55 S., 8 Abb., 1 Beil. (farb. geol.-morph. Kt. 1:25000); München.

– (1957): Vom großen Eiszeitalter. – Verständliche Wissenschaft, **66**: 138 S., 77 Abb., Berlin-Göttingen-Heidelberg (Springer).

– (1959): Eiszeitliches Wander- und Wunderbüchlein fürs Bayerische Alpenvorland. – Bund Naturschutz in Bayern, 136 S., zahlr. Abb.; München.

– (1965): Das eiszeitliche Geschehen im Voralpen- und im Alpenland, um Rosenheim, und sein Ausklang in der Gegenwart. – In: KRAUS, E. & EBERS, E.: Die Landschaft um Rosenheim: 85–229, zahlr. Abb. u. Tab.; Rosenheim (Verlag Stadtarchiv).

– (1977): Drumlins, Drumlinoide, Drumlinisierung. – Stud. Geol. Polonica, **52**: 127–133; Warschau.

EBERS, E., HOFMANN, W., KRAUS, E. & STEFANIAK, H. (1961): Der Gletscherschliff von Fischbach am Inn. – Landeskdl. Forsch., Geogr. Gesell. München, **40**: 85 S., zahlr. Abb., 3 Beil.; München.

EBERS, E., WEINBERGER, L. & DEL-NEGRO, W. (1966): Der pleistozäne Salzachvorlandgletscher. – Veröff. Gesell. Bayer. Landeskde., **19–22**: 216 S., 47 Abb., 1 farb. geol. Kt. 1:100000; München.

EHLERS, J. (in Druckvorb.): Allgemeine Quartärgeologie. – Stuttgart (Enke).

EICHLER, H. (1970): Das präwürmzeitliche Pleistozän zwischen Riss und oberer Rottum. – Ein Beitrag zur Stratigraphie des nordöstlichen Rheingletschergebietes. – Heidelberger Geogr. Arb., **30**: 144 S., 4 Abb., 10 Fig., 4 Tab., 5 Kt., 2 Prof.; Heidelberg.

EISSMANN, L. (1981): Periglaziäre Prozesse und Permafroststrukturen aus sechs Kaltzeiten im Quartär. – Altenburger Naturwissenschaftliche Forschungen, **1**: 171, 67 Abb., 42 Taf., 4 Tab.; Altenburg.

ELLWANGER, D. (1980a): Rückzugsphasen des würmeiszeitlichen Illergletschers. – Arb. Inst. Geol. Paläont. Univ. Stuttgart, N. F. **76**: 93–126, 12 Abb., 1 Beil.; Stuttgart.

– (1980b): Die Terrassen der Iller zwischen Memmingen und Kempten. – Arb. Inst. Geol. Paläont. Univ. Stuttgart, N. F. **76**: 127–167, 29 Abb.; Stuttgart.

– (1988): Würmeiszeitliche Rinnen und Schotter bei Leutkirch/Memmingen. – Jh. geol. Landesamt Baden-Württemberg, **30**: 207–229, 7 Abb.; Freiburg i. Brsg.

EMILIANI, C. (1955): Pleistocene temperatures. – J. Geol., **63**: 538–578, Chicago.

– (1966): Isotopic paleotemperatures. – Science, **154**: 851–857; Washington.

– (1970): Pleistocene palaeotemperatures. – Science, **168**: 822–825; Washington.

EMMERT, U. (1975) Zur Landschaftsgeschichte der Bucht von Neustadt a. d. Aisch (Mittelfranken). – Geologica Bavarica, **74**: 131–149, 2 Abb., 1 Beil., München.

ENGELSCHALK, W. (1971): Alpine Buckelfluren. Untersuchungen zur Frage der Buckelwiesen im Bereich des eiszeitlichen Isargletschers. – Regensburger Geogr. Arbeiten, **1**: 159 S., 31 Abb., 1 Beil.; Regensburg.

ERGENZINGER, P. (1967): Die eiszeitliche Vergletscherung des Bayerischen Waldes. – Eiszeitalter u. Gegenwart, **18**: 152–168, 1 Kt., 2 Abb., 3 Tab., Öhringen/Württ.

EROL, O. (1968): Geomorphologische Untersuchungen über das Zungengebiet des würmeiszeitlichen Leitzachgletschers und die Terrassen des oberen Leitzachtales. Mit einem Beitrag von W. STEPHAN. – Münchner Geogr. Hefte, **33**: 69 S., 8 Abb., 3 Kt.; Kallmünz.

EXLER, H. J. (1972): Ausbreitung und Reichweite von Grundwasserverunreinigungen im Unterstrom einer Mülldeponie. – GWF-Wasser/Abwasser, **113**, (3): 101–112; München.

FELDMANN, L. (1990): Jungquartäre Gletscher- und Flußgeschichte im Bereich der Münchner Schotterebene. – Diss. Univ. Düsseldorf, 355 S., 82 Abb., 5 Beil., Düsseldorf.

FELDMANN, L., GEISSERT, F., SCHIRMER, U. & SCHIRMER, W. (1991): Die jüngste Niederterrasse der Isar nördlich Münchens. – N. Jb. Geol. Paläont. Mh. **1991** (3): 127–144, 4 Abb., 5 Tab.; Stuttgart.

FESSELER, W. & GOOS, W. (1988): Geologische Karte 1:25000 von Baden-Württemberg, Erläuterungen zu Blatt 8026 Aitrach. – 84 S., 10 Abb., 5 Tab., 6 Beil.; Stuttgart (Geol. L.-Amt Baden-Württ.)

FETZER, K. D., GROTTENTHALER, W., HOFMANN, B., JERZ, H., RÜCKERT, G., SCHMIDT, F. & WITTMANN, O. (1986): Standortkundliche Bodenkarte von Bayern 1:50000, München – Augsburg und Umgebung, Erläuterungen zu den Kartenblättern L 7530 Wertingen, L 7532 Schrobenhausen, L 7730 Augsburg, L 7732 Altomünster, L 7734 Dachau, L 7736 Erding, L 7930 Landsberg a. Lech, L 7932 Fürstenfeldbruck, L 7934 München, L 7936 Grafing b. München, L 8130 Schongau, L 8132 Weilheim i. OB., L 8134 Wolfratshausen und L 8136 Holzkirchen, mit Beiträgen von HÄCKEL, H. (Das Klima) und ZEHENDNER, M. (Der Wald). – 396 S., 15 Abb., 12 Tab., 1 Beiheft (Analysen); München (Bayer. Geol. L.-Amt).

FEZER, F. (1969): Tiefenverwitterung circum-alpiner Pleistozänschotter. – Heidelberger Geogr. Arb., **24**: 144 S., 94 Abb., 1 Tab.; Heidelberg (Selbstverl. Geogr. Inst.).

FINK, J. (1954): Die fossilen Böden im österreichischen Löß. – Quartär, **6**: 85–108, 11 Abb.; Bonn.

– (1956): Zur Korrelation der Terrassen und Lösse in Österreich. – Eiszeitalter u. Gegenwart, **7**: 49–77, 9 Abb.; Öhringen/Württ.

– (1966): Die Paläogeographie der Donau. – In: R. LIEPOLT: Limnologie der Donau, Liefg. **2**: 1–50, 6 Abb., 3 Tab.; Stuttgart.

– (1980): Stand und Aufgaben der österreichischen Quartärforschung. – Innsbrucker Geographische Studien, **5**: 79–104; Innsbruck.

FINSTERWALDER, R. (1950): Die Gletscher der Bayerischen Alpen. – Jb. D. u. Oe. AV, **76**: 60–66, 2 Abb., 2 Fig., 1 Taf.; München.

FIRBAS, F. (1949/52): Waldgeschichte Mitteleuropas nördlich der Alpen. – Bd. 1 (1949): Allgemeine Waldgeschichte. 480 S. – Bd. 2 (1952): Waldgeschichte der einzelnen Landschaften. 256 S.; Jena (Fischer).

FISCHER, H. (1908): Schwäbisches Wörterbuch; Tübingen.

FISCHER, K. (1967): Erdströme in den Alpen. – Mitt. Geogr. Ges. München, **52**: 231–246, 8 Abb., 1 Kt.; München.

FLINT, R. F. (1971): Glacial and Quaternary Geology. 2nd Edition. – New York – London (J. Wiley).

FLIRI, F., BORTENSCHLAGER, S., FELBER, H., HEISSEL, W., HILSCHER, H. & RESCH, W. (1970): Der Bänderton von Baumkirchen (Inntal, Tirol). Eine neue Schlüsselstelle zur Kenntnis der Würm-Vereisung der Alpen. – Z. Gletscherkde. u. Glazialgeol., **6** (1–2), 9 Abb., Innsbruck.

FLIRI, F., FELBER, H. & HILSCHER, H. (1972): Weitere Ergebnisse der Forschung am Bänderton von Baumkirchen (Inntal, Nordtirol). – Z. Gletscherkde. u. Glazialgeol., **8** (1–2): 203–213, 1 Abb.; Innsbruck.

FLOHN, H. (1969): Ein geophysikalisches Eiszeit-Modell. – Eiszeitalter u. Gegenwart, **20**: 204–234, 8 Abb., 3 Tab.; Öhringen/Württ.

FLURL, M. (1792): Beschreibung der Gebirge von Baiern und der oberen Pfalz. – 642 S., 4 Taf., 1 petrograph. Kt. ca. 1:750000; München (Joseph Lentner).

FÖRDERREUTHER, M. (1907): Die Allgäuer Alpen. Land und Leute. – 525 S.; Kempten und München (Kösel).

FRANK, H. (1979): Glazial übertiefte Täler im Bereich des Isar-Loisach-Gletschers. Eiszeitalter u. Gegenwart, **29**: 77–99, 8 Abb., 1 Tab., 2 Taf.; Hannover.

– (1985): Hydrogeologische Verhältnisse. – In: GROTTENTHALER, W.: Geologische Karte von Bayern 1:25000, Erläuterungen zum Blatt Nr. 8036 Otterfing und zum Blatt Nr. 8136 Holzkirchen, S. 129–147, 2 Abb., 3 Tab., 2 Beil.; München (Bayer. Geol. L.-Amt).

FRANK, H., JUNG, W. & WERNER, W. (1983): Geologie rechts und links der Isar. Ein Streifzug durch Jahrmillionen. In: PLESSEN, M.-L. (Hrsg.): Die Isar. Ein Lebenslauf. – 15–32, 8 Abb., 1 Tab.; München (Münchner Stadtmuseum).

FREI, H. (1966): Der frühe Eisenerzbergbau und seine Geländespuren im nördlichen Alpenvorland. – Münchner Geogr. Hefte, **29**: 1–89, 11 Abb., 3 Tab., 4 Taf., 4 Kt.; Kallmünz/Regensburg (Lassleben)

– (1967): Der frühe Eisenerzbergbau im nördlichen Alpenvorland. – Jber. Bayer. Bodendenkmalpflege, **6/7**: 67–134, 46 Abb., 3 Tab.; München.

FRENZEL, B. (1968): Grundzüge der pleistozänen Waldgeschichte Nord-Eurasiens. – Erdwissenschaftl. Forschung, **1**: 326 S.; Wiesbaden.

– [Hrsg.] (1976): Führer zur Exkursions-Tagung des IGCP-Projektes 73/1/24, 1976: „Quaternary Glaciations in the Northern Hemisphere". – 141 S., zahlr. Abb. u. Tab.; Stuttgart-Hohenheim.

– [Hrsg.] (1977): Dendrochronologie und postglaziale Klimaschwankungen in Europa. – Erdwissenschaftl. Forschung, **13**: 350 S., zahlr. Abb.; Wiesbaden (Steiner).

– (1978): Das Interglazial vom Pfefferbichl bei Buching, Landkreis Füssen. – Führer zur Exkursionstagung des IGCP-Projektes 73/1/24 (1976): 181–184, 2 Abb., Bonn-Bad Godesberg (DFG).

– (1978): Zur postglazialen Palökologie der Donau und ihrer südlichen Zuflüsse im deutschen Alpenvorland. – Führer zur Exkursionstagung des IGCP-Projektes 73/1/24 (1976): 124–126, 3 Abb.; Bonn-Bad Godesberg (DFG).

– (1980 a): Klima der letzten Eiszeit und Nacheiszeit in Europa. – Veröff. Joachim Jungius-Gesell. Wiss. Hamburg, **44**: 9–46, 34 Abb., 5 Tab., Hamburg.

– (1980 b): Das Klima der letzten Eiszeit in Europa. – In: Das Klima – Analysen und Modelle, Geschichte und Zukunft, S. 45–63, 2 Abb., 6 Tab.; Berlin-Heidelberg (Springer).

FRENZEL, B. & JOCHIMSEN, M. (1972): Die Schieferkohlen aus der Umgebung von Wasserburg/Inn. – In: Führer zu den Exkursionen der 16. wiss. Tagung der Deutschen Quartärvereinigung, S. 73–75; Stuttgart-Hohenheim.

FRENZEL, B. & PESCHKE, P. (1972): Über die Schieferkohlen von Höfen, Breinetsried, Großweil, Schwaiganger und Pömetsried. – Exkursionsführer der 16. DEUQUA-Tagung 1972: 77–80, 1 Abb.; Stuttgart-Hohenheim.

FREUND, G. (1964): Die ältere und die mittlere Steinzeit in Bayern. – Jber. Bayer. Bodendenkmalpflege, **1963** (4): 9–167, 78 Abb., 2 Beil.; München.

FUCHS, W. (1980): Das Werden der Landschaftsräume seit dem Oberpliozän. – In: Geologische Bundesanstalt Wien (Hrsg.): Der geologische Aufbau Österreichs: 484–504, 2 Abb.; Wien – New York (Springer).

FURRER, G. (1977): Klimaschwankungen im Postglazial im Spiegel fossiler Böden. – Ein Versuch im Schweizerischen Nationalpark. – In: FRENZEL, B. (1977): Dendrochronologie und postglaziale Klimaschwankungen in Europa: 267–270, 1 Tab.; Wiesbaden (Steiner).

– (1987): Zur Gletscher-, Vegetations- und Klimageschichte der Schweiz seit der Späteiszeit. – Geographica Helvetica, **42**: 61–91; Zürich.

– (1990): 25000 Jahre Gletschergeschichte, dargestellt an einigen Beispielen aus den Schweizer Alpen. – Naturforsch. Gesell. in Zürich, Jahrg. **135** (5) Neujahrsbl. auf das Jahr 1991, 52 S., 25 Abb.; Zürich.

GALL, H. (1971): Geologische Karte von Bayern 1:25000, Erläuterungen zum Blatt Nr. 7328 Wittislingen. – 186 S., 17 Abb., 6 Tab.; München (Bayer. Geol. L.-Amt).

GAMPER, M. & SUTER, J. (1982): Postglaziale Klimageschichte der Schweizer Alpen. – Geographica Helvetica, **37** (2): 105–114, 1 Tab.; Zürich.

GAMS, H. (1936): Die Flora der Höttinger Breccie. – In: GÖTZINGER G. (Hrsg.): Führer für die Quartär-Exkursionen in Österreich, Teil 2: 67–72; Wien (Geol.B.-Anst.).

GAMS, H. & NORDHAGEN, R. (1923): Postglaziale Klimaänderungen und Erdkrustenbewegungen in Mitteleuropa. – Mitt. Geogr. Gesell. München, **16**: 1–336, 73 Abb., div. Taf.; München.

GANSS, O. (1967): Erläuterungen zur Geologischen Karte von Bayern 1:25000, Blatt Nr. 8240 Marquartstein. – 276 S., 33 Abb., 3 Tab., 3 Beil.; München (Bayer. Geol. L.-Amt).

– (1980): Geologische Karte von Bayern 1 : 25 000, Erläuterungen zum Blatt Nr. 8239 Aschau i. Chiemgau. – 184 S., 18 Abb., 4 Beil., München (Bayer. Geol. L.-Amt).

GAREIS, J. (1978): Die Toteisfluren des Bayerischen Alpenvorlandes als Zeugnis für die Art des spätwürmzeitlichen Eisschwundes. – Würzburger Geogr. Arb., 46: 102 S., 12 Abb., 17 Fig.; Würzburg.

Geologische Bundesanstalt Wien [Hrsg.], (1980): Der geologische Aufbau Österreichs. – XIX + 700 S., 164 Abb., 2 Kt.; Wien – New York (Springer).

GERB, L. (1956): Grundwassertypen. – In: TRAUB, F.: Erläuterungen zur Hydrogeologischen Übersichtskarte 1 : 500 000 Blatt München, S. 84–104, 4 Tab.; Remagen.

– (1958): Grundwassertypen. – Vom Wasser, 25: 16–47; Weinheim/Bergstraße.

GERLACH, R. (1988): Die junge Geschichte des Mains unter dem Einfluß des Menschen. – Ungedr. Diss. Univ. Düsseldorf, 299 S., zahlr. Abb.; Düsseldorf.

GEYER, O.F. & GWINNER, M.P. (1986): Geologie von Baden-Württemberg. – 3. völlig neu bearb. Aufl., 472 S., 254 Abb., 26 Tab.; Stuttgart (Schweizerbart).

GEYH, M.A. (1971): Die Anwendung der ^{14}C-Methode. – Clausthaler Tektonische Hefte, 11: 118 S., 12 Abb., 5 Tab.; Clausthal-Zellerfeld.

– (1980): Einführung in die Methoden der physikalischen und chemischen Altersbestimmung. – 276 S., 42 Abb.; Darmstadt (Wiss. Buchgesellschaft).

– (1983): Physikalische und chemische Datierungsmethoden in der Quartärforschung. – Clausthaler Tektonische Hefte, 19: 163 S.; Clausthal-Zellerfeld.

GEYH, M.A. & HENNIG, G.J. (1983): Datierungsversuche pleistozäner Proben aus dem Alpenvorland mit Hilfe mehrerer physikalischer Methoden. – Geologica Bavarica, 84: 177–184, 1 Abb., 3 Tab.; München.

GEYH, M.A., MERKT, J. & MÜLLER, H. (1970): ^{14}C-Datierung limnischer Sedimente und die Eichung der ^{14}C-Zeitskala. – Naturwissenschaften, 57: 564–567; Berlin, Göttingen, Heidelberg.

– – – (1971): Sediment-, Pollen- und Isotopenanalysen an jahreszeitlich geschichteten Ablagerungen im zentralen Teil des Schleinsees. – Arch. Hydrobiol., 69 (3): 366–399, 10 Abb., Stuttgart.

GLÜCKERT, G. (1973): ^{14}C-Alter eines interstadialen Torfes in der postglazialen Hammerau-Terrasse und eines Moores unter Kalktuff bei Tittmoning an der Salzach (Oberbayern). – Eiszeitalter u. Gegenwart, 23/24: 371–376, 7 Abb.; Öhringen/Württ.

– (1974): Mindel- und rißeiszeitliche Endmoränen des Illervorlandgletschers. – Eiszeitalter u. Gegenwart, 25: 96–106, 4 Abb., 1 Taf.; Öhringen/Württ.

– (1979): Eisrandlagen am Samerberg bei Nußdorf am Inn (Oberbayern). – Geologica Bavarica, 80: 73–78, 2 Abb., 1 Beil., München.

GÖTTLICH, K. [Hrsg.] (1976): Moor- und Torfkunde. – 269 S., 135 Abb., 22 Tab., 2 Taf.; Stuttgart (Schweizerbart).

– Hrsg. (1990): Moor- und Torfkunde. – 3. vollst. überarbeit. u. erweit. Aufl., 530 S., 232 Abb., 63 Tab., 2 Taf.; Stuttgart (Schweizerbart).

GRAFENSTEIN, U. VON, ERLENKEUSER, H., MÜLLER, J. & KLEINMANN-EISENMANN, A. (1992): Oxygen Isotope Records of Benthic Ostracods in Bavarian Lake Sediments: Reconstruction of Late and Post Glacial Air Temperatures. – Naturwissenschaften, 79 (4): 145–152; Heidelberg.

GRAHMANN, R. (1932): Bemerkungen über die Begriffe Diluvium, Eiszeit und Vereisung. – Z. Gletscherkde., 20: 470–474; Berlin.

GRAUL, H. (1943): Zur Morphologie der Ingolstädter Ausräumungslandschaft. Die Entwicklung des unteren Lechlaufs und des Donaumoosbeckens. – Forsch. dt. Landeskde., 43: 114 S., 17 Abb., 4 Tab., 8 Kt.; Leipzig (Hirzel).

– (1949): Zur Gliederung des Altdiluviums zwischen Wertach-Lech und Flossach-Mindel. – Ber. Naturforsch. Gesell. Augsburg, 2: 3–31, 2 Abb., 3 Tab., Augsburg.

– (1962): Eine Revision der pleistozänen Stratigraphie des schwäbischen Alpenvorlandes (mit einem bodenkundlichen Beitrag von K. BRUNNACKER). – Peterm. Geogr. Mitt., 1962 (4): 253–271, 8 Abb.; Gotha.

GRAUL, H. (1968): Führer zur zweitägigen Exkursion im nördlichen Rheingletschergebiet. – In: Beiträge zu den Exkursionen anläßlich der DEUQUA-Tagung 1968 in Biberach a. d. Riß. – Heidelberger Geogr. Arb., **20**: 31–75, 6 Fig., 2 Tab., 7 Kt.; Heidelberg.
- (1977): Zur postglazialen Geschichte voralpiner Flüsse. – In: FRENZEL, B. (Hrsg.): Dendroklimatologie und postglaziale Klimaschwankungen in Europa. – Erdwissensch. Forsch., **13**: 176–179; Wiesbaden (Steiner).

GREGOR, H.-J., POSCHLOD, P. & SEIDENSCHWANN, G. (1988): Die Makroflorenabfolge aus dem Pleistozän von Alzenau am Vorspessart. – Vortragskurzfassung. In: DEUQUA, 24. Tagung Würzburg, S. 43; Hannover.

GRIMM, W.-D. (1990): Bildatlas wichtiger Denkmalgesteine der Bundesrepublik Deutschland. – Arbeitshefte Bayer. Landesamt f. Denkmalpflege, **50**: 250 S., zahlr. Abb., Tab. u. 200 farb. Taf.; München.

GRIMM, W.-D., BLÄSIG, H., DOPPLER, G., FAKHRAI, M., GORONCEK, K., HINTERMAIER, G., JUST, J., KIECHLE, W., LOBINGER, W. H., LUDEWIG, H., MUZAVOR, S., PAKZAD, M., SCHWARZ, U. & SIDIROPOULOS, T. (1979): Quartärgeologische Untersuchungen im Nordwestteil des Salzach-Vorlandgletschers (Oberbayern). – In: SCHLÜCHTER, C.: Moraines & Varves: 101–114, 1 geol. Kt. ca. 150000; Rotterdam (Balkema).

GROISS, TH. (1988): Das Pleistozän in Franken. – Karst und Höhle, **1988**: 105–115, 5 Abb.; München.

GROISS, J. TH. & KAULICH, B. (1986): Die ältesten Menschenspuren in Bayern. – Unser Bayern, **35** (1): 2 S., 2 Abb.; München (Heimatbeilage der Bayer. Staatszeitung).

GROOTES, P. M. (1977): Thermal Diffusion Isotopic Enrichment and Radiocarbon Dating beyond 50000 Years BP. – Diss. Univ. Groningen, 221 S.; Groningen.
- (1979): Kohlenstoff-14 Anreicherungsdatierungen im Alpenvorland. – Geologica Bavarica, **80**: 183–188, 2 Abb., 1 Tab.; München.

GROSCHOPF, P. (1952): Pollenanalytische Datierung württembergischer Kalktuffe und der postglaziale Klimaablauf. – Jh. Geol. Abt. Württ. Statist. L.-Amt, **2**: 72–94, 7 Abb.; Stuttgart.

GROSS, G., KERSCHNER, H. & PATZELT, G. (1978): Methodische Untersuchungen über die Schneegrenze in alpinen Gletschergebieten. – Z. Gletscherkd. u. Glazialgeol., **12** (2): 223–251, 7 Abb., 7 Tab.; Innsbruck.

GROTTENTHALER, W. (1980): Geologische Karte von Bayern 1:25000, Erläuterungen zum Blatt Nr. 7833 Fürstenfeldbruck. – 82 S., 10 Abb., 4 Tab., 6 Beil., 1 farb. geol. Kt.; München (Bayer. Geol. L.-Amt).
- (1985): Geologische Karte von Bayern 1:25000, Erläuterungen zum Blatt Nr. 8036 Otterfing und zum Blatt Nr. 8136 Holzkirchen. – 189 S., 22 Abb., 18 Tab., 10 Beil., 2 farb. geol. Kt.; München (Bayer. Geol. L.-Amt).
- (1989): Lithofazielle Untersuchungen von Moränen und Schotter in der Typusregion des Würm. – In: ROSE, J. & SCHLÜCHTER, C. (eds.:) Quaternary Type Sections – Imagination or Reality? – p. 101–112, 8 Fig.; Rotterdam u. Brookfield (Balkema).

GRÜGER, E. (1979a): Spätriß, Riß/Würm und Frühwürm am Samerberg in Oberbayern – ein vegetationsgeschichtlicher Beitrag zur Gliederung des Jungpleistozäns. – Geologica Bavarica, **80**: 5–64, 3 Abb., 6 Tab., 3 Beil.; München.
- (1979b): Die Seeablagerungen vom Samerberg/Obb. und ihre Stellung im Jungpleistozän. – Eiszeitalter u. Gegenwart, **29**: 23–34, 4 Abb., 1 Tab.; Hannover.
- (1983): Untersuchungen zur Gliederung und Vegetationsgeschichte des Mittelpleistozäns am Samerberg in Oberbayern. – Geologica Bavarica, **84**: 21–40, 2 Abb., 1 Beil.; München.

GRÜN, R. (1985): Beiträge zur ESR-Datierung. – Sonderveröff. Geol. Inst. Univ. zu Köln, **59**: 157 S., 93 Abb., 12 Tab.; Köln (Geol. Inst.).
- (1988): Die Elektronenspin-Resonanz (ESR) Altersbestimmung. – 132 S.; Heidelberg (Springer).

GÜMBEL, C. W. VON (1861): Geognostische Beschreibung des bayerischen Alpengebirges und seines Vorlandes. – 950 S., 25 Abb., 5 geol. Kt., 1 Bl. Gebirgsansichten, 42 Taf.; Gotha (Perthes).
- (1894): Geologie von Bayern. – 2 Bd.: 1184 S., mit zahlr. Abb. und Prof. im Text, 1 geol. Kt.; Cassel.

HABBE, K. A. (1985): Erläuterungen zur Geomorphologischen Karte 1:25000 der Bundesrepublik Deutschland, GMK 25 Blatt 18 Nr. 8127 Grönenbach – 80 S., 17 Abb., 1 farb. Kt., 2 Taf.; Berlin.
– (1988): Zur Genese der Drumlins im süddeutschen Alpenvorland – Bildungsräume, Bildungszeiten, Bildungsbedingungen. – Z. Geomorph. N.F., Suppl.-Bd. **70**: 33–50, 2 Abb., 9 Fig.; Berlin-Stuttgart.
– (1989): Die pleistozänen Vergletscherungen des süddeutschen Alpenvorlandes. – Ein Resümee. – Mitt. Geogr. Gesell. München, **74**: 27–51; München.
HABBE, K. A. & RÖGNER, K. (1989): Bavarian Alpine Foreland between Iller and Lech. – 2. Internat. Conference on Geomorphology, Field Trip C 10, p. 181–222, 30 Abb.; Frankfurt a. M.
HAGN, H. (1983). Mikroskopische Untersuchungen der Dießener Keramik. In: Erde, Asche, Feuer – Keramische Glasuren. – Ausstellungskatalog der Handwerkspflege in Bayern: 29–35, 8 Abb.; München.
HAHN, J. (1983): Eiszeitliche Jäger zwischen 35000 und 15000 Jahren vor heute. – In: MÜLLER-BECK, H. (1983): Urgeschichte in Baden-Württemberg: 273–330, 36 Abb., 5 Tab.; Stuttgart (Theiss).
HAHN, J. & SCHEER, A. (1984): Die Kunst der Eiszeit. – 20 S., zahlr. Abb.; Blaubeuren (Urgeschichtl. Museum).
HANTKE, R. (1978, 1980, 1983): Eiszeitalter. Die jüngste Erdgeschichte der Schweiz und ihrer Nachbargebiete. 3 Bde.:
– (1978): Bd. 1: Klima, Flora, Fauna, Mensch, Alt- und Mittel-Pleistozän, Vogesen, Schwarzwald, Schwäbische Alb, Adelegg. – 468 S., 221 Abb., 4 Kt., Thun (Ott).
– (1980): Bd. 2: Letzte Warmzeiten, Würm-Eiszeit, Eiszeit, Eisabbau, Nacheiszeit der Alpen-Nordseite vom Rhein- zum Rhone-System. – 703 S., 273 Abb., 4 Kt.; Thun (Ott).
– (1983): Bd. 3: Westliche Ostalpen mit ihrem bayerischen Vorland bis zum Inn-Durchbruch und Südalpen zwischen Dolomiten und Mont-Blanc – 730 S., 312 Abb., 2 Kt., Thun (Ott).
HASSENPFLUG, W. (1988): Polygonmuster auf der Schleswiger Geest. – Geogr. Rdsch., **40** (5): 27–32, 3 Abb., 1 Tab., Braunschweig (Westermann).
HAUNSCHILD, H. (1986): Geologische Karte von Bayern 1:25000, Erläuterungen zum Blatt Nr. 6326 Ochsenfurt. – 152 S., 19 Abb., 7 Tab., 5 Beil.; München (Bayer. Geol. L.-Amt).
HÄUSSLER, H. & BADER, K. (1978): Präwürmzeitliche Ablagerungen bei Sonthofen im Allgäu – Geol. Jb., **A 46**: 47–67, 5 Abb.; Hannover.
HEIM, A. (1932): Bergsturz und Menschenleben. – Vierteljahresschr. naturforsch. Gesell. Zürich, **77**: 218 S., 37 Abb.; Zürich (Fretz und Wasmuth).
HEISSIG, K. & BREDOW, B. R. v. (1987): Das Mammut von Siegsdorf. – In: Der Eiszeit auf der Spur. Sonderdruck aus dem Katalog der 24. Mineralientage in München 1987: 134–141, 12 Abb.; München.
HELBIG, K. (1965): Asymmetrische Eiszeittäler in Süddeutschland und Ostösterreich. – Würzburger Geogr. Arb., **14**: 103 S., 7 Abb., 5 Kt., Würzburg (Selbstverl. Geogr. Inst.).
HELLER, F. (1930a): Jungpleistozäne Knochenfunde in der Moggaster Höhle (Fränk. Schweiz). – Cbl. Mineral. usw., Abt. B., **1930**: 154–159, 4 Abb., Stuttgart.
– (1930b): Eine Forest-Bed-Fauna aus der Sackdillinger Höhle (Oberpfalz). – N. Jb. Mineral. usw., **63**. Beil. Bd., Abt. B: 247–298, 27 Abb., 5 Taf.; Stuttgart.
– (1967): Die Erforschung des Höhlendiluviums in der nördlichen und südlichen Frankenalb. – Jh. Karst- u. Höhlenkde., **7**: 45–66; München.
HELLER, F. et al. (1983): Die Höhlenruine Hunas bei Hartmannshof (Landkreis Nürnberger Land). Eine paläontologische und urgeschichtliche Fundstelle aus dem Spät-Riß. – Quartärbibliothek, **4**: 407 S., 62 Abb., 49 Tab., 12 Taf.; Bonn (Röhrscheid-Verlag).
HENNIG, H. (1960): Altsteinzeit-Essing (Ldkr. Kelheim). In: Fundchronik für das Jahr 1959. – Bayer. Vorgeschichtsblätter, **25**: 214–215; München.
HERMANN, H. (1957): Die Entstehungsgeschichte der postglazialen Kalktuffe der Umgebung von Weilheim (Oberbayern). – N. Jb. Geol. Paläont., Abh., **105**: 11–46, 12 Abb.; Stuttgart.

HERMANN, L. (1987): Funde quartärer Flora und Fauna im Alpenvorland. – Dipl.-Arb. Geol. Inst. Univ. zu Köln, 151 S., 1 Beil.; Köln.

HESSE, R. & STEPHAN, W. (1991): Geologische Karte von Bayern 1:25000, Erläuterungen zum Blatt Nr. 8234 Penzberg. – 315 S., 43 Abb., 6 Tab., 5 Beil.; München (Bayer. Geol. L.-Amt).

HEUBERGER, H. (1966): Gletschergeschichtliche Untersuchungen in den Zentralalpen zwischen Sellrain und Ötztal. – Wissensch. AV-Hefte, **20**: 125 S., 8 Abb., 2 Tab., 5 Taf., 1 Beil.; Innsbruck.

– (1968): Die Alpengletscher im Spät- und Postglazial. – Eiszeitalter und Gegenwart, **19**: 270–275; Öhringen/Württ.

– (1975): Das Ötztal. Bergstürze und alte Gletscherstände, kulturgeographische Gliederung. – Innsbrucker Geogr. Studien, **2**, 213–249, 4 Abb.; Innsbruck.

– (1980): Zur Nomenklatur der Glazialablagerungen aus ostalpiner Sicht. – Verh. naturwiss. Verein. Hamburg, N. F. **23**: 93–100; Hamburg.

HEYN, H. (1984): Bayerns Vorzeit. – 125 S., zahlr. Abb.; Rosenheim (Rosenheimer Verlag).

– [Hrsg.] (1989): Der Inn. Vom Engadin ins Donautal. Von der Urzeit bis heute. – Ausstellungskatalog, 392 S., zahlr. Abb.; Rosenheim (Rosenheimer Verlagshaus).

HINZE, C., JERZ, H., MENKE, B. & STAUDE, H. (1989): Geogenetische Definitionen des Quartärs für die Geologische Karte 1:25000. – Geol. Jb., **A 112**: 243 S., 1 Tab.; Hannover.

HIRTLREITER, G. (1992): Spät- und postglaziale Gletscherschwankungen im Wettersteingebirge und seiner Umgebung. – Münchner Geogr. Abh., Reihe B, **15**: 154 S., 89 Abb., 9 Tab., 2 Beil.; München.

HÖFLE, H.-C. (1969): Ein neues Interstadialvorkommen im Ammergebirgsvorland (Obb.). – Eiszeitalter u. Gegenwart, **20**: 111–115, 2 Abb.; Öhringen/Württ.

HÖFLE, C. & MÜLLER, H. (1983): Interglaziale und interstadiale Stauseeablagerungen bei Steingaden im Ammergebirgsvorland. – Geologica Bavarica, **84**: 147–152, 2 Abb.; München.

HÖLL, K. (1970): Wasser. Untersuchung, Beurteilung, Aufbereitung, Chemie, Bakteriologie, Biologie. – 5. Aufl., 423 S.; Berlin – New York (W. de Gruyter).

HOFMANN, B. (1973): Geologische Karte von Bayern 1:25000, Erläuterungen zum Blatt Nr. 7439 Landshut Ost. – 113 S., 7 Abb., 12 Tab., 7 Taf., 2 Beil.; München (Bayer. Geol. L.-Amt).

– (1975): Zur Verbreitung und zeitlichen Einstufung von Löß und Lößlehm im isarnahen Tertiärhügelland östlich Landshut. – Geologica Bavarica, **74**: 163–167, 1 Abb.; München.

HOFMANN, F. (1963): Spätglaziale Bimsstaublagen des Laacher See-Vulkanismus in schweizerischen Mooren. – Ecl. Geol. Helv., **56** (1): 147–164, 1 Fig., 2 Tab.; Basel.

HOLLE, G. VAN (1970): Welt- und Kulturgeschichte, Bd. 1: Urzeit bis 2500 v. Chr. – Baden-Baden (Holle).

HOLZHAUSER, H. (1982): Neuzeitliche Gletscherschwankungen. – Geographica Helvetica, **37** (2): 115–126, 4 Abb.; Zürich.

– (1984): Zur Geschichte der Aletsch-Gletscher und des Fiescher Gletschers. – Schriftenr. Phys. Geographie Zürich, **13**: 450 S., 130 Abb., zahlr. Tab.; Zürich.

HÜNERMANN, K. A. (1987): Faunenentwicklung im Quartär. Sonderband Eiszeitforschung. – Mitt. Naturforsch. Gesell. Luzern, **29**: 151–171, 6 Abb., 2 Tab.; Luzern.

HÜTTNER, R. (1961): Geologischer Bau und Landschaftsgeschichte des östlichen Härtsfeldes (Schwäbische Alb). – Jb. geol. Landesamt Baden-Württemberg, **4**: 49–125, 5 Abb., 1 Taf., 2 Tab.; Freiburg i. Br.

IMBRIE, J. & PALMER, K. (1979): Die Eiszeiten. Naturgewalten verändern unsere Welt. – Knaur-Sachbuch, **3708**: 256 S., 52 Abb.; München.

INQUA-Subkommission für Europäische Quartärstratigraphie (1983): Führer zu den Exkursionen im Nördlichen Alpenvorland und im Nordalpengebiet (Bayern, Tirol, Salzburger Land, Oberösterreich), 13.–20. September 1983. – 228 S., zahlr. Abb. u. Tab.; München.

JERZ, H. (1969): Erläuterungen zur Geologischen Karte von Bayern 1:25000, Blatt Nr. 8134 Königsdorf. – 173 S., 19 Abb., 9 Tab., 2 Beil.; München (Bayer. Geol. L.-Amt).

– (1970a): Eisrandlagen und Oszillationen des würmeiszeitlichen Innvorlandgletschers. – Z. dt. geol. Gesell., Jg. 1968, **120**: 13–22, 6 Abb.; Hannover.

- (1970 b): Zur Stratigraphie des Jungquartärs im nördlichen Alpenvorland nach ^{14}C-Datierungen. – Geologica Bavarica, **63**: 207–216, 3 Abb.; München.
- (1974): Geologische Karte von Bayern 1:25000, Erläuterungen zum Blatt Nr. 8327 Buchenberg. – 181 S., 26 Abb., 6 Tab., 4 Beil.; München (Bayer. Geol. L.-Amt).
- (1976): Bodenkarte von Bayern 1:25000, Erläuterungen zum Blatt Nr. 7927 Amendingen. – 78 S., 4 Abb., 2 Tab., 5 Taf., 3 Beil.; München (Bayer. Geol. L.-Amt).
- (1977): Die Landschaft um Rosenheim vor 15000 Jahren. – Zeitungsbericht vom 19.10. 1977 anläßlich des EDITH-EBERS-Symposiums der Deutschen Quartärvereinigung und des Bayerischen Geologischen Landesamtes 1977 in Rosenheim. – Oberbayerisches Volksblatt Rosenheim: 11, 1 Abb.; Rosenheim.
- (1978): Geologische Karte von Bayern 1:25000, Erläuterungen zum Blatt Nr. 7927 Amendingen. – 131 S., 20 Abb., 7 Tab., 4 Beil.; München (Bayer. Geol. L.-Amt).
- (1979 a): Das Wolfratshausener Becken, seine glaziale Anlage und Übertiefung. – Eiszeitalter u. Gegenwart, **29**: 63–69, 3 Abb.; Hannover.
- (1979 b): Die quartären Ablagerungen im übertieften Wolfratshausener Zungenbecken (Oberbayern). – In: SCHLÜCHTER, C. (1979): Moraines and Varves: 257–260, 1 Abb.; Rotterdam (Balkema).
- (1981): Kalkabsätze in der Umgebung von Weilheim i. OB. – Weilheimer Heimatblätter, **3**: 29–38, 3 Abb., 1 Tab.; Weilheim.
- (1982): Paläoböden in Südbayern (Alpenvorland und Alpen). – Geol. Jb., **F 14**: 27–43, 3 Abb.; Hannover.
- (1983 a): Die Bohrung Samerberg 2 östlich von Nußdorf am Inn. – Geologica Bavarica, **84**: 5–16, 2 Abb., 1 Tab.; München.
- (1983 b): Kalksinterbildungen in Südbayern und ihre zeitliche Einstufung. – Geol. Jb., **A 71**: 291–300; Hannover.
- (1983 c): Quartär. – In: SCHWERD, K., EBEL, R. & JERZ, H.: Geologische Karte von Bayern 1:25000, Erläuterungen zum Blatt Nr. 8427 Immenstadt i. Allgäu: 106–134, 5 Abb., 1 Tab.; München (Bayer. Geol. L.-Amt).
- [ed.] (1983 d): Führer zu den Exkursionen der Subkommission für Europäische Quartärstratigraphie im Nördlichen Alpenvorland und im Nordalpengebiet (Bayern, Tirol, Salzburger Land). – Symposium „Würm-Stratigraphie". – 228 S., zahlr. Abb. und Tab.; München.
- (1987 a): Geologische Karte von Bayern 1:25000, Erläuterungen zum Blatt Nr. 7934 Starnberg Nord. – 128 S., 10 Abb., 6 Beil., 1 Kt.; München (Bayer. Geol. L.-Amt).
- (1987 b): Geologische Karte von Bayern 1:25000, Erläuterungen zum Blatt Nr. 8034 Starnberg Süd. – 173 S., 14 Abb., 5 Beil., 1 Kt.; München (Bayer. Geol. L.-Amt).
- (1989): Zur Flußgeschichte der Donau in Bayern. – GLA-Fachberichte, **4**: 8–12, 2 Abb., 1 Tab.; München (Bayer. Geol. L.-Amt).
- (1991): Quartär. – In: UNGER, H. J.: Geologische Karte von Bayern 1:50000, Blatt Nr. L 7538 Landshut. – S. 22–24, 99–114, 1 Abb., 3 Tab.; München.
- (in Druckvorb.): Quartär. – In: Geologische Karte von Bayern 1:25000, Erläuterungen zum Blatt Nr. 7234 Ingolstadt. – München (Bayer. Geol. L.-Amt).

JERZ, H., BADER, K. & PRÖBSTL, M. (1979): Zum Interglazialvorkommen von Samerberg bei Nußdorf am Inn. – Geologica Bavarica, **80**: 65–71, 3 Abb.; München.

JERZ, H. & DOBNER, A. (1986): Quartär. – In: HAUNSCHILD, H.: Geologische Karte von Bayern 1:25000, Erläuterungen zum Blatt Nr. 6326 Ochsenfurt: 70–81; München (Bayer. Geol. L.-Amt).

JERZ, H. & DOPPLER, G. (1990): Paläoböden in Bayerisch Schwaben. Mit Beiträgen von T. ROPPELT und L. ZÖLLER. – Exkursionsführer zur 9. Tagung des Arbeitskreises „Paläoböden" der Deutschen Bodenkundlichen Gesellschaft, 24.–26.5.1990 in Günzburg. – 30 S., zahlr. Abb., 1 Tab.; München (Bayer. Geol L.-Amt).

JERZ, H. & GROTTENTHALER, W. (1992): Quaternary sections with palaeosols in Southern Bavaria, Germany. – Proceedings of INQUA Symposium on European Stratigraphy Norwich 1990; Rotterdam (Balkema). – (Im Druck).

JERZ, H. & MANGELSDORF, J. (1989): Die interglazialen Kalksinterbildungen bei Hurlach nördlich Landsberg am Lech. – Eiszeitalter u. Gegenwart, **39**: 29–32, 2 Abb.; Hannover.

JERZ, H., SCHAUER, T. & SCHEURMANN, K. (1986): Zur Geologie, Morphologie und Vegetation der Isar im Gebiet der Ascholdinger und Pupplinger Au. – Jb. Verein z. Schutz der Bergwelt e. V. München, **1986**: 87–151, 29 Abb., 1 Beil.; München.

JERZ, H., STEPHAN, W., STREIT, R. & WEINIG, H. (1975): Zur Geologie des Iller-Mindel-Gebietes. – 37 S., 2 Beil. (1 farb. Kt. 1:100000, 1 Profil-Taf. mit Bodengesellsch.); München (Bayer. Geol. L.-Amt). – [Geologica Bavarica, **74**: 99–130; München.]

JERZ, H. & ULRICH, R. (1966): Erläuterungen zur Geologischen Karte von Bayern 1:25000, Blatt Nr. 8533/8633 Mittenwald. – 152 S., 21 Abb., 2 Tab., 2 Beil.; München (Bayer. Geol. L.-Amt).

– – (1983a): Die Schieferkohlevorkommen von Großweil und Schwaiganger. – Geologica Bavarica, **84**: 47–68, 7 Abb., 2 Tab.; München.

– – (1983b): Das Schieferkohlevorkommen von Herrnhausen südlich von Wolfratshausen (Obb.). – Geologica Bavarica, **84**: 101–106, 3 Abb.; München.

JERZ, H. & WAGNER, R. (1978): Geologische Karte von Bayern 1:25000, Erläuterungen zum Blatt Nr. 7927 Amendingen. – 131 S., 20 Abb., 7 Tab., 4 Beil., 1 farb. geol. Kt.; München (Bayer. Geol. L.-Amt).

JERZ, H. & WOLFF, H. (1973): Spätwürmglaziale Ablagerungen im ehemaligen Rosenheimer See. – In: WOLFF, H. (1973): Geologische Karte von Bayern 1:25000, Erläuterungen zum Blatt Nr. 8238 Neubeuern: 234–238; München.

JUNG, W., BEUG, H.-J. & DEHM, R. (1972): Das Riß/Würm-Interglazial von Zeifen, Landkreis Laufen a. d. Salzach. – Abh. Bayer. Akad. Wiss., math.-nat. Kl., N. F. **151**: 131 S., 15 Abb., 7 Taf.; München.

KAHLKE, H. D. (1981): Das Eiszeitalter. – 192 S., zahlr. Abb.; Köln (Aulis).

KALLENBACH, HEINRICH (1965): Mineralbestand und Genese südbayerischer Lösse. – Geol. Rdsch., **55**: 582–607, 7 Abb.; Stuttgart.

KALLENBACH, HELGA (1964): Zur Quartärgeologie und Hydrogeologie im würmzeitlichen Isargletscher-Bereich nördlich von Bad Tölz. – Ungedr. Diss. Techn. Hochsch. München, 105 S., 1 geol. Kt. 1:50000; München.

KARL, J. & DANZ, W. (1969): Der Einfluß des Menschen auf die Erosion im Bergland, dargestellt an Beispielen im Bayerischen Alpengebiet. Mit einem Beitrag von J. MANGELSDORF. – Schriftenreihe Bayer. Landesst. f. Gewässerkde., **1**: XII + 98 S., 31 Abb., 17 Kt.; München.

KAULE, G. (1973): Die Seen und Moore zwischen Inn und Chiemsee. – Schriften f. Naturschutz u. Landschaftspflege, **3**: 72 S., 22 Abb., 13 Tab., 2 Beil.; München (Bayer. Landesamt f. Umweltschutz).

KEINATH, W. (1951): Orts- und Flurnamen in Württemberg. – Stuttgart (Schwäb. Albverein).

KERSCHNER, H. (1985): Quantitative paleoclimatic interferences from lateglacial snowline, timberline and rock glacier data, Tyrolian Alps, Austria. – Z. Gletscherkde. u. Glazialgeol., **21**: 363–369, 1 Fig.; Innsbruck.

KINZL, H. (1929): Beiträge zur Geschichte der Gletscherschwankungen in den Ostalpen. – Z. Gletscherkunde, **17** (1–3): 66–121; Innsbruck.

KLARER, M. (1991): Die Urgeschichte Tirols. Kulturgeschichtlicher Hintergrund zum Simulaun-Toten. – Mitt. OeAV, **46** (116): 16–18, 5 Abb., 1 Tab.; Innsbruck.

KLAUS, W. (1975): Das Mondsee-Interglazial, ein neuer Florenfundpunkt der Ostalpen. – Jb. Oberösterr. Musealverein, **120**: 315–344, 5 Abb., 5 Taf.; Linz.

– (1987): Das Mondsee-Profil: Riß/Würm-Interglazial und vier Würm-Interstadiale in einer geschlossenen Schichtfolge. – In: VAN HUSEN, D.: Das Gebiet des Traungletschers, Oberösterreich. Eine Typusregion des Würm-Glazials, S. 3–18, 2 Abb., 1 Taf.; Wien (Österr. Akad. Wiss.).

KNAUER, J. (1922): Braunkohlenvorkommen im Alpenvorlande. – In: Bayer. Oberbergamt: Die mineralischen Rohstoffe Bayerns und ihre Wirtschaft. – Bd. 1: Die jüngeren Braunkohlen, S. 40–61, 2 Abb.; München u. Berlin.

- (1929): Erläuterungen zur Geognostischen Karte von Bayern 1:100 000 Blatt München West (Nr. 27), Teilblatt Landsberg. – 47 S.; München (Geol. Landesunters. Oberbergamt).
- (1931): Erläuterungen zur Geognostischen Karte von Bayern 1:100 000 Blatt München West (Nr. 27), Teilblatt München-Starnberg. – 48 S.; München (Geol. Landesunters. Oberbergamt).
- (1938): Geologische Karte von Bayern 1:25 000, Blatt München 692, mit Erläuterungen. – 51 S., 1 Abb., 5 Taf.; München (Geol. Landesunters. Bayer. Oberbergamt).
- (1952): Diluviale Talverschüttung und Epigenese im südlichen Bayern. – Geologica Bavarica, **11**: 32 S., 11 Abb.; München.

KNEUSSL, W. (1973): Höhlenbärenknochen aus der Tischoferhöhle (Kaisertal bei Kufstein, Nordtirol) mit ^{14}C-Methode altersbestimmt. – Z. Gletscherkde. u. Glazialgeologie, **9**: 237–238, 1 Abb.; Innsbruck.

KNEUSSL, W. & MANGELSDORF, J. (1979): Die Bärenhöhle am Pendling bei Kufstein (Nordtirol). – Veröff. Tiroler Landesmuseum Ferdinandeum, **59**: 11–33, 13 Abb.; Innsbruck.

KOEHNE, W. & NIKLAS, H. (1916): Erläuterungen zur Geologischen Karte des Königreichs Bayern 1:25 000, Blatt Nr. 675 Ampfing. – 96 S., 1 geol. Kt.; München.

KOENIGSWALD, W. VON & HAHN, J. (1981): Jagdtiere und Jäger der Eiszeit. – 100 S., 76 Abb.; Stuttgart (Theiss).

KOHL, F. (1951): Bodenkundliche Exkursionen in die Umgebung von München. – Geologica Bavarica; **6**: 167–183, 2 Abb.; München.
- (1957): Trockenspalten im Dachauer Moos. – Z. Pflanzenern., Düng., Bodenkde., **78** (1): 50–51, 2 Abb.; Weinheim (Verlag Chemie).

KOHL, F., DIEZ, T., JERZ, H. & WITTMANN, O. (1971): Bodenlandschaften und Böden in Bayern. (Exkursionsteil Bayern). – Mitt. Dt. Bodenkundl. Gesell., **13**: 479–521; Göttingen.

KOHL, H. (1976): Überblick über das salzburgisch-oberösterreichische Alpenvorland. – In: FINK, J. (Hrsg.): Exkursion durch den österreichischen Teil des nördlichen Alpenvorlandes und den Donauraum zwischen Krems und Wiener Pforte. – Mitt. Komm. Quartärforsch. Österr. Akad. Wissensch., **1**: 9–13, 24–48, 13 Abb.; Wien.

KÖRBER, H. (1962): Die Entwicklung des Maintals. – Würzburger Geogr. Arb., **10**: 170 S., 8 Abb., 6 Tab., 4 Kt., 1 Prof.; Würzburg.

KÖRNER, H. (1983): Zum Verhalten der Gletscher im würmeiszeitlichen Eisstromnetz auf der Ostalpen-Nordseite. – Geologica Bavarica, **84**: 185–205, 4 Abb., 2 Tab.; München.
- (1985): Ingenieurgeologische Verhältnisse. – In: DOBEN, K. (1987): Geologische Karte von Bayern 1:25 000, Erläuterungen zum Blatt Nr. 8334 Kochel a. See, S. 118–127, 3 Abb.; München (Bayer. Geol. L.-Amt).

KÖRNER, H. & ULRICH, R. (1965): Geologische und felsmechanische Untersuchungen für die Gipfelstation der Seilbahn Eibsee – Zugspitze. – Geologica Bavarica, **55**: 404–421, 12 Abb.; München.

KOVANDA, J. (1983a): Holozäne Süßwasserkalke und ihre Bedeutung für die Gliederung der Flußablagerungen in der Tschechoslowakei. – Geol. Jb., **A 71**: 285–289; Hannover.
- (1983b): Die Molluskenfauna in der Kiesgrube Höfen bei Schönrain. – Exkursionsführer INQUA-Subkommission für Europäische Quartärstratigraphie: 35–37, 1 Abb., 1 Tab.; München.
- (1983c, zit. in JERZ, H. 1983d): Schwaiganger. – Exkursionsführer INQUA-Subkommission für Europäische Quartärstratigraphie: S. 49, München.
- (1985): Mollusken holozäner Kalksinterbildungen bei Weyarn südöstlich von München.. – In: GROTTENTHALER, W.: Geologische Karte von Bayern 1:25 000, Erläuterungen zum Blatt Nr. 8036 Otterfing und zum Blatt Nr. 8136 Holzkirchen: 87–91, 1 Beil.; München (Bayer. Geol. L.-Amt).
- (1987): Zum Alter der Kalksinterbildungen (Dauche) im Ried-Graben nördlich Puppling. – In: JERZ, H.: Geologische Karte von Bayern 1:25 000, Blatt Nr. 8034 Starnberg Süd: 64–68, 1 Abb., 1 Tab.; München (Bayer. Geol. L.-Amt).
- (1989): Fossile Mollusken in Kalksinterbildungen (Dauchen) am Lechufer östlich von Hurlach (nördlich Landsberg/Lech). – Eiszeitalter u. Gegenwart, **39**: 33–41, 7 Abb., 1 Taf.; Hannover.

KOWALSKI, K. (1986): Die Tierwelt des Eiszeitalters. – Wiss. Buchgesell. Darmstadt, Bd. **239**, 147 S., 1 Tab.; Darmstadt.

KRAUS, E. C. (1964): Ein erstes zusammenhängendes Pleistozän-Profil im Süden von München. – Eiszeitalter u. Gegenwart, **15**: 123–163, 10 Abb., 1 Taf.; Öhringen/Württ.

KRAUS, E. & EBERS, E. (1965): Die Landschaft um Rosenheim. – 244 S., zahlr. Abb., Tab. u. Prof.; Rosenheim (Verlag Stadtarchiv).

KRÖGER, J. (1970): Über die Ursachen und den Ablauf von Bergrutschen und anderen natürlichen Bodenbewegungen im bayerisch-österreichischen Alpenrand. – Diss. Techn. Univ. München, 169 S., 98 Abb., 15 Tab., 6 Beil.; München.

KRUMBECK, L. (1927): Zur Kenntnis der alten Schotter des nordbayerischen Deckgebirges. Ein Beitrag zur älteren Flußgeschichte Nordbayerns. – Geol. Paläont. Abh., N. F. **15**: 183–318, 7 Taf.; Jena.

KUHN, O. (1949): Geologie von Bayern. – 86 S., 30 Abb., zahlr. Tab.; Bamberg (Verlag Bamberger Reiter).

KÜSTER, H. (1988): Vom Werden einer Kulturlandschaft. Vegetationsgeschichtliche Studien am Auerberg (Südbayern). Mit Beiträgen von GEHLEN, B., KAA, R., REHFUESS, K.-E., ULBERT, G. & WILLKOMM, H. – Acta humaniora, **3**: 214 S., zahlr. Abb. u. Tab., 14 Beil.; Weinheim (VCH Verlagsgesell.).

KUHNERT, C. (1967): Erläuterungen zur Geologischen Karte von Bayern 1:25000, Blatt Nr. 8432 Oberammergau. – 128 S., 31 Abb., 7 Tab., 16 Beil.; München (Bayer. Geol. L.-Amt).

LAATSCH, W. & GROTTENTHALER, W. (1973): Labilität und Sanierung der Hänge in der Alpenregion des Landkreises Miesbach. – 57 S., 29 Abb., 1 Tab., 1 Kt.; München (Bayer. Staatsminist. f. Ernährung, Landwirtschaft u. Forsten).

LANG, G. (1952): Zur späteiszeitlichen Vegetations- und Florengeschichte Südwestdeutschlands. – Flora, **139**: 243–294; Jena.

– (1961): Die spät- und frühpostglaziale Vegetationsentwicklung im Umkreis der Alpen. – Eiszeitalter u. Gegenwart, **12**: 9–17; Öhringen/Württ.

LÉGER, M. (1988): Géomorphologie de la vallée subalpine du Danube entre Sigmaringen et Passau. – Thèse de Doctorat, Univ. Paris VII. 2 Text-Bde., 1 Abb.-Bd. – 621 S., 100 Fig., 13 Fototaf., 39 Tab.; Paris.

LEHRBERGER, G. & GRUNDMANN, G. (1990): Doch mehr als „ein paar Flinserl". – Katalog 27. Mineralientage München, 98–99, 3 Abb.; München.

LEMCKE, K. (1988): Geologie von Bayern I. Das bayerische Alpenvorland vor der Eiszeit. – 175 S., 71 Abb., 1 Tab., 2 Taf.; Stuttgart (Schweizerbart).

LEUCHS, K. (1921): Die Ursachen des Bergsturzes am Reintalanger (Wettersteingebirge). – Geol. Rdsch., **12**: 189–192; Berlin.

LIBBY, W. F. (1954): Altersbestimmung mit radioaktivem Kohlenstoff. – Endeavour **13**: 5–16.

– (1969): Altersbestimmung mit der ^{14}C-Methode. – B. I.-Hochschultaschenbücher, **403** (403 a); Mannheim (Bibliograph. Inst.).

LIEDTKE, H. [Hrsg.] (1990): Eiszeitforschung. – 354 S., zahlr. Abb.; Darmstadt (Wiss. Buchgesellschaft).

LOESCH, K. C. VON (1914): Die Bergsturzgefahr am Schrofen bei Brannenburg. – Geogn. Jh., **1914**: 279–287, 2 Abb.; München.

LÖSCHER, M. (1976): Die präwürmzeitlichen Schotterablagerungen in der nördlichen Iller-Lech-Platte. – 157 S., 34 Abb., 4 Tab., 4 Kt., 11 Prof.; Heidelberg.

LÖSCHER, M., MÜNZING, K. & TILLMANNS, W. (1978): Zur Paläogeographie der nördlichen Iller-Lech-Platte und zur Genese ihrer Schotter im Altpleistozän. – Eiszeitalter u. Gegenwart, **28**: 68–82, 9 Abb.; Öhringen/Württ.

LOHR, A. (1967): Hydrogeologische Verhältnisse. – In: KUHNERT, C.: Erläuterungen zur Geologischen Karte von Bayern 1:25000, Blatt Nr. 8432 Oberammergau, S. 79–99, 15 Beil.; München (Bayer. Geol. L.-Amt).

LOUIS, H. (1952): Zur Theorie der Gletschererosion in Tälern. – Eiszeitalter u. Gegenwart, **2**: 12–24, 3 Abb.; Öhringen/Württ.

LOUIS, H. & FISCHER, K. (1979): Allgemeine Geomorphologie. – 4. Aufl.: 814 S., 146 Abb., 2 Beil., mit 1 Bilderteil: 181 S., 174 Abb.; Berlin – New York (de Gruyter).

LOŽEK, V. (1964): Quartärmollusken der Tschechoslowakei. – Rozpravy Ústř. Úst. Geol., **31**: 374 S., 91 Abb., 32 Fototaf., 4 Beil.; Prag.

LYELL, C. (1830–1833): Principles of geology. 3 Bde. – London (Murray).

MAISCH, M. (1982): Zur Gletscher- und Klimageschichte des alpinen Spätglazials. – Geographica Helvetica, **37** (2): 93–104, 1 Abb., 5 Fig.; Zürich.

MAYR, F. & HEUBERGER, H. (1968): Type Areas of Late Glacial and Post-Glacial Deposits in Tyrol, Eastern Alps. – In: Glaciation of the Alps (ed. G. M. RICHMOND), INQUA USA 1965, Proceed. Vol. 14, Univ. Colorado Stud., Ser. in Earth Sc. **7**: 143–165, 5 Fig.; Boulder.

MENKE, B. (1968): Beiträge zur Biostratigraphie des Mittelpleistozäns in Norddeutschland (pollenanalytische Untersuchungen aus Westholstein). – Meyniana, **18**: 35–42; Kiel.

– (1976): Neue Ergebnisse zur Stratigraphie und Landschaftsentwicklung im Jungpleistozän Westholsteins. – Eiszeitalter u. Gegenwart, **21**: 53–68, 1 Abb., 3 Tab.; Öhringen/Württ.

MENKE, B. & TYNNI, R. (1984): Das Eem-Interglazial und das Weichsel-Frühglazial von Rederstall-Diethmarschen und ihre Bedeutung für die mitteleuropäische Jungpleistozän-Gliederung. – Geol. Jb., **A 76**: 3–120, 18 Abb., 7 Tab., 9 Taf., Hannover.

MENZIES, J. (1987): Towards a general hypothesis on the formation of drumlins. – In: MENZIES, J. & ROSE, J. (ed.): Drumlin Symposium, p. 9–24, 11 Fig.; Rotterdam/Boston (Balkema).

MERKT, J., LÜTTIG, G. & SCHNEEKLOTH, H. (1971): Vorschlag zur Gliederung und Definition der limnischen Sedimente. – Geol. Jb., **89**: 607–623, 1 Taf.; Hannover.

MERKT, J. & MÜLLER, H. (1978): Paläolimnologie des Schleinsees. – In: SCHREINER, A.: Erläuterungen zur Geologischen Karte von Baden-Württemberg 1:25 000, Blatt Nr. 8323 Tettnang, S. 29–31 u. Beil. 3; Stuttgart.

MERKT, J., MÜLLER, H. & STREIF, H. (1979): Stratigraphische Korrelierung spät- und postglazialer limnischer Sedimente in Seebecken Südwestdeutschlands. – DFG-Forschungsvorhaben, Str 142/2, Schlußbericht, 72 S., 16 Abb., zahlr. Tab.; Hannover.

MEYNEN, E. & SCHMITHÜSEN, J. (1953): Handbuch der naturräumlichen Gliederung Deutschlands. – 1. u. 2. Lief., 136 + 258 S.; Remagen (Bundesanst. f. Landeskunde).

MILANKOVIČ, M. (1941): Kanon der Erdbestrahlung und seine Anwendung auf das Eiszeitproblem. – Ed. spec. Serb. Akad., **133**: 1–633; Belgrad.

MÜCKENHAUSEN, E. (1974): Die Bodenkunde und ihre geologischen, geomorphologischen, mineralogischen und petrologischen Grundlagen. – 579 S., 185 Abb., 24 Farbtaf.; Frankfurt a. M. (DLG-Verlag).

– (1982): Einführung zur Inventur der Paläoböden in der Bundesrepublik Deutschland. – Geol. Jb., **F 14**: 5–13, Hannover.

MÜLLER, J. & KLEINMANN, A. (1987): Die Sedimentationsverhältnisse im Starnberger See während des Spät- und Postglazials. – In: JERZ, H.: Geologische Karte von Bayern 1:25 000, Erläuterungen zum Blatt Nr. 8034 Starnberg Süd, S. 78–88, 2 Abb.; München (Bayer. Geol. L.-Amt).

MÜLLER, M. & UNGER, H. (1973): Das Molassereliefs im Bereich des würmeiszeitlichen Inn-Vorlandgletschers mit Bemerkungen zur Stratigraphie und Paläogeographie des Pleistozäns. – Geologica Bavarica, **69**: 49–88, 3 Tab., 4 Beil.; München.

MÜLLER, ST. (1973): Hydrogeologische und hydrologische Untersuchungen in der Pupplinger Au im Isartal südlich München. – Diss. Techn. Univ. München, 112 S., 27 Abb., 9 Tab.; München. – (Fotodruck).

MÜLLER-BECK, H. (1964): Zur stratigraphischen Stellung des *Homo heidelbergensis*. – Jb. Röm. German. Zentralmuseum Mainz, **11**: 15–33; Mainz.

– (1966): Sondierung in der paläolithisch-mesolithischen Freilandstation Speckberg. – Bayer. Vorgeschichtsbl., **31**: 1–33, München.

– (1973/74): Weinberghöhlen (Mauern) und Speckberg (Meilenhofen) 1964–1972. – Archäol. Inform., **2–3**: 29–36, Tübingen.

– (Hrsg., 1983): Urgeschichte in Baden-Württemberg. – Mit Beiträgen von ALBRECHT, G., BLEICH, K. E., CZARNETZKI, A., FRENZEL, B., GRAUL, H., HAHN, J., KOENIGSWALD, W. v., SANGMEISTER, E. & UERPMANN, H.-P. – 545 S., zahlr. Abb. u. Tab.; Stuttgart (Theiss).

MÜLLER-BECK, H. & ALBRECHT, G. (1987): Die Anfänge der Kunst vor 30000 Jahren. – 123 S., 181 Abb., 16 Farbtaf.; Stuttgart (Theiss).
MÜNICHSDORFER, F. (1921): Geologische Karte von Bayern 1:25000, Blatt Mühldorf 676, mit Erläuterungen. – München.
– (1927): Über Almbildung und einen interglazialen Alm in Südbayern. – Geogn. Jh., **40**: 59–85, 2 Abb.; München.
MURAWSKI, H. (1992): Geologisches Wörterbuch. – 9., völlig überarb. u. erweit. Aufl., 256 S., 83 Abb., 7 Tab.; Stuttgart (Enke).
NATHAN, H. (1953): Ein interglazialer Schotter südlich Moosburg in Oberbayern mit *Fagotia acicularis* FÉRUSSAC (Melanopsenkies). – Geologica Bavarica, **19**: 315–334, 7 Abb., 1 Taf.; München.
NILSSON, T. (1983): The Pleistocene. Geology and Life in the Quaternary Ice Age. – 651 S., zahlr. Fig. u. Tab.; Stuttgart (Enke). – (Copyright of the English Edition. – D. Reidel Publishing Company, Dordrecht – Boston – London 1983).
Oberste Baubehörde im Bayerischen Staatsministerium des Innern [Hrsg.] (1974): Grundwassererkundung in Bayern. – Schriftenreihe Wasserwirtschaft in Bayern, **13**: 52 S., 11 Profile, München.
OESCHGER, H. (1987): Die Ursachen der Eiszeiten und die Möglichkeit der Klimabeeinflussung durch den Menschen. – Mitt. Naturforsch. Gesell. Luzern, **29**: 51–76, 24 Abb.; Luzern.
OFFENBERGER, J. (1981): Die Pfahlbauten der Salzkammergutseen. – In: Das Mondseeland – Geschichte und Kultur: 295–357; Linz (Oberösterr. Landesverlag).
PATZELT, G. (1972): Die spätglazialen Stadien und postglazialen Schwankungen von Ostalpengletschern. – Ber. Dt. Botan. Gesell. **85**: 47–57; Stuttgart.
– (1973): Die postglazialen Gletscher- und Klimaschwankungen in der Venedigergruppe (Hohe Tauern, Ostalpen). – Geomorph. N.F., Suppl. Bd. **16**: 25–72; 7 Fig., 6 Abb., 3 Tab. und 6 Pollendiagramme von S. BORTENSCHLAGER; Berlin – Stuttgart.
– [Hrsg.] (1978): Führer zur Tirol-Exkursion anläßl. der 19. wissensch. Tagung der Dt. Quartärvereinigung Sept. 1978 „Innsbrucker Raum und Ötztal", mit Beiträgen von S. BORTENSCHLAGER, F. FLIRI, H. HEUBERGER & G. PATZELT. – 36 S., 10 Abb., 1 Taf.; Innsbruck.
– (1980): Neue Ergebnisse der Spät- und Postglazialforschung in Tirol. In: Jahresber. Österr. Geogr. Gesell. Zweig Innsbruck, **1976/77**: 11–18; Innsbruck.
– (1985): The period of glacier advances in the Alps, 1965 to 1980. – Z. Gletscherkde. u. Glazialgeol., **21**: 403–407, 2 Fig.; Innsbruck.
– (1987): Untersuchungen zur nacheiszeitlichen Schwemmkegel- und Talentwicklung in Tirol. – Veröff. Museum Ferdinandeum, **67**: 93–123, 8 Abb., 2 Tab.; Innsbruck.
– (1989): Die 1980er Vorstoßphase der Alpengletscher. – Mitt. Oe. A. V., **44** (2): 14–15, 2 Abb.; Innsbruck.
– (1991): Zur Chronologie der nacheiszeitlichen Entwicklung der Schwemmkegel im Tiroler Raum. – Nachr. Dt. Geol. Gesell., **46**: 47–48; Hannover.
– (1980–92): Gletscherberichte. Sammelberichte über die Gletschermessungen des Oesterreichischen Alpenvereins. – Mitt. Oe. A. V., **36** (2) – **47** (2); Innsbruck.
PATZELT, G. & BORTENSCHLAGER, S. (1976): Zur Chronologie des Spät- und Postglazials im Ötztal und Inntal (Ostalpen, Tirol). In: FRENZEL, B. (Hrsg.): Führer zur Exkursionstagung des IGCP-Projektes 73/1/24 „Quaternary Glaciations in the Northern Hemisphere", 120–135; Stuttgart.
– (1978): dto. – 2. erweit. Aufl.: 185–197, 6 Abb.; Bonn-Bad Godesberg.
PATZELT, G. & RESCH, W. (1986): Quartärgeologie des mittleren Tiroler Inntales zwischen Innsbruck und Baumkirchen. – Jber. Mitt. Oberrhein. geol. Verein, N.F. **68**: 43–66, 6 Abb.; Stuttgart.
PENCK, A. (1882): Die Vergletscherung der deutschen Alpen, ihre Ursachen, periodische Wiederkehr und ihr Einfluß auf die Bodengestaltung. – 484 S., 16 Abb., 2 Taf., 2 Kt.; Leipzig (Barth).
– (1899): Die vierte Eiszeit im Bereich der Alpen. – Schr. d. Verein z. Verbreitung naturwiss. Kenntnisse, **39**: 1–20; Wien.

- (1901): Die Eiszeiten in den nördlichen Ostalpen. – In: PENCK, A. & BRÜCKNER, E. (1901/09): Die Alpen im Eiszeitalter, Bd. 1: 23–393, 56 Abb., 11 Taf., 8 Kt.; Leipzig (Tauchnitz).
- (1921): Die Höttinger Breccie und die Inntalterrasse nördlich Innsbruck. – Abh. Preuss. Akad. Wiss., **1920**, phys.-math. Kl., **2**: 136 S., 12 Taf.; Berlin.
- (1922a): Ablagerungen und Schichtstörungen der letzten Interglazialzeit in den nördlichen Alpen. – Sitz.-Ber. Preuß. Akad. Wiss., math.-phys. Kl., **20**, 214–251, 9 Abb., 1 Tab.; Berlin.
- (1922b): Glaziale Krustenbewegungen. – Sitz.-Ber. Preuß. Akad. Wiss., phys.-math. Kl., **24**: 305–314, 1 Abb., 2 Tab.; Berlin.
- (1925): Alte Breccien und junge Krustenbewegungen in den bayerischen Hochalpen. – Sitz.-Ber. Preuß. Akad. Wiss., **17**: 330–348, 3 Abb.; Berlin.
- (1930): Der Gletscherschliff bei Mittenwald. – 10 S., 4 Abb.; Berlin.
- (1937): Eiszeitliche Krustenbewegungen. – Frankf. Geogr. H., **11**: 23–47; Frankfurt a. M.

PENCK, A. & BRÜCKNER, E. (1901/09): Die Alpen im Eiszeitalter. – 3 Bde., 1199 S., 156 Abb., 30 Taf., 19 Kt.; Leipzig (Tauchnitz).

PESCHECK, C. (1983): Landwirt, Handwerker und Erfinder in vorgeschichtlicher Zeit. – Unterfränk. Heimatbogen, **18**: 81 S., 88 Abb.; Würzburg (P. Halbig).

PESCHKE, P. (1976): Pollenanalytische Untersuchungen an Schieferkohlen aus dem Gebiet von Penzberg und Murnau/Obb. – In: FRENZEL, B.: Führer zur Exkursionstagung des IGCP-Projektes 73/1/24, 1976: 90–106, Stuttgart-Hohenheim
- (1978): dto. – 2. erweiterte Aufl., S. 140–164, 11 Abb.; Bonn-Bad Godesberg.
- (1983a): Palynologische Untersuchungen interstadialer Schieferkohlen aus dem schwäbisch-oberbayerischen Alpenvorland. – Geologica Bavarica, **84**: 69–99, 8 Abb., 1 Beil.; München.
- (1983b): Pollenanalysen der Schieferkohlen von Herrnhausen (Wolfratshauser Becken/Obb.) – ein Beitrag zum Problem interglazialer Ablagerungen in Oberbayern. – Geologica Bavarica, **84**: 107–121, 3 Abb.; München.

PETERMÜLLER-STROBL, M. & HEUBERGER, H. (1985): Erläuterungen zur Geomorphologischen Karte 1:25000 der Bundesrepublik Deutschland, GMK 25, Blatt 26, Nr. 8133 Seeshaupt. – 58 S., 11 Abb.; Berlin.

PETERSEN, N. (1986): Polaritäts-Zeitskala des Erdmagnetfeldes für das Quartär. – Münchner Geophys. Mitt., **1**: 19–35, 1 Abb., 1 Tab.; München.

PFISTER, C. (1980): Klimaschwankungen und Witterungsverläufe im schweizerischen Alpenraum und Alpenvorland zur Zeit des „Little Ice Age". Die Aussage der historischen Quellen. – In: OESCHGER, H., MESSERLI, B. & SVILAR, M.: Das Klima: 175–190; Berlin, Heidelberg, New York (Springer).

PFISTER, C., MESSERLI, B., MESSERLI, P. & ZUMBÜHL, H. J. (1978): Die Rekonstruktion des Klima- und Witterungsverlaufes der letzten Jahrhunderte mit Hilfe verschiedener Datentypen. – Jb. Schweiz. naturforsch. Gesell. Bern, Sonderheft Gletscher und Klima: 89–105; Basel.

PIEHLER, H. (1974): Die Entwicklung der Nahtstelle von Lech-, Loisach- und Ammergletscher vom Hoch- bis Spätglazial der letzten Vereisung. – Münchener Geogr. Abh., **13**: 105 S., 29 Abb., 14 Tab., 1 Kt.; München.

PLESSEN, M.-L. [Hrsg.] (1983): Die Isar. Ein Lebenslauf. – Ausstellungskatalog, 373 S., zahlr. Abb. u. Tab.; München (Münchner Stadtmuseum).

POSCHINGER, A. VON (1991): Massenbewegungen im Bayerischen Alpenraum (Projekt „Georisk"): Beispiele aus dem Mangfallgebirge und den Chiemgauer Alpen. – In: Exkursionsführer zur 143. Hauptversamml. d. Dt. Geol. Gesell. 1991 in München, Exkursion C: 49–64, 9 Abb.; München.

PRIEHÄUSSER, G. (1930): Die Eiszeit im Bayerischen Wald. – Abh. Geol. Landesunters. Bayer. Oberbergamt, **2**: 46 S., 3 Tab., 5 Taf.; München.
- (1951): Der Nachweis der Eiszeitwirkungen im Bayerischen Wald mit Hilfe der Schuttbildungen. – Geol. Bl. NO.-Bayern, **1**: 81–91, 4 Abb.; Erlangen.
- (1965): Die natürlichen Grundlagen der Bodenfruchtbarkeit der Bodeneinheiten für die Waldbestände. – In: BRUNNACKER, K. (1965): Erläuterungen zur Bodenkarte von Bayern 1:25000, Blatt Nr. 6945 Zwiesel, S. 95–104, 7 Abb., München (Bayer. Geol. L.-Amt).

PROBST, E. (1986): Deutschland in der Urzeit. – 479 S., 363 Abb. (z. T. farbig), 6 Farbtaf., 27 Kt.; München (Bertelsmann).

PRÖBSTL, M. (1972): Das Interglazialgebiet von Samerberg bei Nußdorf/Inn. – In: Führer zu den Exkursionen der 16. wiss. Tagung der DEUQUA, 63–67, 3 Abb.; Stuttgart – Hohenheim.

– (1982): Der Samerberg im Eiszeitalter. Hunderttausend Jahre auf eine Blick. – 224 S., zahlr. Abb., Fotos u. Tab.; Rosenheim (Verlag Histor. Verein).

QUENTIN, K.-E. (1970): Die Heil- und Mineralquellen Nordbayerns. – Geologica Bavarica, **62**: 312 S., zahlr. Tab. (chem. Analysen), 1 Beil. (Kt.); München.

RAUSCH, K.-A. (1975): Untersuchungen zur spät- und nacheiszeitlichen Vegetationsgeschichte im Gebiet des ehemaligen Inn-Chiemseegletschers. – Flora, **164**: 235–282, 8 Abb., 2 Tab.; Jena.

REICH, HELGA (1952): Zur Vegetationsentwicklung des Interglazials von Großweil. – Eiszeitalter u. Gegenwart, **2**: 108–111, 1 Abb.; Öhringen/Württ.

– (1953): Die Vegetationsentwicklung der Interglaziale von Großweil-Ohlstadt und Pfefferbichl im bayerischen Alpenvorland. – Flora, **140**: 386–443, Jena.

REICH, HERMANN (1955): Senkung des bayerischen Alpenvorlandes. – Naturwiss. Rdsch., **8**: 150–154; Stuttgart.

REICHELT, G. (1961): Über Schotterformen und Rundungsgradanalyse als Feldmethode. – Peterm. Geogr. Mitt., **105**: 15–24, 7 Abb., 9 Tab.; Gotha.

REINERTH, H. (1983): Pfahlbauten am Bodensee. – 13. Aufl., 84 S., 36 Abb., 25 Taf.; Überlingen (A. Feyel).

REIS, O. M. (1935): Die Gesteine der Münchner Bauten und Denkmäler. – Gesell. Bayer. Landeskunde e. V., **7–12**: 243 S.; München.

REISCH, L. (1974): Eine spätjungpaläolithische Freilandstation im Donautal bei Barbing, Lkrs. Regensburg. – Quartär, **25**: 53–72, 12 Abb., 5 Taf.; Bonn.

RENNER, F. (1982): Beiträge zur Gletschergeschichte des Gotthardgebietes und dendroklimatologische Analysen an fossilen Hölzern. – Schriftenr. Phys. Geographie Zürich, **8**; Zürich.

RIEDER, K. H. (1982): Der Hohle Stein bei Schambach, eine paläolithische Höhlenstation in der Altmühlalb, Gemeinde Böhmfeld, Landkrs. Eichstätt, Oberbayern. – In: Das Archäologische Jahr in Bayern **1981**: 62–63, 1 Abb.; Stuttgart (Theiss).

– [Hrsg.] (1989): Steinzeitliche Kulturen an Donau und Altmühl. – 229 S., zahlr. Abb. u. Tab.; Ingolstadt (Stadt Ingolstadt).

– (1990): Artefakte des Altpaläolithikums von Attenfeld, Gemeinde Bergheim, Landkreis Neuburg-Schrobenhausen, Oberbayern. – Das Archäologische Jahr in Bayern **1989**: 24–25, 1 Abb.; Stuttgart (Theiss).

ROHDENBURG, H. & SEMMEL, A. (1971): Bemerkungen zur Stratigraphie des Würm-Lösses im westlichen Mitteleuropa. – Notizbl. hess. L.-Amt Bodenforsch., **99**: 246–252, 2 Abb.; Wiesbaden.

RÖGNER, K. (1979): Die glaziale und fluvioglaziale Dynamik im östlichen Lechgletschervorland. – Ein Beitrag zur präwürmzeitlichen Pleistozän-Stratigraphie. – Heidelberger Geogr. Arb., **49**: 67–138, 5 Abb., 12 Fig., 6 Kt., 5 Prof.; Heidelberg.

– (1980): Die pleistozänen Schotter und Moränen zwischen oberem Mindel- und Wertachtal (Bayerisch Schwaben). – Eiszeitalter u. Gegenwart, **30**: 125–144, 9 Abb., 3 Tab.; Hannover.

RÖGNER, K., LÖSCHER, M. & ZÖLLER, L. (1988): Stratigraphie, Paläogeographie und erste Thermolumineszenzdatierungen in der westlichen Iller-Lech-Platte (Nördliches Alpenvorland). – Z. Geomorph., N. F., Suppl.-Bd. **70**: 51–73, 9 Abb., 5 Tab.; Berlin-Stuttgart.

RÖSCH, M. (1979): Nacheiszeitliche Geschichte und ökologische Bedingungen des Eibenwaldes von Paterzell. – Ungedr. Zulass.-Arb. Inst. f. Botanik Univ. Hohenheim, 211 S., zahlr. Abb., Tab. u. Taf.; Stuttgart-Hohenheim.

RÖSCH, M. & OSTENDORP, W. (1988): Pollenanalytische, torf- und sedimentpetrographische Untersuchungen an einem telmatischen Profil vom Bodensee-Ufer bei Gaienhofen. – Telma, **18**: 373–395.

RÖSNER, U. (1990): Die Mainfränkische Lößprovinz. Sedimentologische, pedologische und morphodynamische Prozesse der Lößbildung während des Pleistozäns in Mainfranken. – Erlanger Geogr. Arb., **51**: 306 S., 58 Abb., 27 Beil., 24 Fotos, 14 Tab.; Erlangen.

ROLF, C. (1985): Paläomagnetische Messungen und mineralogische Untersuchungen an Seesedimenten des Interglazialsees am Samerberg bei Rosenheim. – Ungedr. Dipl.-Arb. Inst. f. Allg. u. Angew. Geophysik Univ. München, 100 S., 65 Abb.; München.

ROPPELT, T. (1988): Die Geologie der Umgebung von Obergünzburg im Allgäu mit sedimentpetrographischen Untersuchungen der glazialen Ablagerungen. – Diss. Techn. Univ. München, 109 S., 15 Abb., 13 Tab., 1 farb. geol. Kt. 1:50000; München.

ROTHPLETZ, A. (1917): Die Osterseen und der Isarvorlandgletscher. Mit einer geologischen Karte des Osterseengebietes 1:25000. – Mitt. Geogr. Gesell. München, **12**: 99–314; München.

– (1917): Endmoränen, Drumlins, Oser und Seen aus der letzten Eiszeit. – Mitt. Geogr. Gesell. München, **12**: Taf. 10 (farb. Kt. 1:150000); München.

RÜCKERT, L. (1933): Zur Flußgeschichte und Morphologie des Rednitzgebietes. – Sitz.-Ber. phys. med. Soc. Erlangen, **63/64**: 371–453, 12 Abb., 4 Fototaf. (8 Fig.); Erlangen.

RUTTE, E. (1957): Einführung in die Geologie von Unterfranken. – 168 S.; Würzburg (Laborarztverlag).

– (1958): Die Fundstelle altpleistozäner Säugetiere von Randersacker bei Würzburg. – Geol. Jb., **73**: 737–754, 3 Abb., 2 Taf.; Hannover.

– (1971): Pliopleistozäne Daten zur Änderung der Hauptabdachung im Maingebiet, Süddeutschland. – Z. Geomorph., N.F., Suppl., **12**: 51–72, 1 Abb.; Berlin-Stuttgart.

– (1981): Bayerns Erdgeschichte. – 266 S., mit über 150 teils farb. Abb. u. Kt.; München (Ehrenwirth).

SAUER, E. (1938): Verbreitung, Zusammensetzung und Entstehung der diluvialen Seeabsätze im oberen Isartal. – Mineral. petrogr. Mitt., **50** (1938): 305–355, 22 Abb., 23 Tab.; Leipzig.

SCHAEFER, I. (1953): Die donaueiszeitlichen Ablagerungen an Lech und Wertach. – Geologica Bavarica, **19**: 13–64, 15 Abb.; München.

– (1957): Erläuterungen zur Geologischen Karte von Augsburg und Umgebung 1:50000, mit einem paläontologischen Beitrag von R. DEHM. – 92 S., 4 Abb., 2 Beil.; München (Bayer. Geol. L.-Amt).

– (1965): The Succession of Fluvioglacial Deposits in the Northern Alpine Foreland. – University of Colorado Studies, Series of Earth Sciences, **7**: 9–14; Boulder, Colorado.

– (1966): Der Talknoten von Donau und Lech. Zur Frage des Laufwechsels der Donau vom „Wellheimer Trockental" ins „Neuburger Durchbruchstal". – Mitt. Geogr. Gesell. München, **51**: 59–111, 11 Abb.; München.

– (1968): Münchener Ebene und Isartal. Ein Beitrag zur Frage ihrer Entstehung. – Mitt. Geogr. Gesell. München, **53**: 175–203, 7 Abb.; München.

– (1975): Die Altmoränen des diluvialen Isar-Loisachgletschers und ihr Verständnis aus der Kenntnis der Paareiszeit. – Mitt. Geogr. Gesell. München, **60**: 115–153, 2 Kt.; München.

– (1981): Die glaziale Serie. Gedanken zum Kernstück der alpinen Eiszeitforschung. – Z. Geomorph., N.F., **25**: 271–289, 6 Abb.; Berlin-Stuttgart.

SCHARPENSEEL, H.W., PIETIG, F. & SCHIFFMANN, H. (1976): Hamburg University Radiocarbon Dates 1. – Radiocarbon, **18** (3): 268–289; New Haven, Conn. (Yale Univ.).

SCHEDLER, J. (1979): Neue pollenanalytische Untersuchungen am Schieferkohlevorkommen des Uhlenberges bei Dinkelscherben (Schwaben). – Geologica Bavarica, **80**: 165–182, 5 Abb., 1 Beil.; München.

SCHELLMANN, G. (1988): Jungquartäre Talgeschichte an der Unteren Isar und der Donau unterhalb von Regensburg. – Diss. Univ. Düsseldorf, 332 S., 30 Abb., 48 Tab., 16 Beil.; Düsseldorf.

– (1990): Fluviale Geomorphodynamik im jüngeren Quartär des unteren Isar- und angrenzenden Donautales. – Düsseldorfer Geogr. Schriften, **29**: 131 S., 33 Abb., 22 Tab.; Düsseldorf (Selbstverlag Geogr. Inst. Univ.).

SCHEUENPFLUG, L. (1971): Ein alteiszeitlicher Donaulauf in der Zusamplatte (Bayer. Schwaben). – Ber. Naturforsch. Gesell. Augsburg, **27**: 3–10, 2 Abb.; Augsburg.

– (1974): Zur Stratigraphie altpleistozäner Schotter südwestlich bis nordwestlich Augsburg (östliche Iller-Lech-Platte). – Heidelberger Geogr. Arb., **40**: 87–94, 3 Abb.; Heidelberg.

SCHEUENPFLUG, L. (1978): Zur Flußgeschichte der Paar südöstlich Augsburg (Bayerisches Alpenvorland). – In: Beiträge zur Quartär- und Landschaftsforschung (Festschr. JULIUS FINK): 579–584, 2 Abb.; Wien (Hirt).
- (1979): Der Uhlenberg in der östlichen Iller-Lech-Platte (Bayerisch Schwaben). – Geologica Bavarica, **80**: 159–164, 2 Abb.; München.
- (1986): Die altpleistozäne Hauptabflußrichtung der Gewässer in der Iller-Lech-Platte (Bayerisch Schwaben). – Jber. Mitt. oberrhein. geol. Verein., N. F. **68**: 189–195, 1 Abb.; Stuttgart.
- (1991): Die frühpleistozäne Augsburger Altwasserscheide am Ostrand der Iller-Lech-Platte (süddeutsches Alpenvorland, Bayern). – Eiszeitalter u. Gegenwart, **41**: 47–55, 3 Abb.; Hannover.

SCHIRM, E. (1968): Die hydrogeologischen Verhältnisse der Münchener Schotterebene östlich der Isar. – 139 S., 13 Taf., 5 Kt.; München (Bayer. Landesstelle f. Gewässerkunde).

SCHIRMER, W. (1978): Holozän an Main und Regnitz. – In: Das Mainprojekt. – Schriftenreihe Bayer. L.-Amt Wasserwirtsch., **7**: 28; München.
- (1980), mit Beiträgen von BECKER, B., ERTL, U., HABBE, K. A., HAUSER, G., KAMPMANN, TH. & SCHNITZLER, J.: Exkursionsführer zum Symposium Franken: Holozäne Talentwicklung – Methoden und Ergebnisse. – 210 S., zahlr. Abb.; Düsseldorf (Abt. Geologie der Univ.).
- (1983): Die Talentwicklung an Main und Regnitz seit dem Hochwürm. – Geol. Jb., **A 71**: 11–43, 9 Abb.; Hannover.
- (1988a), mit Beiträgen von SCHIRMER, U., SCHÖNFISCH, G. & WILLMES, H.: Junge Flußgeschichte des Mains um Bamberg. – DEUQUA 24. Tagung Würzburg, Führer zur Exkursion H: 39 S., 15 Abb., 4 Tab.; Hannover.
- (1988b): Ziegeleigrube Marktheidenfeld. – DEUQUA, 24. Tagung Würzburg, Führer zur Exkursion D: 5–10; Hannover.
- (1991): Bodensequenz der Auenterrassen des Maintals. – Bayreuther Bodenkundl. Berichte, **17**: 153–186, 9 Abb., zahlr. Tab.; Bayreuth.

SCHLICHTHERLE, H. & WAHLSTER, B. (1986): Archäologie in Seen und Mooren. Den Pfahlbauten auf der Spur. – 106 S., 203 Abb.; Stuttgart (Theiss).

SCHMEIDL, H. (1959): Pollenanalytische Untersuchungen. – In: BRUNNACKER, K.: Erläuterungen zur Geologischen Karte von Bayern 1 : 25 000, Blatt Nr. 7636 Freising Süd: 61–66, München (Bayer. Geol. L.-Amt).
- (1972a): Ein Beitrag zur spätglazialen Vegetations- und Waldentwicklung im westlichen Salzachgletschergebiet. – Eiszeitalter u. Gegenwart, **22**: 110–126, 5 Abb.; Öhringen/Württ.
- (1972b): Zur spät- und postglazialen Vegetationsgeschichte am Nordrand der bayerischen Voralpen. – Ber. Dt. Bot. Gesell., **85** (1–4): 79–82, 1 Abb.; Stuttgart.
- (1987): Die Moorvorkommen. – In: JERZ, H.: Geologische Karte von Bayern 1 : 25 000, Erläuterungen zum Blatt Nr. 8034 Starnberg Süd: 88–107, 1 Beil.; München (Bayer. Geol. L.-Amt).

SCHMID, H. & WEINELT, W. (1978): Lagerstätten in Bayern. – Geologica Bavarica, **77**: 160 S., 1 Beil. (farb. Karte); München.

SCHMIDT, R. (1981): Grundzüge der spät- und postglazialen Vegetations- und Klimageschichte des Salzkammergutes (Österreich) aufgrund palynologischer Untersuchungen von See- und Moorprofilen. – Mitt. Komm. Quartärforsch. Österr. Akad. Wiss., **3**: 96 S., 8 Abb., 18 Taf.; Wien.

SCHMIDT-KALER, H. (1970): Erläuterungen zur Geologischen Karte von Bayern 1 : 25 000, Blatt Nr. 6930 Heidenheim. – 120 S., 24 Abb., 7 Tab., 1 Beil.; München (Bayer. Geol. L.-Amt).
- (1976): Geologische Karte von Bayern 1 : 25 000, Erläuterungen zum Blatt Nr. 7031 Treuchtlingen. – 145 S., 36 Abb., 2 Tab., 2 Beil.; München (Bayer. Geol. L.-Amt).

SCHMIDT-THOMÉ, P. (1950): Geologie des Isartalgebietes im Bereich des Rißbach-Stollens und des geplanten Sylvenstein-Staubeckens. – Geologica Bavarica, **4**: 55 S., 12 Abb., 15 Taf.; München.
- (1953): Beobachtungen an Karen im Vorkarwendel. – Geologica Bavarica, **19**: 141–153, 5 Abb.; München.

- (1955): Zur Frage quartärer Krustenbewegungen im Alpen- und Voralpengebiet des Isartalbereichs. – Geol. Rdsch., **43** (1): 144–158, 3 Abb., 3 Taf.; Stuttgart.
- (1964): Inneralpine Quartärbildungen (Eiszeit und Nacheiszeit). – In: Erläuterungen zur Geologischen Karte von Bayern 1:500000, 2. Aufl. – S. 282–286, 1 Tab.; München (Bayer. Geol. L.-Amt).
- (1968): Flysch, Helvetikum und Molasse am Bayerischen Alpenrand. – Führer zu den Exkursionen A/C 16, Internat. Geologen-Kongreß Prag 1968; 32 S., 21 Fig.; München.

SCHNEIDER, J., MÜLLER, J. & STURM, M. (1987): Die sedimentologische Entwicklung des Attersees im Spät- und Postglazial. – In: VAN HUSEN, D. (1987): Das Gebiet des Traungletschers in Oberösterreich. Eine Typregion des Würm-Glazials. – Mitt. Komm. Quartärforsch. Österr. Akad. Wiss., **7**: 51–78, 27 Abb.; Wien.

SCHNETZ, J. (1963): Flurnamenkunde. – Bayerische Heimatforschung, **5**, 109 S.; München.

SCHNITZER, W. A. & VOSSMERBÄUMER, H. (1984): Über quartäre Flugsande in Franken. – Jber. Mitt. oberrhein. geol. Ver., N.F. **66**: 263–272, 4 Abb.; Stuttgart.

SCHÖNHALS, E., ROHDENBURG, H. & SEMMEL, A. (1964) Ergebnisse neuerer Untersuchungen zur Würmlöß-Gliederung in Hessen. – Eiszeitalter u. Gegenwart, **15**: 199–206, 1 Abb.; Öhringen/Württ.

SCHOLZ, H. (1984): Westgrönland – ein lebendiges Modell für die Eiszeit im Alpenvorland. – Natur u. Museum, **114** (4): 89–103, 13 Abb.; Frankfurt a. M.

SCHOLZ, H. & SCHOLZ, U. (1981): Das Werden der Allgäuer Landschaft. Eine kleine Erdgeschichte des Allgäus. – 152 S., zahlr. Abb., 48 Taf.; Kempten (Verlag f. Heimatpflege).

SCHOLZ, H. & ZACHER, W. (1983): Quartär und Molasse östlich von Kempten. – Jber. Mitt. oberrhein. geol. Verein. N.F., **65**: 17–23, 5 Abb.; Stuttgart.

SCHREIBER, U. (1985): Das Lechtal zwischen Schongau und Rain im Hoch-, Spät- und Postglazial. – Sonderveröff. Geol. Inst. zu Köln, **58**: 192 S., 58 Abb., 4 Tab., 4 Beil.; Köln (Selbstverl. Geol. Inst.).

SCHREINER, A. (1976): Hegau und westlicher Bodensee. – Sammlung Geologischer Führer, **62**: 93 S., 22 Abb.; Berlin-Stuttgart (Gebr. Borntraeger).
- (1978): Erläuterungen zur Geologischen Karte von Baden-Württemberg 1:25000, Blatt Nr. 8323 Tettnang. – 60 S., 3 Taf., 3 Beil.; Stuttgart.
- (1979): Zur Entstehung des Bodenseebeckens. – Eiszeitalter u. Gegenwart **29**: 71–76, 4 Abb.; Hannover.
- (1982): Sedimente aus vier Eiszeiten in der Altmoräne des Rheinvorlandgletschers in der Forschungsbohrung Seibranz 1981 (Baden-Württemberg). – Jh. geol. Landesamt Baden-Württ., **24**: 121–130, 3 Abb., 1 Tab., Freiburg.
- (1992): Einführung in die Quartärgeologie. – 257 S., 113 Abb., 14 Tab.; Stuttgart (Schweizerbart).

SCHREINER, A. & EBEL, R. (1981): Quartärgeologische Untersuchungen in der Umgebung von Interglazialvorkommen im östlichen Rheingletschergebiet (Baden-Württemberg) – Geol. Jb., **A 59**: 64 S., 9 Abb., 5 Tab., 3 Taf.; Hannover.

SCHUCH, M (1978a): Die Kartierung des Donaumooses und sich daraus ergebende Folgerungen. – Telma, **8**: 245–249, 1 Abb.; Hannover.
- (1978b): Die Moore Bayerns als Nutzungsraum und Forschungsgegenstand. – Mitt. Geogr. Gesell. München, **63**: 69–77; München.

SCHULER, A. (1989): Das Magdalénien der Schussenquelle. – Die Steinartefakte der Grabung von O. FRASS (1866). – Archäologisches Korrespondenzblatt, **19**: 11–22, 9 Abb., 1 Tab.; Mainz.

SCHUMACHER, R. (1981): Untersuchungen zur Entwicklung des Gewässernetzes seit dem Würmmaximum im Bereich des Isar-Loisach-Vorlandgletschers. – Diss. Univ. München, 204 S., 53 Abb., 7 Taf.; München.

SCHUMANN, W. (1969): Geochronologische Studien in Oberbayern. – Abh. Bayer. Akad. Wiss., math.-nat. Kl., N.F., **134**: 98 S., 19 Abb., 7 Tab., 12 Taf.; München.

SCHUSTER, M. (1923–1929): Abriß der Geologie von Bayern r. d. R. in sechs Abteilungen. – 933 S., 127 Abb., 3 Taf.; München (Oldenbourg und Piloty & Loehle).

SCHWARZBACH, M. (1968): Neuere Eiszeithypothesen. – Eiszeitalter und Gegenwart, **19**: 250–261, 7 Abb.; Öhringen/Württ.
- (1974): Geologische Tätigkeit des Eises und die Periglazialgebiete. – In: BRINKMANN, R. (Hrsg.) Lehrbuch der Allgemeinen Geologie, **1**: 217–290; Stuttgart (Enke).
- (1974): Klima der Vorzeit. Eine Einführung in die Paläoklimatologie. – 3. Aufl., 380 S., 191 Abb., 41 Tab.; Stuttgart (Enke).

SCHWARZMEIER, J. (1978): Geologische Karte von Bayern 1 : 25000, Erläuterungen zum Blatt Nr. 6024 Karlstadt und zum Blatt Nr. 6124 Remlingen. – 155 S., 34 Abb., 11 Tab., 5 Beil.; München (Bayer. Geol. L.-Amt).
- (1979): Geologische Karte von Bayern 1:25000, Erläuterungen zum Blatt Nr. 6123 Marktheidenfeld. – 174 S., 31 Abb., 9 Tab., 6 Beil.; München (Bayer. Geol. L.-Amt).
- (1981): Geologische Karte von Bayern 1 : 25000, Erläuterungen zum Blatt Nr. 6027 Grettstadt. – 126 S., 2 Tab., 4 Beil; München (Bayer. Geol. L.-Amt).
- (1982): Geologische Karte von Bayern 1 : 25000, Erläuterungen zum Blatt Nr. 5927 Schweinfurt. – 139 S., 23 Abb., 1 Tab., 6 Beil., München (Bayer. Geol. L.-Amt).
- (1983): Geologische Karte von Bayern 1 : 25000, Erläuterungen zum Blatt Nr. 6127 Volkach. – 132 S., 19 Abb., 1 Tab., 5 Beil.; München (Bayer. Geol. L.-Amt).
- (1984): Geologische Karte von Bayern 1 : 25000, Erläuterungen zum Blatt Nr. 6122 Bischbrunn. – 106 S., 9 Abb., 8 Tab., 2 Beil.; München (Bayer. Geol. L.-Amt).

SCHWERD, K. (1983): Geologische Karte von Bayern 1 : 25000, Erläuterungen zum Blatt Nr. 8328 Nesselwang West. – 192 S., 13 Abb., 8 Tab., 5 Beil.; München (Bayer. Geol. L.-Amt).
- (1986): Geologie des deutschen Staatsgebietes der Blätter 8423 Kressbronn am Bodensee und 8424 Lindau (Bodensee). – Geologica Bavarica, **90**: 17–90, 7 Abb., 2 Tab., 2 Beil.; München.

SCHWERD, K., EBEL, R. & JERZ, H. (1983): Geologische Karte von Bayern 1 : 25000, Erläuterungen zum Blatt Nr. 8427 Immenstadt i. Allgäu. – 258 S., 19 Abb., 12 Tab., 6 Beil., 1 Kt.; München (Bayer. Geol. L.-Amt).

SEIDENSCHWANN, G. (1980): Zur pleistozänen Entwicklung des Main-Kinzig-Kahl-Gebietes. – In: Rhein-Main-Forsch., **91**: 198 S., Frankfurt a. M.
- (1988): Östliche Untermainebene, Kristalliner Vorspessart, Gelnhäuser Bucht. – In: GRUNERT, J. & SEIDENSCHWANN, G.: Spessart und Vorspessart. – DEUQUA 24. Tagung Würzburg, Exkursion A (Teil 2): 30–48, 5 Abb.; Hannover.

SEIDENSCHWANN, G. & JUVIGNÉ, E. (1986): Fundstellen mittelpleistozäner Tephralagen im Randbereich des Kristallinen Vorspessarts. Ein Beitrag zur Schwermineralogie und Stratigraphie quartärer Tephren. – Z. dt. geol. Gesell., **137**: 625–655, 10 Abb.; Hannover.

SEITZ, H. J. (1951, 1952): Die Süßwasserkalkprofile zu Wittislingen und die Frage des nacheiszeitliche Klimaablaufes. – Ber. naturforsch. Gesell. Augsburg, **4**: 1–132, 21 Abb., 4 Taf. (1951); **5**: 28–36, 5 Abb. (1952); Augsburg.
- (1956): Zur Altersfrage der Bandkeramik und weitere Neuergebnisse aus den Profilen zu Wittislingen. – Ber. naturforsch. Gesell. Augsburg, **7**: 5–33, Augsburg.

SEMMEL, A. (1967): Neue Fundstellen von vulkanischem Material in hessischen Lössen. – Notizbl. hess. L.-Amt Bodenforsch., **95**: 104–108, 1 Abb.; Wiesbaden.
- (1968): Studien über den Verlauf jungpleistozäner Formung in Hessen: – Frankf. Geogr. Hefte, **45**: 133 S., 35 Abb., 2 Tab.; Frankfurt a. M.

SEMMEL, A. & STÄBLEIN, G. (1971): Zur Entwicklung quartärer Hohlformen in Franken. – Eiszeitalter u. Gegenwart, **22**: 23–34, 6 Abb.; Öhringen/Württ.

SHACKLETON, N. J. (1967): Oxygen isotype analyses and Pleistocene temperature re-assessed. – Nature, **215**: 15–17, London.

SHACKLETON, N. J. & OPDYKE, N. D. (1976): Oxygen-Isotope and Paleomagnetic Stratigraphy of Pacific Core V28–239 Late Pliocene to Latest Pleistocene. – Geological Society of America, Memoir **145**: 449–464, 5 Fig., 4 Tab.; Boulder, Col.

SHACKLETON, N. J. & PISIAS, N. G. (1985): Atmospheric Carbon Dioxide, Orbital Forcing and Climate. – Geophysical Monograph, **32**: 303–317, 7 Fig., 4 Tab., (American Geophysical Union); Washington, D.C.

Simon, L. (1926): Der Rückzug des würmeiszeitlichen Allgäuvorlandgletschers. – Mitt. Geogr. Gesell. München, **19**: 1–37, 1 Kt.; München.

Sinn, P. (1971): Zur Ausdehnung der Donau-Vergletscherung im schwäbischen Alpenvorland. – Eiszeitalter u. Gegenwart, **22**: 188–191, 1 Abb.; Öhringen/Württ.

– (1972): Zur Stratigraphie und Paläogeographie des Präwürm im mittleren und südlichen Illergletscher-Vorland. – Heidelberger Geogr. Arb., **37**: 159 S., 34 Abb., 11 Tab., 5 Kt., 12 Prof.; Heidelberg.

Skowronek, A. (1982): Paläoböden und Lösse in Mainfranken vor ihrem landschaftsgeschichtlichen Hintergrund. – Würzburger Geogr. Arb., **57**: 89–107, 2 Abb., 1 Tab.; Würzburg.

Skowronek, A. & Willmann, N. (1984): Ein reich gegliedertes Quartärprofil nördlich Kirchheim in Unterfranken. – Natur u. Mensch, Jahresmitt. Naturhist. Gesell. Nürnberg, **1984**: 41–48, 4 Abb., 1 Beil.; Nürnberg.

Stadtwerke München (1983): Hundert Jahre Münchner Wasserversorgung 1883–1983. – 227 S., zahlr. Abb. u. Tab., 1 Beil.; München (Gas- und Wasserwerke).

Starzmann, G. (1976): Präzisionsnivellements und rezente Vertikalbewegungen der Alpen. – Z. Vermessungswesen, **101** (8): 325–332, 2 Abb.; München.

Stephan, W. (1968): Erläuterungen zur Geologischen Karte von Bayern 1:25000, Blatt Nr. 8237 Miesbach. – 415 S., 29 Abb., 4 Tab., 13 Taf., 5 Beil.; München (Bayer. Geol. L.-Amt).

– (1978): Geologische Übersicht der Seeton- und Schieferkohlevorkommen bei Penzberg. – Führer zur Exkursionstagung des IGCP. Projektes 73/1/24 „Quaternary Glaciations in the Northern Hemisphere": 131–135, 2 Abb., Bonn – Bad Godesberg.

– (1979): Zur Geologie des Interglazialvorkommens von Eurach/Oberbayern – Geologica Bavarica, **80**: 79–90, 2 Abb., 1 Tab., München.

– (1991): Quartär. – In: Hesse, R. & Stephan, W. (1991): Erläuterungen zur Geologischen Karte von Bayern 1:25000, Blatt Nr. 8234 Penzberg: 138–162; München (Bayer. Geol. L.-Amt).

Stettner, G. (1958): Erläuterungen zur Geologischen Karte von Bayern 1:25000, Blatt Nr. 5937 Fichtelberg. – 116 S., 29 Abb., 3 Beil., 1 farb. geol. Kt.; München (Bayer. Geol. L.-Amt).

– (1977): Geologische Karte von Bayern 1:25000, Erläuterungen zum Blatt Nr. 5936 Bad Berneck. – 225 S., 21 Abb., 48 Tab., 7 Beil., 1 farb. geol. Kt.; München (Bayer. Geol. L.-Amt).

Streit, R. & Weinelt, W. (1971): Geologische Karte von Bayern 1:25000, Erläuterungen zum Blatt Nr. 6020 Aschaffenburg. – 398 S., 52 Abb., 14 Tab., 5 Beil.; München (Bayer. Geol. L.-Amt).

Strunk, H. (1990): Das Quartärprofil von Hagelstadt im Bayerischen Tertiärhügelland. – Eiszeitalter u. Gegenwart, **40**: 85–96, 7 Abb.; Hannover.

Stukenbrock, B. (1988): Pollenführung der Talaufschüttung des Mains. – In: DEUQUA, 24. Tagung, Exkursion D: 12–14; Hannover.

Thenius, E. (1974): Eiszeiten – einst und jetzt. Ursachen und Wirkungen. – Kosmos Bibliothek, **284**: 64 S., 20 Abb.; Stuttgart (Franckh).

Tillmanns, W. (1977): Zur Geschichte von Urmain und Urdonau zwischen Bamberg, Neuburg/Donau und Regensburg. – Sonderveröff. Geol. Inst. Univ. Köln, **30**: 198 S., 1 Abb., 4 Tab., 7 Beil.; Köln.

– (1978): Die postriesische Flußgeschichte in Nordostbayern. – In: Das Mainprojekt. – Schriftenreihe Bayer. L.-Amt f. Wasserwirtsch., **7**: 27, München.

– (1980): Zur plio-pleistozänen Flußgeschichte von Donau und Main in Nordostbayern. – Jber. Mitt. oberrhein. geol. Verein., N.F. **62**: 199–205, 3 Abb.; Stuttgart.

Tillmanns, W., Brunnacker, K. & Löscher, M. (1983): Erläuterungen zur Geologischen Übersichtskarte der Aindlinger Terrassentreppe zwischen Lech und Donau 1:50000. – Geologica Bavarica, **85**: 31 S., 9 Abb., 1 Beil. (farb. Kt.); München.

Tillmanns, W., Koči, A. & Brunnacker, K. (1986): Die Brunhes/Matuyama-Grenze in Roßhaupten (Bayerisch Schwaben). – Jber. Mitt. oberrhein. geol. Verein., N.F. **68**: 241–247, 3 Abb.; Stuttgart.

TRAUB, F. (1956): Erläuterungen zur Hydrogeologischen Übersichtskarte 1:500000 Blatt München. – 121 S., 6 Abb., 32 Tab.; Remagen (Bundesanst. f. Landeskunde).

TRAUB, F. & JERZ, H. (1976): Ein Lößprofil von Duttendorf (Oberösterreich) gegenüber Burghausen an der Salzach. – Z. Gletscherkde. u. Glazialgeol., **11** (2): 175–193, 3 Abb., 3 Tab.; Innsbruck.

TROLL, C. (1924): Der diluviale Inn-Chiemsee-Gletscher. Das geographische Bild eines typischen Alpenvorlandgletschers. – Forsch. dt. Landes- u. Volkskunde, **23**: 121 S., 5 Fig., 4 Taf., 1 farb. geol.-morph. Kt. 1:100000; Stuttgart.

– (1925): Die Rückzugsstadien der Würmeiszeit im nördlichen Vorland der Alpen. – Mitt. Geogr. Gesell. München, **18**: 281–292, 2 Abb.; München.

– (1926): Die jungglazialen Schotterfluren im Umkreis der deutschen Alpen. – Forsch. dt. Landes- u. Volkskunde, **24**: 158–256, 11 Abb., 6 Taf.; Stuttgart.

– (1936): Die sogenannte Vorrückungsphase der Würmeiszeit und der Eiszerfall bei ihrem Rückgang. – Mitt. Geogr. Gesell. München, **29**: 1–38, 4 Abb.; München.

– (1937): Die jungeiszeitlichen Ablagerungen des Loisachvorlandes in Oberbayern. – Geol. Rdsch., **28**: 599–611; Stuttgart.

– (1944): Strukturböden, Solifluktion und Frostklimate der Erde. – Geol. Rdsch., **34**: 545–694, 72 Abb., 1 Taf.; Stuttgart (Enke).

– (1957): Tiefenerosion, Seitenerosion und Akkumulation der Flüsse im Bereich Fluvioglazial und Periglazial. – Peterm. Geogr. Mitt., Erg. H. 262: 213–226; Gotha.

– (1977): Die „Fluvioglaziale Serie" der nördlichen Alpenflüsse und die holozänen Aufschotterungen. – In: FRENZEL, B. (Hrsg.): Dendroklimatologie und postglaziale Klimaschwankungen in Europa. – Erdwissensch. Forsch., **13**: 181–189, 2 Abb.; Wiesbaden (Steiner).

UHLIG, H. (1992): Die Partnach-Klamm und der Felssturz von 1991. – Mitt. Geogr. Gesell. München, **76**: 5–21, 4 Abb.; München.

UNGER, H. J. (1978): Geologische Karte von Bayern 1:50000, Erläuterungen zum Blatt Nr. L 7740 Mühldorf am Inn. – 184 S., 33 Abb., 12 Tab., 15 Beil.; München (Bayer. Geol. L.-Amt).

– (1991): Geologische Karte von Bayern 1:50000, Erläuterungen zum Blatt Nr. L 7538 Landshut. – 213 S., 44 Abb., 36 Tab., 6 Beil.; München (Bayer. Geol. L.-Amt).

VAN HUSEN, D. (1977): Zur Fazies und Stratigraphie der jungpleistozänen Ablagerungen im Trauntal. – Jb. Geol. B.-Anst., **120** (1), 130 S., 69 Abb., 5 Beil.; Wien.

– (1979): Verbreitung, Ursachen und Füllung glazial übertiefter Talabschnitte an Beispielen in den Ostalpen. – Eiszeitalter u. Gegenwart, **29**: 9–22, 3 Abb.; Hannover.

– (1981): Geologisch-sedimentologische Aspekte im Quartär von Österreich. – Mitt. Österr. Geol. Ges., **74/75**: 197–230, 8 Abb., 1 Tab.; Wien.

– [Hrsg.] (1987): Das Gebiet des Traungletschers, Oberösterreich. Eine Typusregion des Würm-Glazials. – Mitt. Komm. Quartärforsch. Österr. Akad. Wiss., **7**: 78 S., 27 Abb., 8 Taf.; Wien.

– (1987): Die Ostalpen in den Eiszeiten. – 24 S., 23 Abb., 1 Kt.; Wien (Geol. B.-Anst.).

VEIT, E. (1973): Das Ergebnis der reflexionsseismischen Schußbohrungen im Rosenheimer Seetonbecken. – In: WOLFF, H. (1973): Geologische Karte von Bayern 1:25000, Erläuterungen zum Blatt Nr. 8238 Neubeuern: 282–285, 1 Abb.; München.

VIDAL, H. (1953): Neue Ergebnisse zur Stratigraphie und Tektonik des nordwestlichen Wettersteingebirges und seines nördlichen Vorlandes. – Geologica Bavarica, **17**: 56–88, 8 Abb.; München.

VIDAL, H., BRUNNACKER, K., BRUNNACKER, M., KÖRNER, H., HARTEL, F., SCHUCH, M. & VOGEL, J. C. (1966): Der Alm im Erdinger Moos. – Geologica Bavarica, **56**: 177–200, 3 Abb., 4 Tab., 2 Beil.; München.

VIERHUFF, H., WAGNER, W. & AUST, H. (1981): Die Grundwasservorkommen in der Bundesrepublik Deutschland. – Geol. Jb., **C 30**: 110 S., 20 Abb., 12 Tab., 4 Taf.; Hannover.

VOGEL, J. C. (1982): Ionium dating in the early Würm in Europe. – XI INQUA Congress Moscow 1982, Abstracts, Vol. 2: 349; Moscow.

VOGEL, J. C. & KRONFELD, J. (1980): A new Method for Dating Peat. – South African Journal of Science, **76** (12): 556–558; Pretoria (Nat. Phys. Res. Lab.).

VOIGTLÄNDER, W. (1966): Die „Steinerne Rinne" bei Wolfsbronn. – Geol. Bl. NO-Bayern, **16** (1): 50–55, 2 Abb., 2 Tab.; Erlangen.
– (1984): Schotter, Moore und Moränen. – 24 S., 10 Abb.; Olching (Selbstverlag).
VOSSMERBÄUMER, H. (1973): Quartäre Flugsande in Nordbayern. – Geol. Bl. NO-Bayern, **23**: 1–20, 7 Abb., 2 Taf.; Erlangen.
WAGNER, G. (1960): Einführung in die Erd- und Landschaftsgeschichte mit besonderer Berücksichtigung Süddeutschlands. – 694 S., 591 Abb., 208 Fototaf., 1 farb. geol. Reliefkarte; Öhringen/Württ. (F. Rau).
WAGNER, G. A. & ZÖLLER, L. (1987): Thermolumineszenz: Uhr für Artefakte und Sedimente. – Physik in unserer Zeit, **18**: 1–9, 15 Abb., Weinheim (VCH-Verlagsgesellschaft).
WASMUND, E. (1929): Ein rhätischer Riesenfindling im Allgäuer Rheingletschergebiet. – Centralbl. Mineral. Geol. Paläont., Abt. B, **1929**: 609–655, 6 Abb.; Stuttgart.
WEGMÜLLER, S. (1992): Vegetationsgeschichtliche und stratigraphische Untersuchungen an Schieferkohlen des nördlichen Alpenvorlandes. – Denkschr. Schweiz. Akad. Naturwiss., **102**: 82 S., 17 Abb., 4 Tab., 3 Beil.; Basel (Birkhäuser).
WEIDENBACH, F. (1936): Geologische Karte von Baden-Württemberg 1:25000, Erläuterungen zu Blatt Nr. 8024 Waldsee. – Stuttgart (Landesvermessungsamt Baden-Württ.).
– (1937): Bildungsweise und Stratigraphie der diluvialen Ablagerungen Oberschwabens. – N. Jb. Mineral. etc., **78** (Beil. Bd. B) 66–108; Stuttgart.
WEINHARDT, R. (1973): Rekonstruktion des Eisstromnetzes der Ostalpennordseite zur Zeit des Würmmaximums mit einer Berechnung seiner Flächen und Volumina. (Mit einer Karte des Eisstromnetzes 1:1 Mill.) – In: Sammlung quartärmorphologischer Studien I, Heidelb. Geogr. Arb., **38**: 158–178, 1 Beil.; Heidelberg.
WEINIG, H. (1980): Hydrogeologie des Donautales. – In: Wasserwirtschaftliche Rahmenuntersuchung Donau und Main (Hydrogeologie), 9–26, 42–44, 7 Beil.; München (Bayer. Geol. L.-Amt).
WEINIG, H., DOBNER, A., LAGALLY, U., STEPHAN, W., STREIT, R., WEINELT, W., mit einem Anhang von GRIMM, W.-D. & SNETHLAGE, R. (1984): Oberflächennahe mineralische Rohstoffe von Bayern. Lagerstätten und Hauptverbreitungsgebiete der Steine und Erden. – Geologica Bavarica, **86**: 563 S., div. Tab., 2 Beil. (davon 1 farb. Kt. 1:500000); München.
WEISE, O. R. (1983): Das Periglazial. Geomorphologie und Klima in gletscherfreien, kalten Regionen. – 199 S., 97 Abb.; Berlin-Stuttgart (Bornträger).
WELTEN, M. (1981): Verdrängung und Vernichtung der anspruchsvollen Gehölze am Beginn der letzten Eiszeit und die Korrelation der Frühwürm-Interstadiale in Mittel- und Nordeuropa. – Eiszeitalter u. Gegenwart, **31**: 187–202, 5 Abb.; Hannover.
– (1982): Pollenanalytische Untersuchungen im Jüngeren Quartär des nördlichen Alpenvorlandes der Schweiz. – Beitr. z. Geol. Karte d. Schweiz, N.F., **156**. Lfg., 174 S., 17 Abb., 8 Tab., mit 1 Diagrammheft (44 Diagr.); Bern.
WERNER, J. (1964): Grundzüge einer regionalen Bodenkunde des südwestdeutschen Alpenvorlandes. – Schriftenreihe d. Landesforstverwalt. Baden-Württ., **17**: 91 S., 32 Abb.; Freiburg i. Brsg.
– (1978): Riß/Würm-Warmzeit am Nordende des ehemaligen Rheingletschers. – In: FRENZEL, B.: Führer zur Exkursionstagung des IGCP-Projektes 73/1/24, 1976: 85–93, 3 Abb.; Bonn-Bad Godesberg (DFG).
WERNER, J., STRAYLE, G. & WALSER, M. (1974): Möglichkeiten der Grundwassererschließung und -anreicherung im Gebiet der Leutkirchner Heide (Oberschwaben). – Gas- u. Wasserfach – Wasser/Abwasser, **115** (12): 525–535, 5 Abb., 1 Tab.; München.
WIEGANK, F. (1990): Magnetostratigraphisch-geochronologische Untersuchungen zur Geschichte des Plio-Pleistozäns in Mitteleuropa und ihrer Beziehungen zur globalen geologischen, paläoklimatischen und paläoökologischen Entwicklung. – Akad. Wiss. DDR, Veröff. Zentralinst., Physik d. Erde, **113**: 307 S., 30 Abb., 30 Tab.; Potsdam.
WILHELM, F. (1972): Verbreitung und Entstehung von Seen in den Bayerischen Alpen und im Alpenvorland. – Gas- und Wasserfach – Wasser, Abwasser, **113**: 393–403, 5 Abb.; München.

WILHELMY, H. (1977/78): Geomorphologie in Stichworten. – 3. verbess. Aufl., 3 Bd. – 104 + 223 + 184 S.; Kiel (Hirt).
WITTMANN, O. (1982): Paläoböden in Nordbayern und im Tertiärhügelland. – Geol. Jb., **F 14**: 45–62, Hannover.
WITTMANN, O., HOFMANN, B., RÜCKERT, G. & SCHMIDT, F. (1981): Standortkundliche Bodenkarte von Bayern 1:25000 Hallertau; Blatt I: Boden und Standort, Blatt II: Ökologischer Feuchtegrad. Erläuterungen zu den Kartenblättern 7334 Reichertshofen, 7335 Geisenfeld, 7336 Mainburg, 7434 Hohenwart, 7435 Pfaffenhofen a. d. Ilm, 7436 Au i. d. Hallertau, 7534 Petershausen und 7535 Allershausen. Mit Beiträgen von BRAUN, W. (Die Vegetationsverhältnisse), VAN EIMERN, J. (Klima), ROSSBAUER, G. & GMELCH, F. (Boden und Hopfenbau), SCHMIDT, F. (Bodenerosion), WEGENER, H.-R. (Schwermetallgehalte) und ZEHENDNER, M. (Der Wald im oberbayerischen Tertiärhügelland). – 199 S., 17 Tab., 1 Beiheft (Analysen); München (Bayer. Geol. L.-Amt).
WOLDSTEDT, P. (1958): Das Eiszeitalter. Grundlinien einer Geologie des Quartärs. – Bd. 2, 2. Aufl., 438 S., 125 Abb., 24 Tab., 1 Taf., Stuttgart (Enke).
– (1961): Das Eiszeitalter. Grundlinien einer Geologie des Quartärs. – Bd. 1, 3. Aufl., 374 S., 136 Abb., 4 Tab.; Stuttgart (Enke).
– (1969): Handbuch der Stratigraphischen Geologie. Quartär. – 256 S., 77 Abb., 16 Tab.; Stuttgart (Enke).
WOLDSTEDT, P. & DUPHORN, K. (1974): Norddeutschland und angrenzende Gebiete im Eiszeitalter. – 500 S., 91 Abb., 26 Tab.; Stuttgart (Koehler).
WOLFF, H. (1973): Geologische Karte von Bayern 1:25000, Erläuterungen zum Blatt Nr. 8238 Neubeuern. – 352 S., 38 Abb., 3 Tab., 20 Fototaf., 2 Beil., München (Bayer. Geol. L.-Amt).
WROBEL, J.-P. (1970): Hydrogeologische Untersuchungen im Einzugsgebiet der Loisach zwischen Garmisch-Partenkirchen und Eschenlohe/Obb. – Abh. Bayer. Akad. Wiss., math.-nat. Kl., N.F. **146**: 87 S., 38 Abb., 23 Tab., 3 Beil., München.
– (1976): Hydrogeologie. – In: DOBEN, K.: Geologische Karte von Bayern 1:25000, Erläuterungen zum Blatt Nr. 8433 Eschenlohe, S. 49–63, 2 Abb., 2 Tab., 1 Beil.; München (Bayer. Geol. L.-Amt).
– (1982): Grundwasser in Moränengebieten. Hydrogeologische Untersuchung für die Wasserwirtschaftliche Rahmenplanung. – 39 S., 21 Abb., 7 Beil.; München (Bayer. Geol.-Amt).
– (1983): Grundwasser in Moränengebieten des bayerischen Voralpenlandes. – Geol. Jb., **C 33**: 51–94, 20 Abb., 4 Tab.; Hannover.
– (1987a): Hydrogeologische Verhältnisse. – In: JERZ, H.: Geologische Karte von Bayern 1:25000, Erläuterungen zum Blatt Nr. 7934 Starnberg Nord, S. 74–81, 1 Abb., 3 Tab., 2 Beil.; München (Bayer. Geol. L.-Amt).
– (1987b): Hydrogeologische Verhältnisse. – In: JERZ, H.: Geologische Karte von Bayern 1:25000, Erläuterungen zum Blatt Nr. 8034 Starnberg Süd, S. 119–127, 4 Tab., 1 Beil.; München (Bayer. Geol. L.-Amt).
WROBEL, J.-P. & HANKE, K. (1987): Karten der Gefährdung der Grundwässer in Bayern durch Nitrat. – GLA-Fachberichte, **3**: 3–25, 3 Tab., 3 Kt.; München (Bayer. Geol. L.-Amt).
WURM, A. (1956): Beiträge zur Flußgeschichte des Mains und zur diluvialen Tektonik des Maingebietes. – Geologica Bavarica, **25**: 1–26, 5 Foto-Taf.; München.
ZANKL, H. (1961): Der Bergsturz am 6./7.02.1959 im Wimbachtal (Berchtesgadener Land), ein Beispiel für Bewegungsablauf und Erscheinungsform glazialer Bergstürze. – Z. Gletscherkde. u. Glazialgeol., **4**: 207–214, 3 Abb., 6 Fotos; Innsbruck.
ZEIL, W. (1954): Geologie der Alpenrandzone bei Murnau in Oberbayern. – Geologica Bavarica, **20**: 85 S., 5 Abb., 9 Taf., 3 Beil., München.
ZIEGLER, J.H. (1978): Quartär. – In: MÜLLER, M. & ZIEGLER, J.H.: Geologische Karte von Bayern 1:25000, Erläuterungen zum Blatt Nr. 8042 Waging a. See: 37–48; München (Bayer. Geol. L.-Amt).
ZOLLER, H. (1977): Alter und Ausmaß postglazialer Klimaschwankungen in den Schweizer Alpen.

– In: FRENZEL, B.: Dendrochronologie und postglaziale Klimaschwankungen in Europa: 271–281; Wiesbaden (Steiner).
ZUMBÜHL, H. J. & HOLZHAUSER, H. (1988): Alpengletscher in der Kleinen Eiszeit. – 322 S., zahlr. Abb., 7 Taf.; Bern (Schweiz. Alpen-Club).

Geologische Übersichtskarten

Geologische Karte von Bayern 1:500000, mit Erläuterungen. – Bayerisches Geologisches Landesamt, München 1981.
Geologische Übersichtskarte von Baden-Württemberg 1:500000. – Geologisches Landesamt Baden-Württemberg. – Stuttgart (Landesvermessungsamt) 1989.
Geologische Karte der Schweiz 1:500000. – Schweizer. Geol. Kommission, Wabern-Bern 1972.
Geologische Karte der Republik Österreich und der Nachbargebiete (2 Blätter) 1:500000. – Geologische Bundesanstalt, Wien 1968.
Geologische Übersichtskarte der Bundesrepublik Deutschland 1:200000, Blätter CC 6318 Frankfurt a. M. – Ost (1985), CC 6334 Bayreuth (1982), CC 7126 Nürnberg (1977), CC 7934 München (1991), CC 8726 Kempten/Allgäu (1983), CC 8734 Rosenheim (1980) und CC 8742 Bad Reichenhall (1988).
Geologische Karte von Bayern 1:100000, Blätter 510 Schweinfurt (1951), 662 Füssen, 2. unveränd. Aufl. (1980), 663 Murnau, 2. verbess. Aufl. (1979), 664 Tegernsee, 2. unveränd. Aufl. (1979), 665 Schliersee, 2. verbess. Aufl. (1984), 666 Reit i. Winkl (1975), 667 Bad Reichenhall (1988), 670 Oberstdorf, 2. unveränd. Aufl. (1985).
Geologische Übersichtskarte des Iller-Mindel-Gebietes 1:100000, mit Gewinnungsstellen für Lockergesteine, mit Erläuterungen. – München (Bayer. Geol. L.-Amt) 1975.

Orts- und Sachregister

Die **halbfetten** Zahlen verweisen auf umfassende Erläuterungen im Text, die *kursiven* Zahlen verweisen auf Tabellen (Seitenzahlen).

Aaredonau **108**
Abbau, Bausteine **152f.**
– Eisenerz **159f.**
– Kies **150ff.**
– Löß, Lößlehm **154f.**
– Schieferkohle **157f.**
– Sinterkalk **153**
– Ton **154ff.**, 157
– Torf **158f.**
Abensberg 122
Abenstal 71, 151
Abflußrinnen 39, 41f., 72, 112, 149, 168
Abkühlung 97, 126
Abri 122
Abschlagsartefakte 120ff.
Abschmelzmoräne **18**, 50, 71
Abschmelzschotter 150f.
Absenkung 144f.
absolute Datierungen s.
  ¹⁴C- und U/Th-
  Datierungen
Abtragung (Erosion) 4, *92*, 108f., *110*, 125ff., 133, 144, 151
Acheuléen *123*
Ackerbau 124, **178f.**
Adda-Tal 106
Adelegg 51
Ältere Tundrenzeit (Ältere Dryaszeit) *92*, 94, *95*, 132
Älteres Pleistozän 3, 6, 8, 31, 109, *110*, 112, 184, 186, *192*
Älteres Würm *13*, **85**, 90, 184
Älteste Tundrenzeit

(Älteste Dryaszeit) *92*, 94, *95*
Ältestpleistozän 30, 108, 111, 113, 190
Agathazell 26, 43, 155, 158
Agathazeller Moor 139
Aichach-Friedberg 159
Aindling 67
Aindlinger Platte 31f., 113, 159
Ainringer Filz 139, 158
Akkumulation s.
  Aufschüttung
Akkumulationsterrasse *110*, 144
Alaska 7, 11, 52
Alb 108, 173
Albedo 4
Albkies 111
Alblehm 62
Algen 134, 138
Algentuff 138
Alleröd-Interstadial 67, *85*, *91*, *92*, 93f., *95*, *123*, 139f.
Allershausen 112
Allgäu 46, 93, 101, 166
Allgäuer Alpen 46, 96, 99
Allgäuer Nagelfluhkette 51
Allmannshauser Filz 141, 158
Alluvium **2**
Alm 8, **134f.**, 136, **137f.**, 153, 177, *179*, 181
Alpengletscher **96ff.**
Alpenrand 45, 125, 132, 145

Alpenraum 3, 6, 8, 71, **94ff.**, *95*, 99, 113, 132
Alpenrhein **108**
Alpenrose 49
Alpenstraße 48
Alpental 72, 90f., 94, 115, 161, 164, 166
Alpentor 45
Alpenvorland 3, 6, **7ff.**, 8, 14, 34, 46, 50, 58, 64, 71, 90f., 96, 108, 113ff., 127, 131, 139ff., 144, 149ff., 155, 157, 160f., *162*, 164ff., 180, 183
alpin-arktisch 75, 115
Alpseetal 101
Altdorf 71
Altenerding 137
Altenmarkt 12, 34, 114, 186
Altenstadt b. Schongau *130*, 153
Altersbestimmung (biol.) 75, **76**, 142, 159
Altersdatierung (phys.) 75, **76ff.**, 119, 125, 127f., 134, 142, 159
Altheim b. Landshut 63f., 127
Altmoräne **11f.**, 39f., 64, 146, 154f., 171, 180, 186
Altmühl-Donau 107f., *110*, **111**
Altmühl-Gruppe 121
Altmühlschotter *110*, 111
Altmühl-Tal **108**, *110*, 111, 113, 121f., 161, 170
Altöttinger Feld 37

Altomünster 153
Altpaläolithikum *3*, 122, *123*
Altpleistozän *3, 6, 8,*
  30f., **77f.**, 109,
  110, 113, 173, 188, *192*
Altstadt-Terrasse *38*, 127, *129*
Altstädten 166
Altusried 156
Altwasserrinnen 78
Altwasserscheide 113
Aluminium (im Boden) 176
Alz 108, **114**, 160
Alzenau i. UFR. 71, 78,
  150, 155, 169
Alz-Gebiet 63, 186
Alztal 34, 37, 150, 165
Amendingen 154, 177
Amersfoort *85, 123*
Ammer 108, **112**, 166
Ammergletscher 9, 112
Ammerknie 112
Ammersee 43f., 93,
  112ff., 139, 142f.
Ammersee-Stadium *14*, 91
Ammertal 108, 155, 166
Amper 40, 108, **112**, 113f., 167
Amper-Moor 139
Ampertal 39f., 108, 169
Ampfinger Terrassenstufe
  128, *129*
Ampfing-Mühldorfer
  Feld 37f.
Andechs 26
Anmoor 165, 169, *178f.*
Annabrunn b. Schwindegg
  171
Antarktis 4
Antdorf *85*, 86, 112
Anzing 40, 154
Aquifer 161
Arber Gr., Kl. 53, 55
Arbersee Gr., Kl. 53, 142
Arbersee-Moor 142
Archäolithikum *3*
Argelsried 154
Argen-Eschach-Rinne 168
Arget *162*, 167
arktisch s. alpin-arktisch
Arlesrieder Schotter 32
Aroser Zone 52

Artefakte 68, 120ff., 124,
  142, 189f.
Arzbach 106
Aschaffenburg 150, *163*, 169f.
Aschaffenburger Becken
  151, *163*
Aschaffenburger Main 71, 109
Aschau 148
Ascholding 33, 38
asymmetrisches Tal 68, **73f.**
A-Terrasse (Main) 109, *110*
Atlantikum *92*, 125ff.,
  129, *130*, *131*, 132ff., 136f.,
  139, 142
Attel 34, 44
Attenfeld b. Neuburg
  a. d. Donau 120, 154, 189f.
Attersee 142f.
Aubing 39
Auenböden *6, 8*, 127,
  131, **176f.**, *178*, **181**
Auenlehm *6*, 154f.
Auenrendzina 177, *178*
Auenstufen *6*, 129, *129*, *130*,
  131
Auerbach 173
Auerochs 117
Aufschüttung (Akkumulation) 4, *92*, 108f., *110*,
  113, 125, 127ff., *132*f.,
  144, 146, 167, 180
Auftauboden 52, **57**, 58, 62,
  72, 74
Aufwölbungen 58
Augsburg 32, 35, 63, 71,
  112ff., 129, 144, 150, 154,
  159, 166, 176
Augsburger Hochterrasse
  35, 63
Aurach 109
Aurignac 121, **122**, *123*
Aurignac-Mensch 121
Ausblasungsgebiet 62, 64, 71
Ausräumung 47, 109, 175
Auswehung 62, 64
Autenried 32
Auwald 128, 132
Auwald-Stufe 128, *129*
Aying 13, *14*, 113
Aystetten 159

Baar 159
Bad Aibling 158, 165, 168, 172
Bad Feilnbach 106
Bad Schussenried 124
Bad Tölz 18, 43, 111, 138, 142
Badersee b. Grainau 100
Bänderton 45, 50, 76, 156
Bärenriegelkar 53
Baierbrunn 12, 33, 40,
  151f., 168, 186f.
Bamberg 90, 109, 127,
  131, 151
Bamberger Main 109
Barbing *123*, 124
Basisfließerde 67f.
Basistorf 136, **137**
Baukies 149ff.
Baumburg b. Altenmarkt 186
Baumkirchen 45, *85*, 87, **90**
Baumpollen (BP) 76, 136
Baumstämme 128, 131f., 152
Baumstammlagen 126
Bausand 150
Bausteine 152f.
Bayerische Alpen **96ff.**
Bayerischer Wald **52ff.**, 58, 62,
  71f., 108, 130, 140,
  155, 159f., 165, 170
Bayrischzell 50, 106
Beckensediment (e) **43ff.**,
  140, *179*
Beifuß (*Artemisia*) 118
Beigarten b. Straßlach 26
Bellenberg 154
Benediktbeuern 93, 104, 106
Berchtesgaden 99, 152
Berchtesgadener Alpen 96,
  101
Berg am Laim 40, 63, 154
Berg a. Starnberger See
  26, 33, 158
Bergbau 157ff.
Bergholz b. Wasserburg
  a. Inn 87, 158
Bergkreide 50, 156
Bergrutsch **102f.**, 106
Bergsturz *8*, **100f.**, 152
Bernina-Gebiet 97
Besiedlung 132, 137
Beuerberg 153

Biberach a. d. Riß 9, 12
Biber-Kaltzeit(en) 3, 5, 6, 8, **32**
Biberkopf b. Brannenburg 48, 152
Biber-Nagelfluh 48, 152
Bibert 170
Bichl 26
Bimstuff 67, *92*, 93, **139 f.**
Binse 141
Birke 91, *92*, 136, 141
Birken-Kiefern-Zeit *92*
Bison 68
Blättertorf 158
Blake-Event *192*, **193**
Blattspitzen-Kultur 122
Blaubeuren 122
Blaue Gumpe 96, 100
Blaueisenerde 78
Blaueisgletscher 99
Blaufeld b. Wasserburg a. Inn 87
Blau-Tal 122
Blender 32, 51
Blockanhäufung 56, 58, 134
Blockmeer **56**
Blöcke 56, 58
Blütenstaub 76
Bobingen 63, 114, 154
Bobinger Speichersee 114
Bodenbildung *8*, **176 ff.**, *178 f.*, 180, 182
Bodenbildungszeit 187
Bodenerosion 127, *178 f.*
Bodenfließen **57**, 72, 106
Bodengüte (Bonität) 68, 182
Bodenkarten 176
Bodenkomplex 184, 186
Bodennutzung **178 f.**, 180
Bodenrest, fossil 182 ff., 186
Bodenschätze **149 ff.**, 176
Bodensee 43, 139, 142, 145
Bodensee-Becken 43
Bodensee-Gebiet 93, 139
Bodenwöhrer Senke 68
Böden *8*, 149, **176 ff.**, *178 f.*, 180 ff.
Böhen 12
Böhener Feld 32
Böhmerwald 52, 159

Bölling-Interstadial *85*, 91, *92*, 93 f., *95*, 115, *123*, 139, 140
Bogendünen 69, 74
Bonität s. Bodengüte
Boreal *92*, *95*, 125, 127 f., *129*, *130*, *131*, 134, 136 f., 139, 143
Bossarts b. Ottobeuren 186
Brannenburg 48, 101, 152, 166, 168
Branntkalk 153
Brauneisen 160
Brauner Tundrenboden 67
Braunerde *178 f.*, 180 ff., 187, 190
Braunlöß 65
Breinetsried 84, *85*, **86**, 148
Breitach-Klamm 46, 50
Breitenbrunn b. Faulbach 78, 155
Brennstoff 157 f.
Brodelboden 58
Bronzezeit *3*, *92*, 96, 125 ff., *129*, *130*, *131*, 133, 142
bronzezeitlich 68
Brørup 84 ff., *85*, *123*
Bruchköbeler Naßböden 184
Bruckmühl 38
Brünnstein 50
Brunhes-Epoche *3*, 109, **191 ff.**, *192*
Brunhes/Matuyama-Grenze *3*, 111, 184 f., *192*
Brunnen 167, 171
Brunntal *95*, 96
Buchenberg i. Allgäu 142, 158
Buchener Sattel 18
Buchenhain b. Baierbrunn 33, 40, 104, 186 f.
Buchen-Tannenwald 118
Buchenzeit *92*
Bucher Schotter 32
Buching 79, 84, 157
Buchloe 136, 154
Buchsbaum (*Buxus*) 79
Buchsee 12
Buckelwiesen **60 f.**
Bühl-Gletscherstand **91**, 94, *95*
Buntsandstein 135, 150, 170

Burgau 33, 108, 154, 184, 193
Burgauer Schotter 33
Burgberg 166
Burghausen 10, 12, 65, 67, 91, 150, 165, 169
Burgkirchen 63

^{14}C-Alter s. ^{14}C-Datierungen
^{14}C-Datierungen 67, **76**, 86 f., 90, 93 f., 119, 127 f., 132 ff.
Chiemsee 15, 43, 114
Chiemsee-Becken 43
Chiemseegletscher **10**, 12, 15, 18, 150
Chiemsee-Moore 158
Chlorid (im Wasser) *162 f.*, 169
Crô-Magnon-Mensch *3*, 121
Cromer-Komplex 78, 109
Cromer-Warmzeit *6*, **78**, *110*

Dachau 112, 167
Dachauer Moos 42, 135, 151, 154, 158, 169
Dachsteinkalk 173
Dachstein-Massiv 99
Damhirsch 117
Dankelsried b. Erkheim 171
Darching 153
Datierungsmethoden **76 f.**, 142
Dauch 135
Dauerfrostboden 2, 52, 56, 58, 62, 74
Dauergefrornis 58, 100
Daun-Gletscherstand **91**, 94, *95*, 96
Deckenschotter *6*, *8*, 27 f., **30 ff.**, 64, 111, 145, **149**, 152, 159, 168, 185 ff.
– Älterer *6*, *8*, 27 **32 ff.**, 151, 185 ff.
– Jüngerer *6*, *8*, 27, **33 ff.**, 151, 186 f.
Decklage 54
Decklehm *8*, **64**, 65, *179*, 180
Deckschicht (allg.) *8*, 32, **62 ff.**, 68, 74, 120, 161, 176, 181 ff., 190 ff.
– äolisch 38, **62 ff.**, 74, 154, 181 ff., 188 ff., 193

Deckschichtenböden 32, 67f., **179ff.**, 190
Deckschotter 32
Deckterrasse 32
Deflation 64
Degerndorf b. Münsing 22
Degersee 139
Deggendorf 67
Deisenhofen 34, 152, 167, 186
Delta 44, 48
Deltaschotter, -sande *8*, 44, **48**, 152, 166, 168
Dendroalter 76, 132
Dendrochronologie **76**, 125f.
Denekamp *85*, 87, *123*
Denklingen 33
Denudation 74
Deponie 154, 169f.
Depsried 156
Deutenhausen b. Weilheim 135
Dichtl-Terrassenstufe 128, *129*
Dießen a. Ammersee 33, 135f., 153, 155
Dießenhofener Stadium *14*
Dietmannsried 12, 22
Diffluenz 47
Diluvium **1**
Dingolfing 158
Dinkelscherben i. Schwaben 77, 113, 193
Doline 166, 173
Dollnstein 108
Dolomit 64, 69, 150ff., 173
Dolomitasche 151
Donau 107, **108**, 109, *110*, 111, 113, 127, 130f., 144, 157, 160, 165, 173
Donau-Gebiet 32, 68, 71, 84, 126, 183
Donaugold 160
Donau-Kaltzeiten *3*, *5*, *6*, *8*, 12, **32**, 77
Donaumoos **61**, 142, **158f.**, 169
Donauried 149, 165
Donauschotter 111, 122
Donautal 35, 37, 62, 65, 67f., 71, 122, 135, 144f., 149, **151**, **165**, 177, 184

Donauterrassen **130f.**
Donauwörth 37
Dorfen 10, 12, 154
Dreisesselberg 53
Druckfestigkeit 150f.
Drumlin **24f.**, 72
Drumlinoid 24
Dryas-(Tundren-)Zeiten *85*, *92*, 94, *95*, *123*
Düne **69ff.**, 74
Dünensand 69f., 150
Düngekalk 138, 153
Düngetorf 158
Dungau 62
Durchlässigkeit (k_f-Wert) 165, 167, 169

Ebenhausen *14*
Ebensfelder Terrasse *131*, 132
Eberfing 24
Ebersberg 25, 39, 64
Ebersberger Forst 39f.
Ebersberger Stadium 12, *14*, **15f.**
Ebinger Terrassenstufe 128, *129*, 131, *131*
Ebrach 109
Eburon-Kaltzeit *6*
Eching 151
Eem-Warmzeit *6*, *13*, 75, 78ff., 84, *85*, 118
Egautal 135, 137
Egesen-Gletscherstand **91**, 94, *95*, 96
Egglburg b. Ebersberg 25
Eggstätt 25
Eggstätt-Seeoner See 26, 96
Egling 33
Egling-Deininger Becken 43
Egloffstein 135
Eibe *92*, 125
Eibenwald b. Paterzell 104, 136, 138
Eiben-Zeit 80, 82, *92*
Eibseebecken 100
Eibsee-Grainau 100
Eiche 78, 80, *92*, 118, 125f., 132
Eichenmischwald-Zeit

(EMW) 80, *92*, 118, 125, 136
Eichenstämme *92*, 132
Eigendynamik, Gletscher 46
Einstülpungen 58
Eintiefung 72, 144
Eisbelastung 144, 147, 157
Eisen (Wasser, Boden) 159, 165, 169, 176
Eisenburger Schotter 32
Eisenerz, pleistozän **159f.**
Eisengehalt 159, *162f.*, 165, 169f, 172
Eisenkonkretion 159
Eisen-Mangan-Konkretion 182
Eisenocker (Eisenhydroxid) 135
Eisenphosphat 78
Eisenzeit *3*, 68, *92*, 129, *130*, *131*, 132
Eisfuchs 117, 122
Eishügel 61
Eiskapelle 99
Eiskeil **58f.**, 61, 78
Eislinse **61**
Eisrinden-Effekt 61, **74**
Eisrückzug 50, 91, 96, 112f., 140
Eisstausee 50
Eisstromnetz 45, 94
Eisvorstoß 91
Eiszeitalter *1*, *6*, 45, 115, 125
Eiszeitelefant **115f.**, 119
Eiszeiten *1*, *5*, *6*, 75, 90f., 97
Eiszeitjäger 121, 175
Eiszeitkunst 122, 124
Eiszeitmensch *3*, **120ff.**, *123*, 175
Eiszeitreliktpflanzen 142
Eiszeittierwelt 119, 122, 173
Eiszerfall 26
Elch 117
Elfenbein 121f., 124
Ellbach-Moor 142
Elster-Kaltzeit *6*
Eltmann 109
Eltviller Tuff 67
Empfing b. Traunstein 171

Orts- und Sachregister

Endmoräne 7, 13, **14f.**, *14*, **18**, 27, 38, 40, **54**, 64, 71f., 96, 104, 112ff., 148, 150
Endmoränen(stände) 7, **14ff.**, *14*, 94, *95*
Engen im Hegau 124
Entbasung 176
Entkalkung 64, 180
Entwässerung 141
Epfach 129, *130*
epigenetisch 50
Epoche **191f.**, *192*
Erbenheimer Naßböden 67, 183f.
Erdbahnelemente 4
Erdbeben 101, 104
Erdbülte 61
Erding 10, 12, 63f., 128, 167
Erdinger Moos 42, 128, 135, 137, 151, 154, 158, 169
Erdmagnetfeld 2, 77, 185, *191*, *192*, 193
Erdrutsch 103
Erdschlipf 103, 106
Erdstrom 103, 106
Erdwülste 104
Erforschungsgeschichte **4f.**
Ergolding 63f.
Ergoldsbach 154
Erkheim 171
Erlangen 69
Erling 26
Erolzheimer Feld 36, 64
Erosion s. Abtragung
Erosionsterrasse 72, *110*
Erpfting 136
erratische Gesteine 18, 20f.
Erwärmung 115, 122, 124, 139
Erzknollen 159
Esche 80, *95*, 118, 125
Eschenlohe 43f., 48, 50, *162*, 166
ESR-Methode **76**
Essing 121, 124
E-Terrasse (Main) 109, *110*
Ettal 166
Ettinger Bach 136
Eurach *3*, *14*, 79, **80**, 82, *85*, 144, 148

Eurasburg 26, 32f., 37, 156
Europäische Wasserscheide 107
Event **191f.**, *192*
Exkursion 191

Facettenschliff 69
Fagotien-Schotter **84**
Falkenstein, Großer 53
Farchant 47, 166
Faulbach 78, 109, 151, 154
Fauna **117**, 119ff., 173
Faustkeil 119ff.
Faziesdifferenzierung (Löß) **65ff.**
Feilen-Forst 71
Feinsand 45, 64, *178*
Feinschichten 63, 139f.
Feldgedinger Schotterzunge 39f.
Feldkirchener Schotterzunge 40
Feldkirchen-Westerham 113
Feldspat 64, 69, 77
Fellheimer Feld 36, 38, 164
Felsblöcke 134
Felsdrumlin 24
Felsruinen 56
Felssturz **100f.**, 106
Ferneis 87, *95*
Fernmoräne **18**, 50
Fernpaß 18, 100
Fernwasser(versorgung) 161, 166, 170
Feucht 69
Feuchtbiotop 142
Feuerstein 122
Fichte 80, 84, 86, *92*, 126, 136
Fichtelgebirge 52, 54, 58, 72, 109, 140, 159
Fichtelseemoor 159
Fichten-Kiefern-Tannen-Zeit 86, *92*
Fichten-Tannen-Zeit 80, 82, *92*
Filterung (Grundwasser) 169
Filz **140**
Findling **20ff.**, 22, 53
Firneis 45f., 54, 99

Firneisgrundschutt **54f.**
Fischbach a. Inn 44, 48f., 72
Fische 90
Fischen i. Allgäu 166
Flechten 118
Fließbewegungen 58
Fließerde *8*, **54f.**, 57f., 61, 63, 74, 87, 121, 154, *179*, 181, 183f., 189
Flims 100
Flintsbach 44, 173
Flöz (Kohleflöz) 157
Flora 48, **118**
Fluderbach (Samerberg) 79ff.
Flügelnußbaum 79, 118
Flugdecksand **68ff.**
Flugsand *8*, 35, 37, 62, 67, **68ff.**, 70, 74, 150, *179*, 180f., 183
Flußablagerungen 125, **126ff.**, 150, 160
Flußdukaten 160
Flußdynamik 114, 127
Flußgeschichte *92*, **107ff.**, *110*, 113, 144
Flußgold **160**
Flußlaufverlegungen 111, 113, 144
Flußmergel 128, 180
Flußpferd 78, 117f.
Flußregulierung 128
Flußrinnen 78, 127f., 132, 151, 170
Flußsysteme **107ff.**
Flußterrassen 69, 78, 125, 127, *129*, *130*, *131*, 180, 186
Fluviatile Serie **126**
fluvioglaziale Serie *7*, 36
Flysch 101, 104, 106, 108, 122
Föhre 141
Forchheim 135, 151
Forggensee 114
Formsand 150
Forschungsbohrungen **78ff.**, 155, 157
Forstenrieder Park *162*, 167, 186
fossile Bodenreste 40, **182ff.**, 186

fossiler Boden 32, 63f., 75, 154, **182ff.**, 186, 188f., 193
Fränkische Rezat 109
Fränkische Saale 170
Franken 58, 62, 69, 165, 173
Frankenalb (Fränkische Alb) 62, 69, 108, 121, 165, 170, 173
Frankenwald 52, 58, 108f., 111, 122, 150, 155
Französisches Zentralmassiv 139f.
Frauenau 170
Freilandstation 121, 124
Freilassing 38, 139, 158
Freising 42, 127, 151, 165
Freisinger Moos 135, 158
Friedberger Ach 113, 135
Friedrichshafen 43
Frostbeständigkeit 150
Frostboden **57ff.**
Frosthebung **61**
Frostkeil **58f.**
Frostmusterboden **58**
Frostrisse 58
Frostschutt **54ff.**, 62, 175, 181
Frostspalten **58**
Frostverwitterung **56**
Frostwechselklima 58, 62, 73, 152
Früchte 76, 82
frühgeschichtlich 159
Frühglazial 2, **8, 13**, 50, 65ff., 75, 88, 90, 126, 150, 156, 175
Frühmensch 3, *123*
Frühwürm s. a. Frühglazial 81, 82, **84ff.**, *85*, **90**, *123*
Frühwürm-Interstadial 80f., 83, **84ff.**, *85*
Fürstenfeldbruck 10, 13, 38, 154f.
Füssen 43, 79, 84, 113, 157
Füssener Becken 43
Füssener See (ehem.) 114

Gablingen 154
Gäulandschaft 62, 183, 186
Gagat 124
Garchinger Schotterzunge 40

Garching-Terrassenstufe *123*, 127
Garmisch-Partenkirchen 44, 47, 50, 96, 100, 145, 156, *162*, 173
Gars a. Inn 13, 30, 104, 113, 128, 158, 165
Garser Wurzelfeld 36
Gatterl 100
Gauss-Epoche 2, **191ff.**, *192*
Gauss/Matuyama-Grenze *192*, 193
Gauting 12, 111f., 151
Geißalp-Seen 46
Geißenklösterle b. Blaubeuren 122
geköpfte Täler 107
Gelting 156, 158
Geologische Gegenwart 2, *3*
Geologische Orgeln *8*, 33f., 151, 186f.
Geomorphologie **71ff.**
Gerätekulturen 120, *122*
Geretsried 38, 61, 168
Gernmühl b. Nußdorf a. Inn 24, 48, 78f.
Geröllawine 101, 134
Geröllspektrum 89, 109
Geröllwerkzeug 122
Gesamthärte (Wasser) *162f.*, **164f.**, 170
Geschiebe **16ff.**, 72, 87, 183
Geschiebelehm 16, 153
Geschiebemergel **16**
Gesteinsschutt 55f., 152
Giesing (München) 33, *38*, 151
Giesinger Terrasse *38*, 40
Gips 170, 173
Glazial **5, 7**
Glaziale Serie 5, **38**
Glazialschotter 30, 33ff., *38*, 88, 187
Glazialtektonik 145, **146ff.**
glazifluviatil **7**
glazilimnisch 45
Gleißental 32, 34, 40f., 152, 186
Gletscher (rezent) 99
Gletscherablagerungen **16ff.**

Gletscherbecken **34ff.**, 140, 166f.
Gletschererosion 2, 7, 43f., 46
Gletschergarten 48, 72
Gletscherhalt 94
Gletscherhochstand 96f.
Gletschermilch 50, 156
Gletschermühle 49, 72
Gletscherrückzug *14*, **18**, 97
Gletscherschliff **47ff.**
Gletscherschutt 18, 71, 148, 168, 180, 184
Gletscherspalte 72
Gletscherstand *14*, **94ff.**, *95*
Gletscherstrom 43, 45, 48
Gletschertopf 49, 72
Gletschertor 30, 72, 99
Gletschertrübe 44, 50
Gletschervorstoß 94, 96f.
Gley 177, *178f.*, 182
Glimmer 64
Glimmerschiefer 54, 150, *179*
Glonn b. Dachau 112
Glonn b. Ebersberg 34, 113, 168
Glonntal 135
Gneis 54, 150, *179*
Göschen-Kaltphase 96
Gößweinstein 173
Goethit 159
Gold **160**
Goldwaschen **160**
Gollhofen 155
Gosau-Gletscher 99
Goßmannsdorf 78
Goßmannshofen *85*, 87, 154
Gottesackerplateau 173f.
Gräfelfing 151
Gräser 87, 91, 118, 136, 141
Grafenrheinfeld *163*
Grafing 26, 113, 135, 153
Grainau 100, 152
Granit 53f., 150, *179*
Granitblöcke 53, 56, 58
Graßlfing 135, 137
Grassteppe 115, 122
Graubünden 94
Gravettien 122, *123*
Griesbach i. NB 159
Gritschen b. Samerberg 93, 134

Grönenbacher Feld 5, 12, 33
Großhadern (München) *38*, 40, 167, 183f.
Großhesselohe (München) 167
Großlangheim 150
Großostheim 65, 169
Großsäuger **68**, 115, 117, 173
Großweil *3*, 5, 43, 79, **82f.**, *85*, 157
Großweil-Gstaig 84, 87ff.
Grub-Harthauser Tal 40f., 113
Grubmühler Feld 112
Grünten 46
Grüntensee 114
Grünwald 33, 40, 64, 103ff., 152ff., 167
Grünwald-Perlacher Terrasse *38*, 40
Grundgebirge (ostbayer.) 52ff., 170
Grundmoräne 16, **18f.**, 27, 50, 54, 72, 140, 155, 167
Grundwasser 42, 127, 151f., 159, **161ff.**, *162*, 165f., 170f.
Grundwasserchemismus **161ff.**, *162*, 170
Grundwasserergiebigkeit 167
Grundwasserleiter 161, 164
Grundwassermächtigkeit 165, 167
Grundwasserspeicher 161, 167
Grundwasserstrom 114, 165ff.
Grundwassertyp 164
Grundwasservorkommen 161, **164ff.**
Grundwasservorrat 167
Grus 55, 58, *178f.*
Gschnitz-Gletscherstand **91**, 94
Günzburg 32, 184
Günz-Eiszeit *3, 5, 6, 8,* **12, 32**, 186
Günz/Mindel-Interglazialboden *6*, 187
Günzmoräne(n) *8*, 11, **12**, 186

Günztal 5, 9, 28, 35, 37, 108, 113, 127, 135, 151, 169
Gundelfingen 35, 165
Gunzesried 106
Gwenger Terrassenstufe *129*

Haarkirchen b. Starnberg 24
Habach 22
Hachinger Bach 40, 167
Hafenlohr 155
Hafnerei 153, 155
Hagelstadt 154, 184, 193
Hahnenkamm 138
Haidenaab 150, 152
Haimhausen 112
Hainbuche 80, 118, 126
Hainbuchen-Zeit 80, 82
Hakenschlagen 103
Hallbergmoos 137
Hallstätter Gletscher 99
Hallstattzeit *3*, 96, 126, *131*
Hallthurn-Paß 101
Halsbandlemming **68**, 117
Hangbewegungen 100, 103f.
Hanglabilität 101
Hangquellen 136f.
Hangrutsch **101 ff.**
Hangschutt 106, 152
Hangschuttbreccie *8*, **48**
Hangunterschneidung 101
Happerg 26, 32
Harthausen 40, 113
Hartmannshof b. Nürnberg 173
Hasel *92*, 125, 136
Hasel-Zeit *92*, 80, 84, 125
Haslach-Eiszeit *3, 8*, 12, **32**, 186
Haßfurt 109, 151, 170
Hauchenberg 51
Hauptdolomit 112, 152
Hauptniederterrasse *38*, 90, 128, *129*, *130*
Haupttal 46, 50
Hauptterrassen *6*, 109, *110*
Hawanger Feld 35
Hechendorf b. Murnau 84, 157

Heidekraut 136
Heidelberger Mensch *3*, 120
Heilbad 171
Heilquelle 171
Heilwasser **171f.**
Heilwirkung 171
Helmstadt 155, 186
Hemlock-Tanne 77
Hengelo *85*, *123*
Herrnhausen 24, 37, 82, *85*
Herrsching 139
Hessen 67, 142, 184
Hindelang 48, 86f., 101f., 148, 158
Hinterklamm (Partnachtal) *95*, 96
Hinterrhein 94
Hinterschmalholz b. Obergünzburg 184
Hintersee (Ramsau) 101
Hinterstein 99, 101f.
Hirsch 78, 117
Hitzenhofener Feld 5, 35
Hochbrück 151
Hochfirst 32
Hochflächenschotter *110*, 111
Hochflutlehm 78, 155, 180
Hochflutsedimente 84
Hochglazial 2, *13*, 14f., *38* ff., 40, 46, 50, 62, 65, 67f., 74f., 88ff., 115, 122, 150f., 175
Hochkalter 99
Hochkönig 99
Hochland-Breccie 48
Hochlerch 101
Hochmoor 140, **141**, *179*
Hochmoortorf 141, *179*
Hochschotter 32, *110*, 111
Hochtannberg 47
Hochterrasse *6*, 34, *38*, *39*, 63f., 87, *110*, 127, 154, 165, 167
Hochterrassenschotter *8*, 27, 33, **34f.**, *39*f., 84, **149**, 151, 183
Hochvogel 99
Hochwässer 128, 131f.
Hochwürm *13*, *85*, 87, **90ff.**, *123*

Hochstädt a. d. Donau 35, 165
Höfen b. Königsdorf
  84, *85*, **86**
Höglwörth 26
Höhenhofer Schotter *110*
Höhenkirchen 151, *162*, 167
Höhenterrassenschotter 32
Höhle 121, **173**, 175
Höhlenbär 117, 119,
  121 f., 124, 173, 175
Höhlenhyäne 117, 121, 175
Höhlenlehm 121, 173
Höhlenlöwe 117, 119, 121
Höhlenmalerei 124
Höhlenruine Hunas 120, 173
Höhlenstation 121
Höhlensystem 173
Höllentalferner 99
Höllriegelskreuth b.
  Pullach 186
Hörlkofen 154
Hörmating 24
Höttinger Breccie 48
Hofolding 167
Hofoldinger Forst 42, 151
Hohenbrunn 40
Hohenfurch *130*
Hohenlindener Feld 40
Hohenpeißenberg 97 f.
Hohenrieder Schotter 32
Hohenschäftlarn (s. a.
  Schäftlarn) *14*
Hoher Rain 32
Hohlenstein 122
Hohler Stein 121, *123*
Holozän *2*, *3*, *6*, *8*, *13*, *85*, *92*,
  123, **125 ff.**
Holstein-Warmzeit 6,
  75, 78, 118
Holz (fossil) 76 f., 84, 124, 127
Holzen b. Icking 104
Holzkirchen 12, 33, 41 f., 111,
  113, 169
Homo erectus *3*, 190
Hornstein 122
Hügelmoräne 72
Huglfing 136, 153
Huminstoffe 165, 169
Humushorizont (fossil) 134,
  136 f.

Humoszonen (Mosbach)
  67, 184
Hunas 120, 173
Hurlach *3*, 138

Icking *14*, 22
Ifen 173
Iffeldorf 26
Iller 64, 108, **112 f.**, 130, 155
Illergebiet 35, 114, 127
Illergletscher **9**, 12, 18, 45, 47,
  50, 86
Iller-Lech-Gebiet 4, 177, 184
Iller-Lech-Platte 31, 62,
  113, **151**, 166
Iller-Mindel-Gebiet 4, 28, 186
Illertal 28, 37, 44, 48, 50, 64,
  108, 150 f., 165 f.
Illertisssen 154
Ilmtal 151
Ilz 160
Imberg b. Hindelang
  85, **86**, 158
Immenstadt 26, 43, 47,
  101, 134, 139, 155, 158
Immenstädter Horn 101
Immenstädter See (ehem.) 114
Ingolstadt 37, 65, 108,
  113, 127, 130
Ingolstädter Becken 131,
  150, 169
Inn 87, 108, **113 f.**, 128,
  130, 160, 170
Inn-Chiemsee-Gletscher
  10, **15**, 50, 150, 171
Inneberg 32
Innenmoräne 16
Inn-Gebiet 5, 63, 114, *129*, 177
Inngletscher **10**, **15 f.**,
  18 ff., 29, 35, 40 ff.,
  64, 80, 87, 94, 113 f.
Inngold 160
Inning 154
Innsbruck 45, 48, 50,
  87, 90, 94
Innsteilufer 67, 158
Inntal 37, 43, 48, 50, 91,
  94, 104, 108, 134, 150 f.,
  158, 165 f.

Inntalautobahn 48 f.
Innterrassen **128 f.**
Interglazial 2, 3, 6, 8,
  48, 50, **75 ff.**, **79 ff.**, 83, 87,
  109, 117, 121, **138**,
  148, 175, 182 ff.,
  187, 190, 193
Interglazialboden *8*, 183,
  184 ff., 187
Interstadial 2, 67, **75 ff.**,
  79, **83 ff.**, *85*, 90, 94, 109,
  115, 182 f., 187, 190
Intervall **75**, 187
Inzell 48, 72, 106
Irrblöcke 21
Irschenhausen 22
Isar 40, 108, **111 ff.**,
  127 f., 130 f., 160, *162*,
  167 f., 170
Isar-Gebiet 114, 127,
  150, 165, 177
Isargletscher **9 f.**, 12, 18,
  20, 35, 40 ff., 47, 82, 86,
  111 ff., *162*, 168
Isargold 160
Isar-Inn-Platte 30, **151**
Isar-Loisach-Gebiet 5, 19,
  129
Isar-Loisach-Gletscher
  9 f., 18 ff., 43, 50
Isarsteilhang 35, 152, 156
Isartal 32 f., 40, 44, 47 f.,
  50, 64, 68, 103 f.,
  127, 146, 149, 151 f.,
  165 ff., 186
Isarterrassen **127 ff.**
Isen 154
Ismaning 35, 63, 137
Isny 168
Isostasie 144
Isotopenthermometer 76

Jahresschichten 45, 139
Jahrringzählung **76**, 96, 124
Jaramillo-Event 77, 184,
  191 ff., *192*
Jesenwang 13
Josereute b. Oy-Mittelberg
  37, 145 f., 148

Jüngere Tundrenzeit
  (Jüngere Dryaszeit) 2, 61,
  85, 91, *92*, 93 f., 125,
  127, 132, 140
Jüngeres Würm *13*, *85*,
  90 f., 183
Jungmoräne 10 f., **12 ff.**,
  38, 40, 54, 180, 183
Jungneolithikum 126, 128,
  137
Jungpaläolithikum *3*,
  92, 121 f., *123*, 124, 129,
  130, *131*
Jungpleistozän (Jüngeres
  Pleistozän) *3*, 6, 8, *13*,
  14, 34, *79 ff.*, *85*,
  110, 111, 113, *123*, *192*,
Jungwürmlöß 67
Jura 71, 108, 135, 138,
  150, 170, 173

Kalium 40 76
Kalium-Argon-Methode **76**
Kalk 64, 67, 69, 150, 173
Kalkabsätze 134 ff., 138 f.
Kalkbildung 134, 139
Kalkböden **177**, *178 f.*
Kalkgehalt (Löß) 64 f., 67
Kalkgehalt (Seekreide) 139
Kalkgehalt (Sinterkalk) 134
Kalkgley 177, *179*
Kalkkonkretion **64 f.**
Kalkmudde 78, 80, 93, **139**,
  140 f., *179*
Kalkschotterwässer **164 ff.**,
  169
Kalksinter 76
Kalktuff *8*, **134 ff.**, **153**, 181
Kalktuffsand **134**, 135 f., 138
Kaltenbrunn 50, 156 f.
Kaltsteppe 52, 117 f.
Kaltsteppenflora 87
Kaltzeit 68, **75**, 76, 80,
  96, 115, 117, 120 f., 142, 175
Kame, Kames **25 f.**, 72
Kameterrasse 25
Kammeis **61**
Kammlach-Tal 35
Kanada 52, 144
Kar **46**, **53**

Karbecken 46
Karbonatgehalt, Flußablage-
  rungen 176, 181
– Löß 64 ff.
– Moränen 20
– Seetone 45, 156
Karbonatgestein 150, 164, 173
Karbonathärte (Wasser)
  162 f., 164, 170
Karlstadt 155, *163*, 170, 173
Karpologie 76
Karren 173 f.
Karsee 46, 53
Karst **173**, 175
Karst(grund)wasser 161,
  165 f., 170, 173
Karstspalten 173 f.
Kartreppe 46, 53
Karwendel-Gebirge 46,
  48, 96, 152
Kaufering 129, *130*
Kehlgeschiebe 16
Kelheim 108
Kellmünzer Schotter 32
Kempfenhausen 142
Kempten 24, 32, 43,
  113, 118, 148, 156, 166
Kemptener See (ehem.) 114
Kemptener Wald 24
Keramik 76, 127, 131 f.,
  149, 153 ff.
Kerbtal 54, 72
Kesselberg-Paß 48
Kesselfeld 26
Keuper 69, 150, 173
Kiefer 84, 86, 90 f., *92*,
  115, 125 f., 128, 136
Kiefern-Birkenwald 78
Kiefern-Birken-Zeit 80, 82, *92*
Kiefern-Fichten-Wald
  84, 86 f., 90
Kiefernstämme *92*, 128
Kiefern-Zeit 80, 82, 84, *92*
Kiefersfelden 43, 113
Kies 27, **149 ff.**, 171
Kiesabbau 151 f., 170
Kiesdrumlin 24
Kieselsäure 171
Kieselschiefer (Lydit)
  108, 111, 122, 150

Kirchbichl b. Kufstein 91, 94
Kirchheim i. UFR. 155,
  186, 188
Kirchheim-Burgauer
  Schotter 33
Kirchsee-Moor 142
Kirchseeoner Stadium
  12, *14*, 15 f., 29
Kissendorfer Schotter 32
Kitzingen 67, 121, 150,
  155, 170, 186
Klais 61, 157
Klamm 46, 50, 72, 112
Klammbrecie **50**
Klausenhöhlen 121 f.
Kleine Eiszeit 97
Kleinsäuger **68**, 117, 173
Klima 1, 48, 52, 65, 69, 72, 74,
  77, 86 f., 90, *92*, 96 ff.,
  118, 120, 122,
  125, 127, 137, 142,
  161, 176, 182, 190
Klimaoptimum 75, 82, *92*,
  96 f., 125, 139
Klimarückschlag 75, 82,
  92, 94, 115, 125 f.
Klimaschwankungen 142
Klimasturz *92*, 96
Klimaverbesserung 75, *92*, 94
Klimaverschlechterung
  75, 84, 90 f., *92*, 96 f.,
  115, 133
Klingen-Kultur 122
Klosterlechfeld 129
Klufteis 62, 74
Kluftgrundwasser 161
Knochen 68, 75 f., 115, 119 ff.
Knochengeräte 120 f., 124
Knorr-Hütte (Wetterstein-
  Gebirge) 96
Kochel 157
Kocheler Becken 43, 83
Kochelsee 43, 114, 145
Köchel 26
Köfels (Ötztal) 100
Königsdorf 24, 38, 86,
  135, 153, 158
Kössener Schichten 47, 102
Kohleflöz 82, 84, 86 f., 157 f.
Kohlendioxid (freies) 171

Kohlenstoff 14, 76
Koislhof b. Landshut 127
Kolbermoor 93, 156, 158
Kolluvium 177, *178f.*, 180
Konfluenz 47
Konglomerat **152**
Konsistenz 45, 156
Konstanzer Stadium *14*
Kontinentalität 46
Kornau b. Oberstdorf 50
Korngrößen, Bergsturz 100
– Flugsand 69
– Löß 64
– Moränen 19
– Seesedimente 45
Kraiburg 35, 63, 128
Krailling 112
Kranzberger Kreide 156
Krautweide 118
Kreidewerk 50, 157
Kristallin 20, 23, 50, 72, 108, 150ff., 160, 170, *179*, 181
Kristalltuff 139f.
Kritzer 17, 72
Kronach 170
Kronburg 32
Krottenkopf 166
Krün 48, 61, 166
Krumbad b. Krumbach 171
Kryoturbationen 57, **58**, 60, 64, 78, 133, 183f.
Kufstein 91, 94, 119
Kulturstufen *3*, *92*, *123*, *129*, *130*, *131*
Kunst (Eiszeitkunst) 120ff.
Kupfersteinzeit 124

Laacher Bimstuff 67, *92*, 93, 139
Längenfeld-Breccie 48
Längsdünen 69, 74
Lagerstätten s. Bodenschätze
Lainbachtal b. Benediktbeuern 106
Landau a. d. Isar 38, 138
Landl b. Rosenheim 156
Landl i. Tirol 106

Landsberg a. Lech 12, 13, 32, 64f., 67, 138, 148, 154, 165, 183
Landshut 38, 63, 68, 127f., 154, 165, 170
Langengeisling 63
Langweider Hochterrasse 35
Lanser See-Moor 93f.
Lappach-St. Wolfgang 154
Lascaux 124
Laschamp-Event **193**
Latsche 141, *179*
Laubgehölze 80, 115
Laubmischwald 138
Laubwald 115, 118
Laudenbach 154
Laufen a. d. Salzach *14*, 38, 114, 150
Laufzorn b. Grünwald 64, 154, 183
Lauterer Filz 93
Lech 108, **113**, 114, 129f.
Lechbruck 24
Lechfeld 37
Lech-Gebiet 37, 114, 127, 165
Lechgletscher **9f.**, 12, 18, 50, 87, 150
Lechrain 113
Lechsteilufer 67, 138
Lechtal 33, 35, 37, 67, 71, 104, 108, 112ff., 127, 129, 136, 138, 150f., 165f.
Lechterrassen *129f.*, *130*
Lehm 39, 58, **64**, 149, **154f.**, *178f.*
Leitbodenform 176, 180
Leitgerölle 111
Leitgeschiebe 18
Leitzach **113**, 168
Leitzach-Gars-Talzug 30, 41, 113
Leitzachgletscher 9
Lemming 68, 117
Lenggries 44, 104, 106, 166
Lerchenfeld-Terrassenstufe 128, *129*
Leutasch 18, *95*
Leutasch-Klamm 46
Leutkirch 168
Leutstetten *14*, 33, 112, 171

Leutstettener Moor 139
Liaskalk, Liasmergel 101f.
Lichtenfelser Terrasse *131*, 132
Lignit 77, 157
Limonit 69
Lindau a. Bodensee 24, 139
Lindauer Moor b. Trebgast 159
Linde 78, *92*, 118, 125, 136
Lissabona 104
Litoralkreide 139
Lockerbraunerde *179*, 181
Lockergesteine **149ff.**, 161, 164, 169
Löbben-Kaltphase 96
Löß 8, 35, 38f., 57f., **62ff.**, 67f., 74, 77f., 133f., 151, **154f.**, *179*, 180f., 183ff., 189f.
Lößdünen 67
Lößfarbe 64
Löß-Fazies **64f.**, **67**
Lößfaziesbereich **65ff.**, 184
Lößgebiete **62ff.**, 72, 183
Lößkind(e)l **64f.**
Lößlandschaft 65, 67, 186
Lößlehm 8, 38f., 54, 57f., 62, **64**, 151, **154f.**, 168, *179*, 180, 183ff., 189f.
Lößlehm-Fließerde 58, *179*, 180
Lößschnecken 67, **68f.**, 91
Löwenbach b. Hindelang 86, 158
Lohner Boden 67, 183ff., 188f.
Lohr 151
Loisach 108, **111**, 114, 130, 160, 166
Loisachgletscher 9, **10**, 12, 18, 20, 22, 35, 47, 50, 82, 86, 104, 112f., 150, 166
Loisachtal 35, 44, 47f., *95*, 100, 108, 112, 114, 145, *162*, 165f.
Lokalgletscher 54, 91, **94ff.**, *95*
Lokalmoräne 50f.

Lone-Tal 121 f.
Ludwigsmoos 159
Luisenburg 58
Lusen (Bayer. Wald) 53, 56
Lydit 107, 109, *110*, 111, 122, 150

Mädelegabel 99
Magdalénien 119, *123*, 124
Maghemit 191
magnetische Partikel 191
Magnetisierung 191, 193
Magnetit 191
Magnetkies 191
Magnetostratigraphie **191 ff.**
Main 62, 90, 107, **108 f.**, *110*, 126 f., 131 f., 144, 146, 150, 160, *163*, 173
Mainfranken 62, 65, 155, 183, 186
Maintal 24, 68, 71, 109, 122, 149 ff., 164, 169 f.
Maintal-Aufschüttungen 78, *110*
Mainterrassen *6*, 71, *110*, **131 f.**, *131*
Maisachtal 135, 169
Makak-Affe 78
Makroreste 78, 82
Malaspina-Gletscher 7, 11
Mammut 68, 90, **115 ff.**, 118 f., 121 f., 124
Mammutzähne **116**, 119
Manching 71
Mangan *162 f.*, 165, 169, 182
Mangfall **113 f.**, 168
Mangfallgletscher 9
Mangfalltal 135 f., 153, *162*, 165, 168
Mankham b. Trostberg 186
Manthal b. Starnberg 24
Marieninsel 25
Markt Schwaben 12, 154
Marktbreit 109, 151, 190
Marktheidenfeld 78, 109, 151, 155, 186
Marktoberdorf 38, 150
Marktsteft 71, 151, *163*
Marquartstein 101, 152
Martinszell 38

Mastodonten 2
Matuyama-Epoche 2, *3*, 77, **191 ff.**, *192*
Mauer b. Heidelberg 120
Mauern b. Neuburg a. d. Donau 121, *123*
Mauth 53
Mauthaus b. Kronach 170
Meilenhofen 121
Meilerhütte 50
Memmingen 4, 5, 12, 28, 32 f., 35 f., 63 ff., 72, 87, 112 f., 137, 150, 153 f., 165, 171, 177
Memminger Achtal 135, 137, 154, 177
Memminger Feld 5, 90
Menap-Kaltzeit *6*
Mensch s. Vorzeitmensch
Menschendarstellung 121 f.
Menzinger Schotterzunge 40
Mering 10, 12, 113
Mesolithikum *3*, *92*, 124, *129*, **130**, **131**
Mindel-Eiszeit *3*, 5, *6*, *8*, **12**, **33**, 43, 46, 54, 111, 149, 150
Mindelheim 32, 65, 171
Mindelmoräne(n) *8*, 11, **12, 48**, 80, 168, 186
Mindel/Riß-Interglazial *3*, *6*, *8*, **78**, 185 f.
Mindel/Riß-Interglazialboden 185 f.
Mindeltal 37, 108, 113, 127, 135, 151, 169
Mineralseife 160
Mineralstoffe 171
Mineralwasser **171 f.**
Mißernte 97
Mittelalter *92*, 96, 127 ff., *129*, *130*, *131*, 132 f., 143, 153, 160
Mittelgebirge 1, 52, 54, 130
Mittelgebirge b. Innsbruck 50
Mittelmaingebiet 64, 67, 71, 78, 109, 146, 150, 154, 173
Mittelpaläolithikum *3*, 121 f., *123*

Mittelpleistozän *3*, *6*, *8*, 34, **78 ff.**, *110*, 111 ff., *192*
Mittelsand 69
Mittelstetten 155
Mittelterrasse *6*, 109, *110*
Mittenwald 46, 48, 50, 60 f., 99, 156 f.
Mitterkar b. Mittenwald 99
Mitterndorfer Becken 94
Mittleres Würm *13*, *85*, 90, 184
Moershoofd 84, *85*, 86, *123*
Moggast 173
Molassebecken 106, 108, 165
Molassemergel 106, 137, 164, 171
Molasse(schichten) 39, 57, 64, 134, 144, 154, 159, 164, 168 f., 171
Molasseschotter 160
Mollusken 75, 78, 80, 82, 86, 127, 134, 136, 138
Monatshausen 26
Mondsee *3*, 79, **82**, 90, 142 f.
Moor 135, **140 ff.**, 165, 177
Moorgebiet 135, **140 ff.**, 169
Moorkataster 159
Moorkultivierung 141, 158 f.
Moorpegel 159
Moorsackung 159
Moorschwund 142, 159
Moos **140**
Moosach b. Grafing 34, 135, 153
Moosbeere 141
Moosburg 84, 112, 160, 170
Moose 87, 91, 118, 134 f., 138, 141
Moostuff 136, 138
Moräne(n) 7, *8*, 10, **16 f.**, 20 f., 29, 48, 53, 54, 100, 106, 134, 147, 150, 154 f., 164, 176, *178*, 186
Moränenböden *178*, **180**
Moränengebiete **9 ff.**, 161, **167 f.**, 184
Moränenlehm 16, **155**
Moränennagelfluh 152, 186
Morphogenese **71 ff.**, 125

Mosbacher Humuszonen 67, 184
Moschusochse 68, 117, 119
Moulin-Kames 26
Mudde 75, 140f., *179*
Mühlberg b. Waging a. See 186
Mühldorf 35, 37, 65, 128, 150, 160
Mühlthal b. Starnberg 112
München 10, 22, 32, 35, *38*, 39ff., 63, 65, 104, 127, 137, 152ff., 166ff., 176, 183, 186
München-Berg am Laim 40, 63, 154
München-Giesing 33, *38*, 151
München-Großhadern *38*, 40, 167, 183f.
München-Großhesselohe 167
München-Oberföhring 154
München-Ramersdorf 35, *38*, 39f., 63, 154
München-Solln *38*, 39f., 151
München-Thalkirchen 33, 40
München-Trudering 167
München-Unterföhring *38*, 39, 63, 154
Münchener Deckenschotter **33ff.**, 40, 111, 187
Münchener Klettergarten 33, 186f.
Münchener Schiefe Ebene 36, 40, 42
Münch(e)ner Schotterebene 27, 34f., **39ff.**, 64, 90, 112, 149, **151**, *162*, **167**f., 183
Mündungskegel 135, 137
Münsing *14*, 25, 158
Muldental 54, 73f.
Mure, Murstrom 101, **106**, 132
Murnau 5, 18, 22, 26, 43, 84, 87, 145, 150, 157
Murnauer Becken 43, 83
Murnauer Moos 142
Murnauer Schotter 38, 88, 90, 150
Murnauer See (ehem.) 114

Muschelkalk 100, 135, 147, 150f., 170, 173
Muscheln (s.a. Mollusken) 82, 84, 132, 140

Naab 111, 130, 160
Naabtal 149f., 152, 164, 170
Nadelwald 115, 118
Nagelfluh **33ff.**, 40, 48, 50, 101, 151f., 186f.
Nashorn 78
Naßbleichung 182
Naßboden 67, 184, 187
Nationalpark Bayerischer Wald 53, 56
Naturdenkmal 49, 138, 186
Naturstein 152f.
Neandertaler *3*, 121
Neolithikum *3*, *92*, 124, 127, *129*, *130*, *131*, 142f.
Neubeuern 43
Neuburg a. d. Donau 37, 71, 108, 121, 142, 154, 158, 189f.
Neuenried b. Ronsberg 135ff., 153
Neuessing 122
Neufahrn b. Starnberg 13, 40
Neufahrn b. Wolfratshausen 26, 32
Neufahrn-Terrassenstufe 128, *129*
Neumarkt/OPf. 68, 71, 150
Neumummen b. Immenstadt 155
Neuötting 165
Neuried 112, 167
Neu-Ulm 32
Nichtbaumpollen (NBP) 76, 80, 136
Niedereschbacher Zone 67
Niedermoor 135, 140, **141**, *179*
Niedermoortorf 140f., *179*
Niederndorfer Terrassenstufe 128, *129*
Niederösterreich 67
Niederrhein-Gebiet *6*
Niederschlag 65, 97, **98**, 142

Niedersonthofener Seen 93, 139f.
Niederterrasse 6, *8*, 35, 38ff., 64, 90, 109, *110*, 112, 127f., *129, 130*, 131, 167, 180, 183
Niederterrassenschotter *8*, 27, **34f.**, 39, *149*, 150f., 180, 183
Nitrat *162f.*, 165, 169
Nordalpen 45ff., 94, *95*
Norddeutschland 16, 79, 91
Nordtirol 94, 132
Nürnberg 68, 150, 165
Nürnberger Reichswald 69
Nunatak, Nunatakkr **45**
Nußdorf a. Inn 24, 79, 133f., 166

Oberallgäu 86, 106, 152, 166, 174
Oberammergau 166
Oberau 47, 112, 166
Oberaudorf 23f.
Oberbrunner Terrasse *131*, 132
Oberer Löß 67f., 90
Oberes Würm *13*, *85*, 90
Oberföhring (München) 154
Oberfranken 62
Obergünzburg 12, 184
Oberhaching 40, 151
Obermain 108f., 152, 181
Obermaiselstein 152
Obermoräne 16, 27
Oberpfälzer Wald 52, 130, 160
Oberrheingraben 108
Oberschwaben 9, 12, 90, 93, 124, 139
Oberstdorf 44, 50, 99, 101, 152
Ochsenfurt *163*
Ochsenkopf 54
Odderade 84, *85*, 86, *123*
Oderding b. Weilheim i. OB. 155
Oedmühle b. Soyen 87
Ölkofener Stadium 12, *14*, 15f., 113
Offingen b. Burgau 154, 184
Ofnethöhlen *123*

Ohlstadt 25, 84, 101, 134, 156
Olduvai-Event **191 ff.**, *192*
$^{18}O/^{16}O$-Verhältnis **76**, 142
Opalphytolith 64
organogene Bildungen 75 f.
Os, Oser 24, **25**, 72
Osterhofen 34, 37 f., 71
Ostermünchen 24
Osterseen 25
Ostrachgletscher 47
Ostrachtal 48, 50, 101, 166
Ostracoden 75, 78, 80, 82, 134, 140
Oszillation 29, 91
Otterfing 41
Ottmaring 113
Ottmaringer Tal 108
Ottobeuren 32, 186
Ottobrunn 40, 151
Oy-Mittelberg 37, 148

Paar 113, 150
Pähl 26, 33
Paläoböden 11 f., **182 ff.**
Paläolithikum *3*, *92*, *123*
Paläomagnetik **77**, **191**
paläomagnetische Epoche *3*, 191, *192*
paläomagnetische Grenze 111, 184
Palsa, Palsen **61**
Palynologie **76**
Parabraunerde 65, *178 f.*, 180 ff., 185 ff.
Pararendzina *178 f.*, 180
Partenkirchen 44, 47, 50, 96, 100, 145, 156 f., 173
Partnach 46, *95*, 96, 100, 106
Partnachgletscher 91, 96, 100
Partnach-Klamm 46, 100
Pasing 112, 167
Passau 130, 138
Paterzell 33, 104, 135 f., 138, 153
Pechschnait 93
Pedostratigraphie 182 ff.
Pegnitz 109, 170
Peiting 32, 112, *130*
Pelosol 177, *179*
Penzberg 84, 111, 147 f., 158

Peretshofen b. Dietramszell 24
Periglazialer Bereich **52 ff.**, 62, 72 ff., 175
Periglazialerscheinungen **56 ff.**
Periglazialklima 74
Periglazialschotter 151
Perlacher Forst 151
Perlacher Schotterzunge 40
Permafrost („Ewige Gefrornis") 52, 57 f., 61, 99 f.
Permafrostboden **57 f.**, 61
Permafrosteis **99**
Pestizide 169
Petersberg b. Altomünster 153
Petersbrunn b. Starnberg 171
Petersfels b. Engen *123*, 124
Pfahlbauten 142 f.
Pfefferbichl *3*, 79, **84**, *85*, 157
Pflanzenreste 78, 82, 86 f., 90, 94, 134
Pflanzenschutzmittel 169
Pflanzenwelt **118**
Phosphat 169
pH-Wert (Wasser) 162 f.
Pingo **61**
Planegg 111, 151
Plattach-Ferner 99
Plattenberg-Arlesrieder Schotter 32
Plattling 35, 160, 170
Pleinting 67, 130
Pleistozän **1**, 2, *3*, 6, 107, *110*, 145, 173, 182, 184
Pliozän 84, 107 f., *110*, 111, 144, *192*, 193
Plöckenstein Gr. 53
Pocking 138, 154
Pockinger Feld 37, 90
Podsol *179*, 180 f.
Podsolierung 176, *178 f.*
Pömetsried 84
Polaritätsmuster 193
Polaritätsskala **191 f.**, *192*
Pollen 75 f., 78, 81 f., 84, 86, 125, 127, 136
Pollenanalyse 81 f., 93, 137, 158

Pollenzonen 81, *92*
Polling 135 f., 153, 155
Polygonmuster 58
Porengrundwasser 161
Porenwasser 167
Postglazial *3*, 6, 8, *13*, 68, 76, *85*, *92*, *95*, **96 f.**, 100 f., *123*, **125 ff.**, 131, 142 f.
Postglaziale Wärmezeit 125, 136
Postglazialschotter **126 ff.**, 150
Präbölling 93
Präboreal *92*, 94, *95*, 125, 127 f., *129*, *130*, *131*, 132 f., 136 f., 143
Prätegelen-Kaltzeit 2, 6
Priengletscher 9
Prutting 24
Pseudogley 65, 176, *179*, 180, 182, 184 f., 189
pseudovergleyt 64 f., *178 f.*, 180, 185, 189
Pürgen 13
Pürtener Terrassenstufe 128, *129*
Pullach 35, 152, 167 f., 186
Pulling-Terrassenstufe 128, *129*
Puppling 135 f., 154, *162*
Pyroxen 67
Pyrrhotin 191

Quartärstratigraphie *3*, 6, *8*, *110*, 125, 182 ff., 190, *192*
Quarz 64, 69, 77, 109, 150, 152
Quarzit 108 f., 111, 122, 150
Quellaufbruch 135
Quellaustritt 135, 138
Quellen 135, 138, 164, 166 ff., 171 f.
Quellenkalk **134 ff.**, 153, 177, *179*
Quellhorizont 138, 164, 167
Quellmoor 42, 138, 141, 167, *179*
Quelltätigkeit 136
Quellwasser 134
Querdünen 71, 74

Rachel Gr., Kl. 53
Rachelsee 53
Radiokarbon-Uhr 76
Radiokohlenstoff-Methode 76, 86f., 96, 125
Radiolarit 108, *110*, 111, 122
Radizellen 141
Rätkalk 101f.
Raibler Schichten 47, 101, 173
Rain a. Lech 165
Raisting 44
Ramersdorf (München) 35, *38*, 39f., 63, 154
Ramsau 48, 99, 101, 152
Ramsdorf b. Tittmoning 136, 153
Randersacker 78
Ranne (Wurzelstock) 132
Rasenbülte 61
Raseneisenerz **160**
Rathholz 101
Raubling 158
Rauher Stein b. Kempten 32
Rauschinger Terrassenstufe 128, *129*
Rednitz 69, 164, 170
Regen 130, 160
Regensburg 37, 62, 65, *110*, 111, 124, 127, 130f., 145, 154, 184, 193
Regnitz 69, 149ff., 164, 170
Regorendzina *178*, 180
Reichenhaller Becken 43
Reichertsham b. Wasserburg 24
Reichling *14*
Reintal 91, *95*, 96, 100
Reintalanger *95*, 96, 100
Reisach 165, 168
Reisenburger Schotter 32
Reismühle 112
Reliefumkehr 4
Reliktboden 32, **182**, 190
remanent (Magnetisierung) 191, 193
Rendzina 177, *179*, 180
Rennertshofen 108
Rentier 68, 117, 119, 121f., 124
Reundorfer Terrasse 90, *131*

Reutte 47
Reversion 193
Rezat-Rednitz-Talzug 108, **109**, *110*, 170
Rhein 107, 109, *110*, 127
Rheingletscher **9**, 12, *14*, 18, 50
Rheingletscher-Gebiet *14*, 18, 94, 150, 168
Rhododendron 48
Rhön 52, 140, 142
Rhön-Moore 142
Ried 140
Riedel (landschaft) 27, 58, 151, 167
Ried-Graben b. Puppling 136
Ries 62, 71, 150, 155, 165
Riesenboden 184, 186, 190
Riesenhirsch 68, 117, 119
Riffelspitzen 100
Rinnenschotter *8*, 84, 168
Rißbach 47
Riß-Eiszeit 5, **12**, **35**, *38*, 43, 46 52, 54, 111, 149
Riß-Iller-Lech-Platte 30
Riß-Kaltzeit 3, 6, 8, *38*, 80, 108, 117, 120
Rißlöß 183f., 185, 189f.
Rißmoräne(n) *8*, **12**, **48**, 54, 64, 79f., 113, 148, 168, 180, 183, 186
Riß-Spätglazial 82
Riß/Würm-Interglazial 3, 6, 8, 13, **78**, 81ff., 84, 85, 86f., 117, 121, *123*, 138, 185f., 189
Riß/Würm-Interglazial-Boden 183, 187
Riß/Würm-Warmzeit **78ff.**, 82, 84, 90, 182
Ritzzeichnung 122, 124
Roches moutonnées **47**
Rodungsphasen 68, 126f.
Rödschitz-Moor 93f.
Römerzeit 92, 96, 128, *129*, *130*, *131*, 132, 153, 156
Rötton 64, 135
Rohrach b. Treuchtlingen 136
Rohrbach b. Weißenburg 138
Rohrdorf a. Inn 22

Rohstoff **149ff.**, 154f., 157
Romanshorn 43
Ronsberg 135, 137, 153
Rosenheim 5, 24, 43, 80, 150, 156, 158, 173, 193
Rosenheimer Becken 13, 43, 45, 93, 113f., 168
Rosenheimer See (ehem.) **15**, 43ff., 113f., 156
Roseninsel 142
Roßhaupten b. Burgau 154, 184f., 193
Rotbuche 79, 118, 126
Rotes Moor 142
Rothtal 37, 108, 113
Rothwald-Schotter 33
Rottenbuch 112
Rottraungletscher 9
Rott-Tal i. NB. 151
Rubihorn 101
Rückzugsphase(n) *14*, **18**, 75, 91, 96
Rundhöcker **26**, **47**, 72
Rundungsgrad **21**, 89
Rutschbuckel 106
Rutschscholle 103f.
Rutschung **103ff.**

Saalach-Salzach-Gletscher **10**, 18, 50
Saalachtal 108, 165f.
Saale-Kaltzeit 6, 52
Sachsen 1
Sackdilling 173
Säbelzahnkatze 78
Säuger 68, 78, **117**, 118f.
Salzach 108, **114**, 130, 155, 160, 169
Salzach-Gebiet *14*, 63, 67, 114, 150, 186
Salzachgletscher 9, **10**, 12, *14*, 18, 150
Salzach-See (ehem.) 114
Salzachsteilufer 67, 91
Salzachtal 37, 108, 150f., 165f.
Salzburg 5, 43, 48, 82
Salzburger Becken 43, 45
Salzburger Land 79, 90
Samen 76

Samerberg *3, 5,* 48, 78, **79f.**, 82, **84,** *85,* 93, 134, 148, 193
Samerberg 1 (Bohrung) 79, **80f.**, 84
Samerberg 2 (Bohrung) **78f.**, 193
Sand 27, 62, 69, 72, 148, **149ff.**, *178f.*
Sanddorn 90
Sander 7, **27,** 29, **30,** 36, 72
Sandizell 71
Sandlöß *8,* 62, **64f.**, 67, 74, *179,* 181
Sandsteinkeuper 58, 150
Sandstrahlgebläse 69
Sandstreifenlöß 64
Sandterrasse 109, *110,* 114
Sankt Leonhard i. Forst 22
Sankt Ottilien *14*
Sauerbrunnen (Säuerling) 171
Sauerstoff (im Wasser) *162f.*
Sauerstoff- 16, 76, 142
Sauerstoff- 18, 76, 142
Sauerstoff-Isotopen-Methode **76,** 142
Saulgau 90
Schachen-Breccie 48
Schadstoffe 161
Schädel (Vorzeitmensch) 120f.
Schäftlarn *14,* 33, 104, 111, 153, *162,* 168, 171, 186
Schaffhausener Stadium *14*
Schalksberg (Würzburg) 78
Schambach b. Treuchtlingen 121, *123,* 136
Scheffau 72
Scherfestigkeit 103
Scherflächen 18, 27
Schermaus 117
Schichtquellen 171
Schichtstufen 58, 74
Schieferkohle *8,* 75f., **77ff.,** *82ff.,* 148, 158, **160f.**
Schilf 135, 140f.
Schilftuff 137
Schlacken 76
Schladminger Gletscher 99
Schleifhalde b. Waizenried 12

Schleinsee b. Tettnang 93, 139
Schliffbord 46
Schliffkehle 46
Schlierachgletscher 9
Schlipf (Erdschlipf) 103
Schloß Elmau 50, 156
– Kranzbach 50, 156
Schluchttal 50
Schluff 62, 64, 139, 155f., *178f.,* 181
Schmelzwässer 27, 37, 39, 43f., 72, 108, 111ff.
Schmelzwasserablagerung **27ff.,** 34, 149
Schmelzwasserrinne 40ff., 62, 113, 165
Schmelzwasserschotter 7, **27ff.,** 39, 103, 105, 150, 166
Schmuttertal 71, 159
Schnecken 69, 80, 82, 84, 87, 137f., 140
Schneeberg 54
Schneeferner **99**
Schneefernerhaus 99
Schneegrenze 45f., 54, 96, 99
Schneegrenzen-Depression *95,* 96
Schneehase 117, 122
Schneekar (Bayer.) 100
Schneeschurf 46
Schöffelding *14,* 148
Schönbrunner Terrasse 131, *131*
Schönleiten-Moos 142
Schönrain *14,* 86
Schongau 33, 38, 104, 112, 114, 129, *130,* 153
Schorn b. Starnberg 64, 186
Schotter 7, 20f., **27ff.,** 33ff., 59, 103ff., 127ff., 134, 146ff., **149ff.,** 164ff., 171, 178, *178,* 186f.
Schotterböden *8, 178,* **180f.**
Schotterebene 30, 34ff., **39ff.,** 72, 149, **167,** 180
Schotterfächer 36, 39f.
Schotterfeld **5, 27f.,** 30, 36, 40, 145, 150, 161

Schotterflur(en) 30, 62, 64, 72, 167
Schotterfracht 108
Schotternagelfluh **33ff., 152,** 186
Schotterplatte(n) 27, 30f., 62, 67, 154, 166f., 177, 180, 184
Schotterqualität 150
Schotterrinne 168
Schotterterrassen *6, 12, 13, 14,* **127ff.,** 167
Schotterzersatz 151
Schrägschichtung 69
Schrammen 48, 54, 72
Schratten 173f.
Schrattenkalk 152, 173f.
Schrobenhausen 71
Schulerloch Gr., Kl. 121, 124
Schussenquelle *123,* 124
Schuttdecke 54ff., 175
Schuttertal 108, *110,* 121
Schuttkegel *8,* 152
Schuttstrom 103, 106
Schutzwald 106
Schwabmühlhausen 136
Schwabmünchen 63, 154
Schwäb.-Fränk. Alb 121, 135, 165, 173
Schwaig b. Erding 64
Schwaiganger 5, 83f., *85,* **86f.,** *95,* 157
Schwaighauser Schotter 33
Schwarzbach-Reschwasser-Gletscher 54
Schwarzer See 53
Schwarzerdeähnlicher Boden 65
Schwarzerle 141
Schwarzes Moor 142, 159
Schwarzmilferner 99
Schweinfurt 7, *163,* 170, 173
Schweinfurter Becken 62, 151
Schweinfurter Main 109
Schweiz 93, 96, 139
Schwemmfächer *8,* 27, 35, 72, 112f., 125, 127, 129, **132ff.,** 149, 155
Schwemmkegel **132ff.**
Schwemmlehm **155**

Schwemmlöß 8, 58, **63**
Schwemmtuff **134f.**, 136, 138
Schwereausgleich 144
Schwindegg 171
Sedimentationsremanenz 191
Seeablagerungen 44f., 78, 80, 82, 138ff., 141, 167
Seealp-See 46
Seefelder Paß 18, 47
Seekreide 8, 75f., 78ff., 93, 125, 134ff., **138ff.**, 153, *179*
Seeon 25
Seesande 44
Seesedimente 44f., 114, 125, 138ff., *179*
Seeshaupt 24, 26f., 80, 111, 145, 148, 158
Seespiegelschwankungen **142f.**
Seeton 8, **44f.**, 48, 50, 80, 84, 87, 90, 106, 141, 146ff., 154ff., 166, 168, *179*, 193
Seewand 53
Seggen 141
Seifen b. Immenstadt 155
Seitenerosion **61**, 74, 101, 109, 127
Seitenmoräne(n) 71
Seitental 46, 50, 94, 132
Selb 159
Seligenstadt 116
semiarktisch 67
Sibirien 52, 87
Sickerwasser 176
Siebenschläfer 117, 173
Siedlungsplätze *123*
Siegsdorf 119
Silberwurz 118
Silex 122
Simbach 138, 165
Similaun-Mann („Ötzi") 124
Simssee 24
Sindelsdorf 25
Singener Stadium *14*
Singold 136
Sinn 170
Sinterkalk 125, **134ff.**, 149, **153**, 175, 177, *179*

Skandinavien 45, 91, 144
Sohlental **73f.**
Soiern-Seen 46
Solifluktion 4, 21, 52, 55, **57f.**, 72, 74, 133, 175, 182
Solifluktionsdecke 55, 57, 62, 133f.
Soll, Sölle **26**
Solln (München) *38*, 39f., 151
Sonneneinstrahlung 97
Sonnenröschen 118
Sonnentau 141
Sonthofen 24, 44, 47, 106, 148, 166
Sonthofener Becken 43
Soyen 87
Spätglazial 8, *13*, *38*, 39, 43f., 60f., 65, 67f., 74f., **91**, *92*, **94ff.**, *95*, 100f., 111ff., 124, 126ff., 131, 133f., 139f., 142, 151, 156, 183
Spätglazialterrassen 6, 8, *38*, 128ff.
Spätmindel 43
Spätriß 43, 80, 117
Spätwürm *85*, 90, **91**, *123*, *129*, *130*, *131*
Spaltenfrost 4, 56
Speckberg 121, *123*
Spessart 52, 58, 71, 109, 126, 144, 155
Spessartschwelle 109
Spirke 141, *179*
Spitzbergen 52, 61
Stadial(e) 2, **75**, 84, *85*, 90, 115, *123*
Stadialmoränen 96
Staffelbacher Terrasse *131*, 132
Stammbecken 43, 113
Starnberg 13, *14*, 22, 24, 72, 111f., 168, 171, 186
Starnberger See 27, 43, 93, 114, 139, 142
Staubeckensedimente 43, 48, 50, 87
Staublehm 38, **64f.**, 183f.
Stauchfalte 146ff.
Staudenplatte 31f., 113

Staufenberg 31f., 113
Stauseesedimente 106, 156
Stauwasser 176
Steigbach b. Immenstadt 134
Steigerwaldschwelle 109, 154
Stein a. d. Traun 34
Steinach-Gletscherstand 91, 94, *95*, 96
Steinbach a. Main 109
Steinbock 117, 124
Steinbrech 118
Steinbruch 152f.
Steinerbach b. Mondsee 82
Steinerne Rinne 138
Steinernes Meer 173
Steinfleckberg 53
Steingaden 87
Steingeräte 121, 188f.
Steingerümpel 100
Steinheim a. d. Murr 120
Steinheim b. Memmingen 35, 63, 154
Steinheimer Mensch *3*, 120
Steinheim-Fellheimer Feld 36, 38
Steinhöring 113
Steinlawine 106
Steinringboden 58
Steinwerkzeug 120, 121
Steinzeit *3, 123*
Stephanskirchener Stadium 14f., *14, 95*
Steppenboden 67
Steppenelefant 78, 115, 117
Steppenwisent 117, 119
Stepperg 108
Stickstoff 169
Stillfried a. d. March 67
Stillfried B 67, *85*, 115, *123*
Stockstadt a. Main 70, 116
Stoffen b. Landsberg *14*
Stoffersberg 32
Stoßzahn **119**
Straßlach 12, 26
Stratigraphie *3, 6, 13*, 34, 81, *85*, 89, *92*, *110*, 125, *192*
Straubing 35, 37, 65, 71, 127, 130, 145, 154, 169, 183
Straubinger Becken 131, 149

Streifenboden 58, 60
Streusalz 169
Streuwiesen 141, *179*
Strömungsrinnen 45
Strudelloch 49, 72
Strukturboden **58**
Strukturtuff 136, 153
Stufenmündung 50, 132
Stuttgart 165
Subatlantikum *92*, *96*,
  126f., *129*, *130*, *131*, 132,
  143
Subboreal *92*, *96*, 125ff.,
  129, *130*, *131*, 132, 136f.,
  142
Subrosion 170, 173
Süßwasserkalk (s. a. See-
  kreide) 139
Süßwassermolasse (s. a.
  Molasse) *110*, 159, 164
Sulfat (im Wasser) *162f.*, 170
Sulz 108
Sumpfzypressen 2
Sylvenstein-Enge 50
Sylvenstein-Speicher 48

Tachinger See 43, 114
Tafelwasser **171**
Tagebau 157
Talbildung 28, 61, 74, 144
– exzessive 74
Talformen 28, **73f.**
Talfüllung 47, 109, 167,
  169f.
Talschotter 27f., *110*, 150f.
Talsohleschotter *110*, 111
Talvermoorung 127
Talverschüttung *109f.*, 110
Talzuschub **103f.**
Tambora 97
Tanne 77, 79f., 82, 84, *92*, 126
Tannen-Zeit 82, *92*
Taschenboden 58
Taubenberg 168
Taufkirchen b. München
  40, 151
Tegelen-Warmzeit *6*, 77
Tegernsee 106, 114
Tektonik 108f., **144ff.**, 151
Tephra 78

Terrassen 28, 32, 35, **38**,
  127ff., *129*, *130*, *131*, 144,
  167
Terrassenfolge 28, 32,
  38, **127ff.**, *129*, *130*, *131*
Terrassengliederung
  6, 32, 38, *110*, 127ff.,
  129, *130*, *131*
Terrassensand 77, *110*,
  150, 181
Terrassenschotter 27,
  150f., 181
Terrassenstratigraphie
  6, *38*, *110*, 127ff., *129*,
  130, 131
Terrassentreppe 72, 167
Terrassentyp **126**
Tertiär, tertiär 39, 42,
  104, 107f., 144f., 151, 167,
  169, 171, 173, 190
Tertiärhügelland 52, 57f.,
  61f., 64, 67f.
  71f., 112f., 159, 170,
  177, 180, 184
Teufelsgraben 33, 40ff., 113
Teufelssee 53
Thalham 165, 168
Thalkirchen (München) 33, 40
Thermolumineszenz-
  Methode (TL) **76f.**
thermophil 84, 86, 90
Thierhaupten 135, 159
Thüringen 1
Thufa, Thufur **61**
Tiefenbach b. Oberstdorf 152
Tiefenerosion **61**, 74,
  101, 109, 111, 127, 129
Tiefenschurf 100
Tierdarstellungen 121f.
Tierwelt **117**, 118, 120
Till, Tillit 16
Tiroler Ache 101
Tischoferhöhle (b.
  Kufstein) 119
Tittmoning 26, 38, 114,
  135f., 153, 156
Tölzer Becken 43
Tölzer Lobus 111
Tölzer See (ehem.) 111
Töpferton 153, 155f.

Törl-Breccie 50
Toma **100**
Ton 64, 78, 139, **154ff.**,
  176, *179*
Tonböden **177**, *179*
Tongrube 90
Tonminerale 64
Torf *8*, 75ff., 87, 90,
  127, 134, 136f., **141**, 149,
  157, **158f.**, *179*
Torfhügel 61
Torfkohle **77**, 79
Torfwerk 158
Toteis **26f.**, 72, 100
Toteisloch 26, 72
Transfluenz 47
Traun-Gebiet (Österr.)
  5, 10, 93, 186
Traungletscher (Bayern) 9
– (Österr.) 10
Traunreut 12f.
Traunsee 142
Traunstein 12, 34, 171
Trauntal 34, 165
– (Österr.) 94
Travertin 76, 153
Trebgast 159
Treuchtlingen 136, 138
Trichtergruben **159**
Trinkwasser 149, 152,
  161ff., 165ff.
Trinkwassergebiet 161, 165
Trinkwasser-Gefährdung 169
Trinkwasser-Schutzzone 169
Trinkwasser-Talsperre 170
Trinkwasser-Verseuchung 169
Trockenhöhlen 173
Trockenspalten 137
Trockental 40, 42, 108
Trogbecken 46
Trogschwelle 46
Trogtal 46, 72, 132
Trompetental 36, 72
Tropfenboden 58
Trostberg 12, 34, 186
Truchtlaching 114
Trudering (München) 167
Tüncherkreide 157
Türkheim 12
Tuff (vulkanisch) 139f.

Tuffbarre 135, 137
Tuffit 100
Tuffkegel 135
Tumulus, Tumuli **26**
Tumuluslandschaft 104
Tundra 52, 91, *92*, 115, 117 f.
Tundra-Naßboden 67, 184
Tundra-Steppen-Vegetation 87, 115
Tundrenzeit(en) (s. a. Dryaszeiten) 60 f., *85*, *92*, 94, *95*
Tutting 138, 154
Tutzing 33
Typusprofil 5, 84

Überfahrene Moräne 13
Übergangskegel 7, 36
Übergangsmoor 140, **141**, *179*
Übergangsmoortorf 141, *179*
Übergossene Alm 99
Überlingen a. Bodensee 72
Übersteilung 72
Übertiefung 43 f., 47, 72, 166
Uferfiltrat *163*, 170
Uhlenberg *3*, **77**, 193
Ulm 37, 108, 130, 165
Ulme 80, *92*, 118, 125, 136
Umlagerungszone 67
Umlauftal (Main) 78, 155
Umpolung 191, 193
Unterammergau 106
Unterbrunner Terrasse *131*, 132
Unterer Löß 67 f.
Unteres Würm *13*, 82, 84, *85*
Unterföhring (München) *38*, 39, 63, 154
Untermain 108 f., 144, 150, *163*, 169, 181
Untermurbach b. Lenggries 104
Unterweißenkirchen 13, *14*
Ur-Ammer 166
Ur-Donau 107, *110*, 173
Ur-Iller 113
Ur-Inn 114, 169
Ur-Isar 169
Ur-Lech 113
Ur-Main 107, 108 ff., *110*, 111

Ur-Naab 107, *110*, 111
Uran-Thorium-Methode **76**
Urgeschichte **120 ff.**
Urstromtal 113
Usterling 138
U/Th-Datierung 82, 84, 86 f., 138

Valley 153
Vaterstetten 151
Vegetation 77 f., 82, 86, 90 ff., 133
Veltlin 106
Verbackung (Schotter) 150
Verbiegung 145 f.
Vereisung **5**, **75**
Verfestigter Frostschutt *54 f.*
Vergletscherung **5**, **75**, 94, 96
vergleyt 64
Vergleyung 176
Verkarstung 170, 173 f.
Verknetungen 58
Verlandungsmoor 141
Vermurung 132
Verschwemmungsbildung 155, 181
Versickerung 167
Versumpfungsmoor 62, 141
Vertorfung 141
Verwitterung 71 f., 74, 109, 150 f., 159, 173, **176**, 182, 186
Verwitterungslehm 58, 99, 173
Verwitterungsschlot 151, 186
Verwitterungstrichter 33, 186
Verwürgungen 58
Viererspitz-Breccie 48
Vierether Terrasse *131*, 132
Vilstal 151
Vivianit 78
Volkach 109, 146
Vorderrhein 94
Vorderriß 47
Vorkarwendel 46
Vorlandflüsse 108
Vorlandgletscher **7 ff.**, 11, 90 f., 108, 166
Vorlandseen 43, 114, 155
Vorrückungsschotter 90, 150

Vorschüttsande und -schotter 27, 50
Vorstoßphase 75
Vorstoßschotter *8*, 27, 37, **38**, 50, 88, 90, 145 ff., 150 f.
Vorzeitmensch *3*, **120 ff.**, *123*, 126 f.
Vulkanausbruch 97
vulkanische Asche 76, 97
Vulkanismus 93, 139 f.

Waal-Warmzeit *6*
Wachsender Stein 138
Wacken-Warmzeit 79
Waging a. See 24, 158, 186
Waginger See 43, 82, 114
Wagneritz 155
Waizenried 12
Walchensee 101, 106, 145
Walchensee-Becken 47
Waldelefant 78, 82, 115, 117 f.
Waldgeschichte **125 f.**
Waldgrenze 91, 125
waldlose Zeit 80, 82, 84, 90, *92*
Waldnaab 152
Waldnashorn 115, 117 f.
Waldtundra 84
Waldzeit 75, 77, 84, 90, *92*, 115, 117
Wallberge 25
Wallgau 26
Wallis 97
Waltenhofen 38
Wang 13
Wangen b. Starnberg 40, 168
Warmzeit(en) *6*, 75 f., **78 f.**, 80, 82, 96, 115, 118, 120, 142, 175, 182 f., 187
Warwen **45**, **76**
Warwenschichtung 45
Waschgold 160
Wasserangebot 161
Wasserburg a. Inn 16, 22, 24, 44, 67, 87, 113 f., 128, 158, 169, 171
Wasserfall 46
Wassergehalt (Seeton) 45
Wasserhärte 164 f., 170

Wasserversorgung 161
Watzmann 99
Watzmanngletscher 99
Weichsel-Eiszeit 6, 52, 91
Weidach 43
Weide *92, 93*, 118, 141
Weiler i. Allgäu 24, 72
Weilheim i. OB. *14*, 24, 26, 38, *95*, 104, 136, 138, 150, 153, 155, 158
Weilheimer Stadium *14*, 91
Weinberg-Höhlen 121, *123*
Weißbachgletscher 9
Weißbachtal 48
Weißenburg 111, 138
Weißenhorner Rothtal 38
Weißer Jura (Weißjura) 108, 111, 135
Weißer Main 160
Weißsand 153
Weißtraungletscher 9
Welden 108, 154
Wellheimer Tal 108, 113, 121
Wemding 71, 150
Werdenfelser Land 106
Werkstein 152 f.
Werkzeug 120, 122, 188 f.
Wern 170
Wertach 108, 114, 130, 151
Wertachgletscher **10**, 12
Wertachtal 37, 135, 150, 165
Wessobrunn *14*, 22, 33, 153
Westerndorf 156
Wetterstein-Gebirge 46, 48, 50, 91, *95*, 96, 100
Wettersteinkalk 22, 100, 173
Weyarn 135 f., 153, 165
Wiederbewaldung 80, 93 f., 115, 124
Wielenbach 44, 135 f., 153
Wiesenkalk 135, 153

Wiesent 109
Wiesmühl b. Tittmoning 135
Wildenroth 112
Wildflysch 50
Wildpferd 68, 117, 122
Wildrind 117
Wimbach-Breccie 48
Wimbachtal 101
Winderosion 62
Windgeschwindigkeit 69, 74
Windkanter 69
Windschliff 69
Windstärke 69
Windtransport 69
Wirbeltiere 109, 117
Wisent 78, 117, 122, 124
Wittislingen 135, 137, 153
Witzighauser Schotter 32
Wörgl 91, 94
Wörth a. Main 78
Wörther Terrassenstufe 128, *129*
Wolfratshausen 24, 32, 35, 43, 82, 150, 154, 156
Wolfratshauser Becken 43 ff., 61, 111, 135, 168
Wolfratshauser See (ehem.) 44 f., 111, 114
Wolfsbronn 138
Wollgras 141
Wollhaarnashorn 68, 115, 117, 119, 121 f., 124
Wollige Weide 118
Würgeboden 58
Würm (Fluß) 40, 112, 114, 167
Würm-Eiszeit 5, **12**, *13*, *14*, **35 ff.**, 39, 43, 52, 54, 75, 91, 111, 149
Würm-Endmoränen **12 ff.**, *14*, 16, 40, 113
Würm-Hochglazial *13*, 38, 46, 88, *92*, *95*, *129*, *130*, *131*

Würm-Interstadial(e) 81, *85*, 87
Würm-Kaltzeit 2, *3*, 6, 8, *75*, *85*, **90 ff.**, 117, 121
Würmlöß **62 ff.**, 183 ff., 188 ff.
Würmlößlehm **62 ff.**, 183
Würmmoräne(n) 8, 10, **12 ff.**, 19 f., 37, **50**, 54, 78, 80, 180, 183
Würmsee 43, 111
Würm-Stratigraphie *13*, 84
Würmtal 33, 40, 108, 111, **112**
Würzburg 62, 71, 78, 170
Wunsiedel 58
Wysse 139

Xylit 77

Zähne 75 f., 121
Zeifen *3*, 79, **82**, *85*
Zeiler Schotter 32
Zell b. Wasserburg a. Inn *85*, 87, 158
Zellingen 151
Zenn 109
zentralalpin 50, 87, 183
zentralalpine Gerölle 152
zentralalpine Geschiebe 23
Zettlitzer Terrasse *131*, 132
Ziegel 128, 131, 149, 154 f.
Ziegeleigrube 78, 154 f.
Zorneding 40
Zugspitze 99
Zugspitz-Platt 96, 99, 173
Zungenbecken **15**, 43 f., 91, 112
Zusamplatte 31 f., 77, 113
Zusamtal 151, 159
Zwergbirke 118
Zwergsträucher 87, 91
Zwischenterrassenschotter 32